C和指针
Pointers On C

[美] 肯尼斯·里科（Kenneth Reek）◎ 著

徐波 ◎ 译

U0277379

人民邮电出版社

北 京

图书在版编目（CIP）数据

C和指针 ／（美）肯尼斯·里科著；徐波译. -- 北京：人民邮电出版社，2020.9
ISBN 978-7-115-52268-9

Ⅰ. ①C… Ⅱ. ①肯… ②徐… Ⅲ. ①C语言—程序设计—研究 Ⅳ. ①TP312.8

中国版本图书馆CIP数据核字(2019)第221639号

◆ 著　　[美]肯尼斯·里科（Kenneth Reek）
　　译　　　徐　波
　　责任编辑　傅道坤
　　责任印制　王　郁　焦志炜

◆ 人民邮电出版社出版发行　　北京市丰台区成寿寺路 11 号
　　邮编　100164　电子邮件　315@ptpress.com.cn
　　网址　https://www.ptpress.com.cn
　　北京市艺辉印刷有限公司印刷

◆ 开本：800×1000　1/16
　　印张：28.75　　　　　　　　2020 年 9 月第 1 版
　　字数：748 千字　　　　　　2024 年 11 月北京第 20 次印刷
　　著作权合同登记号　图字：01-2003-4079 号

定价：99.00 元
读者服务热线：(010)81055410　印装质量热线：(010)81055316
反盗版热线：(010)81055315
广告经营许可证：京东市监广登字 20170147 号

内
容
提
要

本书提供与 C 语言编程相关的全面资源和深入讨论。本书通过对指针的基础知识和高级特性的探讨，帮助程序员把指针的强大功能融入到自己的程序中去。

全书共 18 章，覆盖了数据、语句、操作符和表达式、指针、函数、数组、字符串、结构和联合等几乎所有重要的 C 编程话题。书中给出了很多编程技巧和提示，每章后面有针对性很强的练习，附录部分则给出了部分练习的解答。

本书适合 C 语言初学者和初级 C 程序员阅读，也可作为计算机专业学生学习 C 语言的参考。

为什么需要本书

市面上已经有了许多讲述 C 语言的优秀图书，为什么我们还需要这一本呢？我在大学里教授 C 语言编程已有 10 个年头，但至今尚未发现一本书是按照我所喜欢的方式来讲述指针的。许多图书用一章的篇幅专门讲述指针，而且这部分内容往往出现在全书的后半部分。但是，仅仅描述指针的语法，并用一些简单的例子展示其用法是远远不够的。我在授课时，很早便开始讲授指针，而且在以后的授课过程中也经常讨论指针。我会描述它们在各种不同的上下文环境中的有效用法，展示使用指针的编程惯用法（programming idiom）。我还讨论了一些相关的课题，如编程效率和程序可维护性之间的权衡。指针是本书的线索所在，融会贯通于全书之中。

指针为什么如此重要？我的信念是：正是指针使 C 语言威力无穷。有些任务用其他语言也可以实现，但 C 语言能够更有效地实现；有些任务无法用其他语言实现，如直接访问硬件，但 C 语言却可以。要想成为一名优秀的 C 语言程序员，对指针有一个深入而完整的理解是先决条件。

然而，指针虽然很强大，与之相伴的风险却也不小。跟指甲锉相比，链锯可以更快地切割木材，但链锯更容易让人受伤，而且伤害常常来得极快，后果也非常严重。指针就像链锯一样，如果使用得当，它们可以简化算法的实现，并使其更富效率；如果使用不当，它们就会引起错误，导致细微而令人困惑的症状，并且极难发现原因。对指针只是略知一二便放手使用是件非常危险的事。如果那样的话，它给你带来的总是痛苦而不是欢乐。本书提供了你所需要的深入而完整的关于指针的知识，足以使你避开指针可能带来的痛苦。

为什么要学习 C 语言

为什么 C 语言依然如此流行？历史上，由于种种原因，业界选择了 C，其中最主要的原因就在于它的效率。优秀 C 程序的效率几乎和汇编语言程序一样高，但 C 程序明显比汇编语言程序更易于开发。和许多其他语言相比，C 给予程序员更多的控制权，如控制数据的存储位置和初始化过程等。C 缺乏"安全网"特性，这虽有助于提高它的效率，但也增加了出错的可能性。例如，C 对数组下标引用和指针访问并不进行有效性检查，这可以节省时间，但在使用这些特性时就必须特别小心。如果在使用 C 语言时能够严格遵守相关规定，就可以避免这些潜在的问题。

C 提供了丰富的操作符集合，它们可以让程序员有效地执行一些底层的计算（如移位和屏蔽）等，而不必求助汇编语言。C 的这个特点使很多人把 C 称为"高层"的汇编语言。但是，当需要的时候，C 程序可以很方便地提供汇编语言的接口。这些特性使 C 成为实现操作系统和嵌入式控制器软件的良好选择。

C 流行的另一个原因是它的普遍存在性。C 编译器已经在许多机器上得以实现。另外，ANSI 标准提高了 C 程序在不同机器之间的可移植性。

最后，C 是 C++的基础。C++提供了一种和 C 不同的程序设计和实现的观点。然而，如果你对 C 的知识和技巧（如指针和标准库等）成竹在胸，将非常有助于你成为一名优秀的 C++程序员。

为什么应该阅读本书

本书并不是一本关于编程的入门图书，它所面向的读者应该已经具备了一些编程经验，或者是一些想学习 C，但又不想被诸如为什么循环很重要以及何时需要使用 if 语句等肤浅问题耽误进程的人。

另外，本书并不要求读者以前学习过 C。本书涵盖了 C 语言所有方面的内容，这种内容的广泛覆盖性使得本书不仅适用于学生，也适用于专业人员。也就是说，本书适用于首次学习 C 的读者和那些经验更丰富但希望进一步提高语言使用技巧的用户。

优秀的 C++图书把关注点集中在与面向对象模型有关的课题上（如类的设计），而不是专注于基本的 C 技巧，这样做是对的。但 C++是建立在 C 基础之上的，C 的基本技巧依然非常重要，特别是那些能够实现可复用类的技巧。诚然，C++程序员在阅读本书时可以跳过一些熟悉的内容，但他们依然会在本书中找到许多有用的 C 工具和技巧。

本书的组织形式

本书是按照教程的形式来组织的，它所面向的读者是已经具有编程经验的人。它的编写风格类似于导师在你的身后注视着你的工作，时不时给你一些提示和警告。本书的写作目标是把通常需要多年实践才能获得的知识和观点传授给读者。这种组织形式也影响到书中内容的顺序——通常在一个地方引入一个话题，并进行完整的讲解。因此，本书也可以当作参考手册。

在这种组织形式中，存在两个显著的例外之处。首先是指针，它贯穿全书，会在许多不同的上下文环境中进行讨论。然后就是第 1 章，它对语言的基础知识提供了一个快速的介绍。这种介绍有助于你很快掌握编写简单程序的技巧。第 1 章所涉及的主题将在后续章节中深入讲解。

较之其他图书，本书在许多领域着墨更多，这主要是为了让每个主题更具深度，向读者传授通常只有实践才能获得的经验。另外，本书使用了一些在现实编程中不太常见的例子，虽然有些不太容易理解，但这些例子显示了 C 在某些方面的趣味所在。

ANSI C

本书使用的 ANSI C 是由 ANSI/ISO 9899-1990[ANSI 90]进行定义并由[KERN 89]进行描述的。之所以选择这个版本的 C，有两个原因：首先，它是旧式 C（有时称为 Kernighan 和 Ritchie[KERN 78]，或称为 K&R C）的后继者，并已在根本上取代了后者；其次，ANSI C 是 C++的基础。本书中的所有例子都是用 ANSI C 编写的，因此本书经常会把"ANSI C 标准文档"简称为"标准"。

排版说明

语法描述格式如下：

```
if( expression )
      statement
else
      statement
```

本书在语法描述中使用了 4 种字体，其中必需的代码（如上例中的关键字 if）将如上所示设置为 Courier New 字体。必要代码的抽象描述（如上例中的 expression）用 Courier New 表示。有些语句具有可选部分，如果决定使用可选部分（如此例中的 else 关键字），它将严格按上面的例子以**粗体 Courier New**表示。可选部分的抽象描述（如第 2 个 *statement*）将以*粗斜体 Courier New*表示。每次引入新术语时，本书将以**黑体**表示。

完整的程序将标上号码，以"程序 0.1"这样的格式显示。标题给出了程序的名称，包含源代码的文件名则显示在右下角。

文中有"**提示**"部分。这些提示中的许多内容都是对良好编程技巧的讨论——就是使程序更易编写、更易阅读并在以后更易理解。当一个程序初次写成时，稍微做些努力就可以节约以后修改程序的大量时间。其他一些提示能帮助你把代码写得更加紧凑或更有效率。

另外还有一些提示涉及软件工程的话题。C 的诞生远早于现代软件工程原则的形成。因此，有些语言特性和通用技巧不为这些原则所提倡。这些话题通常涉及某种特定结构的效率与代码的可读性、可维护性之间的利弊权衡。这方面的讨论将向你提供一些背景知识，帮助你判断效率上的收益是否抵得上其他质量上的损失。

当看到"**警告**"时就要特别小心：这里将要指出的是 C 程序员新手（有时甚至是老手）经常出现的错误之一，或者代码将不会如你所预想的那样运行。这个警告标志将使提示内容不易被忘记，而且以后回过头来寻找也更容易一些。

"**K&R C**"表示本书正在讨论 ANSI C 和 K&R C 之间的重要区别。尽管绝大多数以 K&R C 写成的程序仅需极微小的修改即可在 ANSI C 环境下运行，但有时仍可能碰到一个 ANSI 之前的编译器，或者遇到一个更老的程序。如此一来，两者的区别便至关重要。

每章问题和编程练习

本书每章的最后一节是问题和编程练习。问题难简不一，从简单的语法问题到更为复杂的问题（诸如效率和可维护性之间的权衡等），不一而足。编程练习按等级区分难度：★的练习最为简单；★★★★★的练习难度最大。这些练习有许多作为课堂测验已沿用多年。问题或编程练习前如果有一个 ✍ 符号，表示在附录中可以找到它的参考答案。

致谢

尽管无法列出对本书做出贡献的所有人，但依然向他们表示感谢。我的妻子 Margaret 对我的写作鼓励有加，为我提供精神上的支持，而且她默默承受着由于我写作本书而给她带来的生活上的孤独。

感谢我在 RIT 的同事 Warren Caithers 教授，他阅读并审校了本书的初稿。他真诚的批评帮助我从一大堆讲课稿和例子中生成了一份清晰、连贯的手稿。

非常感谢我的 C 语言编程课程的学生，他们帮助我发现录入错误，提出改进意见，并在学习过程中忍受着草稿形式的教材。他们对我的作品的反应向我提供了有益的反馈，帮助我进一步改进了本书的质量。

还要感谢 Steve Allan、Bill Appelbe、Richard C.Detmer、Roger Eggen、Joanne Goldenberg、Dan Hinton、Dan Hirschberg、Keith E.Jolly、Joseph F.Kent、Masoud Milani、Steve Summit 和 Kanupriya Tewary，他们在本书出版前对它作了评价。他们的建议和观点对我进一步改

进本书的表达形式助益颇多。

最后，我要向 Addison-Wesley 的编辑 Deborah Lafferty 女士、产品编辑 Amy Willcutt 女士表示感谢。正是由于她们的帮助，本书才从一本手稿成为一本正式的图书。她们不仅给了我很多有价值的建议，而且鼓励我改进原先自我感觉良好的排版。现在我已经看到了结果，她们的意见是正确的。

现在是开始学习的时候了，预祝大家在学习 C 语言的过程中找到快乐！

资源与支持

本书由异步社区出品，社区（https://www.epubit.com/）为您提供相关资源和后续服务。

提交勘误

作者和编辑尽最大努力来确保书中内容的准确性，但难免会存在疏漏。欢迎您将发现的问题反馈给我们，帮助我们提升图书的质量。

当您发现错误时，请登录异步社区，按书名搜索，进入本书页面，单击"提交勘误"，输入勘误信息，单击"提交"按钮即可。本书的作者和编辑会对您提交的勘误进行审核，确认并接受后，您将获赠异步社区的 100 积分。积分可用于在异步社区兑换优惠券、样书或奖品。

扫码关注本书

扫描下方二维码，您将会在异步社区微信服务号中看到本书信息及相关的服务提示。

与我们联系

我们的联系邮箱是 contact@epubit.com.cn。

如果您对本书有任何疑问或建议，请您发邮件给我们，并请在邮件标题中注明本书书名，以便我们更高效地做出反馈。

如果您有兴趣出版图书、录制教学视频，或者参与图书翻译、技术审校等工作，可以发邮件给我们；有意出版图书的作者也可以到异步社区在线投稿（直接访问 www.epubit.com/selfpublish/submission 即可）。

如果您是学校、培训机构或企业，想批量购买本书或异步社区出版的其他图书，也可以发邮件给我们。

如果您在网上发现有针对异步社区出品图书的各种形式的盗版行为，包括对图书全部或部分内容的非授权传播，请您将怀疑有侵权行为的链接发邮件给我们。您的这一举动是对作者权益的保护，也是我们持续为您提供有价值的内容的动力之源。

关于异步社区和异步图书

"异步社区"是人民邮电出版社旗下 IT 专业图书社区，致力于出版精品 IT 技术图书和相关学习产品，为作译者提供优质出版服务。异步社区创办于 2015 年 8 月，提供大量精品 IT 技术图书和电子书，以及高品质技术文章和视频课程。更多详情请访问异步社区官网 https://www.epubit.com。

"异步图书"是由异步社区编辑团队策划出版的精品 IT 专业图书的品牌，依托于人民邮电出版社近 30 年的计算机图书出版积累和专业编辑团队，相关图书在封面上印有异步图书的 LOGO。异步图书的出版领域包括软件开发、大数据、AI、测试、前端、网络技术等。

异步社区

微信服务号

目 录

快速上手

1.1 简介

从头开始介绍一门编程语言总是显得很困难，因为有许多细节还没有介绍，很难让读者在头脑中形成一幅完整的图。在本章中，我将向大家展示一个例子程序，并逐行讲解它的工作过程，试图让大家对 C 语言的整体有一个大概的印象。这个例子程序同时展示了你所熟悉的过程在 C 语言中是如何实现的。这些信息再加上本章所讨论的其他主题，一起构成了 C 语言的基础知识，这样你就可以自己编写有用的 C 程序了。

我们所要分析的这个程序是从标准输入读取文本并对其进行修改，然后把它写到标准输出中。程序 1.1 首先读取一串列标号。这些列标号成对出现，表示输入行的列范围。这串列标号以一个负值结尾，作为结束标志。剩余的输入行被程序读入并打印，然后输入行中被选中范围的字符串被提取出来并打印。注意，每行第 1 列的列标号为零。例如，如果输入如下：

```
4 9 12 20 -1
abcdefghijklmnopqrstuvwxyz
Hello there, how are you?
I am fine, thanks.
See you!
Bye
```

则程序的输出如下：

```
Original input : abcdefghijklmnopqrstuvwxyz
Rearranged line: efghijmnopqrstu
Original input : Hello there, how are you?
Rearranged line: o ther how are
Original input : I am fine, thanks.
Rearranged line:  fine,hanks.
Original input : See you!
Rearranged line: you!
Original input : Bye
Rearranged line:
```

这个程序的重要之处在于它展示了当你开始编写 C 程序时所需要知道的绝大多数基本技巧。

```
/*
** 这个程序从标准输入中读取输入行并在标准输出中打印这些输入行，
```

```
** 每个输入行的后面一行是该行内容的一部分。
**
** 输入的第 1 行是一串列标号，串的最后以一个负数结尾。
** 这些列标号成对出现，说明需要打印的输入行的列的范围。
** 例如，0  3  10  12  -1 表示第 0 列到第 3 列，第 10 列到第 12 列的内容将被打印。
*/


#include <stdio.h>
#include <stdlib.h>
#include <string.h>
#define    MAX_COLS  20          /* 所能处理的最大列号 */
#define    MAX_INPUT 1000         /* 每个输入行的最大长度 */

int  read_column_numbers( int columns[], int max );
void rearrange( char *output, char const *input,
    int n_columns, int const columns[] );

int main( void )
{
    int    n_columns;             /* 进行处理的列标号 */
    int    columns[MAX_COLS];     /* 需要处理的列数 */
    char   input[MAX_INPUT];      /* 容纳输入行的数组 */
    char   output[MAX_INPUT];     /* 容纳输出行的数组 */

    /*
    ** 读取该串列标号
    */
    n_columns = read_column_numbers( columns, MAX_COLS );

    /*
    ** 读取、处理和打印剩余的输入行。
    */
    while( gets( input ) != NULL ){
        printf( "Original input : %s\n", input );
        rearrange( output, input, n_columns, columns );
        printf( "Rearranged line: %s\n", output );
    }

    return EXIT_SUCCESS;
}

/*
** 读取列标号，如果超出规定范围则不予理会。
*/
int read_column_numbers( int columns[], int max )
{
    int   num = 0;
    int   ch;

    /*
    ** 取得列标号，如果所读的数小于 0 则停止。
    */
    while( num < max && scanf( "%d", &columns[num] ) == 1
        && columns[num] >= 0 )
            num += 1;
```

```
        /*
        ** 确认已经读取的标号为偶数个，因为它们是以对的形式出现的。
        */
        if( num % 2 != 0 ){
                puts( "Last column number is not paired." );
                exit( EXIT_FAILURE );
        }

        /*
        ** 丢弃该行中包含最后一个数字的那部分内容。
        */
        while( (ch = getchar()) != EOF && ch != '\n' )
                ;

        return num;
}

/*
** 处理输入行，将指定列的字符连接在一起，输出行以 NUL 结尾。
*/
void rearrange( char *output, char const *input,
        int n_columns, int const columns[] )
{
        int  col;             /* columns 数组的下标 */
        int  output_col;      /* 输出列计数器 */
        int  len;             /* 输入行的长度 */

        len = strlen( input );
        output_col = 0;

        /*
        ** 处理每对列标号。
        */
        for( col = 0; col < n_columns; col += 2 ){
                int  nchars = columns[col + 1] - columns[col] + 1;

                /*
                ** 如果输入行结束或输出行数组已满，就结束任务。
                */
                if( columns[col] >= len ||
                    output_col == MAX_INPUT - 1 )
                        break;

                /*
                ** 如果输出行数据空间不够，只复制可以容纳的数据。
                */
                if( output_col + nchars > MAX_INPUT - 1 )
                        nchars = MAX_INPUT - output_col - 1;

                /*
                ** 复制相关的数据。
                */
                strncpy( output + output_col, input + columns[col],
                        nchars );
                output_col += nchars;
        }
```

```
        output[output_col] = '\0';
    }
```

程序 1.1   重排字符   rearrang.c

1.1.1   空白和注释

现在，让我们仔细观察这个程序。首先需要注意的是程序的空白：空行将程序的不同部分分隔开来；制表符（tab）用于缩进语句，更好地显示程序的结构。C 是一种自由格式的语言，并没有规则要求你必须怎样书写语句。然而，如果你在编写程序时能够遵守一些约定还是非常值得的，它可以使代码更加容易阅读和修改，千万不要小看了这一点。

清晰地显示程序的结构固然重要，但告诉读者程序能做些什么以及怎样做则更为重要。**注释**（comment）就是用于实现这个功能。

```
/*
** 这个程序从标准输入中读取输入行并在标准输出中打印这些输入行，
** 每个输入行的后面一行是该行内容的一部分。
**
** 输入的第一行是一串列标号，串的最后以一个负数结尾。
** 这些列标号成对出现，说明需要被打印的输入行的列范围。
** 例如，0 3 10 12 -1 表示第 0 列到第 3 列，第 10 列到第 12 列的内容将被打印。
*/
```

这段文字就是**注释**。注释以符号/*开始，以符号*/结束。在 C 程序中，凡是可以插入空白的地方都可以插入注释。然而，注释不能嵌套，也就是说，第 1 个/*符号和第 1 个*/符号之间的内容都被看作是注释，不管里面还有多少个/*符号。

在有些语言中，注释有时用于把一段代码"注释掉"，也就是使这段代码在程序中不起作用，但并不将其真正从源文件中删除。在 C 语言中，这可不是个好主意，如果你试图在一段代码的首尾分别加上/*和*/符号来"注释掉"这段代码，则不一定能如愿。如果这段代码内部原先就有注释存在，这样做就会出问题。要从逻辑上删除一段 C 代码，更好的办法是使用#if 指令。只要像下面这样使用：

```
#if  0
      statements
#endif
```

在#if 和#endif 之间的程序段就可以有效地从程序中去除，即使这段代码之间原先存在注释也无妨，所以这是一种更为安全的方法。预处理指令的作用远比你想象的要大，本书将在第 14 章详细讨论这个问题。

1.1.2   预处理指令

```
#include <stdio.h>
#include <stdlib.h>
#include <string.h>
#define   MAX_COLS 20      /* 能够处理的最大列号 */
#define   MAX_INPUT1000     /* 每个输入行的最大长度 */
```

这 5 行称为**预处理指令**（preprocessor directive），因为它们是由**预处理器**（preprocessor）解释的。预处理器读入源代码，根据预处理指令对其进行修改，然后把修改过的源代码递交给编译器。

在我们的例子程序中，预处理器用名叫 stdio.h 的库函数头文件的内容替换第 1 条#include 指令语句，其结果就仿佛是 stdio.h 的内容被逐字写到源文件的那个位置。第 2、3 条指令的功能类似，只是它们所替换的头文件分别是 stdlib.h 和 string.h。

stdio.h 头文件使我们可以访问**标准 I/O 库**（Standard I/O Library）中的函数，这组函数用于执行输入和输出。stdlib.h 定义了 EXIT_SUCCESS 和 EXIT_FAILURE 符号。我们需要 string.h 头文件提供的函数来操纵字符串。

提示：

如果你有一些声明需要用于几个不同的源文件，这个技巧也非常方便——在一个单独的文件中编写这些声明，然后用#include 指令把这个文件包含到需要使用这些声明的源文件中。这样，只需要这些声明的一份副本，无须在许多不同的地方进行复制，这就避免了在维护这些代码时出现错误的可能性。

提示：

另一种预处理指令是#define，它把名字 MAX_COLS 定义为 20，把名字 MAX_INPUT 定义为 1000。当这个名字以后出现在源文件的任何地方时，它就会被替换为定义的值。由于它们被定义为字面值常量，所以这些名字不能出现于有些普通变量可以出现的场合（比如赋值符的左边）。这些名字一般都大写，用于提醒它们并非普通的变量。#define 指令和其他语言中符号常量的作用类似，出发点也相同。如果以后你觉得 20 列不够，可以简单地修改 MAX_COLS 的定义，这样就用不着在整个程序中到处寻找并修改所有表示列范围的 20，那样有可能漏掉一个，也可能把并非用于表示列范围的 20 也修改了。

```
int   read_column_numbers( int columns[], int max );
void rearrange( char *output, char const *input,
        int n_columns, int const columns[] );
```

这些声明被称为**函数原型**（function prototype）。它们告诉编译器这些以后将在源文件中定义的函数的特征。这样，当这些函数被调用时，编译器就能对它们进行准确性检查。每个原型以一个类型名开头，表示函数返回值的类型。跟在返回类型名后面的是函数的名字，再后面是函数期望接受的参数。所以，函数 read_column_numbers 返回一个整数，接受两个类型分别是整型数组和整型标量的参数。函数原型中参数的名字并非必需的，这里给出参数名的目的是提示它们的作用。

rearrange 函数接受 4 个参数。其中第 1 个和第 2 个参数都是**指针**（pointer）。指针指定一个存储于计算机内存中的值的地址，类似于门牌号码指定某个特定的家庭位于街道的何处。指针赋予 C 语言强大的威力，本书将在第 6 章详细讲解指针。第 2 个和第 4 个参数被声明为 const，这表示函数将不会修改函数调用者所传递的这两个参数。关键字 void 表示函数并不返回任何值，在其他语言里，这种无返回值的函数被称为**过程**（procedure）。

提示：

假如这个程序的源代码由几个源文件所组成，那么使用该函数的源文件都必须写明该函数的原型。把原型放在头文件中并使用#include 指令包含它们，可以避免由于同一个声明的多份副本而导致的维护性问题。

1.1.3　main 函数

```
int main( void )
```

```
{
```

这几行构成了 main 函数定义的起始部分。每个 C 程序都必须有一个 main 函数，因为它是程序执行的起点。关键字 int 表示函数返回一个整型值，关键字 void 表示函数不接受任何参数。main 函数的函数体包括左花括号和与之相匹配的右花括号之间的任何内容。

请观察一下缩进是如何使程序的结构显得更为清晰的。

```
int    n_columns;            /* 进行处理的列标号 */
int    columns[MAX_COLS];    /* 需要处理的列数 */
char   input[MAX_INPUT];     /* 容纳输入行的数组 */
char   output[MAX_INPUT];    /* 容纳输出行的数组 */
```

这几行声明了 4 个变量：一个整型标量、一个整型数组以及两个字符数组。所有 4 个变量都是 main 函数的局部变量，其他函数不能根据它们的名字访问它们。当然，它们可以作为参数传递给其他函数。

```
/*
** 读取该串列标号
*/
n_columns = read_column_numbers( columns, MAX_COLS );
```

这条语句调用函数 read_column_numbers。数组 columns 和 MAX_COLS 所代表的常量（20）作为参数传递给这个函数。在 C 语言中，数组参数是以**引用**（reference）形式进行传递的，也就是传址调用，而标量和常量则是按**值**（value）传递的（分别类似于 Pascal 和 Modula 中的 var 参数和值参数）。在函数中对标量参数的任何修改都会在函数返回时丢失，因此，被调用函数无法修改调用函数以传值形式传递给它的参数。然而，当被调用函数修改数组参数的其中一个元素时，调用函数所传递的数组就会被实际地修改。

事实上，关于 C 函数的参数传递规则可以表述如下：

所有传递给函数的参数都是按值传递的。

但是，当数组名作为参数时就会产生按引用传递的效果，如上所示。规则和现实行为之间似乎存在明显的矛盾之处，第 8 章会对此做出详细解释。

```
        /*
        ** 读取、处理和打印剩余的输入行。
        */
        while( gets( input ) != NULL ){
            printf( "Original input : %s\n", input );
            rearrange( output, input, n_columns, columns );
            printf( "Rearranged line: %s\n", output );
        }


        return EXIT_SUCCESS;
}
```

用于描述这段代码的注释看上去似乎有些多余。但是，如今最大的软件开销并非在于编写，而是在于维护。在修改一段代码时所遇到的第 1 个问题就是要搞清楚代码的功能。所以，如果你在代码中插入一些东西，能使其他人（或许就是你自己！）在以后更容易理解它，那就非常值得这样做。但是，要注意书写正确的注释，并且在你修改代码时要注意注释的更新。注释如果不正确那还不如没有！

这段代码包含了一个 while 循环。在 C 语言中，while 循环的功能和它在其他语言中一样。它首先测试表达式的值，如果是假的（0）就跳过循环体。如果表达式的值是真的（非 0），就执行循环体内的代码，然后再重新测试表达式的值。

这个循环代表了这个程序的主要逻辑。简而言之，它表示：

```
while 我们还可以读取另一行输入时
        打印输入行
        对输入行进行重新整理，把它存储于 output 数组
        打印输出结果
```

gets 函数从标准输入读取一行文本并把它存储于作为参数传递给它的数组中。一行输入由一串字符组成，以一个换行符（newline）结尾。gets 函数丢弃换行符，并在该行的末尾存储一个 NUL 字节[1]（一个 NUL 字节是指字节模式为全 0 的字节，类似'\0'这样的字符常量）。然后，gets 函数返回一个非 NULL 值，表示该行已被成功读取[2]。当 gets 函数被调用但事实上不存在输入行时，它就返回 NULL 值，表示它到达了输入的末尾（文件尾）。

在 C 程序中，处理字符串是常见的任务之一。尽管 C 语言并不存在"string"数据类型，但在整个语言中，存在一项约定：字符串就是一串以 NUL 字节结尾的字符。NUL 作为字符串终止符，它本身并不被看作是字符串的一部分。**字符串常量**（string literal）就是源程序中被双引号括起来的一串字符。例如，字符串常量：

```
"Hello"
```

在内存中占据 6 字节的空间，按顺序分别是 H、e、l、l、o 和 NUL。

printf 函数执行格式化的输出。C 语言的格式化输出比较简单，如果你是 Modula 或 Pascal 的用户，肯定会对此感到愉快。printf 函数接受多个参数，其中第一个参数是一个字符串，描述输出的格式，剩余的参数就是需要打印的值。格式常常以字符串常量的形式出现。

格式字符串包含格式指定符（格式代码）以及一些普通字符。这些普通字符将按照原样逐字打印出来，但每个格式指定符将使后续参数的值按照它所指定的格式打印。表 1.1 列出了一些常用的格式指定符。如果数组 input 包含字符串 Hi friend!，那么下面这条语句

```
printf( "Original input : %s\n", input);
```

的打印结果是：

```
Original input : Hi friends!
```

后面以一个换行符终止。

表 1.1　　　　　　　　　　　　　　常用 printf 格式代码

格　　式	含　　义
%d	以十进制形式打印一个整型值
%o	以八进制形式打印一个整型值
%x	以十六进制形式打印一个整型值

1　NUL 是 ASCII 字符集中 '\0' 字符的名字，它的字节模式为全 0。NULL 指一个其值为 0 的指针。它们都是整型值，其值也相同，所以它们可以互换使用。然而，你还是应该使用适当的常量，因为它能告诉阅读程序的人不仅使用 0 这个值，而且还能告诉他使用这个值的目的。

2　符号 NULL 在头文件 stdio.h 中定义。另一方面，并不存在预定义的符号 NUL，所以如果你想使用它而不是字符常量 '\0'，就必须自行定义。

续表

格　式	含　义
%g	打印一个浮点值
%c	打印一个字符
%s	打印一个字符串
\n	换行

例子程序接下来的一条语句调用 rearrange 函数。后面 3 个参数是传递给函数的值，第 1 个参数则是函数将要创建并返回给 main 函数的答案。记住，这种参数是唯一可以返回答案的方法，因为它是一个数组。最后一个 printf 函数显示输入行重新整理后的结果。

最后，当循环结束时，main 函数返回值 EXIT_SUCCESS。该值向操作系统提示程序成功执行。右花括号标志着 main 函数体的结束。

1.1.4　read_column_numbers 函数

```
/*
** 读取列标号，如果超出规定范围则不予理会。
*/
int
read_column_numbers( int columns[], int max )
{
```

这几行构成了 read_column_numbers 函数的起始部分。注意，这个声明和早先出现在程序中的该函数原型的参数个数和类型以及函数的返回值完全匹配。如果出现不匹配的情况，编译器就会报错。

在函数声明的数组参数中，并未指定数组的长度。这种格式是正确的，因为不论调用函数的程序传递给它的数组参数的长度是多少，这个函数都将照收不误。这是一个伟大的特性，它允许单个函数操纵任意长度的一维数组。这个特性不利的一面是函数没法知道该数组的长度。如果确实需要数组的长度，它的值必须作为一个单独的参数传递给函数。

当本例的 read_column_numbers 函数被调用时，传递给函数的其中一个参数的名字碰巧与上面给出的形参名字相同。但是，其余几个参数的名字与对应的形参名字并不相同。和绝大多数语言一样，C 语言中形式参数的名字和实际参数的名字并没有什么关系。你可以让两者相同，但并非一定要这样做。

```
int   num = 0;
int   ch;
```

这里声明了两个变量，它们是该函数的局部变量。第 1 个变量在声明时被初始化为 0，但第 2 个变量并未初始化。更准确地说，它的初始值将是一个不可预料的值，也就是垃圾。在这个函数里，它没有初始值并不碍事，因为函数对这个变量所执行的第 1 个操作就是对它赋值。

```
    /*
    ** 取得列标号，如果所读取的数小于 0 则停止。
    */
    while( num < max && scanf( "%d", &columns[num] ) == 1
        && columns[num] >= 0 )
            num += 1;
```

这又是一个循环，用于读取列标号。scanf 函数从标准输入读取字符并根据格式字符串对它们进行转换——类似于 printf 函数的逆操作。scanf 函数接受几个参数，其中第 1 个参数是一个格式字符串，用于描述期望的输入类型。剩余几个参数都是变量，用于存储函数所读取的输入数据。scanf 函数的返回值是函数成功转换并存储于参数中的值的个数。

警告：

对于这个函数，你必须小心在意。由于 scanf 函数的实现原理，所有标量参数的前面必须加上一个"&"符号。关于这点，第 8 章会解释清楚。数组参数前面不需要加上"&"符号[1]。但是，数组参数中如果出现了下标引用，也就是说实际参数是数组的某个特定元素，那么它的前面也必须加上"&"符号。第 15 章会解释在标量参数前面加上"&"符号的必要性。现在，你只要知道必须加上这个符号就行了，因为如果没有它们的话，程序就无法正确运行。

警告：

第二个需要注意的地方是格式代码，它与 printf 函数的格式代码颇为相似却又并不完全相同，所以很容易引起混淆。表 1.2 粗略列出了一些你可能会在 scanf 函数中用到的格式代码。注意，前 5 个格式代码用于读取标量值，所以变量参数的前面必须加上"&"符号。使用所有格式代码（除%c 之外）时，输入值之前的空白（空格、制表符、换行符等）会被跳过，值后面的空白表示该值的结束。因此，用%s 格式码输入字符串时，中间不能包含空白。除了表中所列之外，还存在许多格式代码，但表 1.2 中的这几个格式代码对于应付我们现在的需求已经足够了。

我们现在可以解释表达式：

```
scanf("%d", &columns[num] )
```

格式码%d 表示需要读取一个整型值。字符是从标准输入读取，前导空白将被跳过。然后这些数字被转换为一个整数，结果存储于指定的数组元素中。我们需要在参数前加上一个"&"符号，因为数组下标选择的是一个单一的数组元素，它是一个标量。

while 循环的测试条件由 3 个部分组成：

```
num < max
```

这个测试条件确保函数不会读取过多的值，从而导致数组溢出。如果 scanf 函数转换了一个整数之后，它就会返回 1 这个值。最后，

```
columns[num] >= 0
```

这个表达式确保函数所读取的值是正数。如果两个测试条件之一的值为假，循环就会终止。

表 1.2　　　　　　　　　　　　　常用 scanf 格式码

格　　式	含　　义	变 量 类 型
%d	读取一个整型值	int
%ld	读取一个长整型值	long
%f	读取一个实型值(浮点数)	float
%lf	读取一个双精度实型值	double
%c	读取一个字符	char
%s	从输入中读取一个字符串	char 型数组

1　即使在它前面加上一个"&"也没有什么不对，所以如果你喜欢，也可以加上它。

提示：

标准并未硬性规定 C 编译器对数组下标的有效性进行检查，而且绝大多数 C 编译器确实也不进行检查。因此，如果需要进行数组下标的有效性检查，则必须自行编写代码。如果此处不进行 num < max 这个测试，而且程序所读取的文件包含超过 20 个列标号，那么多出来的值就会存储在紧随数组之后的内存位置，这样就会破坏原先存储在这个位置的数据——可能是其他变量，也可以是函数的返回地址。这可能会导致多种结果，程序很可能不会按照你预想的那样运行。

&& 是"逻辑与"操作符。要使整个表达式为真，&& 操作符两边的表达式都必须为真。然而，如果左边的表达式为假，右边的表达式便不再进行求值，因为不管它是真是假，整个表达式总是假的。在这个例子中，如果 num 到达了它的最大值，循环就会终止[1]，而表达式

```
columns[num]
```

便不再被求值。

警告：

此处需要小心。当实际上想使用 && 操作符时，千万不要误用了 & 操作符。& 操作符执行"按位与"操作，虽然有些时候它的操作结果和 && 操作符相同，但很多情况下都不一样。第 5 章将讨论这些操作符。

scanf 函数每次调用时都从标准输入读取一个十进制整数。如果转换失败，不管是因为文件已经读完还是因为下一次输入的字符无法转换为整数，函数都会返回 0，这样就会使整个循环终止。如果输入的字符可以合法地转换为整数，那么这个值就会转换为二进制数存储于数组元素 columns[num] 中。然后，scanf 函数返回 1。

警告：

用于测试两个表达式是否相等的操作符是 ==。如果误用了 = 操作符，虽然它也是合法的表达式，但其结果肯定和你的本意不一样：它将执行赋值操作而不是比较操作！但由于它也是一个合法的表达式，所以编译器无法为你找出这个错误[2]。在进行比较操作时，千万要注意你所使用的是两个等号的比较操作符。如果你的程序无法运行，请检查一下所有的比较操作符，看看是不是这个地方出了问题。相信我，你肯定会犯这个错误，而且可能不止一次，我自己就曾经犯过这个错误。

接下来的一个 && 操作符确保在 scanf 函数成功读取了一个数之后，才对这个数进行是否赋值的测试。语句

```
num += 1;
```

使变量 num 的值增加 1，它相当于下面这个表达式

```
num = num + 1;
```

以后我将解释为什么 C 语言提供了两种不同的方式来增加一个变量的值[3]。

```
/*
```

---

[1] "循环终止"（the loop break）这句话的意思是循环结束而不是它突然出现了毛病。这句话源于 break 语句，我们将在第 4 章讨论它。

[2] 有些较新的编译器在 if 和 while 表达式中发现使用赋值符时会发出警告信息，其理论是在这样的上下文环境中，用户需要使用比较操作的可能性要远大于赋值操作。

[3] 加上前缀和后缀 ++ 操作符，事实上共有 4 种方法来增加一个变量的值。

```
**  确认已经读取的标号为偶数个，因为它们是以成对的形式出现的。
*/
if( num % 2 != 0 ){
        puts( "Last column number is not paired." );
        exit( EXIT_FAILURE );
}
```

这个测试检查程序所读取的整数是否为偶数个，这是程序规定的，因为这些数字要求成对出现。%操作符执行整数的除法，但它给出的结果是除法的余数而不是商。如果 num 不是一个偶数，它除以 2 之后的余数将不是 0。

puts 函数是 gets 函数的输出版本，它把指定的字符串写到标准输出并在末尾添上一个换行符。程序接着调用 exit 函数，终止程序的运行，EXIT_FAILURE 这个值被返回给操作系统，提示出现了错误。

```
/*
**  丢弃该行中包含最后一个数字的那部分内容。
*/
while( (ch = getchar()) != EOF && ch != '\n' )
            ;
```

当 scanf 函数对输入值进行转换时，它只读取需要读取的字符。这样，该输入行中包含了最后一个值的剩余部分仍会留在那里，等待被读取。它可能只包含作为终止符的换行符，也可能包含其他字符。不论如何，while 循环将读取并丢弃这些剩余的字符，防止它们被解释为第 1 行数据。

下面这个表达式

```
(ch = getchar() ) != EOF && ch != '\n'
```

值得花点时间讨论。首先，getchar 函数从标准输入读取一个字符并返回它的值。如果输入中不再存在任何字符，函数就会返回常量 EOF（在 stdio.h 中定义），用于提示文件的结尾。

从 getchar 函数返回的值被赋给变量 ch，然后把它与 EOF 进行比较。在赋值表达式两端加上括号用于确保赋值操作先于比较操作进行。如果 ch 等于 EOF，整个表达式的值就为假，循环将终止。若非如此，再把 ch 与换行符进行比较，如果两者相等，循环也将终止。因此，只有当输入尚未到达文件尾并且输入的字符并非换行符时，表达式的值才是真的（循环将继续执行）。这样，这个循环就能剔除当前输入行最后的剩余字符。

现在让我们进入有趣的部分。在大多数其他语言中，我们将像下面这样编写循环：

```
ch = getchar();
while( ch != EOF && ch != '\n' )
        ch = getchar();
```

它将读取一个字符，接下来如果我们尚未到达文件的末尾或读取的字符并不是换行符，它将继续读取下一个字符。注意，这里两次出现了下面这条语句：

```
    ch = getchar();
```

C 可以把赋值操作蕴含于 while 语句内部，这样就允许程序员消除冗余语句。

提示：

例子程序中的那个循环的功能和上面这个循环相同，但它包含的语句要少一些。无可争议，这种形式可读性差一点。仅仅根据这个理由，你就可以理直气壮地声称这种编码技巧应该避免使用。但是，你之所以会觉得这种形式的代码可读性较差，只是因为你对 C 语言及其编程的习惯用法不熟悉。经验丰富的 C 程序员在阅读（和编写）这类语句时根本不会出现困难。如果没有明显的好处，你应该避免使用影响代码可读性的方法。但在这种编程惯用法中，同样的语句少写一次带来的维护方面的好处要更大一些。

一个经常问到的问题是：为什么 ch 被声明为整型，而我们事实上需要它来读取字符？答案是 EOF 是一个整型值，它的位数比字符类型要多，把 ch 声明为整型可以防止从输入读取的字符意外地被解释为 EOF。但同时，这也意味着接收字符的 ch 必须足够大，足以容纳 EOF，这就是 ch 使用整型值的原因。正如第 3 章所讨论的那样，字符只是小整型数而已，所以用一个整型变量容纳字符值并不会引起任何问题。

提示：

对这段程序最后还有一点说明：这个 while 循环的循环体没有任何语句。仅仅完成 while 表达式的测试部分就足以达到我们的目的，所以循环体就无事可干。你偶尔也会遇到这类循环，处理它们应该没问题。while 语句之后的单独一个分号称为**空语句**（empty statement），它就是应用于目前这个场合，也就是语法要求这个地方出现一条语句但又无须执行任何任务的时候。这个分号独占一行，这是为了防止读者错误地以为接下来的语句也是循环体的一部分。

```
    return num;
}
```

return 语句就是函数向调用它的表达式返回一个值。在这个例子里，变量 num 的值被返回给调用该函数的程序，后者把这个返回值赋值给主程序的 n_columns 变量。

1.1.5 rearrange 函数

```
/*
** 处理输入行，将指定列的字符连接在一起，输出行以 NUL 结尾。
*/
void
rearrange( char *output, char const *input,
    int n_columns, int const columns[] )
{
    int  col;           /* columns 数组的下标 */
    int  output_col;    /* 输出列计数器 */
    int  len;           /* 输入行的长度 */
```

这些语句定义了 rearrange 函数并声明了一些局部变量。此处最有趣的一点是：前两个参数被声明为指针，但在函数实际调用时，传给它们的参数却是数组名。当数组名作为实参时，传给函数的实际上是一个指向数组起始位置的指针，也就是数组在内存中的地址。正因为实际传递的是一个指针而不是一份数组的拷贝，才使数组名作为参数时具备了传址调用的语义。函数可以按照操纵指针的方式来操纵实参，也可以像使用数组名一样用下标来引用数组的元素。第 8 章将对这些技巧进行更详细的说明。

但是，由于它的传址调用语义，如果函数修改了形参数组的元素，它实际上将修改实参数组的对应元素。因此，例子程序把 columns 声明为 const 就有两方面的作用。首先，它声明该函数的作者的意图是这个参数不能被修改。其次，它导致编译器去验证是否违背该意图。因此，这个函数的调用者不必担心例子程序中作为第 4 个参数传递给函数的数组中的元素会被修改。

```
    len = strlen( input );
```

```
output_col = 0;

/*
** 处理每对列标号。
*/
for( col = 0; col < n_columns; col += 2 ){
```

这个函数的真正工作是从这里开始的。我们首先获得输入字符串的长度，这样如果列标号超出了输入行的范围，我们就忽略它们。C 语言的 for 语句跟它在其他语言中不太像，它更像是 while 语句的一种常用风格的简写法。for 语句包含 3 个表达式（顺便说一下，这 3 个表达式都是可选的）。第一个表达式是**初始部分**，它只在循环开始前执行一次。第二个表达式是**测试部分**，它在循环每执行一次后都要执行一次。第三个表达式是**调整部分**，它在每次循环执行完毕后都要执行一次，但它在测试部分之前执行。为了清楚起见，上面这个 for 循环可以改写为如下所示的 while 循环：

```
col = 0;
while( col < n_columns ) {
    /*
    ** 循环体
    */
    col += 2;
}

int   nchars = columns[col + 1] - columns[col] + 1;

    /*
    ** 如果输入行结束或输出行数组已满，就结束任务。
    */
    if( columns[col] >= len ||
        output_col == MAX_INPUT - 1 )
          break;

    /*
    ** 如果输出行数据空间不够，只复制可以容纳的数据。
    */
    if( output_col + nchars > MAX_INPUT - 1 )
        nchars = MAX_INPUT - output_col - 1;

    /*
    ** 复制相关的数据。
    */
    strncpy( output + output_col, input + columns[col],
        nchars );
    output_col += nchars;
```

这是 for 循环的循环体，它一开始计算当前列范围内字符的个数，然后决定是否继续进行循环。如果输入行比起始列短，或者输出行已满，它便不再执行任务，使用 break 语句立即退出循环。

接下来的一个测试检查这个范围内的所有字符是否都能放入输出行中，如果不行，它就把 nchars 调整为数组能够容纳的大小。

提示：

在这种只使用一次的"一次性"程序中，不执行数组边界检查之类的任务，只是简单地让数组

"足够大"从而使其不溢出的做法是很常见的。然而，这种方法有时也应用于实际产品代码中。这种做法在绝大多数情况下将导致大部分数组空间被浪费，而且即使这样有时仍会出现溢出，从而导致程序失败[1]。

最后，strncpy 函数把选中的字符从输入行复制到输出行中可用的下一个位置。strncpy 函数的前两个参数分别是目标字符串和源字符串的地址。在这个调用中，目标字符串的位置是输出数组的起始地址向后偏移 output_col 列的地址，源字符串的位置则是输入数组起始地址向后偏移 columns[col] 个位置的地址。第 3 个参数指定需要复制的字符数[2]。输出列计数器随后向后移动 nchars 个位置。

```
    }
    output[output_col] = '\0';
}
```

循环结束之后，输出字符串将以一个 NUL 字符作为终止符。注意，在循环体中，函数必须经过精心设计，确保数组仍有空间容纳这个终止符。然后，程序执行流便到达了函数的末尾，于是执行一条隐式的 return 语句。由于不存在显式的 return 语句，因此没有任何值返回给调用这个函数的表达式。在这里，不存在返回值并不会有问题，因为这个函数被声明为 void（也就是说，不返回任何值），并且当它被调用时，并不对它的返回值进行比较操作或把它赋值给其他变量。

1.2　补充说明

本章的例子程序描述了许多 C 语言的基础知识。但在亲自动手编写程序之前，你还应该知道一些东西。首先是 putchar 函数，它与 getchar 函数相对应，它接受一个整型参数，并在标准输出中打印该字符（如前所述，字符在本质上也是整型）。

同时，在函数库里存在许多操纵字符串的函数。这里将简单地介绍几个最有用的。除非特别说明，这些函数的参数既可以是字符串常量，也可以是字符型数组名，还可以是一个指向字符的指针。

strcpy 函数与 strncpy 函数类似，但它并没有限制需要复制的字符数量。它接受两个参数：第 2 个字符串参数将被复制到第 1 个字符串参数；第 1 个字符串原有的字符将被覆盖。strcat 函数也接受两个参数，但它把第 2 个字符串参数添加到第 1 个字符串参数的末尾。在这两个函数中，它们的第 1 个字符串参数不能是字符串常量。而且，确保目标字符串有足够的空间是程序员的责任，函数并不对其进行检查。

在字符串内进行搜索的函数是 strchr，它接受两个参数：第 1 个参数是字符串；第 2 个参数是一个字符。这个函数在字符串参数内搜索字符参数第 1 次出现的位置，如果搜索成功就返回指向这个位置的指针，如果搜索失败就返回一个 NULL 指针。strstr 函数的功能类似，但它的第 2 个参数也是一个字符串，它搜索第 2 个字符串在第 1 个字符串中第 1 次出现的位置。

1.3　编译

编译和运行 C 程序的方法取决于所使用的系统类型。在 UNIX 系统中，要编译一个存储于文件

---

1 聪明的读者会注意到，如果遇到特别长的输入行，我们并没有办法防止 gets 函数溢出。这个漏洞确实是 gets 函数的缺陷，所以应该换用 fgets（将在第 15 章描述）。

2 如果源字符串的字符数少于第 3 个参数指定的复制数量，目标字符串中剩余的字节将用 NUL 字节填充。

testing.c 的程序，可以使用以下命令：

```
cc testing.c
a.out
```

在 PC 中，你需要知道所使用的是哪一种编译器。如果是 Borland C++，在 MS-DOS 窗口中，可以使用下面的命令：

```
bcc testing.c
testing
```

1.4　总结

本章的目的是描述足够的 C 语言的基础知识，使你对 C 语言有一个整体的印象。有了这方面的基础，在接下来的学习中，你会更加容易理解所讲内容。

本章的例子程序说明了许多要点。注释以/*开始，以*/结束，用于在程序中添加一些描述性的说明。#include 预处理指令可以使一个函数库头文件的内容由编译器进行处理，#define 指令允许你给字面值常量取个符号名。

所有的 C 程序必须有一个 main 函数，它是程序执行的起点。函数的标量参数通过传值的方式进行传递，而数组名参数则具有传址调用的语义。字符串是一串由 NUL 字节结尾的字符，并且有一组库函数以不同的方式专门用于操纵字符串。printf 函数执行格式化输出，scanf 函数用于格式化输入，getchar 和 putchar 分别执行非格式化字符的输入和输出。if 和 while 语句在 C 语言中的用途跟它们在其他语言中的用途差不太多。

通过观察例子程序的运行之后，你或许想亲自编写一些程序。你可能觉得 C 语言所包含的内容应该远远不止这些，确实如此。但是，这个例子程序应该足以让你上手了。

1.5　警告的总结

1. 在 scanf 函数的标量参数前未添加&字符。
2. 机械地把 printf 函数的格式代码照搬于 scanf 函数。
3. 在应该使用&&操作符的地方误用了&操作符。
4. 误用=操作符而不是==操作符来测试相等性。

1.6　编程提示的总结

1. 使用#include 指令避免重复声明。
2. 使用#define 指令给常量值取名。
3. 在#include 文件中放置函数原型。
4. 在使用下标前先检查它们的值。
5. 在 while 或 if 表达式中蕴含赋值操作。
6. 如何编写一个空循环体。
7. 始终要进行检查，确保数组不越界。

1.7　问题

1. C 是一种自由形式的语言，也就是说，并没有规则规定它的外观究竟应该怎样1。但本章的例子程序遵循了一定的空白使用规则。你对此有何想法？

2. 把声明（如函数原型的声明）放在头文件中，并在需要时用#include 指令把它们包含于源文件中，这种做法有什么好处？

3. 使用#define 指令给字面值常量取名有什么好处？

4. 依次打印一个十进制整数、字符串和浮点值，你应该在 printf 函数中分别使用什么格式代码？试编一例，让这些打印值以空格分隔，并在输出行的末尾添加一个换行符。

5. 编写一条 scanf 语句，它需要读取两个整数，分别保存于 quantity 和 price 变量，然后再读取一个字符串，保存在一个名叫 department 的字符数组中。

6. C 语言并不执行数组下标的有效性检查。你觉得为什么这个明显的安全手段会从语言中省略？

7. 本章描述的 rearrange 程序包含下面的语句

```
strncpy( output + output_col,
    input + columns[col], nchars );
```

strcpy 函数只接受两个参数，所以它实际上所复制的字符数由第 2 个参数指定。在本程序中，如果用 strcpy 函数取代 strncpy 函数会出现什么结果？

8. rearrange 程序包含下面的语句

```
while( gets( input ) != NULL ) {
```

你认为这段代码可能会出现什么问题？

1.8　编程练习

★ 1. "Hello world!" 程序常常是 C 编程新手所编写的第 1 个程序。它在标准输出中打印 Hello world!，并在后面添加一个换行符。当你希望摸索出如何在自己的系统中运行 C 编译器时，这个小程序往往是一个很好的测试例。

★★ 2. 编写一个程序，从标准输入读取几行输入。每行输入都要打印到标准输出上，前面要加上行号。在编写这个程序时要试图让程序能够处理的输入行的长度没有限制。

★★ 3. 编写一个程序，从标准输入读取一些字符，并把它们写到标准输出中。它同时应该计算 checksum（校验和）值，并写在字符的后面。

checksum 用一个 singed char 类型的变量进行计算，它初始为-1。当每个字符从标准输入读取时，它的值就被加到 checksum 中。如果 checksum 变量产出了溢出，这些溢出就会被忽略。当所有的字符均被写入后，程序以十进制整数的形式打印出 checksum 的值，它有可能是负值。注意，在 checksum 后面要添加一个换行符。

在使用 ASCII 码的计算机中，在包含 "Hello world!" 这几个词并以换行符结尾的文件

1　但预处理指令则有较严格的规则。

上运行这个程序应该产生下列输出：

```
Hello world!
102
```

★★ 4. 编写一个程序，一行行地读取输入行，直至到达文件尾。算出每行输入行的长度，然后把最长的那行打印出来。为了简单起见，你可以假定所有的输入行均不超过 1000 个字符。

★★★★ 5. rearrange 程序中的下列语句

```
if( columns[col] >= len ... )
            break;
```

当字符的列范围超出输入行的末尾时就停止复制。这条语句只有当列范围以递增顺序出现时才是正确的，但事实上并不一定如此。请修改这条语句，即使列范围不是按顺序读取时，也能正确完成任务。

★★★ 6. 修改 rearrange 程序，去除输入中列标号的个数必须是偶数的限制。如果读入的列标号为奇数个，函数就会把最后一个列范围设置为最后一个列标号所指定的列到行尾之间的范围。从最后一个列标号直至行尾的所有字符都将被复制到输出字符串。

基本概念

毫无疑问，学习一门编程语言的基础知识不如编写程序有趣。但是，不知道语言的基础知识会使你在编写程序时缺少乐趣。

2.1 环境

在 ANSI C 的任何一种实现中，存在两种不同的**环境**。第 1 种是**翻译环境**（translation environment），在这个环境里，源代码被转换为可执行的机器指令。第 2 种是**执行环境**（execution environment），它用于实际执行代码。标准明确说明，这两种环境不必位于同一台机器上。例如，**交叉编译器**（cross compiler）就是在一台机器上运行，但它所产生的可执行代码运行于不同类型的机器上。操作系统也是如此。标准同时讨论了**独立环境**（freestanding environment），就是不存在操作系统的环境。你可能在嵌入式系统中（如微波炉控制器）遇到这种类型的环境。

2.1.1 翻译

翻译阶段由几个步骤组成，组成一个程序的每个（有可能有多个）源文件通过编译过程分别转换为**目标代码**（object code）。然后，各个目标文件由**链接器**（linker）捆绑在一起，形成一个单一而完整的可执行程序。链接器同时也会引入标准 C 函数库中任何被该程序所用到的函数，而且它也可以搜索程序员个人的程序库，将其中需要使用的函数也链接到程序中。图 2.1 描述了这个过程。

编译过程本身也由几个阶段组成，首先是**预处理器**（preprocessor）处理。在这个阶段，预处理器在源代码上执行一些文本操作。例如，用实际值代替由#define 指令定义的符号以及读入由#include 指令包含的文件的内容。

然后，源代码经过**解析**（parse），判断它的语句的意思。第 2 个阶段是产生绝大多数错误和警告信息的地方。随后，便产生目标代码。目标代码是机器指令的初步形式，用于实现程序的语句。如果我们在编译程序的命令行中加入了要求进行优化的选项，**优化器**（optimizer）就会对目标代码进一步进行处理，使它效率更高。优化过程需要额外的时间，所以在程序调试完毕并准备生成正式产品之前一般不进行这个过程。至于目标代码是直接产生的，还是先以汇编语言语句的形式存在，然后再经过一个独立的阶段编译成目标文件，对我们来说并不重要。

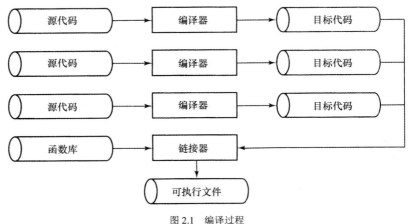

图 2.1　编译过程

1．文件名约定

尽管标准并没有制定文件的取名规则，但大多数环境都存在你必须遵守的文件名命名约定。C 源代码通常保存于以.c 扩展名命名的文件中。由#include 指令包含到 C 源代码的文件被称为头文件，通常具有扩展名.h。

至于目标文件名，不同的环境可能具有不同的约定。例如，在 UNIX 系统中，它们的扩展名是.o，但在 MS-DOS 系统中，它们的扩展名是.obj。

2．编译和链接

用于编译和链接 C 程序的特定命令在不同的系统中各不相同，但许多都和这里所描述的两种系统差不多。在绝大多数 UNIX 系统中，C 编译器被称为 cc，它可以用多种不同的方法来调用。

1．编译并链接一个完全包含于一个源文件的 C 程序：

```
cc program.c
```

这条命令产生一个称为 a.out 的可执行程序。中间会产生一个名为 program.o 的目标文件，但它在链接过程完成后会被删除。

2．编译并链接几个 C 源文件：

```
cc main.c sort.c lookup.c
```

当编译的源文件超过一个时，目标文件便不会被删除。这就允许你对程序进行修改后，只对那些进行过改动的源文件进行重新编译，如下一条命令所示。

3．编译一个 C 源文件，并把它和现存的目标文件链接在一起：

```
cc main.o lookup.o sort.c
```

4．编译单个 C 源文件，并产生一个目标文件（本例中为 program.o），以后再进行链接：

```
cc -c program.c
```

5．编译几个 C 源文件，并为每个文件产生一个目标文件：

```
cc -c main.c sort.c lookup.c
```

6. 链接几个目标文件：

```
cc main.o sort.o lookup.o
```

上面那些可以产生可执行程序的命令均可以加上 "-o name" 这个选项，它可以使链接器把可执行程序保存在 "name" 文件中，而不是 "a.out"。在缺省情况下，链接器在标准 C 函数库中查找。如果在编译时加上 "-lname" 标志，链接器就会同时在 "name" 的函数库中进行查找。这个选项应该出现在命令行的最后。除此之外，编译和链接命令还有很多选项，请查阅你所使用的系统的文档。

用于 MS-DOS 和 Windows 的 Borland C/C++ 5.0 有两种用户界面，可以分别选用。Windows 集成开发环境是一个完整的独立编程工具，它包括源代码编辑器、调试器和编译器。它的具体使用不在本书的范围之内。MS-DOS 命令行界面则与 UNIX 编译器差不太多，只是有下面几点不同。

1. 它的名字是 bcc。
2. 目标文件的名字是 file.obj。
3. 当单个源文件被编译并链接时，编译器并不删除目标文件。
4. 在缺省情况下，可执行文件以命令行中第一个源或目标文件名命名，不过你可以使用 "-ename" 选项把可执行程序文件命名为 "name.exe"。

2.1.2　执行

程序的执行过程也需要经历几个阶段。首先，程序必须载入到内存中。在宿主环境中（也就是具有操作系统的环境），这个任务由操作系统完成。那些不是存储在堆栈中的尚未初始化的变量将在这个时候得到初始值。在独立环境中，程序的载入必须由手工安排，也可能是通过把可执行代码置入只读内存（ROM）来完成。

然后，程序的执行便开始。在宿主环境中，通常一个小型的启动程序与程序链接在一起。它负责处理一系列日常事务，如收集命名行参数以便程序能够访问它们。接着，便调用 main 函数。

现在，开始执行程序代码。在绝大多数机器里，程序将使用一个运行时**堆栈**（stack），它用于存储函数的局部变量和返回地址。程序同时也可以使用**静态**（static）内存，存储于静态内存中的变量在程序的整个执行过程中将一直保留它们的值。

程序执行的最后一个阶段就是程序的终止，它可以由多种不同的原因引起。"正常"终止就是 main 函数返回[1]。有些执行环境允许程序返回一个代码，提示程序为什么停止执行。在宿主环境中，启动程序将再次取得控制权，并可能执行各种不同的日常任务，如关闭那些程序可能使用过但并未显式关闭的任何文件。除此之外，程序也可能是因为用户按下 break 键或者电话连接的挂起而终止，另外也可能是在执行过程中出现错误而自行中断。

2.2　词法规则

词法规则就像英语中的拼写规则，决定你在源程序中如何形成单独的字符片段，也就是**标记**（token）。

一个 ANSI C 程序由声明和函数组成。函数定义了需要执行的工作，而声明则描述了函数和（或）函数将要操作的数据类型（有时候是数据本身）。注释可以散布于源文件的各个地方。

1　或当有些程序执行了 exit，将在第 16 章描述。

2.2.1 字符

标准并没有规定 C 环境必须使用哪种特定的字符集，但它规定字符集必须包括英语所有的大写和小写字母、数字 0～9，以及下面这些符号：

```
! " # % ' ( ) * + , - . / :
; < > = ? [ ] \ ^ _ { } | ~
```

换行符用于标志源代码每一行的结束，当正在执行的程序的字符输入就绪时，它也用于标志每个输入行的末尾。如果运行时环境需要，换行符也可以是一串字符，但它们会被当作单个字符处理。字符集还必须包括空格、水平制表符、垂直制表符和格式反馈字符。这些字符加上换行符，通常被称作空白字符，因为当它们被打印出来时，在页面上出现的是空白而不是各种记号。

标准还定义了几个**三字母词**（trigrph），三字母词就是几个字符的序列，合起来表示另一个字符。三字母词使 C 环境可以在某些缺少一些必需字符的字符集上实现。这里列出了一些三字母词以及它们所代表的字符。

```
??(  [        ??<  {        ??=  #
??)  ]        ??>  }        ??/  \
??!  |        ??'  ^        ??-  ~
```

两个问号开头再尾随一个字符的形式一般不会出现在其他表达形式中，所以把三字母词用这种形式来表示，这样就不致引起误解。

警告：

尽管三字母词在某些环境中很有用，但对于那些用不着它的人而言，它实在是个令人讨厌的小东西。之所以选择**??**这个序列作为每个三字母词的开始，是因为它们出现的形式很不自然，但它们仍然隐藏着危险。你的脑子里一般不会有三字母词这个概念，因为它们极少出现。所以，当你偶尔书写了一个三字母词时，如下所示：

```
printf("Delete file (are you really sure??): " );
```

结果输出中将产生]字符，这无疑会令你大吃一惊。

当你编写某些 C 源代码时，你在一些上下文环境里想使用某个特定的字符，却可能无法如愿，因为该字符在这个环境里有特别的意义。例如，双引号 " 用于定界字符串常量，你如何在一个字符串常量内部包含一个双引号呢？K&R C 定义了几个**转义序列**（escape sequence）或**字符转义**（character escape），用于克服这个难题。ANSI C 在它的基础上又增加了几个转义序列。转义序列由一个反斜杠 \加上一个或多个其他字符组成。下面列出的每个转义序列代表反斜杠后面的那个字符，并未给这个字符增加特别的意义。

\? 在书写连续多个问号时使用，防止它们被解释为三字母词。

\" 用于表示一个字符串常量内部的双引号。

\' 用于表示字符常量 '。

\\ 用于表示一个反斜杠，防止它被解释为一个转义序列符。

有许多字符并不在源代码中出现，但它们在格式化程序输出或操纵终端显示屏时非常有用。C 语言也提供了一些这方面的转义符，方便你在程序中包含它们。在选择这些转义符的字符时，特地考虑了它们是否有助于记忆它们代表的字符的功能。

K&R C：

下面的转义符中，有些标以"†"符号，表示它们是 ANSI C 新增的，在 K&R C 中并未实现。

\a † 警告字符。它将奏响终端铃声或产生其他一些可听见或可看见的信号。

\b 退格键。

\f 进纸字符。

\n 换行符。

\r 回车符。

\t 水平制表符。

\v † 垂直制表符。

\ddd ddd 表示 1～3 个八进制数字。这个转义符表示的字符就是给定的八进制数值所代表的字符。

\xddd † 与上例类似，只是八进制数换成了十六进制数。

注意，任何十六进制数都有可能包含在\xddd 序列中，但如果结果值的大小超出了表示字符的范围，其结果就是未定义的。

2.2.2 注释

C 语言的注释以字符/*开始，以字符*/结束，中间可以包含除*/之外的任何字符。在源代码中，一个注释可能跨越多行，但它不能嵌套于另一个注释中。注意，/*或*/如果出现在字符串字面值内部，就不再起注释定界符的作用。

所有的注释都会被预处理器拿掉，取而代之的是一个空格。因此，注释可以出现于任何空格可以出现的地方。

警告：

注释从注释起始符/*开始，到注释终止符*/结束，其间的所有东西均作为注释的内容。这个规则看上去一目了然，但对于编写了下面这段看上去很无辜的代码的学生而言，情况就不一定如此了。你能看出来为什么只有第 1 个变量才被初始化吗？

```
x1=0;      /************************
x2=0;      **Initialize the      **
x3=0;      **counter variables.  **
x4=0;      ************************/
```

警告：

注意中止注释用的是*/而不是*？。如果你击键速度太快或者按住 Shift 键的时间太长，就可能误输入为后者。这个错误在指出来以后是一目了然，但在现实的程序中这种错误却很难被发现。

2.2.3 自由形式的源代码

C 是一种自由形式的语言，也就是说，并没有规则规定什么地方可以书写语句、一行中可以出现多少条语句、什么地方应该留下空白以及应该出现多少空白等[1]。唯一的规则就是相邻的标记之间必须出现一至多个空白字符（或注释），不然它们可能被解释为单个标记。因此，下列语句是等价的：

```
y=x+1;

y = x + 1;

y = x
+
1
```

至于下面这组语句，前 3 条语句是等价的，但第 4 条语句却是非法的：

```
int
x;

int    x;

int/*comment*/x;

intx;
```

这种代码书写的极度自由有利有弊。很快你就将听到一些关于这个话题的肥皂盒哲学。

2.2.4　标识符

标识符（identifier）就是变量、函数、类型等的名字。它们由大小写字母、数字和下划线组成，但不能以数字开头。C 是一种区分大小写的语言，所以 abc、Abc、abC 和 ABC 是 4 个不同的标识符。标识符的长度没有限制，但标准允许编译器忽略第 31 个字符以后的字符。标准同时允许编译器对用于表示外部名字（也就是由链接器操纵的名字）的标识符进行限制，只识别前 6 位不区分大小写的字符。

下列 C 语言关键字是被保留的，它们不能作为标识符使用：

auto	do	goto	signed	unsigned
break	double	if	sizeof	void
case	else	int	static	volatile
char	enum	long	struct	while
const	extern	register	switch	
continue	float	return	typedef	
default	for	short	union	

2.2.5　程序的形式

一个 C 程序可能保存于一个或多个源文件中。虽然一个源文件可以包含一个以上的函数，但每个函数都必须完整地出现于同一个源文件中[2]。标准并没有明确规定，但一个 C 程序的源文件应该包含一组相关的函数，这才是较为合理的组织形式。这种做法还有一个额外的优点，就是它使实现抽象数据类型成为可能。

1　预处理指令是个例外，第 14 章将对此进行描述，它是以行定位的。

2　从技术上说，使用#include 指令，一个函数可以分在两个源文件中定义，只要把其中一个包含到另一个就行，但这个方法可不是#include 指令的合理用法。

2.3 程序风格

这里按顺序列出了一些有关编程风格的评论。像 C 这种自由形式的语言很容易产生邋遢的程序，就是那种写起来很快很容易但以后很难阅读和理解的程序。人们一般凭借视觉线索进行阅读，所以你的源代码如果井然有序，将有助于别人以后阅读（阅读的人很可能就是你自己）。程序 2.1 就是一个例子，虽然有些极端，但它说明了这个问题。这是一个可以运行的程序，执行一些多少有点用处的功能。问题是，你能明白它是干什么的吗[1]？更糟的是，如果你要修改这个程序，该从何处着手呢？尽管在时间充裕的情况下，经验丰富的程序员能够推断出它的意思，但恐怕很少会有人乐意这么干。把它扔在一边，自己从头写一个要方便快速得多。

```
#include <stdio.h>
main(t,_,a)
char *a;
{return!0<t?t<3?main(-79,-13,a+main(-87,1-_,
main(-86, 0, a+1 )+a)):1,t<_?main(t+1, _, a ):3,main ( -94, -27+t, a
)&&t == 2 ?_<13 ?main ( 2, _+1, "%s %d %d\n" ):9:16:t<0?t<-72? main(_,
t,"@n'+,#'/*{}w+/w#cdnr/+,{}r/*de}+,/*{*+,/w{%+,/w#q#n+,/#{l,+,/n{n+\
,/+#n+,/#;#q#n+,/+k#;*+,/'r :'d*'3,}{w+K w'K:'+}e#';dq#'l q#'+d'K#!/\
+k#;q#'r}eKK#}'w'r} eKK{nl]'/#;#q#n'){)#}w'){}{nl]'/+#n';d}rw' i;# }{n\
l}!/n{n#'; r{#w'r nc{nl}'/#{l,+'K {rw' iK{;[{nl}'/w#q#\
n'wk nw' iwk{KK{nl}!/w{%'l##w#' i; :{nl}'/*{q#'ld;r'} {nlwb!/*de}'c \
;;{nl'-{}rw}'/+,} ##'*}#nc,',#nw]'/+kd'+e}+;'\
#'rdq#w! nr'/ ') }+}{rl#'{n' '}# }'+}##(!!/")
:t<-50?_==*a ?putchar(a[31]):main(-65,_,a+1):main((*a == '/')+t,_,a\
+1 ):0<t?main ( 2, 2, "%s"): *a=='/'|| main(0, main(-61,*a, "!ek;dc \
i@bK'(q)-[w]*%n+r3#l,{} :\nuwloca-O; m .vpbks,fxntdCeghiry"),a+1);}
```

程序 2.1 神秘程序 mystery.c

提示：

不良的风格和不良的文档是软件生产和维护代价高昂的两个重要原因。良好的编程风格能够大大提高程序的可读性。良好编程风格的直接结果就是程序更容易正确运行，间接结果是它们更容易维护，这将节省大笔资金成本。

本书的例子程序使用的风格是通过合理使用空格以强调程序的结构。下面列出了这个风格的几个特征，并说明为什么使用它们。

1. 空行用于分隔不同的逻辑代码段，它们是按照功能分段的。这样，读者一眼就能看到某个逻辑代码段的结束，而不必仔细阅读每行代码来找出它。

2. if 和相关语句的括号是这些语句的一部分，而不是它们所测试的表达式的一部分。所以，我在括号和表达式之间留下一个空格，使表达式看上去更突出一些。函数的原型也是如此。

3. 在绝大多数操作符的使用中，中间都隔以空格，这可以使表达式的可读性更佳。有时，在复杂的表达式中，我会省略空格，这有助于显示子表达式的分组。

---

1 不管你相信与否，它打印出歌曲 *The Twelve Days of Christmas* 的歌词。这个程序由 Cambridge Consultants Ltd.的 Ian Phillipps 编写，用于参加国际 C 混乱代码大赛（International Obfuscated C Code Contest）。我在征得同意后把它列在本书中，做了少许修改。其他用户若要使用本程序，必须事先征得 Landon Curt Noll 和 Larry Bassel 的书面许可。

4. 嵌套于其他语句的语句将进行缩进，以显示它们之间的层次。使用 Tab 键而不是空格，你可以很容易地将相关联的语句整齐排列。当整页都是程序代码时，使用足够大的缩进有助于程序匹配部分的定位，只使用两到三个空格是不够的。

有些人避免使用 Tab 键，因为他们认为 Tab 键使语句缩进得太多。在复杂的函数里，嵌套的层次往往很深，使用较大的 Tab 缩进意味着在一行内书写语句的空间就很小了。但是，如果函数确实如此复杂，你最好还是把它分成几个函数，可以使用其他函数来实现原先嵌套太深的部分语句。

5. 绝大部分注释都是成块出现的，这样它们从视觉上来看就很突出。读者可以更容易找到和跳过它们。

6. 在函数的定义中，返回类型出现于独立的一行中，而函数的名字则在下一行的起始处。这样，在寻找函数的定义时，你可以在一行的起始处找到函数的名字。

在研究这些代码示例时，还将看到很多其他特征。其他程序员可以选择他们喜欢的个人风格。是采用这种风格还是选择其他风格其实并不重要，关键是要始终如一地坚持使用同一种合理的风格。如果始终保持如一的风格，任何有一定水平的读者都能较为容易地读懂得你的代码。

2.4　总结

一个 C 程序的源代码保存在一个或多个源文件中，但一个函数只能完整地出现在同一个源文件中。把相关的函数放在同一个文件内是一种好策略。每个源文件都分别编译，产生对应的目标文件。然后，目标文件被链接在一起，形成可执行程序。编译和最终运行程序的机器有可能相同，也可能不同。

程序必须载入到内存中才能执行。在宿主式环境中，这个任务由操作系统完成。在自由式环境中，程序常常永久存储于 ROM 中。经过初始化的静态变量在程序执行前能获得它们的值。你的程序执行的起点是 main 函数。绝大多数环境使用堆栈来存储局部变量和其他数据。

C 编译器所使用的字符集必须包括某些特定的字符。如果你使用的字符集缺少某些字符，可以使用三字母词来代替。转义序列使某些无法打印的字符得以表达，例如在程序中包含某些空白字符。

注释以/*开始，以*/结束，它不允许嵌套。注释将被预处理器去除。标识符由字母、数字和下划线组成，但不能以数字开头。在标识符中，大写字母和小写字母是不一样的。关键字由系统保留，不能作为标识符使用。C 是一种自由形式的语言。但是，用清楚的风格来编写程序有助于程序的阅读和维护。

2.5　警告的总结

1. 字符串常量中的字符被错误地解释为三字母词。
2. 编写得糟糕的注释可能会意外地中止语句。
3. 注释的不适当结束。

2.6　编程提示的总结

良好的程序风格和文档将使程序更容易阅读和维护。

2.7　问题

1. 在 C 语言中，注释不允许嵌套。在下面的代码段中，用注释来"注释掉"一段语句会导致什么结果？

```
void
squares( int limit )
{
/* Comment out this entire function
        int     i;      /* loop counter */

        /*
        ** Print table of squares
        */
        for( i = 0; i < limit; i += 1 )
                printf( "%d %d0, i, i * i );
End of commented-out code */
}
```

2. 把一个大型程序放入一个单一的源文件中有什么优点和缺点？

3. 你需要用 printf 函数打印出下面这段文本（包括两边的双引号）。应该使用什么样的字符串常量参数？

    "Blunder??!??"

4. \40 的值是多少？\100、\x40、\x100、\0123、\x0123 的值又分别是多少？

5. 下面这条语句的结果是什么？

    int　x/*blah blah*/y;

6. 下面的声明存在什么错误（如果有的话）？

    int Case, If, While, Stop, stop;

7. 是非题：因为 C（除预处理指令之外）是一种自由形式的语言，唯一规定程序应如何编写的规则就是语法规则，所以程序实际看上去的样子无关紧要。

8. 下面程序中的循环是否正确？

```
#include <stdio.h>

int
main( void )
{
int     x, y;

x = 0;
while( x < 10 ){
        y = x * x;
        printf( "%d\t%d\n", x, y );
        x += 1;
}
```

这个程序中的循环是否正确？

```
#include <stdio.h>

int
main( void )
{
        int     x, y;
        x = 0;
        while( x < 10 ){
                y = x * x;
                printf( "%d\t%d\n", x, y );
                x += 1;
        }
```

哪个程序更易于检查其正确性？

9. 假定你有一个 C 程序，它的 main 函数位于文件 main.c，它还有一些函数位于文件 list.c 和 report.c。在编译和链接这个程序时，应该使用什么命令？

10. 接上题，如果想使程序链接到 parse 函数库，应该对命令做何修改？

11. 假定你有一个 C 程序，它由几个单独的文件组成，而这几个文件又分别包含了其他文件，如下所示：

文　　件	包 含 文 件
main.c	stdio.h、table.h
list.c	list.h
symbol.c	symbol.h
table.c	table.h
table.h	symbol.h、list.h

如果对 list.c 做了修改，应该用什么命令进行重新编译？如果是对 list.h 或者 table.h 做了修改，又应该分别使用什么命令？

2.8　编程练习

1. 编写一个程序，它由 3 个函数组成，每个函数分别保存在一个单独的源文件中。函数 increment 接受一个整型参数，它的返回值是该参数的值加 1。increment 函数应该位于文件 increment.c 中。第 2 个函数称为 negate，它也接受一个整型参数，它的返回值是该参数的负值（例如，如果参数是 25，函数返回–25；如果参数是–612，函数返回 612）。最后一个函数是 main，保存于文件 main.c 中，它分别用参数 10、0 和–10 调用另外两个函数，并打印出结果。

2. 编写一个程序，它从标准输入读取 C 源代码，并验证所有的花括号都正确地成对出现。注意：不必担心注释内部、字符串常量内部和字符常量形式的花括号。

数据

程序对数据进行操作，本章将对数据进行描述。描述它的各种类型、特点以及如何声明它。本章还将描述变量的 3 个属性——作用域、链接属性和存储类型。这 3 个属性决定了一个变量的"可视性"（也就是它可以在什么地方使用）和"生命期"（它的值将保持多久）。

3.1 基本数据类型

在 C 语言中，仅有 4 种基本数据类型——整型、浮点型、指针和聚合类型（如数组和结构等）。所有其他的类型都是从这 4 种基本类型的某种组合派生而来的。首先让我们来介绍整型和浮点型。

3.1.1 整型家族

整型家族包括字符、短整型、整型和长整型，它们都分为**有符号**（singed）和**无符号**（unsigned）两种版本。

听上去"长整型"所能表示的值应该比"短整型"所能表示的值要大，但这并不一定正确。规定整型值相互之间大小的规则很简单：

长整型至少应该和整型一样长，而整型至少应该和短整型一样长。

K&R C：

注意，标准并没有规定长整型必须比短整型长，只是规定它不得比短整型短。ANSI 标准加入了一个规范，说明了各种整型值的最小允许范围，如表 3.1 所示。当各个环境间的可移植性问题非常重要时，这个规范较之 K&R C 就是一个巨大的进步，尤其是在那些机器的系统结构差别极大的环境里。

表 3.1　　　　　　　　　　　　　　　　　变量的最小范围

类　　型	最小范围
char	$0 \sim 127$
signed char	$-127 \sim 127$

续表

类　型	最小范围
unsigned char	0～255
short int	−32767～32767
unsigned short int	0～65535
int	−32767～32767
unsigned int	0～65535
long int	−2147483647～2147483647
unsigned long int	0～4294967295

short int 至少 16 位，long int 至少 32 位。至于缺省的 int 究竟是 16 位还是 32 位，或者是其他值，则由编译器设计者决定。通常这个选择的缺省值是这种机器最为自然（高效）的位数。同时你还应该注意到标准也没有规定这 3 个值必须不一样。如果某种机器的环境的字长是 32 位，而且没有什么指令能够更有效地处理更短的整型值，它就可能把这 3 个整型值都设定为 32 位。

头文件 limits.h 说明了各种不同的整数类型的特点。它定义了表 3.2 所示的各个名字。limits.h 同时定义了下列名字：CHAR_BIT 是字符型的位数（至少 8 位）；CHAR_MIN 和 CHAR_MAX 定义了缺省字符类型的范围，它们或者应该与 SCHAR_MIN 和 SCHAR_MAX 相同，或者应该与 0 和 UCHAR_MAX 相同；最后，MB_LEN_MAX 规定了一个多字节字符最多允许的字符数量。

表 3.2 　　　　　　　　　　变量范围的限制

类　型	signed		unsigned
	最　小　值	最　大　值	最　大　值
字符	SCHAR_MIN	SCHAR_MAX	UCHAR_MAX
短整型	SHRT_MIN	SHRT_MAX	USHRT_MAX
整型	INT_MIN	INT_MAX	UINT_MAX
长整型	LONG_MIN	LONG_MAX	ULONG_MAX

尽管设计 char 类型变量的目的是为了让它们容纳字符型值，但字符在本质上是小整型值。缺省的 char 要么是 signed char，要么是 unsigned char，这取决于编译器。这个事实意味着不同机器上的 char 可能拥有不同范围的值。所以，只有当程序所使用的 char 型变量的值位于 signed char 和 unsigned char 的交集中时，这个程序才是可移植的。例如，ASCII 字符集中的字符都是位于这个范围之内的。

在一个把字符当作小整型值的程序中，如果显式地把这类变量声明为 signed 或 unsigned，可以提高这类程序的可移植性。这类做法可以确保不同的机器中在字符是否为有符号值方面保持一致。另一方面，有些机器在处理 signed char 时得心应手，如果硬把它改成 unsigned char，效率可能受损，所以把所有的 char 变量统一声明为 signed 或 unsigned 未必是上上之策。同样，许多处理字符的库函数把它们的参数声明为 char，如果你把参数显式声明为 unsigned char 或 signed char，可能会带来兼容性问题。

提示：

当可移植问题比较重要时，字符是否为有符号数就会带来两难的境地。最佳妥协方案就是把存储于 char 型变量的值限制在 signed char 和 unsigned char 的交集内，这可以获得最大程度的可移植性，同时又不牺牲效率。并且，只有当 char 型变量显式声明为 signed 或 unsigned 时，才对它执行算术运算。

1. 整型字面值

字面值（literal）[1]这个术语是字面值常量的缩写——这是一种实体，指定了自身的值，并且不允许发生改变。这个特点非常重要，因为 ANSI C 允许**命名常量**（named constant，声明为 const 的变量）的创建，它与普通变量极为类似。区别在于，当它被初始化以后，它的值便不能改变。

当一个程序内出现整型字面值时，它是属于整型家族 9 种不同类型中的哪一种呢？答案取决于字面值是如何书写的，但是你可以在有些字面值的后面添加一个后缀来改变缺省的规则。在整数字面值后面添加字符 L 或 l（这是字母 l，不是数字 1），可以使这个整数被解释为 long 整型值，字符 U 或 u 则用于把数值指定为 unsigned 整型值。如果在一个字面值后面添加这两组字符中的各一个，那么它就被解释为 unsigned long 整型值。

在源代码中，用于表示整型字面值的方法有很多，其中最自然的方式是十进制整型值，诸如：

```
123        65535        −275²
```

十进制整型字面值可能是 int、long 或 unsigned long。在缺省情况下，它是最短类型但能完整容纳这个值。

整数也可以用八进制来表示，只要在数值前面以 0 开头。整数也可以用十六进制来表示，它以 0x 开头。例如：

```
0173    0177777     000060
0x7b    0xFFFF      0xabcdef00
```

在八进制字面值中，数字 8 和 9 是非法的。在十六进制字面值中，可以使用字母 ABCDEF 或 abcdef。八进制和十六进制字面值可能的类型是 int、unsigned int、long 或 unsigned long。在缺省情况下，字面值的类型就是上述类型中最短但足以容纳整个值的类型。

另外还有字符常量。它们的类型总是 int。你不能在它们后面添加 unsigned 或 long 后缀。字符常量就是一个用单引号包围起来的单个字符（或字符转义序列或三字母词），诸如：

```
'M'       '\n'       '??('       '\377'
```

标准也允许诸如'abc'这类的多字节字符常量，但它们的实现在不同的环境中可能不一样，所以不鼓励使用。

最后，如果一个多字节字符常量的前面有一个 L，那么它就是**宽字符常量**（wide character literal）。如：

```
L'X'      L'e^'
```

当运行时环境支持一种宽字符集时，就有可能使用它们。

提示：

尽管对于读者而言，整型字面值的书写形式看上去可能相差甚远。但当在程序中使用它们时，编译器并不介意你的书写形式。采用何种书写方式，应该取决于这个字面值使用时的上下文环境。绝大多数字面值写成十进制的形式，因为这是人们阅读起来最为自然的形式。但这也不尽然，这里就有几个例子，此时采用其他类型的整型字面值更为合适。

1　译注：在本书中，literal 这个词有时译为"字面值"，有时译为"常量"，它们的含义相同，只是表达的习惯不一。其中，string literal 和 char literal 分别译为"字符串常量"和"字符常量"，其他的 literal 一般译为"字面值"。

2　从技术上说，−275 并非字面值常量，而是常量表达式。负号被解释为单目操作符而不是数值的一部分。但是在实践中，这个歧义性基本没什么意义。这个表达式总是被编译器按照你所预想的方法计算。

当一个字面值用于确定一个字中某些特定位的位置时，将它写成十六进制或八进制值更为合适，因为这种写法更清晰地显示了这个值的特殊本质。例如，983040 这个值在第 16～19 位都是 1，如果采用十进制写法，你绝对看不出这一点。但是，如果将它写成十六进制的形式，它的值就是 0xF000，这就清晰地显示出那几位都是 1 而剩余的位都是 0。如果在某种上下文环境中，这些特定的位非常重要时，那么把字面值写成十六进制形式可以使操作的含义对于读者而言更为清晰。

如果一个值被当作字符使用，那么把这个值表示为字符常量可以使这个值的意思更为清晰。例如，下面两条语句

```
value = value - 48;
value = value - \60;
```

和下面这条语句

```
value = value - '0';
```

的含义完全一样，但最后一条语句的含义更为清晰，它用于表示把一个字符转换为二进制值。更为重要的是，不管所采用的是何种字符集，使用字符常量所产生的总是正确的值，所以它能提高程序的可移植性。

2. 枚举类型

枚举（enumerated）类型就是指它的值为符号常量而不是字面值的类型，它们以下面这种形式声明：

```
enum Jar_Type { CUP, PINT, QUART, HALF_GALLON, GALLON };
```

这条语句声明了一个类型，称为 Jar_Type。这种类型的变量按下列方式声明：

```
enum Jar_Type milk_jug, gas_can, medicine_bottle;
```

如果某种特别的枚举类型的变量只使用一个声明，就可以把上面两条语句组合成下面的样子：

```
enum { CUP, PINT, QUART, HALF_GALLON, GALLON }
    milk_jug, gas_can, medicine_bottle;
```

这种类型的变量实际上以整型的方式存储，这些符号名的实际值都是整型值。这里 CUP 是 0，PINT 是 1，以此类推。适当的时候，可以为这些符号名指定特定的整型值，如下所示：

```
enum Jar_Type { CUP = 8, PINT = 16, QUART = 32,
    HALF_GALLON = 64, GALLON = 128 };
```

只对部分符号名用这种方式进行赋值也是合法的。如果某个符号名未显式指定一个值，那么它的值就比前面一个符号名的值大 1。

提示：

符号名被当作整型常量处理，声明为枚举类型的变量实际上是整数类型。这个事实意味着可以给 Jar_Type 类型的变量赋诸如–623 这样的字面值，也可以把 HALF_GALLON 这个值赋给任何整型变量。但是，要避免以这种方式使用枚举，因为把枚举变量同整数无差别地混合在一起使用，会削弱它们值的含义。

3.1.2 浮点类型

诸如 3.14159 和 6.023×10^{23} 这样的数值无法按照整数存储。第一个数并非整数，而第二个数远远超出了计算机整数所能表达的范围。但是，它们可以用浮点数的形式存储。它们通常以一个小数以

及一个以某个假定数为基数的指数组成，例如：

    $.3243F\times16^1$ $.110010010000111111\times2^2$

它们所表示的值都是 3.14159。用于表示浮点值的方法有很多，标准并未规定必须使用某种特定的格式。

浮点数家族包括 float、double 和 long double 类型。通常，这些类型分别提供单精度、双精度以及在某些支持扩展精度的机器上提供扩展精度。ANSI 标准仅仅规定 long double 至少和 double 一样长，而 double 至少和 float 一样长。标准同时规定了一个最小范围：所有浮点类型至少能够容纳 $10^{-37}\sim$ 10^{37} 之间的任何值。

头文件 float.h 定义了名字 FLT_MAX、DBL_MAX 和 LDBL_MAX，分别表示 float、double 和 long double 所能存储的最大值。而 FLT_MIN、DBL_MIN 和 LDBL_MIN 则分别表示 float、double 和 long double 能够存储的最小值。这个文件另外还定义了一些和浮点值的实现有关的某些特性的名字，例如浮点数所使用的基数、不同长度的浮点数的有效数字的位数等。

浮点数字面值总是写成十进制的形式，它必须有一个小数点或一个指数，也可以两者都有。这里有一些例子：

    3.14159   1E10   25.   .5   6.023e23

浮点数字面值在缺省情况下都是 double 类型的，除非它的后面跟一个 L 或 l 来表示它是一个 long double 类型的值，或者跟一个 F 或 f 来表示它是一个 float 类型的值。

3.1.3 指针

指针是 C 语言为什么如此流行的一个重要原因。指针可以有效地实现诸如 tree 和 list 这类高级数据结构。其他有些语言，如 Pascal 和 Modula-2，也实现了指针，但它们不允许在指针上执行算术或比较操作，也不允许以任何方式创建指向已经存在的数据对象的指针。正是由于不存在这方面的限制，所以，用 C 语言可以比使用其他语言编写出更为紧凑和有效的程序。同时，C 对指针使用的不加限制也正是许多令人欲哭无泪和咬牙切齿的错误的根源。不论是初学者还是经验老道的程序员，都曾深受其害。

变量的值存储于计算机的内存中，每个变量都占据一个特定的位置。每个内存位置都由**地址**唯一确定并引用，就像一条街道上的房子由它们的门牌号码来标识一样。指针只是地址的另一个名字罢了。指针变量就是一个其值为另外一个（一些）内存地址的变量。C 语言拥有一些操作符，可以用来获得一个变量的地址，也可以通过一个指针变量取得它所指向的值或数据结构。不过，本书将在第 5 章才讨论这方面的内容。

通过地址而不是名字来访问数据的想法常常会引起混淆。事实上你不该被搞混，因为在日常生活中，有很多东西都是这样的。比如用门牌号码来标识一条街道上的房子就是如此，没有人会把房子的门牌号码和房子里面的东西搞混，也不会有人错误地给居住在"罗伯特·史密斯"的"埃尔姆赫斯特大街 428 号的先生"写信。

指针也完全一样。你可以把计算机的内存想象成一条长街上的一间间房子，每间房子都用一个唯一的号码进行标识。每个位置包含一个值，这和它的地址是独立且显著不同的，即使它们都是数字。

1. 指针常量（pointer constant）

指针常量与非指针常量在本质上是不同的，因为编译器负责把变量赋值给计算机内存中的位置，程序员事先无法知道某个特定的变量将存储到内存中的哪个位置。因此，你通过操作符获得一个变量的地址而不是直接把它的地址写成字面值常量的形式。例如，如果希望知道变量 xyz 的地址，我们无法书写一个类似 oxff2044ec 这样的字面值，因为我们不知道这是不是编译器实际存放这个变量的内存位置。事实上，当一个函数每次被调用时，它的自动变量（局部变量）可能每次分配的内存位置都不相同。因此，把指针常量表达为数值字面值的形式几乎没有用处，所以 C 语言内部并没有特地定义这个概念[1]。

2. 字符串常量（string literal）

许多人对 C 语言不存在字符串类型感到奇怪，不过 C 语言提供了字符串常量。事实上，C 语言中存在字符串的概念：它就是一串以 NUL 字节结尾的零个或多个字符。字符串通常存储在字符数组中，这也是 C 语言没有显式的字符串类型的原因。由于 NUL 字节是用于终结字符串的，所以在字符串内部不能有 NUL 字节。不过，在一般情况下，这个限制并不会造成问题。之所以选择 NUL 作为字符串的终止符，是因为它不是一个可打印的字符。

字符串常量的书写方式是用一对双引号包围一串字符，如下所示：

```
    "Hello"      "\aWarning!\a"      "Line 1\nLine2"       ""
```

最后一个例子说明字符串常量（不像字符常量）可以是空的。尽管如此，即使是空字符串，依然存在作为终止符的 NUL 字节。

K&R C:

在字符串常量的存储形式中，所有的字符和 NUL 终止符都存储于内存的某个位置。K&R C 并没有提及一个字符串常量中的字符是否可以被程序修改，但它清楚地表明具有相同的值的不同字符串常量在内存中是分开存储的。因此，许多编译器都允许程序修改字符串常量。

ANSI C 则声明，如果对一个字符串常量进行修改，其效果是未定义的。它也允许编译器把一个字符串常量存储于一个地方，即使它在程序中多次出现。这就使得修改字符串常量变得极为危险，因为对一个常量进行修改可能殃及程序中其他字符串常量。因此，许多 ANSI 编译器不允许修改字符串常量，或者提供编译时选项，让你自行选择是否允许修改字符串常量。在实践中，请尽量避免这样做。如果需要修改字符串，请把它存储于数组中。

之所以把字符串常量和指针放在一起讨论，是因为在程序中使用字符串常量会生成一个"指向字符的常量指针"。当一个字符串常量出现于一个表达式中时，表达式所使用的值就是这些字符所存储的地址，而不是这些字符本身。因此，可以把字符串常量赋值给一个"指向字符的指针"，后者指向这些字符所存储的地址。但是，不能把字符串常量赋值给一个字符数组，因为字符串常量的直接值是一个指针，而不是这些字符本身。

如果你觉得不能赋值或复制字符串显得不方便，你应该知道标准 C 函数库包含了一组函数，它们就用于操纵字符串，包括对字符串进行复制、连接、比较、计算字符串长度和在字符串中查找特定字符的函数。

---

1 NULL 指针是一个例外，它可以用零值来表示。更多的信息请参见第 16 章。

3.2　基本声明

只知道基本的数据类型还远远不够，还应该知道怎样声明变量。变量声明的基本形式是：

说明符（一个或多个）　声明表达式列表

对于简单的类型，声明表达式列表就是被声明的标识符的列表。对于更为复杂的类型，声明表达式列表中的每个条目实际上是一个表达式，显示被声明的名字的可能用途。如果你觉得这个概念过于模糊，不必担忧，我很快将对此进行详细讲解。

说明符（specifier）包含了一些关键字，用于描述被声明的标识符的基本类型。说明符也可以用于改变标识符的缺省存储类型和作用域。我们马上就将讨论这些话题。

在第 1 章的例子程序里，你已经见到了一些基本的变量声明，这里还有几个：

```
int i;
char j, k, l;
```

第 1 个声明提示变量 i 是一个整数，第 2 个声明表示 j、k 和 l 是字符型变量。

说明符也可能是一些用于修改变量的长度或是否为有符号数的关键字。这些关键字是：

```
short        long        singed        unsigned
```

同时，在声明整型变量时，如果声明中已经至少有了一个其他的说明符，关键字 int 可以省略。因此，下面两个声明的效果是相等的：

```
unsigned short int      a;
unsigned short          a;
```

表 3.3 显示了所有这些变量声明的变型。同一个框内的所有声明都是等同的。signed 关键字一般只用于 char 类型，因为其他整型类型在缺省情况下都是有符号数。至于 char 是否是 signed，则因编译器而异。所以，char 可能等同于 signed char，也可能等同于 unsigned char，表 3.3 中并未列出这方面的相等性。

浮点类型在这方面要简单一些，因为除了 long double，其余几个说明符（short、signed 和 unsigned）都是不可用的。

表 3.3　　　　　　　　　　　　　　　　相等的整型声明

short short int	signed short signed short int	unsigned short unsigned short int
int	signed int signed	unsigned int unsigned
long long int	signed long signed long int	unsigned long unsigned long int

3.2.1　初始化

在一个声明中，可以给一个标量变量指定一个初始值，方法是在变量名后面跟一个等号（赋值号），后面是想要赋给变量的值。例如：

```
int  j = 15;
```

这条语句声明 j 为一个整型变量，其初始值为 15。本章后面还将探讨初始化的问题。

3.2.2　声明简单数组

为了声明一个一维数组，在数组名后面要跟一对方括号，方括号里面是一个整数，指定数组中元素的个数。这是早先提到的声明表达式的第 1 个例子。例如，考虑下面这个声明：

```
int        values[20];
```

对于这个声明，显而易见的解释是：我们声明了一个整型数组，数组包含 20 个整型元素。这种解释是正确的，但我们有一种更好的方法来阅读这个声明。名字 values 加一个下标，产生一个类型为 int 的值（共有 20 个整型值）。这个"声明表达式"显示一个表达式中的标识符产生了一个基本类型的值，在本例中为 int。

数组的下标总是从 0 开始，最后一个元素的下标是元素的数目减 1。我们没有办法修改这个属性，但如果一定要让某个数组的下标从 10 开始，那也并不困难，只要在实际引用时把下标值减去 10 即可。

C 数组另一个值得关注的地方是，编译器并不检查程序对数组下标的引用是否在数组的合法范围之内[1]。这种不加检查的行为有好处也有坏处。好处是不需要浪费时间对有些已知是正确的数组下标进行检查。坏处是这样做将无法检测出无效的下标引用。一个良好的经验法则是：

如果下标值是从那些已知是正确的值计算得来，那么就无须检查它的值。如果一个用作下标的值是根据某种方法从用户输入的数据产生而来的，那么在使用它之前必须进行检测，确保它们位于有效的范围之内。

第 8 章将讨论数组的初始化。

3.2.3　声明指针

声明表达式也可用于声明指针。在 Pascal 和 Modula 的声明中，先给出各个标识符，随后才是它们的类型。在 C 语言的声明中，先给出一个基本类型，紧随其后的是一个标识符列表，这些标识符组成表达式，用于产生基本类型的变量。例如：

```
int    *a;
```

这条语句表示表达式 *a 产生的结果类型是 int。知道了 * 操作符执行的是间接访问操作[2]以后，我们可以推断出 a 肯定是一个指向 int 的指针[3]。

警告：

C 在本质上是一种自由形式的语言，这很容易诱使你把星号写在靠近类型的一侧，如下所示：

```
int*  a;
```

这个声明与前面一个声明具有相同的意思，而且看上去更为清楚，a 被声明为类型为 int* 的指针。但

1　从技术上说，让编译器准确地检查下标值是否有效是做得到的，但这样做将带来极大的额外负担。有些后期的编译器，如 Borland C++ 5.0，把下标检查作为一种调试工具，你可以选择是否启用它。

2　译注：indirection 在本书中译为"间接访问"。

3　间接访问操作只对指针变量才是合法的。指针指向结果值。对指针进行间接访问操作可以获得这个结果值。更多的细节请参见第 6 章。

是，这并不是一个好技巧，原因如下：

```
int*  b, c, d;
```

人们很自然地以为这条语句把所有 3 个变量声明为指向整型的指针，但事实上并非如此。我们被它的形式愚弄了。星号实际上是表达式*b 的一部分，只对这个标识符有用。b 是一个指针，但其余两个变量只是普通的整型。要声明 3 个指针，正确的语句如下：

```
int    *b, *c, *d;
```

在声明指针变量时，也可以为它指定初始值。这里有一个例子，它声明了一个指针，并用一个字符串常量对其进行初始化：

```
char  *message = "Hello world!";
```

这条语句把 message 声明为一个指向字符的指针，并用字符串常量中第 1 个字符的地址对该指针进行初始化。

警告：

这种类型的声明所面临的一个危险是你很容易误解它的意思。在前面一个声明中，看上去初始值似乎是赋给表达式*message，事实上它是赋给 message 本身的。换句话说，前面一个声明相当于：

```
char    *message;
message = "Hello world! ";
```

3.2.4　隐式声明

C 语言中有几种声明，它的类型名可以省略。例如，函数如果不显式地声明返回值的类型，它就默认返回整型。当使用旧风格来声明函数的形式参数时，如果省略了参数的类型，编译器就会默认它们为整型。最后，如果编译器可以得到充足的信息，推断出一条语句实际上是一个声明时，如果它缺少类型名，编译器会假定它为整型。

考虑下面这个程序：

```
int   a[10];
int   c;
b[10];
d;

f( x )
{
    return x + 1;
}
```

这个程序的前面两行都很寻常，但第 3 行和第 4 行在 ANSI C 中却是非法的。第 3 行缺少类型名，但对于 K&R 编译器而言，它已经拥有足够的信息判断出这条语句是一个声明。令人惊奇的是，有些 K&R 编译器还能正确地把第 4 行也按照声明进行处理。函数 f 缺少返回类型，于是编译器就默认它返回整型。参数 x 也没有类型名，同样被默认为整型。

提示：

依赖隐式声明可不是一个好主意。隐式声明总会在读者的头脑中留下疑问：是有意遗漏类型名呢，还是不小心忘记写了？显式声明就能够清楚地表达你的意图。

3.3 typedef

C 语言支持一种叫作 typedef 的机制，它允许为各种数据类型定义新名字。typedef 声明的写法和普通的声明基本相同，只是把 typedef 关键字放在声明的前面。例如，下面这个声明：

```
char        *ptr_to_char;
```

把变量 ptr_to_char 声明为一个指向字符的指针。但是，在添加关键字 typedef 后，声明变为：

```
typedef  char  *ptr_to_char;
```

这个声明把标识符 ptr_to_char 作为指向字符的指针类型的新名字。可以像使用任何预定义名字一样在下面的声明中使用这个新名字。例如：

```
ptr_to_char        a;
```

声明 a 是一个指向字符的指针。

使用 typedef 声明类型可以减少使声明变得又臭又长的危险，尤其是那些复杂的声明[1]。而且，如果你以后觉得应该修改程序所使用的一些数据的类型时，修改一个 typedef 声明比修改程序中与这种类型有关的所有变量（和函数）的所有声明要容易得多。

提示：

应该使用 typedef 而不是#define 来创建新的类型名，因为后者无法正确地处理指针类型。例如：

```
#define  d_ptr_to_char    char *
d_ptr_to_char    a, b;
```

正确地声明了 a，但是 b 却被声明为一个字符。在定义更为复杂的类型名字时，如函数指针或指向数组的指针，使用 typedef 更为合适。

3.4 常量

ANSI C 允许你声明常量，常量的样子和变量完全一样，只是它们的值不能修改。可以使用 const 关键字来声明常量，如下面例子所示：

```
int        const      a;
const      int        a;
```

这两条语句都把 a 声明为一个整数，它的值不能被修改。你可以选择自己觉得容易理解的一种，并一直坚持使用同一种形式。

当然，由于 a 的值无法修改，所以无法把任何东西赋值给它。如此一来，怎样才能让它在一开始拥有一个值呢？有两种方法。首先，可以在声明时对它进行初始化，如下所示：

```
int      const a = 15;
```

其次，在函数中声明为 const 的形参在函数被调用时会得到实参的值。

当涉及指针变量时，情况就变得更加有趣，因为有两样东西都有可能成为常量——指针变量和它所指向的实体。下面是几个声明的例子：

---

1 typedef 在结构中特别有用，第 10 章有这方面的一些例子。

```
int        *pi;
```

pi 是一个普通的指向整型的指针。而变量

```
int    const   *pci;
```

则是一个指向整型常量的指针。你可以修改指针的值，但不能修改它所指向的值。相比之下：

```
int    * const  pci;
```

则声明 pci 为一个指向整型的常量指针。此时指针是常量，它的值无法修改，但可以修改它所指向的整型的值。

```
int    const   * const  cpci;
```

最后，在 cpci 这个例子里，无论是指针本身还是它所指向的值都是常量，不允许修改。

提示：

当声明变量时，如果变量的值不会被修改，你应当在声明中使用 const 关键字。这种做法不仅使你的意图在阅读你的程序的其他人面前得到更清晰的展现，而且当这个值被意外修改时，编译器能够发现这个问题。

#define 指令是另一种创建名字常量的机制[1]。例如，下面这两个声明都为 50 这个值创建了名字常量。

```
#define    MAX_ELEMENTS   50
int        const   max_eleemnts = 50;
```

在这种情况下，使用#define 比使用 cosnt 变量更好。因为只要允许使用字面值常量的地方都可以使用前者，比如声明数组的长度。const 变量只能用于允许使用变量的地方。

提示：

名字常量非常有用，因为它们可以给数值起符号名，否则它们就只能写成字面值的形式。用名字常量定义数组的长度或限制循环的计数器能够提高程序的可维护性——如果一个值必须修改，只需要修改声明就可以了。修改一个声明比搜索整个程序修改字面值常量的所有实例要容易得多，特别是当相同的字面值用于两个或更多不同目的的时候。

3.5　作用域

当变量在程序的某个部分被声明时，它只有在程序的一定区域内才能被访问。这个区域由标识符的作用域（scope）决定。标识符的作用域就是程序中该标识符可以被使用的区域。例如，函数的局部变量的作用域局限于该函数的函数体。这个规则意味着两点。首先，其他函数都无法通过这些变量的名字访问它们，因为这些变量在它们的作用域之外不再有效。其次，只要分属不同的作用域，就可以给不同的变量起同一个名字。

编译器可以确认 4 种不同类型的作用域——文件作用域、函数作用域、代码块作用域和原型作用域。标识符声明的位置决定了它的作用域。图 3.1 说明了所有可能的位置。

1　第 14 章有完整的描述。

3.5.1 代码块作用域

位于一对花括号之间的所有语句称为一个代码块。任何在代码块的开始位置声明的标识符都具有**代码块作用域**（block scope），表示它们可以被这个代码块中的所有语句访问。图 3.1 中标识为 6、7、9、10 的变量都具有代码块作用域。函数定义的形式参数（声明 5）在函数体内部也具有代码块作用域。

当代码块处于嵌套状态时，声明于内层代码块的标识符的作用域到达该代码块的尾部时便告终止。然而，如果内层代码块有一个标识符的名字与外层代码块的一个标识符同名，内层的那个标识符就将隐藏外层的标识符——外层的那个标识符无法在内层代码块中通过名字访问。声明 9 的 f 和声明 6 的 f 是不同的变量，后者无法在内层代码块中通过名字来访问。

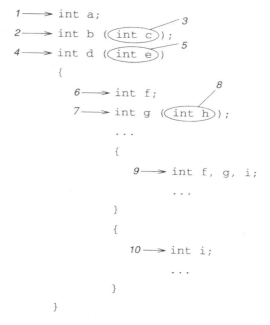

图 3.1 标识符作用域示例

提示：

应该避免在嵌套的代码块中出现相同的变量名。我们并没有很好的理由使用这种技巧，它们只会在程序的调试或维护期间引起混淆。

不是嵌套的代码块则稍有不同。声明于每个代码块的变量无法被另一个代码块访问，因为它们的作用域并无重叠之处。由于两个代码块的变量不可能同时存在，因此编译器可以把它们存储于同一个内存地址。例如，声明 10 的 i 可以和声明 9 的任何一个变量共享同一个内存地址。这种共享并不会带来任何危害，因为在任何时刻，两个非嵌套的代码块最多只有一个处于活动状态。

K&R C：

在 K&R C 中，函数形参的作用域开始于形参的声明处，位于函数体之外。如果在函数体内部声明了名字与形参相同的局部变量，它们就将隐藏形参。这样一来，形参便无法被函数的任何部分访问。换句话说，如果在声明 6 的地方声明了一个局部变量 e，那么函数体只能访问这个局部变量，形参 e 就无法被函数体所访问。当然，没人会有意隐藏形参。因为如果你不想让被调用函数使用参数的值，那么向函数传递这个参数就毫无道理。ANSI C 扼止了这种错误的可能性，它把形参的作用域设定为函数最外层的那个作用域（也就是整个函数体）。这样，声明于函数最外层作用域的局部变量无法和形参同名，因为它们的作用域相同。

3.5.2　文件作用域

任何在所有代码块之外声明的标识符都具有**文件作用域**（file scope），它表示这些标识符从它们的声明之处直到它所在的源文件结尾处都是可以访问的。图 3.1 中的声明 1 和 2 都属于这一类。在文件中定义的函数名也具有文件作用域，因为函数名本身并不属于任何代码块（如声明 4）。应该指出的是，在头文件中编写并通过 #include 指令包含到其他文件中的声明就好像它们是直接写在那些文件中一样。它们的作用域并不局限于头文件的文件尾。

3.5.3　原型作用域

原型作用域（prototype scope）只适用于在函数原型中声明的参数名，如图 3.1 中的声明 3 和声明 8 所示。在原型中（与函数的定义不同），参数的名字并非必需的。但是，如果出现参数名，则可以给它们取任何名字，它们不必与函数定义中的形参名匹配，也不必与函数实际调用时所传递的实参匹配。原型作用域防止这些参数名与程序其他部分的名字冲突。事实上，唯一可能出现的冲突就是在同一个原型中不止一次地使用同一个名字。

3.5.4　函数作用域

最后一种作用域的类型是**函数作用域**（function scope）。它只适用于语句标签，语句标签用于 goto 语句。基本上，函数作用域可以简化为一条规则——一个函数中的所有语句标签必须唯一。希望大家永远不要用到这个知识。

3.6　链接属性

当组成一个程序的各个源文件分别被编译之后，所有的目标文件以及那些从一个或多个函数库中引用的函数将链接在一起，形成可执行程序。然而，如果相同的标识符出现在几个不同的源文件中时，它们是像 Pascal 那样表示同一个实体，还是表示不同的实体？标识符的**链接属性**（linkage）决定如何处理在不同文件中出现的标识符。标识符的作用域与它的链接属性有关，但这两个属性并不相同。

链接属性一共有 3 种——external（外部）、internal（内部）和 none（无）。没有链接属性的标识符（none）总是被当作单独的个体，也就是说该标识符的多个声明被当作不同的独立实体。属于 internal 链接属性的标识符在同一个源文件内的所有声明中都指同一个实体，但位于不同源文件的多个声明则分属不同的实体。最后，属于 external 链接属性的标识符不论声明多少次，位于几个源文件都表示同一个实体。

图 3.2 通过展示名字声明的所有不同方式描述了链接属性。在缺省情况下，标识符 b、c 和 f 的链接属性为 external，其余标识符的链接属性则为 none。因此，如果另一个源文件也包含了标识符 b 的类似声明并调用函数 c，它们实际上访问的是这个源文件所定义的实体。f 的链接属性之所以是 external，是因为它是个函数名。在这个源文件中调用函数 f，它实际上将链接到其他源文件所定义的函数，甚至这个函数的定义可能出现在某个函数库中。

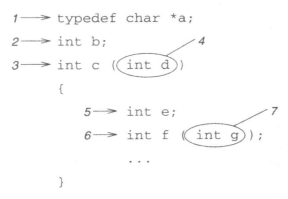

```
1 ──▶ typedef char *a;

2 ──▶ int b;
                          4
3 ──▶ int c ( int d )

      {

          5 ──▶ int e;
                              7
          6 ──▶ int f ( int g ));

          ...

      }
```

图 3.2　链接属性示例

关键字 extern 和 static 用于在声明中修改标识符的链接属性。如果某个声明在正常情况下具有 external 链接属性，在它前面加上 static 关键字可以使它的链接属性变为 internal。例如，如果第 2 个声明像下面这样书写：

```
static    int       b;
```

那么变量 b 就将为这个源文件所私有。在其他源文件中，如果也链接到一个叫作 b 的变量，那么它所引用的是另一个不同的变量。类似，也可以把函数声明为 static，如下：

```
static    int    c( int d )
```

这可以防止它被其他源文件调用。

static 只对缺省链接属性为 external 的声明才有改变链接属性的效果。例如，尽管可以在声明 5 前面加上 static 关键字，但它的效果完全不一样，因为 e 的缺省链接属性并不是 external。

extern 关键字的规则更为复杂。一般而言，它为一个标识符指定 external 链接属性，这样就可以访问在其他任何位置定义的这个实体。请考虑图 3.3 的例子。声明 3 为 k 指定 external 链接属性。这样一来，函数就可以访问在其他源文件声明的外部变量了。

提示：

从技术上说，这两个关键字只有在声明中才是必需的，如图 3.3 中的声明 3（它的缺省链接属性并不是 external）。当用于具有文件作用域的声明时，这个关键字是可选的。然而，如果你在一个地方定义变量，并在使用这个变量的其他源文件的声明中添加 external 关键字，则可以使读者更容易理解你的意图。

当 extern 关键字用于源文件中一个标识符的第 1 次声明时，它指定该标识符具有 external 链接属性。但是，如果它用于该标识符的第 2 次或以后的声明时，它并不会更改由第 1 次声明所指定的链接属性。例如，图 3.3 中的声明 4 并不修改由声明 1 所指定的变量 i 的链接属性。

```
1 ──→  static int i;
       int func()
       {
2 ──→      int j;
3 ──→      extern int k;
4 ──→      extern int i;
           ...
       }
```

图 3.3　使用 extern

3.7　存储类型

变量的存储类型（storage class）是指存储变量值的内存类型。变量的存储类型决定变量何时创建、何时销毁以及它的值将保持多久。有 3 个地方可以用于存储变量：普通内存、运行时堆栈、硬件寄存器。在这 3 个地方存储的变量具有不同的特性。

变量的缺省存储类型取决于它的声明位置。凡是在任何代码块之外声明的变量总是存储于静态内存中，也就是不属于堆栈的内存，这类变量称为静态（static）变量。对于这类变量，无法为它们指定其他存储类型。静态变量在程序运行之前创建，在程序的整个执行期间始终存在。它始终保持原先的值，除非给它赋一个不同的值或者程序结束。

在代码块内部声明的变量的缺省存储类型是自动的（automatic），也就是说它存储于堆栈中，称为自动（auto）变量。有一个关键字 auto 就是用于修饰这种存储类型的，但它极少使用，因为代码块中的变量在缺省情况下就是自动变量。在程序执行到声明自动变量的代码块时，自动变量才被创建，当程序的执行流离开该代码块时，这些自动变量便自行销毁。如果该代码块被数次执行，例如一个函数被反复调用，则这些自动变量每次都将重新创建。在代码块再次执行时，这些自动变量在堆栈中所占据的内存位置有可能和原先的位置相同，也可能不同。即使它们所占据的位置相同，也不能保证这块内存同时不会有其他的用途。因此，我们可以说自动变量在代码块执行完毕后就消失。当代码块再次执行时，它们的值一般并不是上次执行时的值。

对于在代码块内部声明的变量，如果给它加上关键字 static，可以使它的存储类型从自动变为静态。具有静态存储类型的变量在整个程序执行过程中一直存在，而不仅仅在声明它的代码块的执行时存在。注意，修改变量的存储类型并不表示修改该变量的作用域，它仍然只能在该代码块内部按名字访问。函数的形式参数不能声明为静态，因为实参总是在堆栈中传递给函数，用于支持递归。

最后，关键字 register 可以用于自动变量的声明，提示它们应该存储于机器的硬件寄存器而不是内存中，这类变量称为寄存器变量。通常，寄存器变量比存储于内存的变量访问起来效率更高。但是，编译器并不一定要理睬 register 关键字，如果有太多的变量被声明为 register，它只选取前几个实际存储于寄存器中，其余的就按普通自动变量处理。如果一个编译器自己具有一套寄存器优化方法，它也可能忽略 register 关键字，其依据是由编译器决定哪些变量存储于寄存器中要比人脑的决定更为合理一些。

在典型情况下，我们希望把使用频率最高的那些变量声明为寄存器变量。在有些计算机中，如果把指针声明为寄存器变量，程序的效率将能得到提高，尤其是那些频繁执行间接访问操作的指针。可以把函数的形式参数声明为寄存器变量，编译器会在函数的起始位置生成指令，把这些值从堆栈复制到寄存器中。但是，这个优化措施所节省的时间和空间的开销完全有可能抵不上复制这几个值所用的开销。

寄存器变量的创建、销毁时间和自动变量相同，但它需要一些额外的工作。在一个使用寄存器变量的函数返回之前，这些寄存器先前存储的值必须恢复，确保调用者的寄存器变量未被破坏。许多机器使用运行时堆栈来完成这个任务。当函数开始执行时，它把需要使用的所有寄存器的内容都保存到堆栈中，当函数返回时，这些值再复制回寄存器中。

在许多机器的硬件实现中，并不为寄存器指定地址。同样，由于寄存器值的保存和恢复，某个特定的寄存器在不同的时刻所保存的值不一定相同。基于这些理由，机器并不提供寄存器变量的地址。

初始化

现在我们把话题返回到变量声明中变量的初始化问题。自动变量和静态变量的初始化存在一个重要的差别。在静态变量的初始化中，我们可以把可执行程序想要初始化的值放在当程序执行时变量将会使用的位置。当可执行程序载入到内存时，这个已经保存了正确初始值的位置将赋值给那个变量。完成这个任务并不需要额外的时间，也不需要额外的指令，变量将会得到正确的值。如果不显式地指定其初始值，静态变量将初始化为 0。

自动变量的初始化需要更多的开销，因为当程序链接时还无法判断自动变量的存储位置。事实上，函数的局部变量在函数的每次调用中都可能占据不同的位置。基于这个理由，自动变量没有缺省的初始值，而显式的初始化将在代码块的起始处插入一条隐式的赋值语句。

这个技巧造成 4 种后果。首先，自动变量的初始化较之赋值语句效率并无提高。除了声明为 const 的变量之外，在声明变量的同时进行初始化和先声明后赋值只有风格之差，并无效率之别。其次，这条隐式的赋值语句使自动变量在程序执行到它们所声明的函数（或代码块）时，每次都将重新初始化。这个行为与静态变量大不相同，后者只是在程序开始执行前初始化一次。第 3 个后果则是个优点，由于初始化在运行时执行，因此可以用任何表达式作为初始化值，例如：

```
int
func( int a )
{
        int     b = a + 3;
```

最后一个后果是，除非对自动变量进行显式的初始化，否则当自动变量创建时，它们的值总是垃圾。

3.8 static 关键字

当用于不同的上下文环境时，static 关键字具有不同的意思。确实很不幸，因为这总是给 C 程序员新手带来混淆。本节对 static 关键字作了总结，再加上后续的例子程序，应该能够帮助你搞清这个问题。

当它用于函数定义时，或用于代码块之外的变量声明时，static 关键字用于修改标识符的链接属性（从 external 改为 internal），但标识符的存储类型和作用域不受影响。用这种方式声明的函数或变量只能在声明它们的源文件中访问。

当它用于代码块内部的变量声明时，static 关键字用于修改变量的存储类型，从自动变量修改为静态变量，但变量的链接属性和作用域不受影响。用这种方式声明的变量在程序执行之前创建，并在程序的整个执行期间一直存在，而不是每次在代码块开始执行时创建，在代码块执行完毕后销毁。

3.9　作用域、存储类型示例

图 3.4 包含了一个例子程序，阐明了作用域和存储类型。属于文件作用域的声明在缺省情况下为 external 链接属性，所以第 1 行的 a 的链接属性为 external。如果 b 的定义在其他地方，第 2 行的 extern 关键字在技术上并非必需的，但在风格上却是加上这个关键字为好。第 3 行的 static 关键字修改了 c 的缺省链接属性，把它改为 internal。声明了变量 a 和 b（具有 external 链接属性）的其他源文件在使用这两个变量时，实际所访问的是声明于此处的这两个变量。但是，变量 c 只能由这个源文件访问，因为它具有 internal 链接属性。

```
1          int              a = 5;
2     extern    int          b;
3     static    int          c;

4     int d( int e )
5     {
6              int              f = 15;
7              register int     b;
8              static    int    g = 20;
9              extern    int    a;
10             ...
11             {
12                      int              e;
13                      int              a;
14                      extern    int    h;
15                      ...
16             }
17             ...
18             {
19                      int      x;
20                      int      e;
21                      ...
22             }
23     ...
24     }

25     static    int  i()
26        {
27                      ...
28        }

29     ...
```

图 3.4　作用域、链接属性和存储类型示例

变量 a、b、c 的存储类型为静态，表示它们并不是存储于堆栈中。因此，这些变量在程序执行

之前创建，并一直保持它们的值，直到程序结束。当程序开始执行时，变量 a 将初始化为 5。

这些变量的作用域一直延伸到这个源文件结束为止，但第 7 行和第 13 行声明的局部变量 a 和 b 在那部分程序中将隐藏同名的静态变量。因此，这 3 个变量的作用域为：

```
a  第 1 行至 12 行，第 17 行至 29 行
b  第 2 行至 6 行，第 25 行至 29 行
c  第 3 行至 29 行
```

第 4 行声明了 2 个标识符。d 的作用域从第 4 行直到文件结束。函数 d 的定义对于这个源文件中任何以后想要调用它的函数而言起到了函数原型的作用。作为函数名，d 在缺省情况下具有 external 链接属性，所以其他源文件只要在文件上存在 d 的原型[1]，就可以调用 d。如果我们将函数声明为 static，就可以把它的链接属性从 external 改为 internal，但这样做将使其他源文件不能访问这个函数。对于函数而言，存储类型并不是问题，因为代码总是存储于静态内存中。

参数 e 不具有链接属性，所以只能从函数内部通过名字访问它。它具有自动存储类型，所以它在函数被调用时创建，当函数返回时消失。由于与局部变量冲突，它的作用域限于第 6 行至 11 行、第 17 行至 19 行，以及第 23 行至 24 行。

第 6 行至 8 行声明局部变量，所以它们的作用域到函数结束为止。它们不具有链接属性，所以它们不能在函数的外部通过名字访问（这是它们称为局部变量的原因）。f 的存储类型是自动类型，当函数每次被调用时，它通过隐式赋值被初始化为 15。b 的存储类型是寄存器类型，所以它的初始值是垃圾。g 的存储类型是静态类型，所以它在程序的整个执行过程中一直存在。当程序开始执行时，它被初始化为 20。当函数每次被调用时，它并不会被重新初始化。

第 9 行的声明并不需要。这个代码块位于第 1 行声明的作用域之内。

第 12 行和 13 行为代码块声明局部变量。它们都具有自动存储类型，不具有链接属性，它们的作用域延伸至第 16 行。这些变量和先前声明的 a 和 e 不同，而且由于名字冲突，在这个代码块中，以前声明的同名变量是不能被访问的。

第 14 行使全局变量 h 在这个代码块内可以被访问。它具有 external 链接属性，存储于静态内存中。这是唯一一个必须使用 extern 关键字的声明，如果没有它，h 将变成另一个局部变量。

第 19 行和 20 行用于创建局部变量（自动、无链接属性、作用域限于本代码块）。这个 e 和参数 e 是不同的变量，它和第 12 行声明的 e 也不相同。在这个代码块中，从第 11 行到第 18 行并无嵌套，所以编译器可以使用相同的内存来存储两个代码块中不同的变量 e。如果想让这两个代码块中的 e 表示同一个变量，那么就不应该把它声明为局部变量。

最后，第 25 行声明了函数 i，它具有静态链接属性。静态链接属性可以防止它被这个源文件之外的任何函数调用。事实上，其他源文件也可能声明它自己的函数 i，它与这个源文件的 i 是不同的函数。i 的作用域从它声明的位置直到这个源文件结束。函数 d 不可以调用函数 i，因为在 d 之前不存在 i 的原型。

3.10　总结

具有 external 链接属性的实体在其他语言的术语里称为全局（global）实体，所有源文件中的所

1　实际上，只有当 d 的返回值不是整型时才需要原型。推荐为你调用的所有函数添加原型，因为它减少了发生难以检测的错误的机会。

有函数均可以访问它。只要变量并非声明于代码块或函数定义内部，它在缺省情况下的链接属性即为 external。如果一个变量声明于代码块内部，在它前面添加 extern 关键字将使它所引用的是全局变量而非局部变量。

具有 external 链接属性的实体总是具有静态存储类型。全局变量在程序开始执行前创建，并在程序整个执行过程中始终存在。从属于函数的局部变量在函数开始执行时创建，在函数执行完毕后销毁，但用于执行函数的机器指令在程序的生命期内一直存在。

局部变量由函数内部使用，不能被其他函数通过名字引用。它在缺省情况下的存储类型为自动，这是基于两个原因：其一，当这些变量需要时才为它们分配存储，这样可以减少内存的总需求量；其二，在堆栈上为它们分配存储可以有效地实现递归。如果你觉得让变量的值在函数的多次调用中始终保持原先的值非常重要的话，那么可以修改它的存储类型，把它从自动变量改为静态变量。

作用域、链接属性和存储类型的总结见表 3.4。

表 3.4　　　　　　　　　　作用域、链接属性和存储类型的总结

变量类型	声明的位置	是否存于堆栈	作用域	如果声明为 static
全局	所有代码块之外	否[1]	从声明处到文件尾	不允许从其他源文件访问
局部	代码块起始处	是[2]	整个代码块[3]	变量不存储于堆栈中，它的值在程序整个执行期一直保持
形式参数	函数头部	是[2]	整个函数[3]	不允许

3.11　警告的总结

1．在声明指针变量时采用容易误导的写法。
2．误解指针声明中初始化的含义。

3.12　编程提示的总结

1．为了保持最佳的可移植性，把字符的值限制在有符号和无符号字符范围的交集之内，或者不要在字符上执行算术运算。
2．用它们在使用时最自然的形式来表示字面值。
3．不要把整型值和枚举值混在一起使用。
4．不要依赖隐式声明。
5．在定义类型的新名字时，使用 typedef 而不是#define。
6．用 const 声明其值不会修改的变量。
7．使用名字常量而不是字面值常量。
8．不要在嵌套的代码块之间使用相同的变量名。

---

[1] 存储于堆栈的变量只有当该代码块处于活动期间时，它们才能保持自己的值。一旦程序的执行流离开该代码块，这些变量的值将丢失。

[2] 没有存储于堆栈的变量在程序开始执行时创建，并在整个程序执行期间一直保持它们的值，不管它们是全局变量还是局部变量。

[3] 有一个例外就是在嵌套的代码块中分别声明了相同名字的变量。

9. 除了实体的具体定义位置之外，在它的其他声明位置都使用 extern 关键字。

3.13 问题

1. 在你的机器上，字符的范围有多大？有哪些不同的整数类型？它们的范围又是如何？

2. 在你的机器上，各种不同类型的浮点数的范围是怎样的？

3. 假定你正在编写一个程序，它必须运行于两台机器之上。这两台机器的缺省整型长度并不相同，一个是 16 位，另一个是 32 位。而这两台机器的长整型长度分别是 32 位和 64 位。程序所使用的有些变量的值并不太大，足以保存于任何一台机器的缺省整型变量中，但有些变量的值却较大，必须是 32 位的整型变量才能容纳它。一种可行的解决方案是用长整型表示所有的值，但在 16 位机器上，对于那些用 16 位足以容纳的值而言，时间和空间的浪费不可小视。在 32 位机器上，也存在时间和空间的浪费问题。

   如果想让这些变量在任何一台机器上的长度都合适，该如何声明它们呢？正确的方法是不应该在任何一台机器中编译程序前对程序进行修改。**提示**：试试包含一个头文件，里面包含每台机器特定的声明。

4. 假定你有一个程序，它把一个 long 整型变量赋值给一个 short 整型变量。当编译程序时会发生什么情况？当运行程序时会发生什么情况？其他编译器的结果是否也是如此？

5. 假定你有一个程序，它把一个 double 变量赋值给一个 float 变量。当编译程序时会发生什么情况？当运行程序时会发生什么情况？

6. 编写一个枚举声明，用于定义硬币的值。请使用符号 PENNY、NICKEL 等。

7. 下列代码段会打印出什么内容？

```
enum Liquid { OUNCE = 1, CUP = 8, PINT = 16,
    QUART = 32, GALLON = 128 };

enum    Liquid  jar;
...
jar = QUART;
printf( "%s\n", jar );
jar = jar + PINT;
printf( "%s\n", jar );
```

8. 你所使用的 C 编译器是否允许程序修改字符串常量？是否存在编译器选项，允许或禁止你修改字符串常量？

9. 如果整数类型在正常情况下是有符号类型，那么 signed 关键字的目的何在呢？

10. 一个无符号变量是否可以比相同长度的有符号变量容纳更大的值？

11. 假如 int 和 float 类型都是 32 位，你觉得哪种类型所能容纳的值精度更大一些？

12. 下面是两个代码片段，取自一个函数的起始部分。

```
int   a = 25;                      int      a;
                                   a = 25;
```

   它们完成任务的方式有何不同？

13. 如果问题 12 中代码片段的声明中包含有 const 关键字，它们完成任务的方式又有何不同？

14. 在一个代码块内部声明的变量可以从该代码块的任何位置根据名字来访问。这是对还是错？

15. 假定函数 a 声明了一个自动整型变量 x，你可以在其他函数内访问变量 x，只要你使用了下面这样的声明：

    ```
    extern  int  x;
    ```

    这是对还是错？

16. 假定问题 15 中的变量 x 被声明为 static，答案会不会有所变化？

17. 假定文件 a.c 的开始部分有下面这样的声明：

    ```
    int      x;
    ```

    如果希望从同一个源文件后面出现的函数中访问这个变量，是否需要添加额外的声明？如果需要的话，应该添加什么样的声明？

18. 假定问题 17 中的声明包含了关键字 static。答案会不会有所变化？

19. 假定文件 a.c 的开始部分有下面这样的声明：

    ```
    int      x;
    ```

    如果希望从不同的源文件的函数中访问这个变量，是否需要添加额外的声明，如果需要的话，应该添加什么样的声明？

20. 假定问题 19 中的声明包含了关键字 static。答案会不会有所变化？

21. 假定一个函数包含了一个自动变量，这个函数在同一行中被调用了两次。试问，在函数第 2 次调用开始时该变量的值和函数第 1 次调用即将结束时的值有无可能相同？

22. 当下面的声明出现于某个代码块内部和出现于任何代码块外部时，它们在行为上有何不同？

    ```
    int      a = 5;
    ```

23. 假定你想在同一个源文件中编写两个函数 x 和 y，需要使用下面的变量：

名字	类型	存储类型	链接属性	作 用 域	初 始 化 为
a	int	static	external	x 可以访问，y 不能访问	1
b	char	static	none	x 和 y 都可以访问	2
c	int	automatic	none	x 的局部变量	3
d	float	static	none	x 的局部变量	4

    应该怎样编写这些变量？应该在什么地方编写？注意：所有初始化必须在声明中完成，而不是通过函数中的任何可执行语句来完成。

24. 确认下面程序中存在的任何错误（你可能想动手编译一下，这样能够踏实一些）。在去除所有错误之后，确定所有标识符的存储类型、作用域和链接属性。每个变量的初始值会是什么？程序中存在许多同名的标识符，它们所代表的是相同的变量还是不同的变量？程序中的每个函数从哪个位置起可以被调用？

    ```
    1    static  int     w = 5;
    2    extern  int     x;

    3    static  float
    4    func1( int a, int b, int c )
    5    {
    6            int     c, d, e = 1;
    7            ...
    8            {
    9                    int       d, e, w;
    10                   ...
    ```

```
11                      {
12                              int     b, c, d;
13                              static int  y = 2;
14                              ...
15                      }
16              }
17      ...
18      {
19                      register  int  a, d, x;
20                      extern    int  y;
21                      ...
22              }
23      }

24      static  int  y;

25      float
26      func2( int a )
27      {
28              extern  int  y;
29              static  int  z;
30              ...
31      }
```

第

4

章

语句

在本章中，你将会发现 C 实现了其他现代高级语言所具有的所有语句。而且，它们中的绝大多数都是按照你所预期的方式工作的。if 语句用于在几段备选代码中选择运行其中的一段，而 while、for 和 do 语句则用于实现不同类型的循环。

但是，和其他语言相比，C 的语句还是存在一些不同之处。例如，C 并不具备专门的赋值语句，而是统一用"表达式语句"代替。switch 语句实现了其他语言中 case 语句的功能，但实现的方式却非比寻常。

不过，在讨论 C 语句的细节之前，首先让我们回顾一下前言的"排版说明"中提到的不同类型的字体。其中代码将严格以 Courier New 表示，代码的抽象描述用*斜体 Courier New* 表示。有些语句还具有可选部分。如果决定使用可选部分，它将严格以**粗体 Courier New** 表示。代码可选部分的描述将以***粗斜体 Courier New*** 表示。同时，语句语法所采用的缩进将与程序例子所使用的缩进相同。这些空白对编译器而言无关紧要，但对阅读代码的人（可能就是你自己）而言却异常重要。

4.1 空语句

C 最简单的语句就是**空语句**，它本身只包含一个分号。空语句本身并不执行任何任务，但有时还是有用。它所适用的场合就是语法要求出现一条完整的语句，但并不需要它执行任何任务。本章后面的有些例子就包含了一些空语句。

4.2 表达式语句

既然 C 并不存在专门的"赋值语句"，那么它如何进行赋值呢？答案是赋值就是一种操作，就像加法和减法一样，所以赋值就在表达式内进行。

只要在表达式后面加上一个分号，就可以把表达式转变为语句。所以，下面这两个表达式

```
x = y + 3;
ch = getchar();
```

实际上是表达式语句，而不是赋值语句。

警告：

理解这点区别非常重要，因为像下面这样的语句也是完全合法的：

```
y + 3;
getchar();
```

当这些语句被执行时，表达式被求值，但它们的结果并不保存于任何地方，因为它们并未使用赋值操作符。因此，第 1 条语句并不具备任何效果，而第 2 条语句则读取输入中的下一个字符，但接着便将其丢弃[1]。

如果你觉得编写一条没有任何效果的语句看上去有些奇怪，请考虑下面这条语句：

```
printf( "Hello world!\n");
```

printf 是一个函数，函数将会返回一个值，但 printf 函数的返回值（它实际所打印的字符数）我们通常并不关心，所以弃之不理也很正常。所谓语句"没有效果"只是表示表达式的值被忽略。printf 函数所执行的是有用的工作，这类作用称为**"副作用"**（side effect）。

这里还有一个例子：

```
a++;
```

这条语句并没有赋值操作符，但它却是一条非常合理的表达式语句。++操作符将增加变量 a 的值，这就是它的副作用。另外，还有一些具有副作用的操作符，下一章会讨论它们。

4.3　代码块

代码块就是位于一对花括号之内的可选的声明和语句列表。代码块的语法是非常直截了当的：

```
{
        declarations
        statements
}
```

代码块可以用于要求出现语句的地方，它允许你在语法要求只出现一条语句的地方使用多条语句。代码块还允许让数据的声明非常靠近使用它的地方。

4.4　if 语句

C 的 if 语句和其他语言的 if 语句相差不大。它的语法如下：

```
if( expression )
        statement
else
        statement
```

括号是 if 语句的一部分，而不是表达式的一部分，因此它是必须出现的，即使是那些极为简单的表达式也是如此。

1　实际上，它有可能影响程序的结果，但其方式过于微妙，第 18 章在讨论运行时环境时会对它进行解释。

警告：

上面的两个 statement 部分都可以是代码块。一个常见的错误是在 if 语句的任何一个 statement 子句中书写第 2 条语句时忘了添加花括号。许多程序员倾向于在任何时候都添加花括号，以避免这种错误。

如果 expression 的值为真，那么就执行第 1 个 statement，否则就跳过它。如果存在 **else** 子句，它后面的 **statement** 只有当 expression 的值为假的时候才会执行。

在 C 的 if 语句和其他语言的 if 语句中，只存在一个差别。C 并不具备布尔类型，而是用整型来代替。这样，expression 可以是任何能够产生整型结果的表达式——零值表示"假"，非零值表示"真"。

C 拥有所有你期望的关系操作符，但它们的结果是整型值 0 或 1，而不是布尔值"真"或"假"。关系操作符就是用这种方式来实现其他语言的关系操作符的功能。

```
if( x > 3 )
        printf( "Greater\n" );
else
        printf( "Not greater\n" );
```

在上面这条 if 语句中，表达式 x > 3 的值将是 0 或 1。如果值是 1，它就打印出 Greater；如果值是 0，它就打印出 Not greater。

整型变量也可以用于表示布尔值，如下所示：

```
result = x > 3;
...
if( result )
        printf( "Greater\n" );
else
        printf( "Not greater\n" );
```

这个代码段的功能和前一个代码段完全相同，它们的唯一区别是比较的结果（0 或 1）首先保存于一个变量中，以后才进行测试。这里存在一个潜在的陷阱，即尽管所有的非零值都被认为是真，但把两个不同的非零值进行相等比较时，其结果却是假。第 5 章将详细讨论这个问题。

当 if 语句嵌套出现时，就会出现"悬空的 else"问题。例如，在下面的例子中，else 子句从属于哪一个 if 语句呢？

```
if( i > 1 )
        if( j > 2 )
                printf( "i > 1 and j > 2\n" );
    else
            printf( "no they're not\n" );
```

这里故意把 else 子句以奇怪的方式缩进，目的就是不给任何提示。这个问题的答案和其他绝大多数语言一样，就是 else 子句从属于最靠近它的不完整的 if 语句。如果想让它从属于第 1 个 if 语句，那么可以把第 2 个 if 语句补充完整，加上一条空的 else 子句，或者用一个花括号把它包围在一个代码块之内，如下所示：

```
if( i > 1 ){
        if( j > 2 )
                printf( "i > 1 and j > 2\n" );
}
else
        printf( "no they're not\n" );
```

4.5 while 语句

C 的 while 语句也和其他语言的 while 语句有许多相似之处。唯一真正存在差别的地方就是它的

expression 部分，这和 if 语句类似。下面是 while 语句的语法：

```
while( expression )
        statement
```

循环的测试在循环体开始执行之前进行，所以如果测试的结果一开始就是假，循环体就根本不会执行。同样，当循环体需要多条语句来完成任务时，可以使用代码块来实现。

4.5.1　break 和 continue 语句

在 while 循环中可以使用 break 语句，用于永久终止循环。在执行完 break 语句之后，执行流下一条执行的语句就是循环正常结束后应该执行的那条语句。

在 while 循环中也可以使用 continue 语句，它用于永久终止当前的那次循环。在执行完 continue 语句之后，执行流接下来就是重新测试表达式的值，决定是否继续执行循环。

这两条语句的任何一条如果出现于嵌套的循环内部，它只对最内层的循环起作用，无法使用 break 或 continue 语句影响外层循环的执行。

4.5.2　while 语句的执行过程

我们现在可以用图的形式说明 while 循环中的控制流。考虑到有些读者可能以前从没见过流程图，所以这里略加说明。菱形表示判断，方框表示需要执行的动作，箭头表示它们之间的控制流。图 4.1 说明了 while 语句的操作过程。它的执行从顶部开始，就是计算表达式 expr 值。如果它的值是 0，循环就终止；否则就执行循环体，然后控制流回到顶部，重新开始下一个循环。例如，下面的循环从标准输入复制字符到标准输出，直至找到文件尾结束标志。

```
while((ch=getchar())!=EOF)
     Putchar(ch);
```

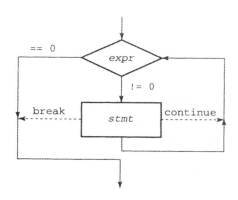

图 4.1　while 语句的执行过程

如果循环体内执行了 continue 语句，循环体内的剩余部分便不再执行，而是立即开始下一轮循环。在循环体只有遇到某些值才会执行的情况下，continue 语句相当有用。

```
while( (ch = getchar()) != EOF ){
        if( ch < '0' || ch > '9' )
                continue;
```

```
                /* process only the digits */
        }
```

另一种方法是把测试转移到 if 语句中，让它来控制整个循环的流程。这两种方法的区别仅在于风格，在执行效率上并无差别。

如果循环体内执行了 break 语句，循环就将永久性地退出。例如，我们需要处理一列以一个负值作为结束标志的值：

```
while( scanf( "%f", &value ) == 1 ){
        if( value < 0 )
                break;
        /* process the nonnegative values */
}
```

另一种方法是把这个测试加入到 while 表达式中，如下所示：

```
        while( scanf( "%f", &value ) == 1 && value >= 0 ) {
```

然而，如果在值能够测试之前必须执行一些计算，使用这种风格就显得比较困难。

提示：

偶尔，while 语句在表达式中就可以完成整个语句的任务，于是循环体就无事可做。在这种情况下，循环体就用空语句来表示。单独用一行来表示一条空语句是比较好的做法，如下面的循环所示，它将丢弃当前输入行的剩余字符。

```
while( (ch = getchar() ) != EOF && ch != '\n' )
                        ;
```

这种形式清楚地显示了循环体是空的，不至于使人误以为程序接下来的一条语句才是循环体。

4.6　for 语句

C 的 for 语句比其他语言的 for 语句更为常用。事实上，C 的 for 语句是 while 循环的一种极为常用的语句组合形式的简写法。for 语句的语法如下所示：

```
for( expression1; expression2; expression3 )
        statement
```

其中的 statement 称为循环体。expression1 称为**初始化**部分，它只在循环开始时执行一次。expression2 称为**条件**部分，它在循环体每次执行前都要执行一次，就像 while 语句中的表达式一样。expression3 称为**调整**部分，它在循环体每次执行完毕，在条件部分即将执行之前执行。所有 3 个表达式都是可选的，都可以省略。如果省略条件部分，表示测试的值始终为真。

在 for 语句中也可以使用 break 语句和 continue 语句。break 语句立即退出循环，而 continue 语句把控制流直接转移到调整部分。

for 语句的执行过程

for 语句的执行过程几乎和下面的 while 语句一模一样：

```
expression1;
while( expression2 ){
        statement
        expression3;
}
```

图 4.2 描述了 for 语句的执行过程。你能发现它和 while 语句有什么区别吗？

for 语句和 while 语句执行过程的区别在于出现 continue 语句时。在 for 语句中，continue 语句跳过循环体的剩余部分，直接回到调整部分。在 while 语句中，调整部分是循环体的一部分，所以 continue 也会把它跳过。

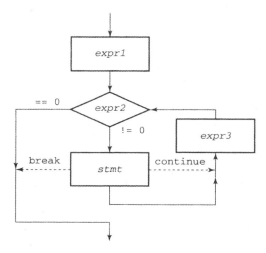

图 4.2　for 语句的执行过程

提示：

for 循环有一个风格上的优势，它把所有用于操纵循环的表达式收集在一起，放在同一个地点，便于寻找。当循环体比较庞大时，这个优点更为突出。例如，下面的循环把一个数组的所有元素初始化为 0。

```
for( i = 0; i < MAX_SIZE; i += 1 )
        array[i] = 0;
```

下面的 while 循环执行相同的任务，但必须在 3 个不同的地方进行观察，才能确定循环是如何进行操作的。

```
i = 0;
while( i < MAX_SIZE ){
        array[i] = 0;
        i += 1;
}
```

4.7　do 语句

C 语言的 do 语句非常像其他语言的 repeat 语句。do 语句很像 while 语句，只是它的测试在循环体执行之后才进行，而不是先于循环体执行。所以，这种循环的循环体至少执行一次。下面是它的语法。

```
do
        statement
while( expression );
```

和往常一样，如果循环体内需要多条语句，可以以代码块的形式出现。图 4.3 显示了 do 语句的
执行过程。

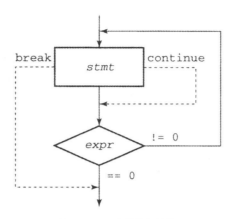

图 4.3　do 语句的执行过程

我们如何在 while 语句和 do 语句之间进行选择呢？

当需要循环体至少执行一次时，选择 do。

下面的循环依次打印 1～8 个空格，用于进到下一个制表位（每 8 列为一个单位），请描述它的
执行过程。

```
do{
        column+=1;
        putchar('');
}while(column%8!=0);
```

4.8　switch 语句

C 的 switch 语句颇不寻常。它类似于其他语言的 case 语句，但在一个方面存在重要的区别。首
先让我们来看看它的语法，其中 expression 的结果必须是整型值：

```
switch( expression )
        statement
```

尽管在 switch 语句体内只使用一条单一的语句也是合法的，但这样做显然毫无意义。实际使用
中的 switch 语句一般如下所示：

```
switch( expression ){
        statement-list
}
```

贯穿于语句列表之间的是一个或多个 case 标签，形式如下：

```
    case constant-expression:
```

每个 case 标签必须具有一个唯一的值。**常量表达式**（constant-expression）是指在编译期间进行求值的表达式，它不能是任何变量。这里的不同寻常之处是 case 标签并不把语句列表划分为几个部分，它们只是确定语句列表的进入点。

让我们来追踪 switch 语句的执行过程。首先是计算 expression 的值；然后，执行流转到语句列表中其 case 标签值与 expression 值匹配的语句。从这条语句起，直到语句列表的结束（也就是 switch 语句的底部），它们之间所有的语句均被执行。

警告：

你有没有发现 switch 语句的执行过程有何不同之处？执行流将贯穿各个 case 标签，而不是停留在单个 case 标签，这也是为什么 case 标签只是确定语句列表的进入点而不是划分它们的原因。如果你觉得这个行为看上去不是那么正确，有一种方法可以纠正——就是 break 语句。

4.8.1　switch 中的 break 语句

如果在 switch 语句的执行中遇到了 break 语句，执行流就会立即跳到语句列表的末尾。在 C 语言所有的 switch 语句中，几乎在每个 case 中都有一条 break 语句。下面的例子程序检查用户输入的字符，并调用该字符选定的函数，从而说明了 break 语句的这种用途。

```
switch( command ){
case 'A':
        add_entry();
        break;
case 'D':
        delete_entry();
        break;
case 'P':
        print_entry();
        break;
case 'E':
        edit_entry();
        break;
}
```

break 语句的实际效果是把语句列表划分为不同的部分。这样，switch 语句就能够按照更为传统的方式工作。

那么，在最后一个 case 的语句后面加上一条 break 语句又有什么用意呢？它在运行时并没有什么效果，因为它后面不再有任何语句，不过这样做也没什么害处。之所以要加上这条 break 语句，是为了以后维护方便。如果以后有人决定在这个 switch 语句中再添加一个 case，可以避免出现"在以前的最后一个 case 语句后面忘了添加 break 语句"这个情况。

在 switch 语句中，continue 语句没有任何效果。只有当 switch 语句位于某个循环内部时，才可以把 continue 语句放在 switch 语句内。在这种情况下，与其说 continue 语句作用于 switch 语句，还不如说它作用于循环。

为了使同一组语句在有两个或更多个不同的表达式值时都能够执行，可以使它与多个 case 标签对应，如下所示：

```
switch( expression ){
case 1:
case 2:
case 3:
```

```
        statement-list
        break;

case 4:
case 5:
        statement-list
        break;
}
```

这个技巧能够达到目的，因为执行流将贯穿这些并列的 case 标签。C 没有任何简便的方法指定某个范围的值，所以该范围内的每个值都必须以单独的 case 标签给出。如果这个范围非常大，可能应该改用一系列嵌套的 if 语句。

4.8.2　default 子句

接下来的一个问题是，如果表达式的值与所有的 case 标签的值都不匹配该怎么办？其实也没什么——所有的语句都被跳过而已。程序并不会终止，也不会提示任何错误，因为这种情况在 C 中并不认为是个错误。

但是，如果并不想忽略不匹配所有 case 标签的表达式值，又该怎么办呢？可以在语句列表中增加一条 default 子句，把下面这个标签

```
default:
```

写在任何一个 case 标签可以出现的位置。当 switch 表达式的值并不匹配所有 case 标签的值时，这个 default 子句后面的语句就会执行。所以，每个 switch 语句中只能出现一条 default 子句。但是，它可以出现在语句列表的任何位置，而且语句流会像贯穿一个 case 标签一样贯穿 default 子句。

提示：

在每个 switch 语句中都放上一条 default 子句是个好习惯，因为这样做可以检测到任何非法值。否则，程序将若无其事地继续运行，并不提示任何错误出现。这个规则唯一合理的例外是表达式的值在先前已经进行过有效性检查，并且你只对表达式可能出现的部分值感兴趣时。

4.8.3　switch 语句的执行过程

为什么 switch 语句以这种方式实现？许多程序员认为这是一种错误，但偶尔的确也需要让执行流从一个语句组贯穿到下一个语句组。

例如，考虑一个程序，它计算程序输入中字符、单词和行的个数。每个字符都必须计数，但空格和制表符同时也作为单词的终止符使用。所以在数到它们时，字符计数器的值和单词计数器的值都必须增加。另外还有换行符，这个字符是行的终止符，同时也是单词的终止符。所以当出现换行符时，3 个计数器的值都必须增加。现在请观察下面这条 switch 语句：

```
switch( ch ){
case '\n':
        lines += 1;
        /* FALL THRU */

case ' ':
case '\t':
        words += 1;
        /* FALL THRU */

default:
        chars += 1;
}
```

与现实程序中可能出现的情况相比，上面这种逻辑过于简单。比如，如果有好几个空格连在一起出现，只有第 1 个空格能作为单词终止符。然而，这个例子实现了我们需要的功能：换行符增加所有 3 个计数器的值，空格和制表符增加两个计数器的值，而其余所有的字符都只增加字符计数器的值。

上面例子中的 FALL THRU 注释可以使读者清楚，执行流此时将贯穿 case 标签。如果没有这个注释，一个不够细心的维护程序员在寻找 bug 时可能会觉得这里缺少 break 语句是个错误，这就是 bug 的根源，于是便不再费力寻找真正的错误了。无论如何，由于事实上需要让 switch 语句的执行流贯穿 case 标签的情况非常罕见，因此当真正出现这种情况时，很容易使人误以为这是个错误。但是，在"修正"这个问题时，他不仅错过了原先所寻找的 bug，还将引入新的 bug。现在花点力气写条注释，以后在维护程序时可能会节省很多的时间。

4.9　goto 语句

最后，让我们介绍一下 goto 语句，它的语法如下：

goto *语句标签* ;

要使用 goto 语句，必须在希望跳转的语句前面加上语句标签。语句标签就是标识符后面加个冒号。包含这些标签的 goto 语句可以出现在同一个函数中的任何位置。

goto 是一种危险的语句，因为在学习 C 的过程中，很容易形成对它的依赖。经验欠缺的程序员有时使用 goto 语句来避免考虑程序的设计。较之细心编写的程序，这样写出来的程序总是难以维护。例如，这里有一个程序，它使用 goto 语句来执行数组元素的交换排序。

```
        i = 0;
outer_next:
        if( i >= NUM_ELEMENTS - 1 )
                goto outer_end;
        j = i + 1;
inner_next:
        if( j >= NUM_ELEMENTS )
                goto inner_end;
        if( value[i] <= value[j] )
                goto no_swap;
        temp = value[i];
        value[i] = value[j];
        value[j] = temp;
no_swap:
        j += 1;
        goto inner_next;
inner_end:
        i += 1;
        goto outer_next;
outer_end:
        ;
```

这是一个很小的程序，但你必须花相当长的时间来研究它，才可能搞清楚它的结构。

下面是一个功能相同的程序，但它不使用 goto 语句，可以很容易看清它的结构。

```
for( i = 0; i < NUM_ELEMENTS - 1; i += 1 ){
        for( j = i + 1; j < NUM_ELEMENTS; j += 1 ){
                if( value[i] > value[j] ){
                        temp = value[i];
                        value[i] = value[j];
                        value[j] = temp;
                }
```

```
        }
    }
```

但是，在一种情况下，即使是结构良好的程序，使用 goto 语句也可能非常合适——就是跳出多层嵌套的循环。由于 break 语句只影响包围它的最内层循环，要想立即从深层嵌套的循环中退出只能使用一个办法，就是使用 goto 语句。如下例所示：

```
while( condition1 ){
        while( condition2 ){
                while( condition3 ){
                        if( some disaster )
                                goto quit;
                }
        }
}
quit: ;
```

要想在这种情况下避免使用 goto 语句，有两种方案。第一种方案是当你希望退出所有循环时设置一个状态标志，但这个标志在每个循环中都必须进行测试：

```
enum { EXIT, OK } status;
...
status = OK;
while( status == OK && condition1 ){
        while( status == OK && condition2 ){
                while( condition3 ){
                        if( some disaster ){
                                status = EXIT;
                                break;
                        }
                }
        }
}
```

这个技巧能够实现退出所有循环的目的，但情况被弄得非常复杂。另一种方案是把所有循环都放到一个单独的函数里，当灾难降临到最内层的循环时，可以使用 return 语句离开这个函数。第 7 章将讨论 return 语句。

4.10　总结

C 的许多语句的行为和其他语言中的类似语句相似。if 语句根据条件执行语句，while 语句重复执行一些语句。由于 C 并不具备布尔类型，因此这些语句在测试值时用的都是整型表达式。零值被解释为假，非零值被解释为真。for 语句是 while 循环的一种常用组合形式的速记写法，它把控制循环的表达式收集起来放在一个地方，以便寻找。do 语句与 while 语句类似，但前者能够保证循环体至少执行一次。最后，goto 语句把程序的执行流从一条语句转移到另一条语句。在一般情况下，我们应该避免 goto 语句。

C 还有一些语句，它们的行为与其他语言中的类似语句稍有不同。赋值操作是在表达式语句中执行的，而不是在专门的赋值语句中进行。switch 语句完成的任务和其他语言的 case 语句差不多，但 switch 语句在执行时贯穿所有的 case 标签。要想避免这种行为，必须在每个 case 的语句后面增加一条 break 语句。switch 语句的 default 子句用于捕捉所有表达式的值与所有 case 标签的值不匹配的情况。如果没有 default 子句，当表达式的值与所有 case 标签的值均不匹配时，整个 switch 语句体将被跳过不执行。

当需要出现一条语句但并不需要执行任何任务时，可以使用空语句。代码块允许在语法要求只出现一条语句的地方书写多条语句。当在循环内部执行 break 语句时，循环就会退出。当在循环内部执行 continue 语句时，循环体的剩余部分便被跳过，立即开始下一次循环。在 while 和 do 循环中，下一次循环开始的位置是表达式测试部分。但在 for 循环中，下一次循环开始的位置是调整部分。

就是这些了！C 并不具备任何输入/输出语句；I/O 是通过调用库函数实现的。C 也不具备任何异常处理语句，它们也是通过调用库函数来完成的。

4.11 警告的总结

1. 编写不会产生任何结果的表达式。
2. 确信在 if 语句中的语句列表前后加上花括号。
3. 在 switch 语句中，执行流意外地从一个 case 顺延到下一个 case。

4.12 编程提示的总结

1. 在一个没有循环体的循环中，用一个分号表示空语句，并让它独占一行。
2. for 循环的可读性比 while 循环强，因为它把用于控制循环的表达式收集起来放在一个地方。
3. 在每个 switch 语句中都使用 default 子句。

4.13 问题

1. 下面的表达式是否合法？如果合法，它执行了什么任务？

   ```
   3 * x * x - 4 * x + 6;
   ```

2. 赋值语句的语法是怎样的？
3. 用下面这种方法使用代码块是否合法？如果合法，你是否曾经想过这样使用？

   ```
   ...
   statement
   {
           statement
           statement
   }
   statement
   ```

4. 当编写 if 语句时，如果在 then[1] 子句中没有语句，但在 else 子句中有语句，该如何编写？还能改用其他形式来达到同样的目的吗？
5. 下面的循环将产生什么样的输出？

   ```
   int         i;
   ...
   for( i = 0; i < 10; i += 1 )
           printf( "%d\n", i);
   ```

6. 什么时候使用 while 语句比使用 for 语句更加合适？
7. 下面的代码片段用于把标准输入复制到标准输出，并计算字符的检验和（checksum）。它有什么错误吗？

---

1 译注：C 并没有 then 关键字，这里所说的 then 子句就是紧跟 if 表达式后面的语句；相当于其他语言的 then 子句部分。

```
while( (ch = getchar()) != EOF )
        checksum += ch;
        putchar( ch );

printf( "Checksum = %d\n", checksum );
```

8. 什么时候使用 do 语句比使用 while 语句更加合适？

9. 下面的代码片段将产生什么样的输出？注意：位于左操作数和右操作数之间的%操作符用于产生两者相除的余数。

```
for( i = 1; i <= 4; i += 1 ){
        switch( i % 2 ){
        case 0:
                printf( "even\n" );

        case 1:
                printf( "odd\n" );
        }
}
```

10. 编写一些语句，从标准输入读取一个整型值，然后打印一些空白行，空白行的数量由这个值指定。

11. 编写一些语句，用于对一些已经读入的值进行检验和报告。如果 x 小于 y，打印单词 WRONG。同样，如果 a 大于或等于 b，也打印 WRONG。在其他情况下， 打印 RIGHT。注意：||操作符表示"逻辑或"，你可能要用到它。

12. 能够被 4 整除的年份是闰年，但其中能够被 100 整除的却不是闰年，除非它同时能够被 400 整除。请编写一些语句，判断 year 这个年份是否为闰年，如果它是闰年，把变量 leap_year 设置为 1；如果不是，把 leap_year 设置为 0。

13. 新闻记者都受过训练，善于提问与"谁""什么""何时""何地""为什么"等相关的问题。请编写一些语句，如果变量 which_word 的值是 1，就打印 who；如果值为 2，打印 what，依次类推。如果变量的值不在 1～5 的范围之内，就打印 don't know。

14. 假定由一个"程序"来控制你，而且这个程序包含两个函数：eat_hamberger()用于让你吃汉堡包；hungry()函数根据你是否饥饿返回真值或假值。请编写一些语句， 允许你在饥饿感得到满足之前爱吃多少汉堡包就吃多少。

15. 修改你对问题 14 的答案，使它能够让你的祖母满意——就是你已经吃过一些东西了。也就是说，你至少必须吃一个汉堡包。

16. 编写一些语句，根据变量 precipitating 和 temperature 的值打印当前天气的简单汇总。

如果 precipitating 为……	而且 temperature 是……	那就打印……
true	<32	snowing
	>=32	raining
false	<60	cold
	>=60	warm

4.14 编程练习

1. 正数 n 的平方根可以通过计算一系列近似值来获得，每个近似值都比前一个更加接近准确值。第一个近似值是 1，接下来的近似值则通过下面的公式来获得：

$$a_{i+1} = \frac{a_i + \dfrac{n}{a_i}}{2}$$

编写一个程序，读入一个值，计算并打印出它的平方根。如果将所有的近似值都打印出来，就会发现这种方法获得准确结果的速度有多快。原则上，这种计算可以永远进行下去，它会不断产生更加精确的结果。但在实际中，由于浮点变量的精度限制，程序无法一直计算下去。当某个近似值与前一个近似值相等时，就可以让程序停止继续计算了。

★ 2. 一个整数如果只能被它本身和 1 整除，它就被称为质数（prime）。请编写一个程序，打印出 1~100 之间的所有质数。

★★ 3. 等边三角形的 3 条边长度都相等，但等腰三角形只有两条边的长度是相等的。如果三角形的 3 条边长度都不等，那就称为不等边三角形。请编写一个程序，提示用户输入 3 个数，分别表示三角形 3 条边的长度，然后由程序判断它是什么类型的三角形。**提示**：除了边的长度是否相等，程序是否还应考虑一些其他的东西？

★★ 4. 编写函数 copy_n，它的原型如下所示：

```
void copy_n( char dst[], char src[], int n );
```

这个函数用于把一个字符串从数组 src 复制到数组 dst，但有如下要求：必须正好复制 n 个字符到 dst 数组中，不能多，也不能少。如果 src 字符串的长度小于 n，必须在复制后的字符串尾部补充足够的 NUL 字符，使它的长度正好为 n。如果 src 的长度长于或等于 n，那么在 dst 中存储了 n 个字符后便可停止。此时，数组 dst 将不是以 NUL 字符结尾。注意在调用 copy_n 时，它应该在 dst[0]至 dst[n-1]的空间中存储一些内容，但也只局限于那些位置，这与 src 的长度无关。

如果你计划使用库函数 strncpy 来实现你的程序，祝贺你提前学到了这个知识。但这里目的是让你自己规划程序的逻辑，所以最好不要使用那些处理字符串的库函数。

★★ 5. 编写一个程序，从标准输入一行一行地读取文本，并完成如下任务：如果文件中有两行或更多行相邻的文本内容相同，那么就打印出其中一行，其余的行不打印。可以假设文件中的文本行在长度上不会超过 128 字符（127 字符加上用于终结文本行的换行符）。

考虑下面的输入文件：

```
This is the first line.
Another line.
And another.
And another.
And another.
And another.
Still more.
Almost done now --
Almost done now --
Another line.
Still more.
Finished!
```

假定所有行在尾部没有任何空白（它们在视觉上不可见，但它们却可能使邻近两行在内容上不同），根据这个输入文件，程序应该产生下列输出：

```
And another.
Almost done now --
```

所有内容相同的相邻文本行有一行被打印。注意，"Another line." 和 "Still more." 并未被打印，因为文件中它们虽然各占两行，但相同文本行的位置并不相邻。

提示：使用 gets 函数读取输入行，使用 strcpy 函数来复制它们。有一个叫作 strcmp 的函数接受两个字符串参数并对它们进行比较。如果两者相等，函数返回 0；如果不等，函数返回非零值。

★ ★ ★　　6. 编写一个函数，它从一个字符串中提取一个子字符串。函数的原型如下：

```
int substr( char dst[], char src[], int start, int  len );
```

函数的任务是从 src 数组起始位置向后偏移 start 个字符的位置开始，最多复制 len 个非 NUL 字符到 dst 数组。在复制完毕之后，dst 数组必须以 NUL 字节结尾。函数的返回值是存储于 dst 数组中的字符串的长度。

如果 start 所指定的位置越过了 src 数组的尾部，或者 start 或 len 的值为负，那么复制到 dst 数组的是个空字符串。

★ ★ ★　　7. 编写一个函数，从一个字符串中去除多余的空格。函数的原型如下：

```
void deblank( char string[] );
```

当函数发现字符串中如果有一个地方由一个或多个连续的空格组成时，就把它们改成单个空格字符。注意，在遍历整个字符串时，要确保它以 NUL 字符结尾。

操作符和表达式

C 提供了我们希望编程语言应该拥有的所有操作符[1]，它甚至提供了一些令人意想不到的操作符。事实上，C 被许多人所诟病的一个缺点就是它有品种繁多的操作符。C 的这个特点使它很难被精通。此外，C 的许多操作符具有其他语言的操作符无可抗衡的价值，这也是 C 适用于开发范围极广的应用程序的原因之一。

本章在介绍完操作符之后，将讨论表达式求值的规则，包括操作符优先级和算术转换。

5.1 操作符

为了便于解释，这里将按照操作符的功能或它们的使用方式对它们进行分类。为了便于参考，按照优点级对它们进行分组会更方便一些。

5.1.1 算术操作符

C 提供了所有常用的算术操作符：

```
+    -    *    /    %
```

除了%操作符，其余几个操作符都是既适用于浮点类型，又适用于整数类型。当/操作符的两个操作数都是整数时，它执行整除运算，在其他情况下则执行浮点数除法[2]。%为取模操作符，它接受两个整型操作数，把左操作数除以右操作数，但它返回的值是余数而不是商。

5.1.2 移位操作符

汇编语言程序员对于移位操作已经是非常熟悉了。对于那些适应能力强的读者，这里进行简单介绍。移位操作只是简单地把一个值的位向左或向右移动。在左移位中，值最左边的几位被丢弃，右边多出来的几个空位则由 0 补齐。图 5.1 是一个左移位的例子，它在一个 8 位的值上进行左移 3 位的操作，以二进制形式显示。这个值的所有位均向左移 3 个位置，移出左边界的那几个位丢失，

1　译注：operator 有时也译为"运算符"，但为统一起见，本书一律译为"操作符"。
2　如果整除运算的任一操作数为负值，运算的结果是由编译器定义的。详情请参见第 16 章介绍的 div 函数。

右边空出来的几个位则用 0 补齐。

右移位操作存在一个左移位操作不曾面临的问题：从左边移入新位时，可以选择两种方案：一种是逻辑移位，左边移入的位用 0 填充；另一种是算术移位，左边移入的位由原先该值的符号位决定，符号位为 1 则移入的位均为 1，符号位为 0 则移入的位均为 0，这样能够保持原数的正负形式不变。如果值 10010110 右移两位，逻辑移位的结果是 00100101，但算术移位的结果是 11100101。算术左移和逻辑左移是相同的，它们只在右移时不同，而且只有当操作数是负值时才不一样。

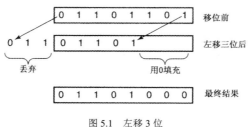

图 5.1　左移 3 位

左移位操作符为<<，右移位操作符为>>。左操作数的值将移动由右操作数指定的位数。两个操作数都必须是整型类型。

警告：

标准规定无符号值执行的所有移位操作都是逻辑移位，但对于有符号值，到底是采用逻辑移位还是算术移位则取决于编译器。可以编写一个简单的测试程序，看看自己的编译器使用哪种移位方式。但你的测试并不能保证其他的编译器也会使用同样的方式。因此，一个程序如果使用了有符号数的右移位操作，它就是不可移植的。

警告：

注意类似这种形式的移位：

```
a << -5
```

左移-5 位表示什么呢？是表示右移 5 位吗？还是根本不移位？在某台机器上，这个表达式实际执行左移 27 位的操作——你怎么也想不出来吧！如果移位的位数比操作数的位数还要多，会发生什么情况呢？

标准规定这类移位的行为是未定义的，所以它是由编译器决定的。然而，很少有编译器设计者会清楚地说明如果发生这种情况将会怎样，所以它的结果很可能没有什么意义。因此，应该避免使用这种类型的移位，因为它们的效果是不可预测的，使用这类移位的程序是不可移植的。

程序 5.1 的函数使用右移位操作来计数一个值中值为 1 的位的个数。它接受一个无符号参数（这是为了避免右移位的歧义），并使用%操作符判断最右边的一位最否非零。在学习完&、<<=和+=操作符之后，我们将进一步完善这个函数。

```
/*
** 这个函数返回参数值中值为 1 的位的个数。
*/
int
count_one_bits( unsigned value )
{
```

```
int ones;

/*
** 当这个值还有一些值为 1 的位时
*/
for( ones = 0; value != 0; value = value >> 1 )
        /*
        ** 如果最低位的值为 1，计数增 1。
        */
        if( value % 2 != 0 )
            ones = ones + 1;

    return ones;
}
```

程序 5.1　计数一个值中值为 1 的位的个数：初级版本　　　　　　　　　　　　count_1a.c

5.1.3　位操作符

位操作符对它们的操作数的各个位执行 AND、OR 和 XOR（异或）等逻辑操作。同样，汇编语言程序员对于这类操作已是非常熟悉了，但为了照顾其他读者，这里还是进行简单介绍。当两个位进行 AND 操作时，如果两个位都是 1，结果为 1，否则结果为 0。当两个位进行 OR 操作时，如果两个位都是 0，结果为 0，否则结果为 1。最后，当两个位进行 XOR 操作时，如果两个位不同，结果为 1，如果两个位相同，结果为 0。这些操作以图的形式总结如下。

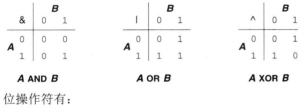

位操作符有：

&　　|　　^

它们分别执行 AND、OR 和 XOR 操作。位操作符要求操作数为整数类型，它们对操作数对应的位进行指定的操作，每次对左右操作数的各一位进行操作。来看一个例子，假定变量 a 的二进制值为 00101110，变量 b 的二进制值为 01011011。a & b 的结果是 00001010，a | b 的结果是 01111111，a ^ b 的结果是 011110101。

位的操纵

下面的表达式显示了可以怎样使用移位操作符和位操作符来操纵一个整型值中的单个位。表达式假定变量 bit_number 为一整型值，它的范围从 0 到整型值的位数减 1，并且整型值的位从右向左计数。第 1 个例子把指定的位设置为 1。

`value = value | 1 << bit_number;`

下一个例子把指定的位清 0[1]。

1　这里简单描述一下单目操作符~，它用于对其操作数进行求补运算，即 1 变为 0，0 变为 1。

```
value = value & ~ ( 1 << bit_number );
```
这些表达式常常写成|=和&=操作符的形式，它们将在下一节介绍。最后，下面这个表达式对指定的位进行测试。如果该位已被设置为 1，则表达式的结果为非零值。

```
value & 1 << bit_number
```

5.1.4 赋值操作符

最后，我们讨论赋值操作符，它用一个等号表示。赋值是表达式的一种，而不是某种类型的语句。所以，只要是允许出现表达式的地方，都允许进行赋值。下面的语句

```
x = y + 3;
```
包含两个操作符：+和=。首先进行加法运算，所以=的操作数是变量 x 和表达式 y+3 的值。赋值操作符把右操作数的值存储于左操作数指定的位置。但赋值也是个表达式，表达式就具有一个值。赋值表达式的值就是左操作数的新值，它可以作为其他赋值操作符的操作数，如下面的语句所示：

```
a = x = y + 3;
```
赋值操作符的结合性（求值的顺序）是从右到左，所以这个表达式相当于：

```
a = ( x = y + 3 );
```
它的意思和下面的语句组合完全相同：

```
x = y + 3;
a = x;
```
下面是一个稍微复杂一些的例子。

```
r = s + ( t = u - v ) / 3;
```
这条语句把表达式 u-v 的值赋值给 t，然后把 t 的值除以 3，再把除法的结果和 s 相加，其结果再赋值给 r。尽管这种方法也是合法的，但改写成下面这种形式也具有同样的效果。

```
t = u - v;
r = s + t / 3;
```
事实上，后面这种写法更好一些，因为它们更易于阅读和调试。人们在编写内嵌赋值操作的表达式时很容易走极端，写出难于阅读的表达式。因此，在使用这个"特性"之前，应先确信这种写法能带来一些实实在在的好处。

警告：

在下面的语句中，认为 a 和 x 被赋予相同的值的说法是不正确的：

```
a = x = y + 3;
```
如果 x 是一个字符型变量，那么 y+3 的值就会被截去一段，以便容纳于字符类型的变量中。那么 a 所赋的值就是这个被截短后的值。在下面这个常见的错误中，这种截短正是问题的根源所在：

```
char ch;
...
while( ( ch = getchar() ) != EOF ) ...
```
EOF 需要的位数比字符型值所能提供的位数要多，这也是 getchar 返回一个整型值而不是字符值的原因。然而，把 getchar 的返回值首先存储于 ch 中将导致它被截短。然后这个被截短的值被提升为整型并与 EOF 进行比较。当这段存在错误的代码在使用有符号字符集的机器上运行时，如果读取了一个值为\377 的字节，循环将会终止，因为这个值截短再提升之后与 EOF 相等。当这段代码在使

用无符号字符集的机器上运行时，这个循环将永远不会终止！

复合赋值符

到目前为止所介绍的操作符都还有一种复合赋值的形式：

```
+=          -=          *=          /=          %=
<<=         >>=         &=          ^=          |=
```

我们只讨论+=操作符，因为其余操作符与它非常相似，只是各自使用的操作符不同而已。+=操作符的用法如下：

```
a += expression
```

它读作"把 expression 加到 a"，它的功能相当于下面的表达式：

```
a = a + ( expression )
```

唯一的不同之处是+=操作符的左操作数（此例为 a）只求值一次。注意括号：它们确保表达式在执行加法运算前已被完整求值，即使它内部包含有优先级低于加法运算的操作符。

存在两种增加一个变量值的方法有何意义呢？K&R C 设计者认为，复合赋值符可以让程序员把代码写得更清楚一些。另外，编译器可以产生更为紧凑的代码。现在，a=a+5 和 a+=5 之间的差别不再那么显著，而且现代的编译器为这两种表达式产生优化代码并无多大问题。但请考虑下面两条语句，如果函数 f 没有副作用，它们是等同的。

```
a[ 2 * (y - 6*f(x)) ] = a[ 2 * (y - 6*f(x) ) ] + 1;
a[ 2 * (y - 6*f(x)) ] += 1;
```

在第 1 种形式中，用于选择增值位置的表达式必须书写两次，一次在赋值号的左边，另一次在赋值号的右边。由于编译器无从知道函数 f 是否具有副作用，所以它必须两次计算下标表达式的值。第 2 种形式效率更高，因为下标只计算一次。

提示：

+=操作符更重要的优点是它使源代码更容易阅读和书写。如果你想判断上例第 1 条语句的功能，就必须仔细检查这两个下标表达式，证实它们的确相同，然后还必须检查函数 f 是否具有副作用。但第 2 条语句则不存在这样的问题。而且它在书写方面也比第 1 条语句更方便，出现打字错误的可能性也小得多。基于这些理由，应该尽量使用复合赋值符。

现在可以使用复合赋值符来改写程序 5.1，结果见程序 5.2。复合赋值符同时能简化用于设置和清除变量值中单个位的表达式：

```
value |= 1 << bit_number;
value &= ~ ( 1 << bit_number );

/*
** 这个函数返回参数值中值为 1 的位的个数。
*/
int
count_one_bits( unsigned value )
{
    int ones;

    /*
```

```
** 当这个值中还存在一些值为 1 的位时    */
for( ones = 0; value != 0; value >>= 1 )
     /*
     ** 如果最低位为 1，增加计数器的值。
     */
     if( ( value & 1 ) != 0 )
             ones += 1;

return ones;
}
```

程序 5.2   计数一个值中值为 1 的位的个数：最终版本   count_1b.c

5.1.5 单目操作符

C 有一些单目操作符，也就是只接受一个操作数的操作符。它们是

```
!      ++       -      &      sizeof
~      -        +      *      (类型)
```

让我们逐个来介绍这些操作符。

!操作符对它的操作数执行逻辑反操作：如果操作数为真，其结果为假；如果操作数为假，其结果为真。和关系操作符一样，这个操作符实际上产生一个整型结果：0 或 1。

~操作符对整型类型的操作数进行求补操作，操作数中所有原先为 1 的位变为 0，所有原先为 0 的位变为 1。

-操作符产生操作数的负值。

+操作符产生操作数的值；换句话说，它什么也不干。之所以提供这个操作符，是为了与-操作符组成对称的一对。

&操作符产生它的操作数的地址。例如，下面的语句声明了一个整型变量和一个指向整型变量的指针，接着，&操作符取变量 a 的地址，并把它赋值给指针变量。

```
int  a, *b;
...
b = &a;
```

这个例子说明了如何把一个现有变量的地址赋值给一个指针变量。

*操作符是间接访问操作符，它与指针一起使用，用于访问指针所指向的值。在前面例子中的赋值操作完成之后，表达式 b 的值是变量 a 的地址，但表达式*b 的值则是变量 a 的值。

sizeof 操作符判断它的操作数的类型长度，以字节为单位表示。操作数既可以是个表达式（常常是单个变量），也可以是两边加上括号的类型名。这里有两个例子：

```
sizeof ( int )          sizeof x
```

第 1 个表达式返回整型变量的字节数，其结果自然取决于所使用的环境。第 2 个表达式返回变量 x 所占据的字节数。注意，从定义上说，字符变量的长度为 1 字节。如果 sizeof 的操作数是个数组名，则返回该数组的长度，以字节为单位。在表达式的操作数两边加上括号也是合法的，如下所示：

```
sizeof( x )
```

这是因为括号在表达式中总是合法的。在判断表达式的长度时，并不需要对表达式进行求值，所以 sizeof(a = b + 1)并没有向 a 赋任何值。

（类型）操作符被称为**强制类型转换**（cast），它用于显式地把表达式的值转换为其他类型。例如，为了获得整型变量 a 对应的浮点数值，可以这样写：

```
(float)a
```

"强制类型转换"这个名字很容易记忆，它具有很高的优先级，所以把强制类型转换放在一个表达式前面只会改变表达式中第 1 个项目的类型。如果要对整个表达式的结果进行强制类型转换，就必须把整个表达式用括号括起来。

最后讨论增值操作符++和减值操作符--。如果说有哪个操作符能够捕捉到 C 编程的"感觉"，它必然是这两个操作符之一。这两个操作符都有两个变型，分别为前缀形式和后缀形式。两个操作符的任一变型都需要一个变量而不是表达式作为它的操作数。实际上，这个限制并非那么严格。这个操作符实际上只要求操作数必须是一个"左值"，但目前我们还没有讨论这个话题。这个限制要求++或--操作符只能作用于可以位于赋值符号左边的表达式。

前缀形式的++操作符出现在操作数的前面。操作数的值被增加，而表达式的值就是操作数增加后的值。后缀形式的++操作符出现在操作数的后面。操作数的值仍被增加，但表达式的值是操作数增加前的值。如果考虑一下操作符的位置，这个规则就很容易记住——在操作数之前的操作符在变量值被使用之前增加它的值；在操作数之后的操作符在变量值被使用之后才增加它的值。--操作符的工作原理与此相同，只是它所执行的是减值操作而不是增值操作。

这里有一些例子。

```
int a, b, c, d;
...
a = b = 10;              a 和 b 得到值 10
c = ++a;                 a 增加至 11，c 得到的值为 11
d = b++;                 b 增加至 11，但 d 得到的值仍为 10
```

上面的注释描述了这些操作符的结果，但并不说明这些结果是如何获得的。抽象地说，前缀和后缀形式的增值操作符都复制一份变量值的拷贝。用于周围表达式的值正是这份拷贝（在上面的例子中，"周围表示式"是指赋值操作）。前缀操作符在进行复制之前增加变量的值，后缀操作符在进行复制之后才增加变量的值。这些操作符的结果不是被它们所修改的变量，而是变量值的拷贝，认识到这一点非常重要。它之所以重要，是因为它解释了为什么不能像下面这样使用这些操作符：

```
++a = 10;
```

++a 的结果是 a 值的副本，并不是变量本身，因此无法向一个值进行赋值。

5.1.6 关系操作符

关系操作符用于测试操作数之间的各种关系。C 提供了所有常见的关系操作符。不过，这组操作符里面存在一个陷阱。这些操作符是：

```
>    >=        <   <=          !=   ==
```

前 4 个操作符的功能一看便知。!=操作符用于测试"不相等"，而==操作符用于测试"相等"。

尽管关系操作符所实现的功能和预想的一样，但它们实现功能的方式则和预想的稍有不同。这些操作符产生的结果都是一个整型值，而不是布尔值。如果两端的操作数符合操作符指定的关系，表达式的结果是 1；如果不符合，表达式的结果是 0。关系操作符的结果是整型值，所以它可以赋值给整型变量，但通常它们在 if 或 while 语句中用作测值表达式。请记住这些语句的工作方式：表达式的结果如果是 0，它被认为是假；表达式的结果如果是任何非零值，它被认为是真。所有关系操作符的工作原理相同，如果操作符两端的操作数不符合它指定的关系，表达式的结果为 0。因此，单纯从功能上说，我们并不需要额外的布尔型数据类型。

C 用整数来表示布尔型值，这直接产生了一些简写方法，它们在表达式测值中极为常用。

```
if( expression != 0 ) ...
if( expression ) ...

if( expression == 0 ) ...
if( !expression ) ...
```

在每对语句中，两条语句的功能是相同的。测试"不等于 0"既可以用关系操作符来实现，也可以简单地通过测试表达式的值来完成。类似地，测试"等于 0"也可以通过测试表达式的值，然后再取结果值的逻辑反来实现。喜欢使用哪种形式纯属风格问题，但在使用最后一种形式时必须多加小心。由于！操作符的优先级很高，因此如果表达式内包含了其他操作符，最好把表达式放在一对括号内。

警告：

如果说下面这个错误不是 C 程序员新手最常见的错误，那么它至少也是最令人恼火的错误。绝大多数其他语言使用=操作符来比较相等性。但在 C 中，必须使用双等号==来执行这个比较，单个=号用于赋值操作。

这里的陷阱在于：在测试相等性的地方出现赋值符是合法的，它并非是一个语法错误[1]。这个不幸的特点正是 C 不具备布尔类型的不利之处。这两个表达式都是合法的整型表达式，所以它们在这个上下文环境中都是合法的。

如果使用了错误的操作符，会出现什么后果呢？考虑下面这个例子，对于 Pascal 和 Modula 程序员而言，它看上去并无不当之处：

```
x = get_some_value();
if( x = 5 )
        执行某些任务
```

x 从函数获得一个值，但接下来我们把 5 赋值给 x，而不是把 x 与字面值 5 进行比较，从而丢失了从函数获得的那个值[2]。这个结果显然不是程序员的意图所在。但是，这里还有一个问题。由于表达式的值是 x 的新值（非零值），因此 if 语句将始终为真。

大家应该养成一个习惯，在进行相等性测试比较时，要检查一下所书写的确实是双等号符。如果发现程序运行不正常，赶快检查一下比较操作符有没有写错，这可能节省大量的调试时间。

5.1.7　逻辑操作符

逻辑操作符有&&和||。这两个操作符看上去有点像位操作符，但它们的具体操作大相径庭——它们用于对表达式求值，测试它们的值是真还是假。让我们先看一下&&操作符。

1　有些编译器对于这类可疑的表达式将产生警告信息。在罕见情况下，如果确实要在比较中出现赋值，此时应该把赋值操作放在括号里，以免产生警告信息。

2　=操作符有时被戏称为"现在就是"操作符，"你问 x 是不是等于 5？对！它现在就等于 5"。

expression1 && expression2

如果 expression1 和 expression2 的值都是真的，那么整个表达式的值也是真的。如果两个表达式中任何一个表达式的值为假，那么整个表达式的值便为假。到目前为止，一切都很正常。

这个操作符存在一个有趣之处，就是它会控制子表达式求值的顺序。例如，下面这个表达式：

```
a > 5 && a < 10
```

&&操作符的优先级比>和<操作符的优先级都要低，所以子表达式是按照下面这种方式进行组合的：

```
( a > 5 ) && ( a < 10 )
```

但是，尽管&&操作符的优先级较低，但它仍然会对两个关系表达式施加控制。下面是它的工作原理：&&操作符的左操作数总是首先进行求值，如果它的值为真，然后就紧接着对右操作数进行求值。如果左操作数的值为假，那么右操作数便不再进行求值，因为整个表达式的值肯定是假的，右操作数的值已无关紧要。||操作符也具有相同的特点，它首先对左操作数进行求值，如果它的值是真，右操作数便不再求值，因为整个表达式的值此时已经确定。这个行为常常被称为"**短路求值**"（short-circuited evaluation）。

表达式的顺序必须确保正确，这一点非常有用。下面这个例子在标准 Pascal 中是非法的：

```
if ( x >= 0 && x < MAX && array[x] == 0 ) ...
```

在 C 中，这段代码首先检查 x 的值是否在数组下标的合法范围之内。如果不是，代码中的下标引用表达式便被忽略。由于 Pascal 将完整地对所有的子表达式进行求值，因此如果下标值错误，即便程序员已经费尽心思对下标值进行范围检查，但程序仍会因无效的下标引用而导致失败。

警告：

位操作符常常与逻辑操作符混淆，但它们是不可互换的。它们之间的第一个区别是||和&&操作符具有短路性质，即如果表达式的值根据左操作数便可决定，它就不再对右操作数进行求值。与之相反，|和&操作符两边的操作数都需要进行求值。

其次，逻辑操作符用于测试零值和非零值，而位操作符用于比较它们的操作数中对应的位。这里有一个例子：

```
if( a < b && c > d ) ...
if( a < b & c > d ) ...
```

因为关系操作符产生的或者是 0，或者是 1，所以这两条语句的结果是一样的。但是，如果 a 是 1 而 b 是 2，下一对语句就不会产生相同的结果：

```
if( a && b ) ...
if( a & b ) ...
```

因为 a 和 b 都是非零值，所以第 1 条语句的值为真，但第 2 条语句的值却是假，因为在 a 和 b 的位模式中，没有一个位在两者中的值都是 1。

5.1.8　条件操作符

条件操作符接受 3 个操作数，它也会控制子表达式的求值顺序。下面是它的用法：

expression1 ? expression2 : expression3

条件操作符的优先级非常低，所以它的各个操作数即使不加括号，一般也不会有问题。但是，为了清楚起见，人们还是倾向于在它的各个子表达式两端加上括号。

首先计算的是 expression1，如果它的值为真（非零值），那么整个表达式的值就是 expression2 的值，expression3 不会进行求值。但是，如果 expression1 的值是假（零值），那么整个条件语句的值就是 expression3 的值，expression2 不会进行求值。

如果大家觉得记住条件操作符的工作过程有点困难，可以试一试以问题的形式对它进行解读。例如：

```
a > 5 ? b - 6 : c / 2
```

可以读作 "a 是不是大于 5？如果是，就执行 b-6，否则执行 c/2"。语言设计者选择问号符来表示条件操作符决非一时心血来潮。

提示：

什么时候要用到条件操作符呢？这里有两个程序片段：

```
if( a > 5 )                          b = a > 5 ? 3 : -20;
        b = 3;
else
        b = -20;
```

这两段代码所实现的功能完全相同，但左边的代码段要两次书写 "b="。当然，这没什么大不了，在这种场合使用条件操作符并无优势可言。但是，请看下面这条语句：

```
if( a > 5 )
        b[ 2 * c + d( e / 5 ) ] = 3;
else
        b[ 2 * c + d( e / 5 ) ] = -20;
```

在这里，长长的下标表达式需要写两次，确实令人讨厌。如果使用条件操作符，看上去就清楚得多：

```
b[ 2 * c + d( e / 5 ) ] = a > 5 ? 3 : -20;
```

在这个例子里，使用条件操作符就相当不错，因为它的好处显而易见。在此例中，使用条件操作符出现打字错误的可能性也比前一种写法要低，而且条件操作符可能会产生较小的目标代码。一旦习惯了条件操作符，你会像理解 if 语句那样轻松看懂这类语句。

5.1.9　逗号操作符

提起逗号操作符，大家可能都有点听腻了。但在有些场合，它确实相当有用。它的用法如下：

expression1, expression2, ... , expressionN

逗号操作符用于将两个或多个表达式分隔开来。这些表达式自左向右逐个进行求值，整个逗号表达式的值就是最后那个表达式的值。例如：

```
if( b + 1, c / 2, d > 0 )
```

如果 d 的值大于 0，那么整个表达式的值就为真。当然，没有人会这样编写代码，因为对前两个表达式的求值毫无意义，它们的值只是被简单地丢弃。但是，请看下面的代码：

```
a = get_value();
count_value( a );
while( a > 0 ){
        ...
        a = get_value();
        count_value( a );
}
```

在这个 while 循环的前面，有两条独立的语句，它们用于获得在循环表示式中进行测试的值。这样，在循环开始之前和循环体的最后必须各有一份这两条语句的拷贝。但是，如果使用逗号操作符，就可以把这个循环改写为：

```
while( a = get_value(), count_value( a ), a > 0 ) {
        ...
}
```

也可以使用内嵌的赋值形式，如下所示：

```
while( count_value( a = get_value() ), a > 0 ) {
        ...
}
```

提示：

现在，循环中用于获得下一个值的语句只需要出现一次。逗号操作符使源程序更易于维护。如果用于获得下一个值的方法在将来需要改变，那么代码中只有一个地方需要修改。

但是，面对这个优点，我们很容易"用力过猛"。所以在使用逗号操作符之前，要问问自己它能不能让程序在某方面表现更出色。如果答案是否定的，就不要使用它。顺便说一下，"更出色"并不包括"更炫""更酷"或"令人印象更深刻"。

这里有一个技巧，你偶尔可能会看到：

```
while( x < 10 )
        b += x,
        x += 1;
```

在这个例子中，逗号操作符把两条赋值语句整合成一条语句，从而避免了在它们的两端加上花括号。不过，这并不是个好做法，因为逗号和分号的区别过于细微，人们很难注意到第一个赋值后面是一个逗号而不是分号。

5.1.10 下标引用、函数调用和结构成员

剩余的一些操作符将在本书的其他章节详细讨论，但为了完整起见，这里顺便提一下它们。下标引用操作符是一对方括号。下标引用操作符接受两个操作数：一个数组名和一个索引值。事实上，下标引用并不仅限于数组名，第 6 章会再讨论这个话题。C 的下标引用与其他语言的下标引用很相似，不过它们的实现方式稍有不同。C 的下标值总是从零开始，并且不会对下标值进行有效性检查。除了优先级不同，下标引用操作和间接访问表达式是等价的。它们的映像关系如下：

```
array[ 下标 ]
*( array + ( 下标 ) )
```

下标引用实际上是以后面这种形式实现的，当你从第 6 章起越来越频繁地使用指针时，认识这一点将会越来越重要。

函数调用操作符接受一个或多个操作数。它的第一个操作数是希望调用的函数名，剩余的操作数就是传递给函数的参数。把函数调用以操作符的方式实现，意味着"表达式"可以代替"常量"作为函数名，事实也确实如此。第 7 章将详细讨论函数调用操作符。

.和->操作符用于访问一个结构的成员。如果 s 是个结构变量，那么 s.a 就访问 s 中名叫 a 的成员。如果有一个指向结构的指针而不是结构本身，且欲访问它的成员，就需要使用->操作符而不是.操作

符。第 10 章将详细讨论结构、结构成员以及这些操作符。

5.2　布尔值

C 并不具备显式的布尔类型，所以用整数来代替，其规则是：

零是假，任何非零值皆为真。

然而，标准并没有说 1 这个值比其他任何非零值"更真"。考虑下面的代码段：

```
a = 25;
b = 15;
if( a ) ...
if( b ) ...
if( a == b ) ...
```

第 1 个测试检查 a 是否为非零值，结果为真。第 2 个测试检查 b 是否不等于 0，其结果也是真。但第 3 个测试并不是检查 a 和 b 的值是否都为"真"，而是测试两者是否相等。

如果在需要布尔值的上下文环境中使用整型变量，便有可能出现这类问题。

```
nonzero_a = a != 0;
...
if( nonzero_a == ( b != 0 ) ) ...
```

当 a 和 b 的值都是零或者都不是零时，这个测试的结果为真。上面这个测试并没有问题，但如果把(b != 0)这个表达式换作"相同"的表达式 b：

```
if( nonzero_a == b ) ...
```

这个表达式不再用于测试 a 和 b 是否都为零或非零值，而是用于测试 b 是否为某个特定的整型值，即 0 或者 1。

警告：

尽管所有的非零值都被认为是真，但是在两个真值之间相互比较时必须小心，因为许多不同的值都可能代表真。

这里有一种程序员经常使用的简写手法，用于 if 语句中——此时就可能出现这种麻烦。假如你进行了下面这些#define 定义，它们后面的每对语句看上去似乎都是等价的：

```
#define FALSE   0
#define TRUE    1
...
if( flag == FALSE ) ...
if( !flag ) ...

if( flag == TRUE ) ...
if( flag ) ...
```

但是，如果 flag 设置为任意的整型值，那么第 2 对语句就不是等价的。只有当 flag 确实是 TRUE 或 FALSE，或者是关系表达式或逻辑表达式的结果值时，两者才是等价的。

提示：

解决所有这些问题的方法是避免混合使用整型值和布尔值。如果一个变量包含了一个任意的整型值，就应该显式地对它进行测试：

```
if( value != 0 ) ...
```

不要使用简写法来测试变量是零还是非零，因为这类形式错误地暗示该变量在本质上是布尔型的。

如果一个变量用于表示布尔值，则应该始终把它设置为 0 或者 1，例如：

```
positive_cash_flow = cash_balance >= 0;
```

不要通过把它与任何特定的值进行比较来测试这个变量是否为真值，哪怕是与 TRUE 或 FALSE 进行比较。相反，应该像下面这样测试变量的值：

```
if( positive_cash_flow ) ...
if( !positive_cash_flow ) ...
```

如果选择使用描述性的名字来表示布尔型变量，这个技巧更加管用，能够提高代码的可读性："如果现金流量为正，那么……"

5.3 左值和右值

为了理解有些操作符存在的限制，必须理解**左值**（L-value）和**右值**（R-value）之间的区别。这两个术语是多年前由编译器设计者所创造并沿用至今的，尽管它们的定义并不与 C 语言严格吻合。

左值就是那些可以出现在赋值符号左边的东西。右值就是那些可以出现在赋值符号右边的东西。这里有个例子：

```
a = b + 25;
```

a 是个左值，因为它标识了一个可以存储结果值的地点；b + 25 是个右值，因为它指定了一个值。

它们可以互换吗？

```
b + 25 = a;
```

原先用作左值的 a 此时也可以当作右值，因为每个位置都包含一个值。然而，b + 25 不能作为左值，因为它并未标识一个特定的位置。因此，这条赋值语句是非法的。

注意，当计算机计算 b + 25 时，它的结果必然保存于机器的某个地方。但是，程序员并没有办法预测该结果会存储在什么地方，也无法保证这个表达式的值下次还会存储于同一个地方。其结果是，这个表达式不是一个左值。基于同样的理由，字面值常量也都不是左值。

听上去似乎是变量可以作为左值而表达式不能作为左值，但这个推断并不准确。在下面的赋值语句中，左值便是一个表达式：

```
int     a[30];
...
a[ b + 10 ] = 0;
```

下标引用实际上是一个操作符，所以表达式的左边实际上是个表达式，但它却是一个合法的左值，因为它标识了一个特定的位置，我们以后可以在程序中引用它。这里还有一个例子：

```
int     a, *pi;
...
pi = &a;
*pi = 20;
```

请看第 2 条赋值语句，它左边的那个值显然是一个表达式，但它却是一个合法的左值。为什么？指针 pi 的值是内存中某个特定位置的地址，*操作符使机器指向那个位置。当它作为左值使用时，这个表达式指定需要进行修改的位置；当它作为右值使用时，它就提取当前存储于这个位置的值。

有些操作符，如间接访问和下标引用，它们的结果是个左值。其余操作符的结果则是个右值。为了便于参考，表 5.1 列举了操作符的优先级。

5.4　表达式求值

表达式的求值顺序一部分是由它所包含的操作符的优先级和结合性决定的。同样，有些表达式的操作数在求值过程中可能需要转换为其他类型。

5.4.1　隐式类型转换

C 的整型算术运算总是至少以缺省整型类型的精度来进行的。为了获得这个精度，表达式中的字符型和短整型操作数在使用之前被转换为普通整型，这种转换称为整型提升（integral promotion）。例如，在下面表达式的求值中，

```
char    a, b, c;
...
a = b + c;
```

b 和 c 的值被提升为普通整型，然后再执行加法运算。加法运算的结果将被截短，然后再存储于 a 中。这个例子的结果和使用 8 位算术的结果是一样的。但在下面这个例子中，它的结果就不再相同。这个例子用于计算一系列字符的简单检验和：

```
a = ( ~a ^ b << 1 ) >> 1;
```

由于存在求补和左移操作，因此 8 位的精度是不够的。标准要求进行完整的整型求值，所以对于这类表达式的结果，不会存在歧义性[1]。

5.4.2　算术转换

如果某个操作符的各个操作数属于不同的类型，除非其中一个操作数转换为另一个操作数的类型，否则操作就无法进行。下面的层次体系称为**寻常算术转换**（usual arithmetic conversion）：

```
long double
double
float
unsigned long int
long int
unsigned int
int
```

如果某个操作数的类型在上面这个列表中排名较低，那么它首先将转换为另外一个操作数的类型，然后再执行操作。

警告：

下面这个代码段包含了一个潜在的问题：

```
int     a = 5000;
int     b = 25;
long    c = a * b;
```

1　事实上，标准规定结果应该通过完整的整型求值得到。编译器如果知道采用 8 位精度的求值不会影响最后的结果，它也允许编译器这样做。

即表达式 a*b 是以整型进行计算，在 32 位整数的机器上，这段代码运行起来毫无问题，但在 16 位整数的机器上，这个乘法运算会产生溢出，这样 c 就会被初始化为错误的值。

解决方案是在执行乘法运算之前把其中一个（或两个）操作数转换为长整型：

```
long  c = ( long )a * b;
```

当整型值转换为 float 型值时，也有可能损失精度。float 型值仅要求 6 位数字的精度。如果将一个超过 6 位数字的整型值赋值给一个 float 型变量，其结果可能只是该整型值的近似值。

当 float 型值转换为整型值时，小数部分被舍弃（并不进行四舍五入）。如果浮点数的值过于庞大，无法容纳于整型值中，那么其结果将是未定义的。

5.4.3　操作符的属性

复杂表达式的求值顺序是由 3 个因素决定的：操作符的优先级、操作符的结合性以及操作符是否控制执行的顺序。两个相邻的操作符哪个先执行取决于它们的优先级，如果两者的优先级相同，那么它们的执行顺序由其结合性决定。简单地说，结合性就是一串操作符是从左向右依次执行还是从右向左依次执行。最后，有 4 个操作符可以对整个表达式的求值顺序施加控制，它们或者保证某个子表达式能够在另一个子表达式的所有求值过程完成之前进行求值，或者可能使某个表达式被完全跳过不再求值。

每个操作符的所有属性都列在表 5.1 所示的优先级表中。表中各个列分别代表操作符、它的功能简述、用法示例、它的结果类型、它的结合性以及当它出现时是否会对表达式的求值顺序施加控制。用法示例提示它是否需要操作数为左值。术语 lexp 表示左值表达式，rexp 表示右值表达式。记住，左值意味着一个位置，而右值意味着一个值，所以，在使用右值的地方也可以使用左值，但是在需要左值的地方不能使用右值。

表 5.1　　　　　　　　　　　　操作符的优先级

操作符	描　述	用 法 示 例	结 果 类 型	结 合 性	是否控制求值顺序
( )	聚组	(表达式)	与表达式同	N/A	否
( )	函数调用	rexp(rexp, ..., rexp)	rexp	L-R	否
[ ]	下标引用	rexp[rexp]	lexp	L-R	否
.	访问结构成员	lexp.member_name	lexp	L-R	否
->	访问结构指针成员	rexp->member_name	lexp	L-R	否
++	后缀自增	lexp++	rexp	L-R	否
--	后缀自减	lexp--	rexp	L-R	否
!	逻辑反	!rexp	rexp	R-L	否
~	按位取反	~ rexp	rexp	R-L	否
+	单目，表示正值	+ rexp	rexp	R-L	否
-	单目，表示负值	- rexp	rexp	R-L	否
++	前缀自增	++lexp	rexp	R-L	否
--	前缀自减	--lexp	rexp	R-L	否
*	间接访问	* rexp	lexp	R-L	否
&	取地址	&lexp	rexp	R-L	否
sizeof	取其长度，以字节表示	sizeof rexp sizeof(类型)	rexp	R-L	否
(类型)	类型转换	(类型)rexp	rexp	R-L	否

操作符	描　述	用 法 示 例	结果类型	结 合 性	是否控制求值顺序
*	乘法	rexp * rexp	rexp	L-R	否
/	除法	rexp / rexp	rexp	L-R	否
%	整数取余	rexp % rexp	rexp	L-R	否
+	加法	rexp + rexp	rexp	L-R	否
-	减法	rexp – rexp	rexp	L-R	否
<<	左移位	rexp << rexp	rexp	L-R	否
>>	右移位	rexp >> rexp	rexp	L-R	否
>	大于	rexp > rexp	rexp	L-R	否
>=	大于等于	rexp >= rexp	rexp	L-R	否
<	小于	rexp < rexp	rexp	L-R	否
<=	小于等于	rexp <= rexp	rexp	L-R	否
==	等于	rexp == rexp	rexp	L-R	否
!=	不等于	rexp != rexp	rexp	L-R	否
&	位与	rexp & rexp	rexp	L-R	否
^	位异或	rexp ^ rexp	rexp	L-R	否
|	位或	rexp | rexp	rexp	L-R	否
&&	逻辑与	rexp && rexp	rexp	L-R	是
||	逻辑或	rexp || rexp	rexp	L-R	是
?:	条件操作符	rexp? rexp: rexp	rexp	N/A	是
=	赋值	lexp = rexp	rexp	R-L	否
+=	以……加	lexp += rexp	rexp	R-L	否
-=	以……减	lexp == rexp	rexp	R-L	否
*=	以……乘	lexp *= rexp	rexp	R-L	否
/=	以……除	lexp /= rexp	rexp	R-L	否
%=	以……取模	lexp %= rexp	rexp	R-L	否
<<=	以……左移	lexp <<= rexp	rexp	R-L	否
>>=	以……右移	lexp >>= rexp	rexp	R-L	否
&=	以……与	lexp &= rexp	rexp	R-L	否
^=	以……异或	lexp ^= rexp	rexp	R-L	否
|=	以……或	lexp |= rexp	rexp	R-L	否
,	逗号	rexp, rexp	rexp	L-R	是

5.4.4　优先级和求值的顺序

　　如果表达式中的操作符超过一个，是什么决定这些操作符的执行顺序呢？C 的每个操作符都具有优先级，用于确定它和表达式中其余操作符之间的关系。但仅凭优先级还不能确定求值的顺序。下面是它的规则：

　　两个相邻操作符的执行顺序由它们的优先级决定。如果它们的优先级相同，则执行顺序由它们的结合性决定。除此之外，编译器可以自由决定使用何种顺序对表达式进行求值，只要它不违背逗号、&&、\|\|和?:操作符所施加的限制即可。

　　换句话说，表达式中操作符的优先级只决定表达式的各个组成部分在求值过程中如何进行聚组。

这里有一个例子：

```
a + b * c
```

在这个表达式中，乘法和加法操作符是两个相邻的操作符。由于*操作符的优先级比+操作符高，因此乘法运算先于加法运算执行。编译器在这里别无选择，它必须先执行乘法运算。

下面是一个更为有趣的表达式：

```
a * b + c * d + e * f
```

如果仅由优先级决定这个表达式的求值顺序，那么所有 3 个乘法运算将在所有加法运算之前进行。事实上，并不是必须按照这个顺序执行。实际上，只要保证每个乘法运算在它相邻的加法运算之前执行即可。例如，这个表达式可能会以下面的顺序进行，其中粗体的操作符表示在每个步骤中进行操作的操作符：

```
a * b
c * d
(a*b) + (c*d)
e * f
(a*b)+(c*d) + (e*f)
```

注意，第一个加法运算在最后一个乘法运算之前执行。如果这个表达式按以下的顺序执行，其结果是一样的：

```
c * d
e * f
a * b
(a*b) + (c*d)
(a*b)+(c*d) + (e*f)
```

加法运算的结合性要求两个加法运算按照先左后右的顺序执行，但它对表达式剩余部分的执行顺序并未加以限制。尤其是，这里并没有任何规则要求所有的乘法运算首先进行，也没有规则规定这几个乘法运算之间谁先执行。优先级规则在这里起不到作用，优先级只对相邻操作符的执行顺序起作用。

警告：

由于表达式的求值顺序并非完全由操作符的优先级决定，因此像下面这样的语句是很危险的。

```
c + --c
```

操作符的优先级规则要求自减运算在加法运算之前进行，但我们并没有办法得知加法操作符的左操作数是在右操作数之前还是之后进行求值。它在这个表达式中将存在区别，因为自减操作符具有副作用。--c 在 c 之前或之后执行，表达式的结果在两种情况下将会不同。

标准规定类似这种表达式的值是未定义的。尽管每种编译器都会为这个表达式产生某个值，但到底哪个是正确的并无标准答案。因此，像这样的表达式是不可移植的，应该予以避免。程序 5.3 以相当戏剧化的结果说明了这个问题。表 5.2 列出了这个程序在各种编译器中所产生的值。许多编译器由于是否添加了优化措施而导致结果不同。例如，在 gcc 中使用了优化器后，程序的值从 −63 变成了 22。尽管每个编译器以不同的顺序计算这个表达式，但你不能说任何一种方法是错误的！这是由表达式本身的缺陷引起的。由于它包含了许多具有副作用的操作符，因此它的求值顺序存在歧义。

```
/*
** 一个证明表达式的求值顺序只是部分由操作符的优先级决定的程序。
*/
```

```
main()
{
        int    i = 10;

        i = i-- - --i * ( i = -3 ) * i++ + ++i;
        printf( "i = %d\n", i );
}
```

程序 5.3　非法表达式   bad_exp.c

表 5.2   非法表达式程序的结果

值	编 译 器
−128	Tandy 6000 Xenix 3.2
−95	Think C 5.02（Macintosh）
−86	IBM PowerPC AIX 3.2.5
−85	Sun Sparc cc（K&C 编译器）
−63	gcc、HP_UX 9.0、Power C 2.0.0
4	Sun Sparc acc（K&C 编译器）
21	Turbo C/C++ 4.5
22	FreeBSD 2.1R
30	Dec Alpha OSF1 2.0
36	Dec VAX/VMS
42	Microsoft C 5.1

K&R C：

在 K&R C 中，编译器可以自由决定以任何顺序对类似下面这样的表达式进行求值。

```
a + b + c
x * y * z
```

之所以允许编译器这样做，是因为 b+c（或 y*z）的值可能可以从前面的一些表达式中获得，所以直接复用这个值比重新求值效率更高。加法运算和乘法运算都具有结合性，这样做的缺点在什么地方呢？

考虑下面这个表达式，它使用了有符号整型变量：

```
x + y + 1
```

如果表达式 x+y 的结果大于整型所能容纳的值，就会产生溢出。在有些机器上，下面这个测试的结果将取决于先计算 x+y 还是 y+1，因为在两种情况下溢出的地点不同。

```
if( x + y + 1 > 0 )
```

问题在于程序员无法肯定地预测编译器将按哪种顺序对这个表达式求值。经验显示，上面这种做法是个坏主意，所以 ANSI C 不允许这样做。

下面这个表达式说明了一个相关的问题：

```
f() + g() + h()
```

尽管左边那个加法运算必须在右边那个加法运算之前执行，但对于各个函数调用的顺序并没有规则加以限制。如果它们的执行具有副作用，比如执行一些 I/O 任务或修改全局变量，那么函数调用顺序的不同可能会产生不同的结果。因此，如果顺序会导致结果产生区别，则最好使用临时变量，让每个函数调用都在单独的语句中进行。

```
temp = f();
temp += g();
temp += h();
```

5.5　总结

C 具有丰富的操作符。算术操作符包括+（加）、−（减）、*（乘）、/（除）和%（取模）。除了%操作符，其余几个操作符不仅可以作用于整型值，还可以作用于浮点型值。

<<和>>操作符分别执行左移位和右移位操作。&、|和＾操作符分别执行位的与、或和异或操作。这几个操作符都要求其操作数为整型。

＝操作符执行赋值操作。C 还存在复合赋值符，它把赋值符和前面那些操作符结合在一起：

```
+=          -=          *=          /=          %=
<<=         >>=         &=          ^=          |=
```

复合赋值符在左右操作数之间执行指定的运算，然后把结果赋值给左操作数。

单目操作符包括!（逻辑非）、～（按位取反）、−（负值）和+（正值）。++和--操作符分别用于增加或减少操作数的值。这两个操作符都具有前缀和后缀形式。前缀形式在操作数的值被修改之后才返回这个值，而后缀形式在操作数的值被修改之前就返回这个值。&操作符返回一个指向它的操作数的指针（取地址），而*操作符对它的操作数（必须为指针）执行间接访问操作。sizeof 返回操作数的类型的长度，以字节为单位。最后，强制类型转换（cast）用于修改操作数的数据类型。

关系操作符有：

```
>           >=          <           <=          !=          ==
```

每个操作符根据它的操作数之间是否存在指定的关系，要么返回真，要么返回假。逻辑操作符用于计算复杂的布尔表达式。对于&&操作符，只有当它的两个操作数的值都为真时，它的值才是真；对于||操作符，只有当它的两个操作数的值都为假时，它的值才是假。这两个操作符会对包含它们的表达式的求值过程施加控制。如果整个表达式的值通过左操作数便可决定，那么右操作数便不再求值。

条件操作符?:接受 3 个参数，它也会对表达式的求值过程施加控制。如果第 1 个操作数的值为真，那么整个表达式的结果就是第 2 个操作数的值，第 3 个操作数不会执行；否则，整个表达式的结果就是第 3 个操作数的值，而第 2 个操作数将不会执行。逗号操作符把两个或更多个表达式连接在一起，从左向右依次进行求值，整个表达式的值就是最右边那个子表达式的值。

C 并不具备显式的布尔类型，布尔值是用整型表达式来表示的。然而，在表达式中混用布尔值和任意的整型值可能会产生错误。要避免这些错误，每个变量要么表示布尔型，要么表示整型，不可让它身兼两职。不要对整型变量进行布尔值测试，反之亦然。

左值是个表达式，它可以出现在赋值符的左边，表示计算机内存中的一个位置。右值表示一个值，所以它只能出现在赋值符的右边。每个左值表达式同时也是个右值，但反过来就不是这样。

各个不同类型之间的值不能直接进行运算，除非其中一个操作数转换为另一操作数的类型。寻常算术转换决定了哪个操作数将被转换。操作符的优先级决定了相邻的操作符哪个先被执行。如果它们的优先级相等，那么它们的结合性将决定执行顺序。但是，这些并不能完全决定表达式的求值顺序。编译器只要不违背优先级和结合性规则，就可以自由决定复杂表达式的求值顺序。表达式的结果如果依赖于求值的顺序，那么它在本质上就是不可移植的，应该避免使用。

5.6　警告的总结

1. 有符号值的右移位操作是不可移植的。
2. 移位操作的位数是个负值。
3. 连续赋值中各个变量的长度不一。
4. 误用＝而不是＝＝进行比较。
5. 误用|替代||，误用&替代&&。
6. 在用于表示布尔值的不同非零值之间进行比较。
7. 表达式赋值的位置并不决定表达式计算的精度。
8. 编写结果依赖于求值顺序的表达式。

5.7　编程提示的总结

1. 使用复合赋值符可以使程序更易于维护。
2. 使用条件操作符替代 if 语句可以简化表达式。
3. 使用逗号操作符来消除多余的代码。
4. 不要混用整型和布尔型值。

5.8　问题

1. 下面这个表达式的类型和值分别是什么？

   ```
   (float)( 25 / 10 )
   ```

2. 下面这个程序的结果是什么？

   ```
   int
   func( void )
   {
           static  int     counter = 1;

           return ++counter;
   }

   int
   main()
   {
           int     answer;

           answer = func() - func() * func();
           printf( "%d\n", answer );

   }
   ```

3. 位操作符和移位操作符可以用在什么地方？

4. 条件操作符在运行时较之 if 语句是更快还是更慢？试着比较下面两个代码段。

```
        if( a > 3 )                    i = a > 3 ? b + 1 : c * 5;
                i = b + 1;
        else
                i = c * 5;
```

5. 可以被 4 整除的年份是闰年，但是其中能够被 100 整除的年份又不是闰年。但是，这其中能
   够被 400 整除的年份又是闰年。请写一条赋值语句，实现如下功能：如果变量 year 的值是闰
   年，把变量 leap_year 设置为真；如果 year 的值不是闰年，把 leap_year 设置为假。

6. 哪些操作符具有副作用？它们具有什么副作用？

7. 下面这个代码段的结果是什么？

```
        int     a = 20;
        ...
        if( 1 <= a <= 10 )
                printf( "In range\n" );
        else
                printf( "Out of range\n" );
```

8. 改写下面的代码段，消除多余的代码。

```
        a = f1( x );
        b = f2( x + a );
        for( c = f3( a, b ); c > 0; c = f3( a, b ) ){
                statements
                a = f1( ++x );
                b = f2( x + a );
        }
```

9. 下面的循环能够实现它的目的吗？

```
        non_zero = 0;
        for( i = 0; i < ARRAY_SIZE; i += 1 )
                non_zero += array[i];

        if( !non_zero )
                printf( "Values are all zero\n" );
        else
                printf( "There are nonzero values\n" );
```

10. 根据下面的变量声明和初始化，计算下列每个表达式的值。如果某个表达式具有副作用（也
    就是说它修改了一个或多个变量的值），注明它们。在计算每个表达式时，每个变量所使用
    的是开始时给出的初始值，而不是前一个表达式的结果。

```
        int     a = 10, b = -25;
        int     c = 0, d = 3;
        int     e = 20;
```

a. b
b. b++
c. --a
d. a / 6
e. a % 6
f. b % 10
g. a << 2
h. b >> 3
i. a > b
j. b = a
k. b == a
l. a & b
m. a ^ b
n. a | b
o. ~b

```
p.c && a
q.c || a
r.b ? a : c
s.a += 2
t.b &= 20
u.b >>= 3
v.a %= 6
w.d = a > b
x.a = b = c = d
y.e = d + ( c = a + b ) + c
z.a + b * 3
aa.b >> a - 4
bb.a != b != c
cc.a == b == c
dd.d < a < e
ee.e > a > d
ff.a - 10 > b + 10
gg.a & 0x1 == b & 0x1
hh.a | b << a & b
ii.a > c || ++a > b
jj.a > c && ++a > b
kk.! ~ b++
ll.b++ & a <= 30
mm.a - b, c += d, e - c
nn.a <<= 3 > 0
oo.a <<= d > 20 ? b && c++ : d--
```

11. 下面列出了几个表达式。请判断编译器是如何对各个表达式进行求值的，并在不改变求值顺序的情况下，尽可能去除多余的括号。

   a.　a + (b / c)

   b.　(a + b) / c

   c.　(a * b) % 6

   d.　a * (b % 6)

   e.　(a + b) == 6

   f.　! ((a >= '0') && (a <= '9'))

   g.　((a & 0x2f) == (b | 1)) && ((~ c) > 0)

   h.　((a << b) - 3) < (b << (a + 3))

   i.　~ (a ++)

   j.　((a == 2) || (a == 4)) && ((b == 2) || (b == 4))

   k.　(a & b) ^ (a | b)

   l.　(a + (b + c))

12. 在你的机器上对一个有符号值进行右移位操作时，如何判断执行的是算术移位还是逻辑移位？

5.9　编程练习

　✎ ★　1. 编写一个程序，从标准输入读取字符，并把它们写到标准输出中。除了大写字母字符要转换为小写字母，所有字符的输出形式应该和它的输入形式完全相同。

　★ ★　2. 编写一个程序，从标准输入读取字符，并把它们写到标准输出中。所有非字母字符都完全按照它的输入形式输出，字母字符在输出前进行加密。

加密方法很简单：每个字母被修改为在字母表上距其 13 个位置（前或后）的字母。例如，A 被修改为 N，B 被修改为 O，Z 被修改为 M，以此类推。注意，大小写字母都应该被转换。**提示**：记住字符实际上是一个较小的整型值这一点可能对你有所帮助。

★★★★ 3. 请编写函数

```
unsigned int reverse_bits( unsigned int value );
```

这个函数的返回值是把 value 的二进制位模式从左到右变换一下后的值。例如，在 32 位机器上，25 这个值包含下列各个位：

00000000000000000000000000011001

函数的返回值应该是 2 550 136 832，它的二进制位模式是：

10011000000000000000000000000000

编写函数时要注意不要让它依赖于你的机器上整型值的长度。

★★★★ 4. 编写一组函数，实现位数组。函数的原型如下：

```
void set_bit( char bit_array[],
    unsigned bit_number );

void clear_bit( char bit_array[],
    unsigned bit_number );

void assign_bit( char bit_array[],
    unsigned bit_number, int value );

int test_bit( char bit_array[],
    unsigned bit_number );
```

每个函数的第 1 个参数是个字符数组，用于实际存储所有的位。第 2 个参数用于标识需要访问的位。函数的调用者必须确保这个值不要太大，以免超出数组的边界。

第 1 个函数把指定的位设置为 1，第 2 个函数则把指定的位清零。如果 value 的值为 0，第 3 个函数把指定的位清 0，否则设置为 1。至于最后一个函数，如果参数中指定的位不是 0，函数就返回真，否则返回假。

★★★★ 5. 编写一个函数，把一个给定的值存储到一个整数中指定的几个位。它的原型如下：

```
int store_bit_field(int original_value,
    int value_to_store,
    unsigned starting_bit,unsigned ending_bit);
```

假定整数中的位从右向左进行编号。因此，起始位的位置不会小于结束位的位置。为了更清楚地说明，函数应该返回下列值。

原 始 值	需要存储的值	起 始 位	结 束 位	返 回 值
0x0	0x1	4	4	0x10
0xffff	0x123	15	4	0x123f
0xffff	0x123	13	9	0xc7ff

提示：把一个值存储到一个整数中指定的几个位分为 5 个步骤。以上表中最后一行为例，具体步骤如下。

步骤 1. 创建一个掩码（mask），它是一个值，其中需要存储的位置相对应的那几个位设置为 1。此时掩码为 001111100000000。

步骤 2. 用掩码的反码对原值执行 AND 操作,将那几个位设置为 0。原值 1111111111111111,操作后变为 1100000111111111。

步骤 3. 将新值左移,使它与那几个需要存储的位对齐。新值 0000000100100011 (0x123),左移后变为 0100011000000000。

步骤 4. 把移位后的值与掩码进行位 AND 操作,确保除那几个需要存储的位之外的其余位都设置为 0。进行这个操作之后,值变为 0000011000000000。

步骤 5. 把结果值与原值进行位 OR 操作,结果为 1100011111111111 (0xc7ff),也就是最终的返回值。

在所有的任务中,最困难的是创建掩码。一开始可以把~0 这个值强制转换为无符号值,然后再对它进行移位。

第 6 章

指针

是时候详细讨论指针了，因为在本书的剩余部分将会频繁地使用指针。你可能已经熟悉了本章所讨论的部分或全部背景信息。如果你对此尚不熟悉，请认真学习，因为你对指针的理解将建立在这个基础之上。

6.1 内存和地址

前面提到，我们可以把计算机的内存看作一条长街上的一排房屋。每座房子都可以容纳数据，并通过一个房号来标识。

这个比喻颇为有用，但也存在局限性。计算机的内存由数以亿万计的位（bit）组成，每个位可以容纳值 0 或 1。由于一个位所能表示的值的范围太有限，因此单独的位用处不大，通常将许多位合成一组作为一个单位，这样就可以存储范围较大的值。下图展示了现实机器中的一些内存位置。

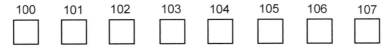

这些位置的每一个都被称为字节（byte），每个字节都包含了存储一个字符所需的位数。在许多现代的机器上，每个字节包含 8 个位，可以存储无符号值 0～255，或有符号值-128～127。上图并没有显示这些位置的内容，但内存中的每个位置总是包含一些值。每个字节通过地址来标识，如上图方框上面的数字所示。

为了存储更大的值，我们把两个或更多个字节合在一起作为一个更大的内存单位。例如，许多机器以字为单位存储整数，每个字一般由 2 字节或 4 字节组成。下图所表示的内存位置与上图相同，但这次它以 4 字节的字来表示。

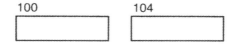

由于它们包含了更多的位，因此每个字可以容纳的无符号整数的范围是从 0～4294967295

$(2^{32}-1)$，可以容纳的有符号整数的范围是从–2147483648（-2^{31}）～2147483647（$2^{31}-1$）。

注意，尽管一个字包含了 4 字节，但它仍然只有一个地址。至于它的地址是它最左边那字节的位置还是最右边那个字节的位置，不同的机器有不同的规定。另一个需要注意的硬件事项是**边界对齐**（boundary alignment）。在要求边界对齐的机器上，整型值存储的起始位置只能是某些特定的字节，通常是 2 或 4 的倍数。但这些问题是硬件设计者的事情，很少影响 C 程序员。我们只对两件事情感兴趣：

1. 内存中的每个位置由一个独一无二的地址标识；
2. 内存中的每个位置都包含一个值。

地址与内容

这里还有一个例子，这次它显示了内存中 5 个字的内容。

100	104	108	112	116
112	–1	1078523331	100	108

这里显示了 5 个整数，每个都位于自己的字中。如果你记住了一个值的存储地址，以后就可以根据这个地址取得这个值。

但是，通过记住所有这些地址来访问内存位置实在是太笨拙了，所以高级语言所提供的特性之一就是通过名字而不是地址来访问内存位置。下图与上图相同，但这次使用名字来代替地址。

a	b	c	d	e
112	–1	1078523331	100	108

当然，这些名字就是我们所称的变量。有一点非常重要，你必须记住，即名字与内存位置之间的关联并不是硬件来提供的，而是由编译器为我们实现的。所有这些变量给了我们一种更方便的方法记住地址——**硬件仍然通过地址访问内存位置**。

6.2 值和类型

现在看一下存储于这些位置的值。头两个位置所存储的是整数，第 3 个位置所存储的是一个非常大的整数，第 4 个和第 5 个位置所存储的也是整数。下面是这些变量的声明：

```
int      a = 112, b = -1;
float    c = 3.14;
int      *d = &a;
float    *e = &c;
```

在这些声明中，变量 a 和 b 确实用于存储整型值，但是又声明 c 所存储的是浮点值。可是，在上图中 c 的值却是一个整数。那么到底它应该是哪个呢？整数还是浮点数？

答案是该变量包含了一序列内容为 0 或者 1 的位。它们可以被解释为整数，也可以被解释为浮点数，这取决于它们的使用方式。如果使用的是整型算术指令，这个值就被解释为整数；如果使用的是浮点型指令，这个值就被解释为浮点数。

这个事实引出了一个重要的结论：**不能简单地通过检查一个值的位来判断它的类型**。为了判断值的类型（以及它的值），必须观察程序中这个值的使用方式。考虑下面这个以二进制形式表示的 32 位值：

```
01100111011011000110111101100010
```

表 6.1 所示的是这些位可能被解释的许多结果中的几种。这些值都是从一个基于 Motorola 68000 的处理器上得到的。如果换个系统，使用不同的数据格式和指令，对这些位的解释将又有所不同。

表 6.1　　　　　　　　　　　　　　这些位可能被解释的几种结果

类　　型	值
1 个 32 位整数	1735159650
2 个 16 位整数	26476 和 28514
4 个字符	glob
浮点数	1.116533×10^{24}
机器指令	beg .+110 和 ble .+102

这里，一个单一的值可以被解释为 5 种不同的类型。显然，值的类型并非值本身所固有的一种特性，而是取决于它的使用方式。因此，为了得到正确的答案，对值进行正确的使用是非常重要的。

当然，编译器会帮助我们避免这些错误。如果把 c 声明为 float 型变量，那么当程序访问它时，编译器就会产生浮点型指令。如果以某种对 float 类型而言不适当的方式访问该变量，编译器就会发出错误或警告信息。现在看来非常明显，图中所标明的值是具有误导性质的，因为它显示了 c 的整型表示方式。事实上，真正的浮点值是 3.14。

6.3　指针变量的内容

让我们把话题返回到指针，看看变量 d 和 e 的声明。它们都被声明为指针，并用其他变量的地址予以初始化。指针的初始化是用&操作符完成的，该操作数用于产生操作数的内存地址（见第 5 章）。

a	b	c	d	e
112	-1	3.14	100	108

d 和 e 的内容是地址而不是整型或浮点型数值。事实上，从上图中可以容易地看出，d 的内容与 a 的存储地址一致，而 e 的内容与 c 的存储地址一致，这也正是我们对这两个指针进行初始化时所期望的结果。区分变量 d 的地址（112）和它的内容（100）是非常重要的，同时也必须意识到 100 这个数值用于标识其他位置（是……的地址）。在这一点上，房屋/街道这个比喻不再有效，因为房子的内容绝不可能是其他房子的地址。

在转到下一步之前，我们先看一些涉及这些变量的表达式。请仔细考虑下面这些声明：

```
int     a = 112, b = -1;
float   c = 3.14;
int     *d = &a;
float   *e = &c;
```

下面这些表达式的值分别是什么呢？

```
a
b
c
```

d

e

前 3 个非常容易：a 的值是 112，b 的值是-1，c 的值是 3.14。指针变量其实也很容易，d 的值是 100，e 的值是 108。如果你认为 d 和 e 的值分别是 112 和 3.14，就犯了一个极为常见的错误。d 和 e 被声明为指针并不会改变这些表达式的求值方式：一个变量的值就是分配给这个变量的内存位置所存储的数值。如果简单地认为由于 d 和 e 是指针，因此它们可以自动获得存储于位置 100 和 108 的值，就错了。变量的值就是分配给该变量的内存位置所存储的数值，即使是指针变量也不例外。

6.4　间接访问操作符

通过一个指针访问它所指向的地址的过程称为间接访问（indirection）或解引用指针（dereferencing the pointer）。这个用于执行间接访问的操作符是单目操作符*。表 6.2 列举了一些例子，它们使用了前面小节里的一些声明。

表 6.2　　　　　　　　　　　　　间接访问操作符的一些示例

表达式	右值	类型
a	112	int
b	−1	int
c	3.14	float
d	100	int *
e	108	float *
*d	112	int
*e	3.14	float

d 的值是 100。当我们对 d 使用间接访问操作符时，它表示访问内存位置 100 并察看那里的值。因此，*d 的右值是 112——位置 100 的内容，它的左值是位置 100 本身。

注意上面列表中各个表达式的类型：d 是一个指向整型的指针，对它进行解引用操作将产生一个整型值。类似地，对 float *进行间接访问将产生一个 float 型值。

正常情况下，我们并不知道编译器为每个变量所选择的存储位置，所以事先无法预测它们的地址。这样，当我们绘制内存中的指针图时，用实际数值表示地址是不方便的。所以绝大部分图书改用箭头来代替，如下所示。

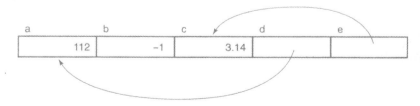

但是，这种记法可能会引起误解，因为箭头可以会使你误以为执行了间接访问操作，但事实上它并不一定会进行这个操作。例如，根据上图，你能推断表达式 d 的值是什么吗？

如果你的答案是 112，那么你就被这个箭头误导了。正确的答案是 a 的地址，而不是它的内容。但是，这个箭头似乎会把你的注意力吸引到 a 上。要使思维不受箭头影响并不容易，这也是问题所在：除非存在间接引用操作符，否则不要被箭头所误导。

下面这个修正后的箭头记法试图消除这个问题。

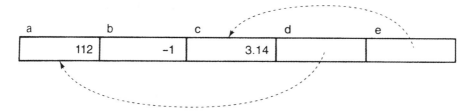

这种记法的意图是既显示指针的值，但又不给你强烈的视觉线索，让你误以为这个箭头是必须遵从的路径。事实上，如果不对指针变量进行间接访问操作，它的值只是简单的一些位的集合。当执行间接访问操作时，这种记法才使用实线箭头表示实际发生的内存访问。

注意，箭头起始于方框内部，因为它表示存储于该变量的值。同样，箭头指向一个位置，而不是存储于该位置的值。这种记法提示跟随箭头执行间接访问操作的结果将是一个左值。事实也的确如此，我们在以后将看到这一点。

尽管这种箭头记法很有用，但为了正确地使用它，必须记住指针变量的值就是一个数字。箭头显示了这个数字的值，但箭头记法并未改变它本身就是个数字的事实。指针并不存在内建的间接访问属性，所以除非表达式中存在间接访问操作符，否则不能按箭头所示实际访问它所指向的位置。

6.5　未初始化和非法的指针

下面这个代码段说明了一个极为常见的错误：

```
int     *a;
...
*a = 12;
```

这个声明创建了一个名叫 a 的指针变量，后面那条赋值语句把 12 存储在 a 所指向的内存位置。

警告：

但是究竟 a 指向哪里呢？我们声明了这个变量，但从未对它进行初始化，所以没有办法预测 12 这个值将存储于什么地方。从这一点看，指针变量和其他变量并无区别。如果变量是静态的，它会被初始化为 0；如果变量是自动的，它根本不会被初始化。无论是哪种情况，声明一个指向整型的指针都不会"创建"用于存储整型值的内存空间。

所以，如果程序执行这个赋值操作，会发生什么情况呢？如果运气好，a 的初始值会是个非法地址，这样赋值语句将会出错，从而终止程序。在 UNIX 系统上，这个错误被称为"段违例"（segmentation violation）或"内存错误"（memory fault）。它提示程序试图访问一个并未分配给程序的内存位置。在一台运行 Windows 的 PC 上，对未初始化或非法指针进行间接的访问操作是一般保护性异常（general protection exception）的根源之一。

对于那些要求整数必须存储于特定边界的机器而言，如果这种类型的数据在内存中的存储地址处于错误的边界上，那么对这个地址进行访问时将会产生一个错误。这种错误在 UNIX 系统中被称为"总线错误"（bus error）。

一种更为严重的情况是，这个指针偶尔可能包含了一个合法的地址。接下来的事很简单：位于那个位置的值被修改，虽然你并无意去修改它。像这种类型的错误非常难以捕捉，因为引发错误的代码可能与原先用于操作那个值的代码完全不相干。所以，在对指针进行间接访问之前，必须非常小心，确保它们已被初始化！

6.6　NULL 指针

标准定义了 NULL 指针，它作为一个特殊的指针变量，表示不指向任何东西。要使一个指针变量为 NULL，可以给它赋一个零值。为了测试一个指针变量是否为 NULL，可以将它与零值进行比较。之所以选择零这个值，是因为一种源代码约定。就机器内部而言，NULL 指针的实际值可能与此不同。在这种情况下，编译器将负责零值和内部值之间的翻译转换。

NULL 指针的概念是非常有用的，因为它给了你一种方法，可以表示某个特定的指针目前并未指向任何东西。例如，一个用于在某个数组中查找某个特定值的函数可能返回一个指向查找到的数组元素的指针。如果该数组不包含指定条件的值，函数就返回一个 NULL 指针。这个技巧允许返回值传达两个不同片段的信息。首先，有没有找到元素？其次，如果找到，它是哪个元素？

提示：

尽管这个技巧在 C 程序中极为常用，但它违背了软件工程的原则。用单一的值表示两种不同的意思是件危险的事，因为将来很容易无法弄清哪个才是它真正的用意。在大型的程序中，这个问题更为严重，因为你不可能在头脑中对整个设计一览无余。一种更为安全的策略是让函数返回两个独立的值：首先是个状态值，用于提示查找是否成功；其次是个指针，当状态值提示查找成功时，它所指向的就是查找到的元素。

对指针进行解引用操作可以获得它所指向的值。但从定义上看，NULL 指针并未指向任何东西。因此，对一个 NULL 指针进行解引用操作是非法的。在对指针进行解引用操作之前，首先必须确保它并非 NULL 指针。

警告：

如果对一个 NULL 指针进行间接访问会发生什么情况呢？它的结果因编译器而异。在有些机器上，它会访问内存位置零。编译器能够确保内存位置零没有存储任何变量，但机器并未妨碍你访问或修改这个位置。这种行为是非常不幸的，因为程序包含了一个错误，但机器却隐匿了它的症状，这样就使这个错误更加难以寻找。

在其他机器上，对 NULL 指针进行间接访问将引发一个错误，并终止程序。宣布这个错误比隐藏这个错误要好得多，因为程序员能够更容易修正它。

提示：

如果所有的指针变量（而不仅仅是位于静态内存中的指针变量）能够被自动初始化为 NULL，那实在是件幸事，但事实并非如此。不论你的机器对解引用 NULL 指针这种行为作何反应，对所有的指针变量进行显式的初始化是种好做法。如果已经知道指针将被初始化为什么地址，就把它初始化为该地址，否则就把它初始化为 NULL。风格良好的程序会在指针解引用之前对它进行检查，这种初始化策略可以节省大量的调试时间。

6.7　指针、间接访问和左值

涉及指针的表达式能不能作为左值？如果能，又是哪些呢？快速查阅表 5.1 后可以发现，间接访问操作符所需要的操作数是个右值，但这个操作符所产生的结果是个左值。

让我们回到早些时候的例子。给定下面这些声明：

```
int  a;
int  *d = &a;
```

考虑表 6.3 所示的表达式。

表 6.3　　　　　　　　　　　　　表达式示例

表 达 式	左　值	指定位置
a	是	a
d	是	d
*d	是	a

指针变量可以作为左值，并不是因为它们是指针，而是因为它们是变量。对指针变量进行间接访问表示我们应该访问指针所指向的位置。间接访问指定了一个特定的内存位置，这样我们可以把间接访问表达式的结果作为左值使用。在下面这两条语句中：

```
*d = 10 - *d;
d = 10 - *d;    ← ???
```

第 1 条语句包含了两个间接访问操作。右边的间接访问作为右值使用，所以它的值是 d 所指向的位置所存储的值（a 的值）。左边的间接访问作为左值使用，所以 d 所指向的位置（a）把赋值符右侧的表达式的计算结果作为它的新值。

第 2 条语句是非法的，因为它表示把一个整型数量（10-*d）存储于一个指针变量中。当实际使用的变量类型和应该使用的变量类型不一致时，编译器会发出警告，帮助我们判断这种情况。这些警告和错误信息是我们的朋友，编译器通过产生这些信息向我们提供帮助。尽管被迫处理这些信息是我们很不情愿干的事情，但改正这些错误（尤其是那些不会中止编译过程的警告信息）确实是个好主意。在修正程序方面，让编译器告诉你哪里错了比你以后自己调试程序要方便得多。调试器无法像编译器那样准确地查明这些问题。

K&R C：

当混用指针和整型值时，旧式 C 编译器并不会发出警告。但是，我们现在对这方面的知识了解得更透彻一些了。把整型值转换为指针或把指针转换成整型值是极为罕见的，通常这类转换属于无意识的错误。

6.8　指针、间接访问和变量

如果你自以为已经精通了指针，请看一下这个表达式，看看你是否明白它的意思。

```
*&a = 25;
```

如果你的答案是它把值 25 赋值给变量 a，恭喜你！答对了。让我们来分析这个表达式。首先，&操作符产生变量 a 的地址，它是一个指针常量（注意，使用这个指针常量并不需要知道它的实际值）。接着，*操作符访问其操作数所表示的地址。在这个表达式中，操作数是 a 的地址，所以值 25 就存储于 a 中。

这条语句和简单地使用 a=25;有什么区别吗？从功能上说，它们是相同的。但是，它涉及更多的操作。除非编译器（或优化器）知道你在干什么并丢弃额外的操作，否则它所产生的目标代码将会更大、更慢。更糟的是，这些额外的操作符会使源代码的可读性变差。基于这些原因，没人会故意使用像*&a 这样的表达式。

6.9　指针常量

让我们来分析另外一个表达式。假定变量 a 存储于位置 100，下面这条语句的作用是什么？

```
*100 = 25;
```

它看上去像是把 25 赋值给 a，因为 a 是位置 100 所存储的变量。但是，这是错的！这条语句实际上是非法的，因为字面值 100 的类型是整型，而间接访问操作只能作用于指针类型表达式。如果你确实想把 25 存储于位置 100，就必须使用强制类型转换。

```
*(int *)100 = 25;
```

强制类型转换把值 100 从"整型"转换为"指向整型的指针"，这样对它进行间接访问就是合法的。如果 a 存储于位置 100，那么这条语句就把值 25 存储于 a。**但是，你需要使用这种技巧的机会是绝无仅有的！**为什么？前面提到，通常无法预测编译器会把某个特定的变量放在内存中的什么位置，所以无法预先知道它的地址。用&操作符得到变量的地址是很容易的，但表达式在程序执行时才会进行求值，此时已经来不及把它的结果作为字面值常量复制到源代码。

这个技巧唯一有用之处是你偶尔需要通过地址访问内存中某个特定的位置时，它并不是用于访问某个变量，而是访问硬件本身。例如，操作系统需要与输入输出设备控制器通信，它将启动 I/O 操作并从前面的操作中获得结果。在有些机器上，与设备控制器的通信是通过在某个特定内存地址读取和写入值来实现的。但是，与其说这些操作访问的是内存，还不如说它们访问的是设备控制器接口。这样，这些位置必须通过它们的地址来访问，此时这些地址是预先已知的。

第 3 章曾提到并没有一种内建的记法用于书写指针常量。在那些极其罕见的需要使用它们的时候，它们通常写成整型字面值的形式，并通过强制类型转换转换成适当的类型[1]。

6.10　指针的指针

这里我们再稍微花点时间来看一个例子，揭开这个即将开始的主题的序幕。考虑下面这些声明：

```
int  a = 12;
int  *b = &a;
```

它们按如下方式进行内存分配：

1　在段式机器（segmented machine）的实现中，如 Intel 80x86，可能会提供一个宏（macro）来创建指针常量。这些宏把段地址和偏移地址组合转换为指针值。

假定我们又有了第 3 个变量，名为 c，并用下面这条语句对它进行初始化：

```
c = &b;
```

它们在内存中的模样大致如下：

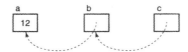

问题是 c 的类型是什么？显然它是一个指针，但它所指向的是什么？变量 b 是一个"指向整型的指针"，所以任何指向 b 的类型必须是指向"指向整型的指针"的指针，更通俗地说，是一个指针的指针。

它合法吗？是的！指针变量和其他变量一样，占据内存中某个特定的位置，所以用&操作符取得它的地址是合法的[1]。

那么这个变量是怎样声明的呢？声明

```
int    **c;
```

表示表达式**c 的类型是 int。表 6.4 列出了一些表达式，有助于我们弄清这个概念。假定这些表达式进行了如下声明：

```
int    a = 12;
int    *b = &a;
int    **c = &b;
```

其中唯一的新面孔是最后一个表达式，让我们对它进行分析。*操作符具有从右向左的结合性，所以这个表达式相当于*(*c)，我们必须从里向外逐层求值。*c 访问 c 所指向的位置，我们知道这是变量 b。第 2 个间接访问操作符访问这个位置所指向的地址，也就是变量 a。指针的指针并不难懂，你只要留心所有箭头，如果表达式中出现了间接访问操作符，就随箭头访问它所指向的位置。

表 6.4	双重间接访问
表达式	相当的表达式
a	12
b	&a
*b	a, 12
c	&b
*c	b, &a
**c	*b, a, 12

6.11　指针表达式

现在让我们观察各种不同的指针表达式，并看看当它们分别作为左值和右值时是如何进行求值的。有些表达式用得很普遍，但有些却不常用。这个练习的目的并不是想给你一本这类表达式的"烹

1　声明为 register 的变量例外。

调全书"，而是想让你完善阅读和编写它们的技巧。首先，让我们来看一些声明：

```
char  ch = 'a';
char  *cp = &ch;
```

现在，我们就有了两个变量，初始化如下：

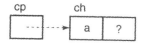

图中还显示了 ch 后面的那个内存位置，因为我们所求值的有些表达式将访问它（尽管是在错误情况下才会对它进行访问）。由于我们并不知道它的初始值，因此用一个问号来代替。

首先来个简单的作为开始，如下面这个表达式：

```
ch
```

当它作为右值使用时，表达式的值为'a'，如下图所示：

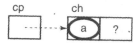

粗椭圆提示变量 ch 的值就是表达式的值。但是，当这个表达式作为左值使用时，它是这个内存的地址，而不是该地址所包含的值，所以它的图示方式有所不同：

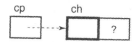

此时该位置用粗方框标记，提示这个位置就是表达式的结果。另外，它的值并未显示，因为它并不重要。事实上，这个值将被某个新值所取代。接下来的表达式将以表格的形式出现。每个表后面的文字是表达式求值过程的描述。

表达式	右值	左值
&ch		非法

作为右值，这个表达式的值是变量 ch 的地址。注意，这个值同变量 cp 中所存储的值一样，但这个表达式并未提及 cp，所以这个结果值并不是因为它而产生的。这样，其中的椭圆并不画于 cp 的箭头周围。第 2 个问题是，为什么这个表达式不是一个合法的左值？表 5.1 显示&操作符的结果是个右值，它不能当作左值使用。但是为什么呢？答案很简单，当表达式&ch 进行求值时，它的结果应该存储于计算机的什么地方呢？它肯定会位于某个地方，但你无法知道它位于何处。这个表达式并未标识任何机器内存的特定位置，所以它不是一个合法的左值。

表达式	右值	左值
cp	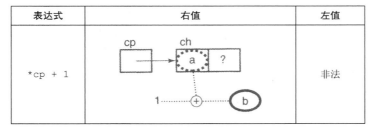	

你以前曾见到过上面这个表达式。它的右值就是 cp 的值。它的左值就是 cp 所处的内存位置。由于这个表达式并不进行间接访问操作，因此不必依箭头所示进行间接访问。

表达式	右值	左值
&cp		非法

上面这个例子与&ch 类似，不过我们这次所取的是指针变量的地址。这个结果的类型是指向字符的指针的指针。同样，这个值的存储位置并未清晰定义，所以这个表达式不是一个合法的左值。

表达式	右值	左值
*cp		

现在我们加入了间接访问操作，所以它的结果应该不会令人惊奇。但接下来的几个表达式就比较有意思。

表达式	右值	左值
*cp + 1		非法

上面这个表涉及的东西更多，所以让我们一步一步来分析它。这里有两个操作符。*的优先级高于+，所以首先执行间接访问操作（如图中 cp 到 ch 的实线箭头所示），我们可以得到它的值（如虚线椭圆所示）。我们取得这个值的一份副本并把它与 1 相加，表达式的最终结果为字符'b'。图中虚线表示表达式求值时数据的移动过程。这个表达式的最终结果的存储位置并未清晰定义，所以它不是一个合法的左值。表 5.1 证实+操作符的结果不能作为左值。

在这个例子中，我们在前面那个表达式中增加了一个括号。这个括号使表达式先执行加法运算，就是把 1 和 cp 中所存储的地址相加。此时的结果值是图中虚线椭圆所示的指针。接下来的间接访问操作随着箭头访问紧随 ch 之后的内存位置。这样，这个表达式的右值就是这个位置的值，而它的左值是这个位置本身。

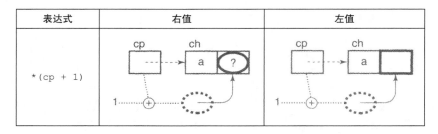

表达式	右值	左值
*(cp + 1)		

在这里我们需要学习很重要的一点。注意指针加法运算的结果是个右值，因为它的存储位置并未清晰定义。如果没有间接访问操作，这个表达式将不是一个合法的左值。然而，间接访问跟随指针访问一个特定的位置。这样，*(cp+1)就可以作用左值使用，尽管 cp+1 本身并不是左值。间接访问操作符是少数几个其结果为左值的操作符之一。

但是，这个表达式所访问的是 ch 后面的那个内存位置，我们如何知道原先存储于那个地方的是什么东西呢？一般而言，我们无法得知，所以像这样的表达式是非法的。本章的后面我将更为深入地探讨这个问题。

表达式	右值	左值
++cp		非法

++和--操作符在指针变量中使用得相当频繁，所以在这种上下文环境中理解它们是非常重要的。在这个表达式中，我们增加了指针变量 cp 的值（为了让图更清楚，我们省略了加法）。表达式的结果是增值后的指针的一份拷贝，因为前缀++先增加它的操作数的值再返回这个结果。这份副本的存储位置并未清晰定义，所以它不是一个合法的左值。

表达式	右值	左值
cp++		非法

后缀++操作符同样增加 cp 的值，但它先返回 cp 值的一份拷贝然后再增加 cp 的值。这样，这个表达式的值就是 cp 原来的值的一份副本。

前面两个表达式的值都不是合法的左值。但如果我们在表达式中增加了间接访问操作符，它们就可以成为合法的左值，如下面的两个表达式所示。

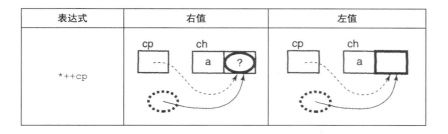

这里，间接访问操作符作用于增值后的指针的副本，所以它的右值是 ch 后面那个内存地址的值，而它的左值就是那个位置本身。

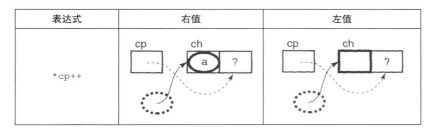

使用后缀++操作符所产生的结果不同：它的右值和左值分别是变量 ch 的值和 ch 的内存位置，也就是 cp 原先所指。同样，后缀++操作符在周围的表达式中使用其原先操作数的值。间接访问操作符和后缀++操作符的组合常常令人误解。优先级表格显示后缀++操作符的优先级高于*操作符，但表达式的结果看上去像是先执行间接访问操作。事实上，这里涉及 3 个步骤：++操作符产生 cp 的一份副本；然后++操作符增加 cp 的值；最后，在 cp 的副本上执行间接访问操作。

这个表达式常常在循环中出现，首先用一个数组的地址初始化指针，然后使用这种表达式就可以依次访问该数组的内容了。本章后面显示了一些这方面的例子。

表达式	右值	左值
++*cp		非法

在这个表达式中，由于这两个操作符的结合性都是从右向左，因此首先执行的是间接访问操作。然后，cp 所指向的位置的值增加 1，表达式的结果是这个增值后的值的一份副本。

与前面一些表达式相比，最后 3 个表达式在实际中使用得较少。但是，对它们有一个透彻的理解有助于提高你的技能。

表达式	右值	左值
(*cp)++	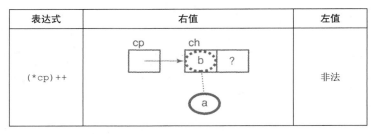	非法

使用后缀++操作符，我们必须加上括号，使它首先执行间接访问操作。这个表达式的计算过程与前一个表达式相似，但它的结果值是 ch 增值前的原先值。

表达式	右值	左值
++*++cp	cp ch a ?+1 ?+1	非法

上面这个表达式看上去相当诡异，但事实上并不复杂。这个表达式共有 3 个操作符，所以看上去有些吓人。但是，如果逐个对它们进行分析，就会发现它们都很熟悉。事实上，我们先前已经计算了*++cp，所以现在需要做的只是增加它的结果值。我们还是从头开始。记住这些操作符的结合性都是从右向左，所以首先执行的是++cp。cp 下面的虚线椭圆表示第 1 个中间结果。接着，我们对这个拷贝值进行间接访问，它使我们访问 ch 后面的那个内存位置。第 2 个中间结果用虚线方框表示，因为下一个操作符把它当作一个左值使用。最后，我们在这个位置执行++操作，也就是增加它的值。之所以把结果值显示为?+1，是因为我们并不知道这个位置原先的值。

表达式	右值	左值
++*cp++	cp ch b b ?	非法

这个表达式和前一个表达式的区别在于这次第 1 个++操作符是后缀形式而不是前缀形式。由于它的优先级较高，因此先执行它。间接访问操作所访问的是 cp 所指向的位置，而不是 cp 所指向位置后面的那个位置。

6.12 实例

这里有几个例子程序，用于说明指针表达式的一些常见用法。程序 6.1 用来计算一个字符串的长度。你应该不用自己编写这个函数，因为函数库里已经有了一个，不过它是个有用的例子。

```
/*
** 计算一个字符串的长度。
*/

#include <stdlib.h>

size_t
strlen( char *string )
{
        int     length = 0;

        /*
        ** 依次访问字符串的内容，计数字符数，直到遇见 NUL 终止符。
        */
        while( *string++ != '\0' )
                length += 1;

        return length;
}
```

程序 6.1　字符串长度　　　　　　　　　　　　　　　　　　　　　　　　　　　strlen.c

　　在指针到达字符串末尾的 NUL 字节之前，while 语句中*string++表达式的值一直为真。它同时增加指针的值，用于下一次测试。这个表达式甚至可以正确地处理空字符串。

警告：

　　如果这个函数调用时传递给它的是一个 NULL 指针，那么 while 语句中的间接访问将会失败。函数是不是应该在解引用指针前检查这个条件？从绝对安全的角度讲，应该如此。但是，这个函数并不负责创建字符串。如果它发现参数为 NULL，它肯定发现了一个出现在程序其他地方的错误。当指针创建时检查它是否有效是合乎逻辑的，因为这样只需检查一次。这个函数采用的就是这种方法。如果函数失败是因为粗心大意的调用者懒得检查参数的有效性而引起的，那是他活该如此。

程序 6.2 和程序 6.3 增加了一层间接访问。它们在一些字符串中搜索某个特定的字符值，但我们使用指针数组来表示这些字符串，如图 6.1 所示。函数的参数是 strings 和 value，strings 是一个指向指针数组的指针，value 是我们所查找的字符值。注意，指针数组以一个 NULL 指针结束。函数将检查这个值以判断循环何时结束。下面这行表达式

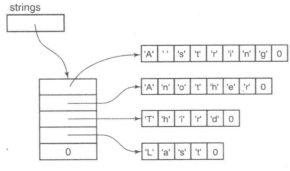

图 6.1　指向字符串的指针的数组

```
while( ( string = *strings++ ) != NULL ) {
```

完成 3 项任务：把 strings 当前所指向的指针复制到变量 string 中；增加 strings 的值，使它指向下一个值；测试 string 是否为 NULL。当 string 指向当前字符串中作为终止标志的 NUL 字节时，内层的 while 循环就终止。

```
/*
** 给定一个指向以 NULL 结尾的指针列表的指针，在列表中的字符串中查找一个特定的字符。
*/

#include <stdio.h>

#define    TRUE      1
#define    FALSE     0

int
find_char( char **strings, char value )
{
        char*string;        /* 我们当前正在查找的字符串 */

        /*
        ** 对于列表中的每个字符串 ...
        */
        while( ( string = *strings++ ) != NULL ){
                /*
                ** 观察字符串中的每个字符，看看它是不是我们需要查找的那个。
                */
                while( *string != '\0' ){
                        if( *string++ == value )
                                return TRUE;
                }
        }
        return FALSE;
}
```

程序 6.2　在一组字符串中查找：版本 1　　　　　　　　　　　　　　　　　　　　s_srch1.c

如果 string 尚未到达其结尾的 NUL 字节，就执行下面这条语句：

```
if( *string++ == value )
```

它测试当前的字符是否与需要查找的字符匹配，然后增加指针的值，使它指向下一个字符。

程序 6.3 实现相同的功能，但它不需要对指向每个字符串的指针进行复制。但是，由于存在副作用，这个程序将破坏这个指针数组。这个副作用使该函数不如前面那个版本有用，因为它只适用于字符串只需要查找一次的情况。

```
/*
** 给定一个指向以 NULL 结尾的指针列表的指针，在列表中的字符串中查找一个特定的字符。这个函数将破坏这些指针，
所以它只适用于这组字符串只使用一次的情况。
*/

#include <stdio.h>
#include <assert.h>

#define    TRUE      1
#define    FALSE     0
```

```
int
find_char( char **strings, int value )
{
        assert( strings != NULL );

        /*
        ** 对于列表中的每个字符串 ...
        */
        while( *strings != NULL ){
                /*
                ** 观察字符串中的每个字符，看看它是否是我们查找的那个。
                */
                while( **strings != '\0' ){
                        if( *(*strings)++ == value )
                                return TRUE;
                }
                strings++;
        }
        return FALSE;
}
```

程序 6.3　在一组字符串中查找：版本 2　　　　　　　　　　　　　　s_srch2.c

　　但是，在程序 6.3 中存在两个有趣的表达式。第 1 个是**strings。第 1 个间接访问操作访问指针数组中的当前指针，第 2 个间接访问操作随该指针访问字符串中的当前字符。内层的 while 语句测试这个字符的值并观察是否到达了字符串的末尾。

　　第 2 个有趣的表达式是*(*strings)++。这里需要括号，这样才能使表达式以正确的顺序进行求值。第 1 个间接访问操作访问列表中的当前指针。增值操作把该指针所指向的那个位置的值加 1，但第 2 个间接访问操作作用于原先那个值的副本。这个表达式的直接作用是对当前字符串中的当前字符进行测试，看看是否到达了字符串的末尾。它的副作用是指向当前字符串字符的指针值将增加 1。

6.13　指针运算

　　程序 6.1～程序 6.3 包含了一些涉及指针值和整型值加法运算的表达式。是不是对指针进行任何运算都是合法的呢？答案是它可以执行某些运算，但并非所有运算都合法。除加法运算之外，还可以对指针执行一些其他运算，但并不是很多。

　　指针加上一个整数的结果是另一个指针。问题是，它指向哪里？如果将一个字符指针加 1，运算结果产生的指针指向内存中的下一个字符。float 占据的内存空间不止 1 字节，如果将一个指向 float 的指针加 1，将会发生什么呢？它会不会指向该 float 值内部的某个字节呢？

　　幸运的是，答案是否定的。当一个指针和一个整数量执行算术运算时，整数在执行加法运算前始终会根据合适的大小进行调整。这个"合适的大小"就是指针所指向类型的大小，"调整"就是把整数值和"合适的大小"相乘。为了更好地说明，试想在某台机器上，float 占据 4 字节。在计算 float 型指针加 3 的表达式时，这个 3 将根据 float 类型的大小（此例中为 4）进行调整（相乘）。这样，实际加到指针上的整型值为 12。

　　把 3 与指针相加使指针的值增加 3 个 float 的大小，而不是 3 字节。这个行为较之获得一个指向一个 float 值内部某个位置的指针更为合理。表 6.5 包含了一些加法运算的例子。调整的美感在于指针算法并不依赖于指针的类型。换句话说，如果 p 是一个指向 char 的指针，那么表达式 p+1 就指向下一个 char。如果 p 是个指向 float 的指针，那么 p+1 就指向下一个 float，其他类型也是如此。

表 6.5   指针运算结果

表达式	假定 p 是个指向……的指针	而且 *p 的大小是……	增加到指针的值
p + 1	char	1	1
	short	2	2
p + 1	int	4	4
	double	8	8
p + 2	char	1	2
	short	2	4
	int	4	8
	double	8	16

6.13.1 算术运算

C 的指针算术运算只限于两种形式。第 1 种形式是：

指针 ± 整数

标准定义这种形式只能用于指向数组中某个元素的指针，如下图所示。

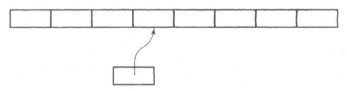

并且这类表达式的结果类型也是指针。这种形式也适用于使用 malloc 函数动态分配获得的内存（见第 11 章），尽管翻遍标准也未见这个事实被提及。

数组中的元素存储于连续的内存位置中，后面元素的地址大于前面元素的地址。因此，我们很容易看出，对一个指针加 1 使它指向数组中下一个元素，加 5 使它向右移动 5 个元素的位置，依此类推。把一个指针减去 3 使它向左移动 3 个元素的位置。对整数进行扩展保证对指针执行加法运算能产生这种结果，而不管数组元素的长度如何。

对指针执行加法或减法运算之后，如果结果指针所指的位置在数组第 1 个元素的前面或在数组最后一个元素的后面，那么其效果就是未定义的。让指针指向数组最后一个元素后面的那个位置是合法的，但对这个指针执行间接访问可能会失败。

是该举个例子的时候了。这里有一个循环，把数组中的所有元素都初始化为零（第 8 章将讨论类似这种循环和使用下标访问的循环之间的效率比较）。

```
#define N_VALUES        5
float   values[N_VALUES];
float   *vp;

for( vp = &values[0]; vp < &values[N_VALUES]; )
        *vp++ = 0;
```

for 语句的初始部分把 vp 指向数组的第 1 个元素。

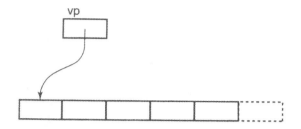

这个例子中的指针运算是用++操作符完成的。增加值 1 与 float 的长度相乘，其结果加到指针 vp 上。经过第 1 次循环之后，指针在内存中的位置如下。

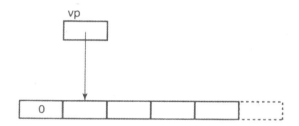

经过 5 次循环之后，vp 就指向数组最后一个元素后面的那个内存位置。

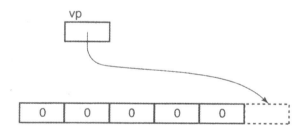

此时循环终止。由于下标值从零开始，因此具有 5 个元素的数组的最后一个元素的下标值为 4。这样，&values[N_VALUES]表示数组最后一个元素后面那个内存位置的地址。当 vp 到达这个值时，我们就知道到达了数组的末尾，故循环终止。

这个例子中的指针最后所指向的是数组最后一个元素后面的那个内存位置。指针可能可以合法地获得这个值，但对它执行间接访问时，将可能意外地访问原先存储于这个位置的变量。程序员一般无法知道那个位置原先存储的是什么变量。因此，在这种情况下，一般不允许对指向这个位置的指针执行间接访问操作。

第 2 种类型的指针运算具有如下形式：

指针 － 指针

只有当两个指针都指向同一个数组中的元素时，才允许从一个指针减去另一个指针，如下所示。

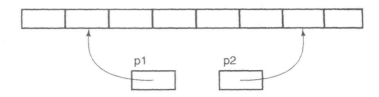

两个指针相减的结果的类型是 ptrdiff_t，这是一种有符号整数类型。减法运算的值是两个指针在内存中的距离（以数组元素的长度为单位，而不是以字节为单位），因为减法运算的结果将除以数组元素类型的长度。例如，如果 p1 指向 array[i] 而 p2 指向 array[j]，那么 p2-p1 的值就是 j-i 的值。

让我们看一下它是如何作用于某个特定类型的。假定上图中数组元素的类型为 float，每个元素占据 4 字节的内存空间。如果数组的起始位置为 1000，p1 的值是 1004，p2 的值是 1024，但表达式 p2-p1 的结果值将是 5，因为两个指针的差值（20）将除以每个元素的长度（4）。

同样，这种对差值的调整使指针的运算结果与数据的类型无关。不论数组包含的元素类型如何，这个指针减法运算的值总是 5。

那么，表达式 p1-p2 是否合法呢？是的，如果两个指针都指向同一个数组中的元素，这个表达式就是合法的。在前一个例子中，这个值将是-5。

如果两个指针所指向的不是同一个数组中的元素，那么它们之间相减的结果是未定义的。就像如果你把两个位于不同街道的房子的门牌号码相减，不可能获得这两所房子间的房子数一样。程序员无从知道两个数组在内存中的相对位置，如果不知道这一点，两个指针之间的距离就毫无意义。

警告：

实际上，绝大多数编译器都不会检查指针表达式的结果是否位于合法的边界之内。因此，程序员应该负起责任，确保这一点。类似地，编译器将不会阻止你取一个标量变量的地址并对它执行指针运算，即使它无法预测运算结果所产生的指针将指向哪个变量。越界指针和指向未知值的指针是两个常见的错误根源。使用指针运算时，必须非常小心，确信运算的结果将指向有意义的东西。

6.13.2　关系运算

对指针执行关系运算也是有限制的。可以用下列关系操作符对两个指针值进行比较：

```
<          <=          >          >=
```

不过前提是它们都指向同一个数组中的元素。根据所使用的操作符，比较表达式将告诉你哪个指针指向数组中更前或更后的元素。标准并未定义如果两个任意的指针进行比较时会产生什么结果。

不过，可以在两个任意的指针间执行相等或不相等测试，因为这类比较的结果和编译器选择在何处存储数据并无关系——指针要么指向同一个地址，要么指向不同的地址。

让我们再观察一个循环，它用于清除一个数组中的所有元素。

```
#define N_VALUES        5
float    values[N_VALUES];
float    *vp;

for( vp = &values[0]; vp < &values[N_VALUES]; )
    *vp++ = 0;
```

for 语句使用了一个关系测试来决定是否结束循环。这个测试是合法的，因为 vp 和指针常量都指向同一数组中的元素（事实上，这个指针常量所指向的是数组最后一个元素后面的那个内存位置，虽然在最后一次比较时，vp 也指向了这个位置，但由于此时未对 vp 执行间接访问操作，因此它是安全的）。使用!=操作符代替<操作符也是可行的，因为如果 vp 未到达它的最后一个值，这个表达式的结果将总是假的。

现在考虑下面这个循环：

```
for( vp = &values[N_VALUES]; vp > &values[0]; )
        *--vp = 0;
```

它和前面那个循环所执行的任务相同，但数组元素将以相反的次序清除。我们让 vp 指向数组最后那个元素后面的内存位置，但在对它进行间接访问之前先执行自减操作。当 vp 指向数组第 1 个元素时，循环便告终止，不过这发生在第 1 个数组元素被清除之后。

有些人可能会反对像*--vp 这样的表达式，觉得它的可读性较差。但是，如果对其进行"简化"，看看这个循环会发生什么：

```
for( vp = &values[N_VALUES - 1]; vp >= &values[0]; vp-- )
        *vp = 0;
```

现在 vp 指向数组最后一个元素，它的自减操作放在 for 语句的调整部分进行。这个循环存在一个问题，你能发现它吗？

警告：

在数组第 1 个元素被清除之后，vp 的值还将减去 1，而接下去的一次比较运算是用于结束循环的。但这就是问题所在：比较表达式 vp>=&values[0]的值是未定义的，因为 vp 移到了数组的边界之外。标准允许指向数组元素的指针与指向数组最后一个元素后面的那个内存位置的指针进行比较，但不允许与指向数组第 1 个元素之前的那个内存位置的指针进行比较。

实际上，在绝大多数 C 编译器中，这个循环将顺利完成任务。然而还是应该避免使用它，因为标准并不保证它可行。你迟早可能遇到一台执行这个循环时会失败的机器。对于负责可移植代码的程序员而言，这类问题简直是个噩梦。

6.14　总结

计算机内存中的每个位置都由一个地址标识。通常，邻近的内存位置合成一组，这样就允许存储更大范围的值。指针的值表示的是内存地址的变量。

无论是程序员还是计算机，都无法通过值的位模式来判断它的类型。类型是通过值的使用方法隐式地确定的。编译器能够保证值的声明和值的使用之间的关系是适当的，从而帮助我们确定值的类型。

指针变量的值并非它所指向的内存位置所存储的值。我们必须使用间接访问来获得它所指向位置存储的值。对一个"指向整型的指针"施加间接访问操作的结果将是一个整型值。

声明一个指针变量并不会自动分配任何内存。在对指针执行间接访问前，指针必须进行初始化：要么使它指向现有的内存，要么给它分配动态内存。对未初始化的指针变量执行间接访问操作是非法的，而且这种错误常常难以检测，其结果常常是一个不相关的值被修改。这种错误是很难通过调试被发现的。

NULL 指针就是不指向任何东西的指针。它可以赋值给一个指针，用于表示那个指针并不指向任何值。对 NULL 指针执行间接访问操作的后果因编译器而异，两个常见的后果分别是返回内存位置零的值以及终止程序。

和任何其他变量一样，指针变量也可以作为左值使用。对指针执行间接访问操作所产生的值也是个左值，因为这种表达式标识了一个特定的内存位置。

除了 NULL 指针，再也没有任何内建的记法来表示指针常量，因为程序员通常无法预测编译器会把变量放在内存中的什么位置。在极少见的情况下，我们偶尔需要使用指针常量，这时可以通过把一个整型值强制转换为指针类型来创建它。

在指针值上可以执行一些有限的算术运算。可以把一个整型值加到一个指针上，也可以从一个指针减去一个整型值。在这两种情况下，这个整型值会进行调整，原值将乘以指针目标类型的长度。这样，对一个指针加 1 将使它指向下一个变量，至于该变量在内存中占几个字节的大小则与此无关。

然而，指针运算只有作用于数组中时，其结果才是可以预测的。对任何并非指向数组元素的指针执行算术运算是非法的（且常常很难被检测到）。如果一个指针减去一个整数后，运算结果产生的指针所指向的位置在数组第一个元素之前，那么它也是非法的。加法运算稍有不同，如果结果指针指向数组最后一个元素后面的那个内存位置，则仍是合法的（但不能对这个指针执行间接访问操作），不过再往后就不合法了。

如果两个指针都指向同一个数组中的元素，那么它们之间可以相减。指针减法的结果经过调整（除以数组元素类型的长度），表示两个指针在数组中相隔多少个元素。如果两个指针并不是指向同一个数组的元素，那么它们之间进行相减就是错误的。

任何指针之间都可以进行比较，测试它们相等或不相等。如果两个指针都指向同一个数组中的元素，那么它们之间还可以执行<、<=、>和>=等关系运算，用于判断它们在数组中的相对位置。对两个不相关的指针执行关系运算，其结果是未定义的。

6.15 警告的总结

1. 错误地对一个未初始化的指针变量进行解引用。
2. 错误地对一个 NULL 指针进行解引用。
3. 向函数错误地传递 NULL 指针。
4. 未检测到指针表达式的错误，从而导致不可预料的结果。
5. 对一个指针进行减法运算，使它非法地指向了数组第 1 个元素的前面的内存位置。

6.16 编程提示的总结

1. 一个值应该只具有一种意思。
2. 如果指针并不指向任何有意义的东西，就把它设置为 NULL。

6.17 问题

1. 如果一个值的类型无法简单地通过观察它的位模式来判断，那么机器是如何知道应该怎样对这个值进行操纵的？

2. C 为什么没有一种方法来声明字面值指针常量呢？

3. 假定一个整数的值是 244，为什么机器不会把这个值解释为一个内存地址呢？

4. 在有些机器上，编译器在内存位置零存储 0 这个值，对 NULL 指针进行解引用操作时将访问这个位置。这种方法会产生什么后果？

5. 表达式(a)和(b)的求值过程有没有区别？如果有的话，区别在哪里？假定变量 offset 的值为 3。

```
int     i[ 10 ];
int     *p = &i[ 0 ];
int     offset;

p += offset;    (a)
p += 3;         (b)
```

6. 下面的代码段有没有问题？如果有的话，问题在哪里？

```
int    array[ARRAY_SIZE];
int    *pi;

for(pi=&array[0];pi<&array[ARRAY_SIZE];)
        *++pi=0;
```

7. 下面显示了几个内存位置的内容。每个位置由它的地址和存储于该位置的变量名标识。所有数字以十进制形式表示。

使用这些值，用 4 种方法分别计算下面各个表达式的值。首先，假定所有变量都是整型，找到表达式的右值，再找到它的左值，给出它所指定的内存位置的地址。接着，假定所有变量都是指向整型的指针，重复上述步骤。注意：在执行地址运算时，假定整型和指针的长度都是 4 字节。

变量	地址	内容	变量	地址	内容
a	1040	1028	o	1096	1024
c	1056	1076	q	1084	1072
d	1008	1016	r	1068	1048
e	1032	1088	s	1004	2000
f	1052	1044	t	1060	1012
g	1000	1064	u	1036	1092
h	1080	1020	v	1092	1036
i	1020	1080	w	1012	1060
j	1064	1000	x	1072	1080
k	1044	1052	y	1048	1068
m	1016	1008	z	2000	1000
n	1076	1056			

	表达式	整型		整型指针	
		右值	左值地址	右值	左值地址
a.	m	___	___	___	___
b.	v + 1	___	___	___	___
c.	j - 4	___	___	___	___
d.	a - d	___	___	___	___
e.	v - w	___	___	___	___
f.	&c	___	___	___	___
g.	&e + 1	___	___	___	___
h.	&o - 4	___	___	___	___
i.	&(f + 2)	___	___	___	___
j.	*g	___	___	___	___
k.	*k + 1	___	___	___	___
l.	*(n + 1)	___	___	___	___
m.	*h - 4	___	___	___	___
n.	*(u - 4)	___	___	___	___
o.	*f - g	___	___	___	___
p.	*f - *g	___	___	___	___
q.	*s - *q	___	___	___	___
r.	*(r - t)	___	___	___	___
s.	y > i	___	___	___	___
t.	y > *i	___	___	___	___
u.	*y>*i	___	___	___	___
v.	**h	___	___	___	___
w.	c++	___	___	___	___
x.	++c	___	___	___	___
y.	*q++	___	___	___	___
z.	(*q)++	___	___	___	___
aa.	*++q	___	___	___	___
bb.	++*q	___	___	___	___
cc.	*++*q	___	___	___	___
dd.	++*(*q)++	___	___	___	___

6.18 编程练习

★ ★ ★ 1. 编写一个函数，它在一个字符串中进行搜索，查找在一个给定字符集合中出现的所有字符。这个函数的原型如下：

```
char *find_char( char const *source,
                 char const *chars );
```

它的基本想法是查找 source 字符串中匹配 chars 字符串中任何字符的第 1 个字符，然后返回一个指向 source 中第 1 个匹配所找到的位置的指针。如果 source 中的所有字符均不匹配 chars 中的任何字符，就返回一个 NULL 指针。如果任何一个参数为 NULL，或任何一个参数所指向的字符串为空，函数也返回一个 NULL 指针。

举个例子，假定 source 指向 ABCDEF，如果 chars 指向 XYZ、JURY 或 QQQQ，函数就返回一个 NULL 指针；如果 chars 指向 XRCQEF，函数就返回一个指向 source 中 C 字符的指针。参数所指向的字符串是绝不会被修改的。

碰巧，C 函数库中存在一个名叫 strpbrk 的函数，它的功能几乎和这个要编写的函数一模一样。但这个程序的目的是让你自己练习操纵指针，所以：

a. 不应该使用任何用于操纵字符串的库函数（如 strcpy、strcmp、index 等）；

b. 函数中的任何地方都不应该使用下标引用。

★ ★ ★ 2. 编写一个函数，删除一个字符串的一部分。函数的原型如下：

```
int del_substr( char *str, char const *substr )
```

函数首先应该判断 substr 是否出现在 str 中。如果它并未出现，函数就返回 0；如果出现，函数应该把 str 中位于该子串后面的所有字符复制到该子串的位置，从而删除这个子串，然后函数返回 1。如果 substr 多次出现在 str 中，函数只删除第 1 次出现的子串。函数的第 2 个参数绝不会被修改。

举个例子，假定 str 指向 ABCDEFG，如果 substr 指向 FGH、CDF 或 XABC，函数应该返回 0，str 未作任何修改；如果 substr 指向 CDE，函数就把 str 修改为指向 ABFG，方法是把 F、G 和结尾的 NUL 字节复制到 C 的位置，然后函数返回 1。不论出现什么情况，函数的第 2 个参数都不应该被修改。

和上题的程序一样：

a. 不应该使用任何用于操纵字符串的库函数（如 strcpy、strcmp 等）；

b. 函数中的任何地方都不应该使用下标引用。

一个值得注意的地方是，空字符串是每个字符串的一个子串，在字符串中删除一个空子串字符串不会产生变化。

✍ ★ ★ ★ 3. 编写函数 reverse_string，它的原型如下：

```
void reverse_string( char *string );
```

函数把参数字符串中的字符反向排列。请使用指针而不是数组下标，不要使用任何 C 函数库中用于操纵字符串的函数。**提示**：不需要声明一个局部数组来临时存储参数字符串。

★ ★ ★ 4. 质数就是只能被 1 和本身整除的整数。Eratosthenes 筛选法是一种计算质数的有效方法。这个算法的第 1 步就是写下所有从 2 至某个上限之间的所有整数。在算法的剩余部分，遍历整个列表并剔除所有不是质数的整数。

后面的步骤是这样的。找到列表中的第 1 个不被剔除的数（也就是 2），然后将列表后面所有逢双的数都剔除，因为它们都可以被 2 整除，因此不是质数。接着，再回到列表的头部重新开始，此时列表中尚未被剔除的第 1 个数是 3，所以在 3 之后把每逢第 3 个数（3 的倍数）剔除。完成这一步之后，再回到列表开头，3 后面的下一个数是 4，但它是 2 的倍数，已经被剔除，所以以将其跳过，轮到 5，将所有 5 的倍数剔除。这样依此类推，反复进行，最后列表中未被剔除的数均为质数。

编写一个程序，实现这个算法，使用数组表示你的列表。每个数组元素的值用于标记对应的数是否已被剔除。开始时数组中所有元素的值都设置为 TRUE，当算法要求"剔除"其对应的数时，就把这个元素设置为 FALSE。如果你的程序运行于 16 位的机器上，小心考虑是不是需要把某个变量声明为 long。一开始先使用包含 1000 个元素的数组。如果使用字符数组，使用相同的空间将会比使用整数数组找到更多的质数。可以使用下标来表示指向数组首元素和尾元素的指针，但应该使用指针来访问数组元素。

注意，除了 2 之外，所有的偶数都不是质数。稍微多想一下，你可以使程序的空间效率大为提高，方法是数组中的元素只对应奇数。这样，在相同的数组空间内，可以寻找到的质数的个数大约是原先的两倍。

★★ 5. 修改前一题的 Eratosthenes 程序，使用位的数组而不是字符数组，这里要用到第 5 章编程练习 4 中所开发的位数组函数。这个修改使程序的空间效率进一步提高，不过代价是时间效率降低。在你的系统中使用这个方法，你所能找到的最大质数是多少？

★★ 6. 大质数是不是和小质数一样多？换句话说，在 50000～51000 之间的质数是不是和 1000000～1001000 之间的质数一样多？使用前面的程序计算 0～1000 之间有多少个质数？1000～2000 之间有多少个质数？以此每隔 1000 类推，到 1000000（或是你的机器上允许的最大正整数)有多少个质数？每隔 1000 个数中质数的数量呈什么趋势？

函数

C 的函数和其他语言的函数（或过程、方法）相似之处甚多。所以到现在为止，尽管我们对函数只是进行了一点非正式的讨论，但你已经能够使用它们了。但是，函数的有些方面并不像直觉上应该的那样，所以本章将正式描述 C 的函数。

7.1 函数定义

函数的定义就是函数体的实现。函数体就是一个代码块，它在函数被调用时执行。与函数定义相反，函数声明出现在函数被调用的地方。函数声明向编译器提供该函数的相关信息，用于确保函数被正确地调用。首先让我们来看一下函数的定义。

函数定义的语法如下：

类型

*函数名(**形式参数**)*

代码块

回忆一下，代码块就是一对花括号里面包含了一些声明和语句（两者都是可选的）。因此，最简单的函数定义大致如下所示：

```
function_name()
{
}
```

当这个函数被调用时，它简单地返回。然而，它可以实现一种有用的**存根**（stub）目的，为那些此时尚未实现的代码保留一个位置。编写这类存根，或者说为尚未编写的代码"占好位置"，可以保持程序在结构上的完整性，以便于编译和测试程序的其他部分。

形式参数列表包括变量名和它们的类型声明。代码块包含了局部变量的声明和函数调用时需要执行的语句。程序 7.1 是一个简单函数的例子。

把函数的类型与函数名分写两行纯属风格问题。这种写法可以使我们在通过视觉或使用某些工具程序追踪源代码时更容易查找函数名。

K&R C：

在 K&R C 中，形式参数的类型以单独的列表进行声明，并出现在参数列表和函数体的左花括号之间，如下所示：

```
int *
find_int(key, array, array_len)
int key;
int array[];
int array_len;
{
```

这种声明形式现在仍为标准所允许，主要是为了让较老的程序无须修改便可通过编译。但我们应该提倡新声明风格，理由有二：首先，它消除了旧式风格的冗余；其次，也是更重要的一点，它允许函数原型的使用，提高了编译器在函数调用时检查错误的能力。关于函数原型，将在本章后面的内容里讨论。

```
/*
** 在数组中寻找某个特定整型值的存储位置，并返回一个指向该位置的指针。
*/
#include <stdio.h>

int *
find_int( int key, int array[], int array_len )
{
        int i;

        /*
        ** 对于数组中的每个位置 ...
        */
        for( i = 0; i < array_len; i += 1 )
                /*
                ** 检查这个位置的值是否为需要查找的值。
                */
                if( array[ i ] == key )
                        return &array[ i ];

        return NULL;
}
```

程序 7.1　在数组中寻找一个整型值 find_int.c

return 语句

当执行流到达函数定义的末尾时，函数就将返回（return），也就是说，执行流返回到函数被调用的地方。return 语句允许从函数体的任何位置返回，并不一定要在函数体的末尾。它的语法如下所示：

```
return expression;
```

表达式 expression 是可选的。如果函数无须向调用程序返回一个值，表达式就被省略。这类函数在绝大多数其他语言中被称为过程（procedure）。这些函数执行到函数体末尾时隐式地返回，没有返回值。这种没有返回值的函数在声明时应该把函数的类型声明为 void。

真函数是从表达式内部调用的，它必须返回一个值，用于表达式的求值。这类函数的 return 语句必须包含一个表达式。通常，表达式的类型就是函数声明的返回类型。只有当编译器可以通过寻常算术转换把表达式的类型转换为正确的类型时，才允许返回类型与函数声明的返回类型不同的表达式。

有些程序员更喜欢把 return 语句写成下面这种样子：

```
return ( x );
```

语法并没有要求加上括号。如果你喜欢，尽管加上，因为在表达式两端加上括号总是合法的。

在 C 中，子程序不论是否存在返回值，均被称为函数。调用一个真函数（即返回一个值的函数）但不在任何表达式中使用这个返回值是完全可能的。在这种情况下，返回值就被丢弃。但是，从表达式内部调用一个过程类型的函数（无返回值）是一个严重的错误，因为这样一来在表达式的求值过程中会使用一个不可预测的值（垃圾）。幸运的是，现代的编译器通常可以捕捉这类错误，因为它们较之老式编译器在函数的返回类型上更为严格。

7.2　函数声明

当编译器遇到一个函数调用时，它产生代码传递参数并调用这个函数，而且接收该函数返回的值（如果有的话）。但编译器是如何知道该函数期望接受的是什么类型和多少数量的参数呢？如何知道该函数的返回值（如果有的话）类型呢？

如果没有关于调用函数的特定信息，编译器便假定在这个函数调用时参数的类型和数量是正确的。它同时会假定函数将返回一个整型值。对于那些返回值并非整型的函数而言，这种隐式认定常常导致错误。

7.2.1　原型

向编译器提供一些关于函数的特定信息显然更为安全，我们可以通过两种方法来实现。首先，如果同一源文件的前面已经出现了该函数的定义，编译器就会记住它的参数数量和类型，以及函数的返回值类型。其次，编译器便可以检查该函数的所有后续调用（在同一个源文件中），确保它们是正确的。

K&R C：

如果函数是以旧式风格定义的，也就是用一个单独的列表给出参数的类型，那么编译器就只记住函数的返回值类型，但不保存函数的参数数量和类型方面的信息。由于这个缘故，只要有可能，就应该使用新式风格的函数定义，这点非常重要。

第二种向编译器提供函数信息的方法是使用**函数原型**（function prototype），第 1 章已经见过它。原型总结了函数定义的起始部分的声明，向编译器提供有关函数应该如何调用的完整信息。使用原型最方便（且最安全）的方法是把原型置于一个单独的文件，如果其他源文件需要这个函数的原型，就使用#include 指令包含该文件。这个技巧避免了错误输入函数原型的可能性，又简化了程序的维护任务，因为这样只需要该原型的一份物理副本。如果原型需要修改，只需要修改它的一处副本即可。

举个例子，这里有一个 find_int 函数的原型，取自前面的例子：

```
int *find_int( int key, int array[], int len );
```

注意最后面的那个分号：它区分了函数原型和函数定义的起始部分。原型告诉编译器函数的参数数量和每个参数的类型以及返回值的类型。编译器见过原型之后，就可以检查该函数的调用，确保参数正确且返回值无误。当出现不匹配的情况时（例如，参数的类型错误），编译器会把不匹配的实参或返回值转换为正确的类型，当然前提是这样的转换必须是可行的。

提示：

注意上面的原型中加上了参数的名字。虽然它并非必需，但在函数原型中加入描述性的参数名是明智的，因为它可以给希望调用该函数的用户提供有用的信息。例如，你觉得下面这两个函数原型哪个更有用？

```
char *strcpy( char *, char * );
char *strcpy( char *destination, char *source );
```

警告：

下面的代码段说明了一种使用函数原型的危险方法。

```
void
a()
{
        Int     *func( int *value, int len);
        ...
}

void
b()
{
        Int     func( int len, int *value );
        ...
}
```

仔细观察一下这两个原型，就会发现它们是不一样的。参数的顺序倒了，返回类型也不同。问题在于这两个函数原型都写于函数体的内部，它们都具有代码块作用域，所以编译器在每个函数结束前会把它记住的原型信息丢弃，这样它就无法发现它们之间存在的不匹配情况。

标准表示，在同一个代码块中，函数原型必须与同一个函数的任何先前原型匹配，否则编译器应该生成一条错误信息。但是在这个例子里，第 1 个代码块的作用域并不与第 2 个代码块重叠，因此，原型的不匹配就无法被检测到。这两个原型至少有一个是错误的（也可能两个都错），但编译器看不到这种情况，所以不会生成任何错误信息。

下面的代码段说明了一种使用函数原型的更好方法：

```
#include "func.h"
void
a()
{
        ...
}

void
b()
{
        ...
}
```

文件 func.h 包含了下面的函数原型：

```
int *func( int *value, int len );
```

从几个方面看，这个技巧比前一种方法更好。

1. 现在函数原型具有文件作用域，所以原型的一份副本可以作用于整个源文件，较之在该函数每次调用前单独书写一份函数原型要容易得多。

2. 现在函数原型只书写一次，这样就不会出现多份原型的副本之间不匹配的现象。

3. 如果函数的定义进行了修改，我们只需要修改原型，并重新编译所有包含了该原型的源文件即可。

4. 如果函数的原型同时也被#include 指令包含到定义函数的文件中，编译器就可以确认函数原型与函数的定义匹配。

通过只书写函数原型一次，我们消除了多份原型的副本之间不一致的可能性。然而，函数原型必须与函数定义匹配。把函数原型包含在定义函数的文件中可以使编译器确认它们之间的匹配性。

考虑下面这个声明，它看上去有些含糊：

```
int *func();
```

它既可以看作一个旧式风格的声明（只给出 func 函数的返回类型），也可以看作一个没有参数的函数的新风格原型。它究竟是哪一个呢？这个声明必须被解释为旧式风格的声明，目的是保持与 ANSI 标准之前的程序的兼容性。一个没有参数的函数的原型应该写成下面这个样子：

```
int *func( void );
```

关键字 void 提示没有任何参数，而不是表示它有一个类型为 void 的参数。

7.2.2　函数的缺省认定

当程序调用一个无法见到原型的函数时，编译器便认为该函数返回一个整型值。对于那些并不返回整型值的函数，这种认定可能会引起错误。

警告：

所有的函数都应该具有原型，尤其是那些返回值不是整型的函数。记住，值的类型并不是值的内在本质，而是取决于它被使用的方式。如果编译器认定函数返回一个整型值，它将产生整数指令操纵这个值。如果这个值实际上是个非整型值，比如说是个浮点值，其结果通常将是不正确的。

让我们看一个这种错误的例子。假设有一个函数 xyz，它返回浮点值 3.14。在 Sun Sparc 工作站中，用于表示这个浮点数的二进制位模式如下：

```
01000000001001000111101011000011
```

现在假定函数是这样被调用的：

```
float f;
...
f = xyz();
```

如果在函数调用之前编译器无法看到它的原型，它便认定这个函数返回一个整型值，并产生指令将这个值转换为浮点值，然后再赋值给变量 f。

函数返回的位如上所示。转换指令把它们解释为整型值 1078523331，并把这个值转换为 float 类型，结果存储于变量 f 中。

为什么函数的返回值实际上已经是浮点值的形式时，还要执行类型转换呢？编译器并没有办法知道这个情况，因为没有原型或声明告诉它这些信息。这个例子说明了为什么返回值不是整型的函数具有原型是极为重要的。

7.3 函数的参数

　　C 函数的所有参数均以"传值调用"方式进行传递，这意味着函数将获得参数值的一份拷贝。这样，函数可以放心修改这个拷贝值，而不必担心会修改调用程序实际传递给它的参数。这个行为与 Modula 和 Pascal 中的值参数（不是 var 参数）相同。

　　C 的规则很简单：所有参数都是传值调用。但是，如果被传递的参数是一个数组名，并且在函数中使用下标引用该数组的参数，那么在函数中对数组元素进行修改时，实际上修改的是调用程序中的数组元素。函数将访问调用程序的数组元素，数组并不会被复制。这个行为被称为"传址调用"，也就是许多其他语言所实现的 var 参数。

　　数组参数的这种行为似乎与传值调用规则相悖。但是，此处其实并无矛盾之处——数组名的值实际上是一个指针，传递给函数的就是这个指针的一份副本。下标引用实际上是间接访问的另一种形式，它可以对指针执行间接访问操作，访问指针指向的内存位置。参数（指针）实际上是一份拷贝，但在这份拷贝上执行间接访问操作所访问的是原先的数组。下一章将再讨论这一点，此处只要记住两个规则：

1. 传递给函数的标量参数是传值调用的；
2. 传递给函数的数组参数在行为上就像它们是通过传址调用的那样。

```
/*
** 对值进行偶校验。
*/

int
even_parity( int value, int n_bits )
{
        int parity = 0;

        /*
        ** 计数值中值为 1 的位的个数。
        */
        while( n_bits > 0 ){
                parity += value & 1;
                value >>= 1;
                n_bits -= 1;
        }

        /*
        ** 如果计数器的最低位是 0，返回 TRUE(表示 1 的位数为偶数个)。
        */
        return ( parity % 2 ) == 0;
}
```

程序 7.2　奇偶校验　　　　　　　　　　　　　　　　　　　　　　　　　　　parity.c

　　程序 7.2 说明了标量函数参数的传值调用行为。函数检查第 1 个参数是否满足偶校验，也就是它的二进制位模式中 1 的个数是否为偶数。函数的第 2 个参数指定第 1 个参数中有效位的数目。函数一次一位地对第 1 个参数值进行移位，所以每个位迟早都会出现在最右边的那个位置。所有的位逐个加在一起，所以在循环结束之后，我们就得到第 1 个参数值的位模式中 1 的个数。最后，对这个数进行测试，看看它的最低有效位是不是 1。如果不是，那么说明 1 的个数就是偶数个。

这个函数的有趣特性是它在执行过程中，会破坏这两个参数的值。但这并无妨，因为参数是通过传值调用的，函数所使用的值是实际参数的一份副本。破坏这份副本并不会影响原先的值。

程序 7.3a 则有所不同：它希望修改调用程序传递的参数。这个函数的目的是交换调用程序所传递的这两个参数的值。但这个程序是无效的，因为它实际交换的是参数的副本，原先的参数值并未进行交换。

```
/*
** 交换调用程序中的两个整数(没有效果!)
*/

void
swap( int x, int y )
{
        int temp;

        temp = x;
        x = y;
        y = temp;
}
```

程序 7.3a　整数交换：无效的版本　　　　　　　　　　　　　　　　　　　　swap1.c

为了访问调用程序的值，必须向函数传递指向所希望修改的变量的指针，接着函数必须对指针使用间接访问操作，修改需要修改的变量。程序 7.3b 使用了这个技巧。

```
/*
** 交换调用程序中的两个整数。
*/

void
swap( int *x, int *y )
{
        int temp;

        temp = *x;
        *x = *y;
        *y = temp;
}
```

程序 7.3b　整数交换：有效版本　　　　　　　　　　　　　　　　　　　　swap2.c

因为函数期望接受的参数是指针，所以应该按照下面的方式调用它：

```
swap (&a, &b);
```

程序 7.4 把一个数组的所有元素都设置为 0。n_elements 是一个标量参数，所以它是传值调用的。在函数中修改它的值并不会影响调用程序中的对应参数。此外，函数确实把调用程序的数组的所有元素设置为 0。数组参数的值是一个指针，下标引用实际上是对这个指针执行间接访问操作。

这个例子同时说明了另外一个特性，即在声明数组参数时不指定它的长度是合法的，因为函数并不为数组元素分配内存。间接访问操作将访问调用程序中的数组元素。这样，一个单独的函数可以访问任意长度的数组。对于 Pascal 程序员而言，这应该是个福音。但是，函数并没有办法判断数组参数的长度，所以函数如果需要这个值，它必须作为参数显式地传递给函数。

```
/*
** 把一个数组的所有元素都设置为零。
*/

void
clear_array( int array[], int n_elements )
{
        /*
        ** 从数组最后一个元素开始，逐个清除数组中的所有元素。注意前缀自增避免了越出数组边界的可能性。
        */
        while( n_elements > 0 )
                array[ --n_elements ] = 0;
}
```

程序 7.4　将一个数组设置为零   clrarray.c

K&R C:

回想一下，在 K&R C 中，函数的参数是像下面这样声明的：

```
int
func(a, b, c)
int a;
char b;
float c;
{
...
```

避免使用这种旧风格的另一个理由是 K&R 编译器处理参数的方式稍有不同：在参数传递之前，char 和 short 类型的参数被提升为 int 类型，float 类型的参数被提升为 double 类型。这种转换被称为缺省参数提升（default argument promotion）。由于这个规则的存在，在 ANSI 标准之前的程序中，会经常看到函数参数被声明为 int 类型，但实际上传递的是 char 类型。

警告：

为了保持兼容性，ANSI 编译器也会为旧式风格声明的函数执行这类转换。但是，使用原型的函数并不执行这类转换，所以混用这两种风格可能导致错误。

7.4　ADT 和黑盒

C 可以用于设计和实现**抽象数据类型**（ADT，Abstract Data Type），因为它可以限制函数和数据定义的作用域。这个技巧也被称为**黑盒**（black box）设计。抽象数据类型的基本想法是很简单的——模块具有功能说明和接口说明，前者说明模块所执行的任务，后者定义模块的使用。但是，模块的用户并不需要知道模块实现的任何细节，而且除了那些定义好的接口，用户不能以任何方式访问模块。

限制对模块的访问是通过合理使用 static 关键字来实现的，它可以限制对那些并非接口的函数和数据的访问。例如，考虑一个用于维护一个地址/电话号码列表的模块。模块必须提供函数，根据一个指定的名字查找地址和电话号码。但是，列表存储的方式是依赖于具体实现的，所以这个信息为模块所私有，用户并不知情。

下一个例子程序说明了这个模块的一种可能的实现方法。程序 7.5a 定义了一个头文件，它定义了一些由客户使用的接口。程序 7.5b 展示了这个模块的实现[1]。

```
/*
** 地址列表模块的声明。
*/


/*
** 数据特征
**
**    各种数据的最大长度（包括结尾的 NUL 字节）和地址的最大数量。
*/
#define    NAME_LENGTH    30        /*允许出现的最长名字 */
#define    ADDR_LENGTH    100       /* 允许出现的最长地址 */
#define    PHONE_LENGTH   11        /* 允许出现的最长电话号码 */

#define    MAX_ADDRESSES 1000       /* 允许出现的最多地址个数 */


/*
** 接口函数
**
**    给出一个名字，查找对应的地址。
*/
char const *
lookup_address( char const *name );


/*
**    给出一个名字，查找对应的电话号码。
*/
char const *
lookup_phone( char const *name );
```

程序 7.5a   地址列表模块：头文件   addrlist.h

```
/*
** 用于维护一个地址列表的抽象数据类型。
*/

#include "addrlist.h"
#include <stdio.h>

/*
**    每个地址的 3 个部分，分别保存于 3 个数组的对应元素中。
*/
static  char    name[MAX_ADDRESSES][NAME_LENGTH];
static  char    address[MAX_ADDRESSES][ADDR_LENGTH];
static  char    phone[MAX_ADDRESSES][PHONE_LENGTH];

/*
**    这个函数在数组中查找一个名字并返回查找到的位置的下标。
**    如果这个名字在数组中并不存在，函数返回-1。
*/
static int
```

---

1 如果每个名字、地址和电话号码都存储在一个结构中会更好一些，但我们要等到第 10 章才讲述结构。

```
find_entry( char const *name_to_find )
{
    int entry;

    for( entry = 0; entry < MAX_ADDRESSES; entry += 1 )
        if( strcmp( name_to_find, name[ entry ] ) == 0 )
            return entry;

    return -1;
}


/*
**    给定一个名字，查找并返回对应的地址。
**    如果名字没有找到，函数返回一个 NULL 指针。
*/
char const *
lookup_address( char const *name )
{
    int entry;

    entry = find_entry( name );
    if( entry == -1 )
        return NULL;
    else
        return address[ entry ];
}


/*
**    给定一个名字，查找并返回对应的电话号码。
**    如果名字没有找到，函数返回一个 NULL 指针。
*/
char const *
lookup_phone( char const *name )
{
    int entry;

    entry = find_entry( name );
    if( entry == -1 )
        return NULL;
    else
        return phone[ entry ];
}
```

程序 7.5b   地址列表模块：实现   addrlist.c

程序 7.5 是一个黑盒的好例子。黑盒的功能通过规定的接口访问，在这个例子里，接口是函数 lookup_address 和 lookup_phone。但是，用户不能直接访问和模块实现有关的数据，如数组或辅助函数 find_entry，因为这些内容被声明为 static。

提示：

这种类型的实现威力在于它使程序的各个部分相互之间更加独立。例如，随着地址列表的记录条数越来越多，简单的线性查找可能太慢，或者用于存储记录的表可能装满。此时可以重新编写查找函数，使它效率更高，比如通过使用某种形式的散列表查找来实现。或者，甚至可以放弃使用数组，转而为这些记录动态分配内存空间。但是，如果用户程序可以直接访问存储记录的表，且表的组织形式如果进行了修改，就有可能导致用户程序失败。

黑盒的概念使实现细节与外界隔绝，这就消除了用户试图直接访问这些实现细节的诱惑。这样，访问模块唯一可能的方法就是通过模块所定义的接口。

7.5　递归

C 通过运行时堆栈支持递归函数的实现[1]。递归函数就是直接或间接调用自身的函数。许多教科书都把计算阶乘和斐波那契数列用来说明递归，这是非常不幸的。在第 1 个例子中，递归并没有提供任何优越之处。在第 2 个例子中，它的效率之低是非常恐怖的。

这里有一个简单的程序，可用于说明递归。程序的目的是把一个整数从二进制形式转换为可打印的字符形式。例如，给出一个值 4267，我们需要依次产生字符 '4' '2' '6' 和 '7'。如果在 printf 函数中使用了%d 格式码，它就会执行这类处理。

我们采用的策略是把这个值反复除以 10，并打印各个余数。例如，4267 除 10 的余数是 7，但是不能直接打印这个余数。我们需要打印的是机器字符集中表示数字 '7' 的值。在 ASCII 码中，字符 '7' 的值是 55，所以需要在余数上加上 48 来获得正确的字符。但是，使用字符常量而不是整型常量可以提高程序的可移植性。考虑下面的关系：

```
'0' + 0 = '0'
'0' + 1 = '1'
'0' + 2 = '2'
    etc.
```

从这些关系中可以很容易看出在余数上加上 '0' 就可以产生对应字符的代码[2]。接着就打印出余数。下一步是取得商，4267/10 等于 426。然后用这个值重复上述步骤。

这种处理方法存在的唯一问题是它产生的数字次序正好相反，它们是逆向打印的。程序 7.6 使用递归来修正这个问题。

程序 7.6 中的函数是递归性质的，因为它包含了一个对自身的调用。乍一看，函数似乎永远不会终止。当函数调用时，它将调用自身，第 2 次调用还将调用自身，以此类推，似乎会永远调用下去。但是，事实上这种情况并不会出现。

这个程序的递归实现了某种类型的螺旋状 while 循环。while 循环在循环体每次执行时必须取得某种进展，逐步迫近循环终止条件。递归函数也是如此，它在每次递归调用后必须越来越接近某种限制条件。当递归函数符合这个限制条件时，它便不再调用自身。

在程序 7.6 中，递归函数的限制条件就是变量 quotient 为零。在每次递归调用之前，我们都把 quotient 除以 10，所以每递归调用一次，它的值就越来越接近零。当它最终变成零时，递归便告终止。

```
/*
** 接受一个整型值（无符号），把它转换为字符并打印它。前导零被删除。
*/
#include <stdio.h>

void
```

```
binary_to_ascii( unsigned int value )
{
    unsigned int    quotient;

    quotient = value / 10;
    if( quotient != 0 )
        binary_to_ascii( quotient );
    putchar( value % 10 + '0' );
}
```

程序 7.6　将二进制整数转换为字符   btoa.c

递归是如何以正确的顺序打印这些字符呢？下面是这个函数的工作流程。

1. 将参数值除以 10。

2. 如果 quotient 的值为非零，调用 binary_to_ascii 打印 **quotient 当前值的各位数字**。

3. 接着，打印步骤 1 中除法运算的余数。

注意在第 2 个步骤中，我们需要打印的是 quotient 当前值的各位数字。我们所面临的问题和最初的问题完全相同，只是变量 quotient 的值变小了。我们用刚刚编写的函数（把整数转换为各个数字字符并打印出来）来解决这个问题。由于 quotient 的值越来越小，因此递归最终会终止。

一旦理解了递归，阅读递归函数最容易的方法不是纠缠于它的执行过程，而是相信递归函数会顺利完成它的任务。如果每个步骤正确无误，限制条件设置正确，并且每次调用之后更接近限制条件，递归函数总是能够正确地完成任务。

7.5.1　追踪递归函数

为了能理解递归的工作原理，需要追踪递归调用的执行过程，所以让我们来进行这项工作。追踪一个递归函数执行过程的关键是理解函数中所声明的变量是如何存储的。当函数被调用时，它的变量的空间是创建于运行时堆栈上的。以前调用的函数的变量仍保留在堆栈上，但它们被新函数的变量所掩盖，因此是不能被访问的。

当递归函数调用自身时，情况也是如此。每进行一次新的调用，都将创建一批变量，它们将掩盖递归函数前一次调用所创建的变量。在追踪一个递归函数的执行过程时，必须把分属不同次调用的变量区分开来，以避免混淆。

程序 7.6 的函数有两个变量：参数 value 和局部变量 quotient。下面显示了堆栈的状态，当前可以访问的变量位于栈顶。所有其他调用的变量饰以灰色阴影，表示它们不能被当前正在执行的函数访问。

假定以 4267 这个值调用递归函数。当函数刚开始执行时，堆栈的内容如下图所示。

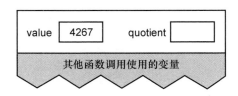

执行除法运算之后，堆栈的内容如下。

接着，if 语句判断出 quotient 的值非零，所以对该函数执行递归调用。这个函数第二次被调用之初，堆栈的内容如下。

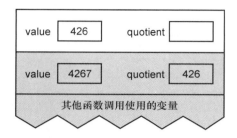

堆栈上创建了一批新的变量，隐藏了前面的那批变量，除非当前这次递归调用返回，否则它们是不能被访问的。再次执行除法运算之后，堆栈的内容如下。

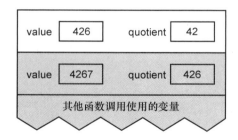

quotient 的值现在为 42，仍然非零，所以需要继续执行递归调用，并再创建一批变量。在执行完这次调用的除法运算之后，堆栈的内容如下。

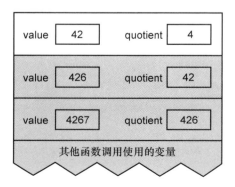

此时，quotient 的值还是非零，仍然需要执行递归调用。在执行除法运算之后，堆栈的内容如下。

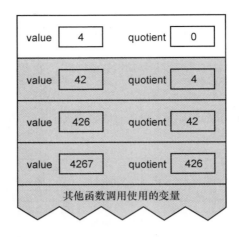

不算递归调用语句本身，到目前为止所执行的语句只是除法运算以及对 quotient 的值进行测试。由于递归调用使这些语句重复执行，因此它的效果类似循环：当 quotient 的值非零时，把它的值作为初始值重新开始循环。但是，递归调用将会保存一些信息（这一点与循环不同），也就是保存在堆栈中的变量值。这些信息很快就会变得非常重要。

现在 quotient 的值变成了零，递归函数便不再调用自身，而是开始打印输出。然后函数返回，并开始销毁堆栈上的变量值。

每次调用 putchar 得到变量 value 的最后一个数字，方法是对 value 进行模 10 取余运算，其结果是一个 0～9 之间的整数。把它与字符常量 '0' 相加，其结果便是对应于这个数字的 ASCII 字符，然后把这个字符打印出来。

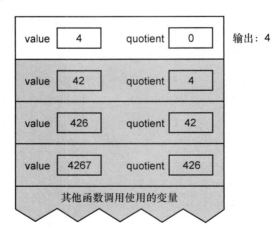

接着函数返回，它的变量从堆栈中销毁。接着，递归函数的前一次调用重新继续执行，它所使用的是自己的变量，它们现在位于堆栈的顶部。因为它的 value 值是 42，所以调用 putchar 后打印出来的数字是 2。

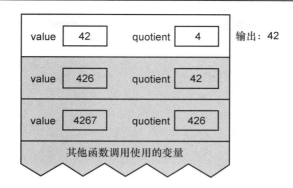

接着递归函数的这次调用也返回，它的变量也被销毁，此时位于堆栈顶部的是递归函数再前一次调用的变量。递归调用从这个位置继续执行，这次打印的数字是 6。在这次调用返回之前，堆栈的内容如下。

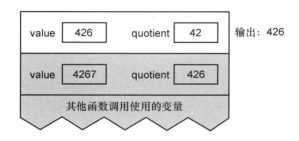

现在我们已经展开了整个递归过程，并回到该函数最初的调用。这次调用打印出数字 7，也就是它的 value 参数除 10 的余数。

然后，这个递归函数就彻底返回到其他函数调用它的地点。

如果把打印出来的字符一个接一个排在一起，将其显示在打印机或屏幕上，将看到正确的值：4267。

7.5.2　递归与迭代

递归是一种强有力的技巧，和其他技巧一样，它也可能被误用。这里就有一个例子。阶乘的定义往往就是以递归的形式描述的，如下所示。

$$\text{factorial(n)} = \begin{cases} n \leq 0: & 1 \\ n > 0: & n \times \text{factorial(n - 1)} \end{cases}$$

这个定义同时具备了我们开始讨论递归所需要的两个特性：存在限制条件，当符合这个条件时递归便不再继续；每次递归调用之后越来越接近这个限制条件。

用这种方式定义阶乘往往引导人们使用递归来实现阶乘函数，如程序 7.7a 所示。这个函数能够产生正确的结果，但它并不是递归的良好用法。为什么？递归函数调用将涉及一些运行时开销——参数必须压到堆栈中、为局部变量分配内存空间（所有递归均如此，并非特指这个例子）、寄存器的值必须保存等。当递归函数的每次调用返回时，上述这些操作必须还原，恢复成原来的样子。所以，基于这些开销，对于这个程序而言，它并没有简化问题的解决方案。

```
/*
** 用递归方法计算 n 的阶乘。
*/

long
factorial( int n )
{
        if( n <= 0 )
            return 1;
        else
            return n * factorial( n - 1 );
}
```

程序 7.7a　递归计算阶乘　　　　　　　　　　　　　　　　　　　　　　　　　　　fact_rec.c

程序 7.7b 使用循环计算相同的结果。尽管这个使用简单循环的程序不甚符合前面阶乘的数学定义，但它却能更为有效地计算出相同的结果。如果仔细观察递归函数，就会发现递归调用是函数所执行的最后一项任务。这个函数是尾部递归（tail recursion）的一个例子。由于函数在递归调用返回之后不再执行任何任务，因此尾部递归可以很方便地转换成一个简单循环，完成相同的任务。

```
*
** 用迭代方法计算 n 的阶乘。
*/

long
factorial( int n )
{
        int     result = 1;

        while( n > 1 ){
            result *= n;
            n -= 1;
        }

        return result;
}
```

程序 7.7b　迭代计算阶乘　　　　　　　　　　　　　　　　　　　　　　　　　　　fact_itr.c

提示：

许多问题是以递归的形式进行解释的，这只是因为它比非递归形式更为清晰。但是，这些问题的迭代实现往往比递归实现效率更高，虽然代码的可读性可能稍差一些。当一个问题相当复杂，难以用迭代形式实现时，此时递归实现的简洁性便可以补偿它所带来的运行时开销。

在程序 7.7a 中，递归在改善代码的可读性方面并无优势，因为程序 7.7b 的循环方案也同样简单。

这里有一个更为极端的例子，斐波那契数就是一个数列，数列中每个数的值就是它前面两个数的和。这种关系常常用递归的形式进行描述：

$$Fibonacci(n) = \begin{cases} n \leqslant 1: & 1 \\ n = 2: & 1 \\ n > 2: & Fibonacci(n-1) + Fibonacci(n-2) \end{cases}$$

同样，这种递归形式的定义容易诱导人们使用递归形式来解决问题，如程序 7.8a 所示。这里有一个陷阱：它使用递归步骤计算 Fibonacci(n-1)和 Fibonacci(n-2)。但是，在计算 Fibonacci(n-1)时也将计算 Fibonacci(n-2)。这个额外的计算代价有多大呢？

答案是它的代价远远不止一个冗余计算——每个递归调用都触发另外两个递归调用，而这两个调用的任何一个还将触发两个递归调用，再接下去的调用也是如此。这样，冗余计算的数量增长得非常快。例如，在递归计算 Fibonacci(10)时，Fibonacci(3)的值被计算了 21 次。但是，在递归计算 Fibonacci(30)时，Fibonacci(3)的值被计算了 317811 次。当然，这 317811 次计算所产生的结果是完全一样的，除了其中之一外，其余的纯属浪费。这个额外的开销真是相当恐怖！

```
/*
** 用递归方法计算第 n 个斐波那契数的值。
*/

long
fibonacci( int n )
{
        if( n <= 2 )
            return 1;

        return fibonacci( n - 1 ) + fibonacci( n - 2 );
}
```

程序 7.8a　用递归计算斐波那契数　　　　　　　　　　　　　　　　　　　　　fib_rec.c

现在考虑程序 7.8b，它使用一个简单循环来代替递归。同样，这个循环形式不如递归形式符合前面斐波那契数的抽象定义，但它的效率提高了几十万倍！

在使用递归方式实现一个函数之前，先问问你自己使用递归带来的好处是否抵得上它的代价。而且必须小心：这个代价可能比初看上去要大得多。

```
/*
** 用迭代方法计算第 n 个斐波那契数的值。
*/

long
fibonacci( int n )
{
        Long    result;
        long    previous_result;
        long    next_older_result;

        result = previous_result = 1;
```

```
      while( n > 2 ){
        n -= 1;
        next_older_result = previous_result;
        previous_result = result;
        result = previous_result + next_older_result;
      }
      return result;
}
```

程序 7.8b　用迭代计算斐波那契数　　　　　　　　　　　　　　　fib_iter.c

7.6　可变参数列表

　　在函数的原型中，列出了函数期望接受的参数，但原型只能显示固定数目的参数。是否可以让一个函数在不同的时候接受不同数目的参数呢？答案是肯定的，但存在一些限制。考虑一个计算一系列值的平均值的函数。如果这些值存储于数组中，这个任务就太简单了，所以为了让问题变得更有趣一些，我们假定它们并不存储于数组中。程序 7.9a 试图完成这个任务。

　　这个函数存在几个问题。首先，它不对参数的数量进行测试，无法检测到参数过多这种情况。不过这个问题很好解决，简单加上测试就是了。其次，函数无法处理 5 个以上的值。要解决这个问题，只有在已经很臃肿的代码中再增加一些类似的代码。

　　但是，当试图用下面这种形式调用这个函数时，还存在一个更为严重的问题：

```
avg1 = average( 3, x, y, z );
```

这里只有 4 个参数，但函数具有 6 个形参。标准是这样定义这种情况的：这种行为的后果是未定义的。这样，第 1 个参数可能会与 n_values 对应，也可能与形参 v2 对应。当然可以测试一下自己的编译器是如何处理这种情况的，但这个程序显然是不可移植的。我们需要的是一种机制，它能够以一种良好定义的方法访问数量未定的参数列表。

```
/*
** 计算指定数目的值的平均值（差的方案）。
*/

float
average( int n_values, int v1, int v2, int v3, int v4, int v5 )
{
        float sum = v1;

        if( n_values >= 2 )
           sum += v2;
        if( n_values >= 3 )
           sum += v3;
        if( n_values >= 4 )
            sum += v4;
        if( n_values >= 5 )
            sum += v5;
        return sum / n_values;
}
```

程序 7.9a　计算标量参数的平均值：差的版本　　　　　　　　　　　average1.c

7.6.1　stdarg 宏

可变参数列表是通过宏来实现的，这些宏定义于 stdarg.h 头文件，它是标准库的一部分。这个头文件声明了一个类型 va_list 和 3 个宏——va_start、va_arg 和 va_end[1]。可以声明一个类型为 va_list 的变量，与这几个宏配合使用，访问参数的值。

程序 7.9b 使用这 3 个宏正确地完成了程序 7.9a 试图完成的任务。注意参数列表中的省略号：它提示此处可能传递数量和类型未确定的参数。在编写这个函数的原型时，也要使用相同的记法。

函数声明了一个名叫 var_arg 的变量，用于访问参数列表的未确定部分。这个变量通过调用 va_start 来初始化。它的第 1 个参数是 va_list 变量的名字，第 2 个参数是省略号前最后一个有名字的参数。初始化过程把 var_arg 变量设置为指向可变参数部分的第 1 个参数。

为了访问参数，需要使用 va_arg，这个宏接受两个参数：va_list 变量和参数列表中下一个参数的类型。在这个例子中，所有的可变参数都是整型。在有些函数中，可能要通过前面获得的数据来判断下一个参数的类型[2]。va_arg 返回这个参数的值，并使 var_arg 指向下一个可变参数。

最后，当访问完最后一个可变参数之后，需要调用 va_end。

7.6.2　可变参数的限制

注意，可变参数必须从头到尾按照顺序逐个访问。如果在访问了几个可变参数后想半途中止，这是可以的；但是，如果想一开始就访问参数列表中间的参数，那是不行的。另外，由于参数列表中的可变参数部分并没有原型，因此所有作为可变参数传递给函数的值都将执行缺省参数类型提升。

```
/*
** 计算指定数量的值的平均值。
*/

#include <stdarg.h>

float
average( int n_values, ... )
{
        va_list    var_arg;
        int     count;
        float sum = 0;

        /*
        ** 准备访问可变参数。
        */
        va_start( var_arg, n_values );

        /*
        ** 添加取自可变参数列表的值。
        */
        for( count = 0; count < n_values; count += 1 ){
```

1　宏是由预处理器实现的，相关内容参见第 14 章。

2　例如，printf 检查格式字符串中的字符来判断它需要打印的参数的类型。

```
        sum += va_arg( var_arg, int );
    }

    /*
    ** 完成处理可变参数。
    */
    va_end( var_arg );

    return sum / n_values;
}
```

程序 7.9b　计算标量参数的平均值：正确版本　　　　　　　　　　average2.c

你可能同时注意到参数列表中至少要有一个命名参数。如果连一个命名参数也没有，也就无法使用 va_start。这个参数提供了一种方法，用于查找参数列表的可变部分。

对于这些宏，存在如下两个基本的限制。这两个限制导致的一个直接结果是，一个值的类型无法简单地通过检查它的位模式来判断。

1. 这些宏无法判断实际存在的参数的数量。

2. 这些宏无法判断每个参数的类型。

要绕开这两个限制，就必须使用命名参数。在程序 7.9b 中，命名参数指定了实际传递的参数数量，不过它们的类型被假定为整型。printf 函数中的命名参数是格式字符串，它不仅指定了参数的数量，还指定了参数的类型。

警告：

如果在 va_arg 中指定了错误的类型，则结果是不可预测的。这个错误很容易发生，因为 va_arg 无法正确识别作用于可变参数之上的缺省参数类型提升。char、short 和 float 类型的值实际上将作为 int 或 double 类型的值传递给函数。所以在 va_arg 中使用后面这些类型时应该小心。

7.7　总结

函数定义同时描述了函数的参数列表和函数体（当函数被调用时所执行的语句），参数列表有两种可以接受的形式。K&R C 风格用一个单独的列表说明参数的类型，该列表出现在函数体的左花括号之前。新式风格（也是现在提倡的那种）则直接在参数列表中包含了参数的类型。如果函数体内没有任何语句，那么该函数就称为存根，它在测试不完整的程序时非常有用。

函数声明给出了和一个函数有关的有限信息，当函数被调用时就会用到这些信息。函数声明也有两种可以接受的形式。K&R 风格没有参数列表，它只是声明了函数返回值的类型。目前所提倡的新风格又称为函数原型，除了包含返回值类型，它还包含了参数类型的声明，这就允许编译器在调用函数时检查参数的数量和类型。也可以把参数名放在函数的原型中，尽管这不是必需的，但这样做可以使原型对于其他读者更为有用，因为它传递了更多的信息。对于没有参数的函数，它的原型在参数列表中有一个关键字 void。常见的原型使用方法是把原型放在一个单独的文件中，当其他源文件需要这个原型时，就用#include 指令把这个文件包含进来。这个技巧可以使原型必需的拷贝份数降到最低，有助于提高程序的可维护性。

return 语句用于指定从一个函数返回的值。如果 return 语句没有包含返回值，或者函数不包含任何 return 语句，那么函数就没有返回值。在许多其他语言中，这类函数被称为"过程"。在 ANSI C

中，没有返回值的函数的返回类型应该声明为 void。

当一个函数被调用时，编译器如果无法看到它的任何声明，就假定函数返回一个整型值。对于那些返回值不是整型的函数，在调用之前对它们进行声明是非常重要的，这可以避免因不可预测的类型转换而导致的错误。对于那些没有原型的函数，传递给函数的实参将进行缺省参数提升：char 和 short 类型的实参被转换为 int 类型，float 类型的实参被转换为 double 类型。

函数的参数是通过传值方式进行传递的，它实际所传递的是实参的一份副本。因此，函数可以修改它的形参（也就是实参的拷贝），而不会修改调用程序实际传递的参数。数组名也是通过传值方式传递的，但它传给函数的是一个指向该数组的指针的副本。在函数中，如果在数组形参中使用了下标引用操作，就会引发间接访问操作，它实际所访问的是调用程序的数组元素。因此，在函数中修改参数数组的元素实际上修改的是调用程序的数组。这个行为被称为传址调用。如果希望在传递标量参数时也具有传址调用的语义，那么可以向函数传递指向参数的指针，并在函数中使用间接访问来访问或修改这些值。

抽象数据类型（或称黑盒）由接口和实现两部分组成。接口是公有的，它说明用户如何使用 ADT 所提供的功能。实现是私有的，是实际执行任务的部分。将实现部分声明为私有可以访止用户程序依赖于模块的实现细节。这样，当需要的时候可以对实现进行修改，这样做并不会影响用户程序的代码。

递归函数直接或间接地调用自身。为了使递归能顺利进行，函数的每次调用必须获得一些进展，进一步靠近目标。当达到目标时，递归函数就不再调用自身。在阅读递归函数时，不必纠缠于递归调用的内部细节，只要简单地认为递归函数将会执行它的预定任务即可。

有些函数是以递归形式进行描述的，如阶乘和斐波那契数列，但它们如果使用迭代方式来实现，效率会更高一些。如果一个递归函数内部所执行的最后一条语句就是调用自身，那么它就被称为尾部递归。尾部递归可以很容易地改写为循环的形式，它的效率通常更高一些。

有些函数的参数列表包含可变的参数数量和类型，它们可以使用 stdarg.h 头文件所定义的宏来实现。参数列表的可变部分位于一个或多个普通参数（命名参数）的后面，它在函数原型中以一个省略号表示。命名参数必须以某种形式提示可变部分实际所传递的参数数量，而且如果预先知道的话，也可以提供参数的类型信息。当参数列表中可变部分的参数实际传递给函数时，它们将经历缺省参数提升。可变部分的参数只能从第一个到最后一个依次进行访问。

7.8　警告的总结

1. 错误地在其他函数的作用域内编写函数原型。
2. 没有为那些返回值不是整型的函数编写原型。
3. 把函数原型和旧式风格的函数定义混合使用。
4. 在 va_arg 中使用错误的参数类型，导致未定义的结果。

7.9　编程提示的总结

1. 在函数原型中使用参数名，可以给使用该函数的用户提供更多的信息。
2. 抽象数据类型可以减少程序对模块实现细节的依赖，从而提高程序的可靠性。
3. 如果递归定义清晰的优点可以补偿它的效率开销，就可以使用这个工具。

7.10   问题

1. 具有空函数体的函数可以作为存根使用。如何对这类函数进行修改，使其更加有用？

2. 在 ANSI C 中，函数的原型并非必需的。请问这个规定是优点还是缺点？

3. 如果在一个函数的声明中，它的返回值类型为 A，但它的函数体内有一条 return 语句，返回了一个类型为 B 的表达式。这将导致什么后果？

4. 如果一个函数声明的返回类型为 void，但它的函数体内包含了一条 return 语句，返回了一个表达式。这将导致什么后果？

5. 如果一个函数被调用之前，编译器无法看到它的原型，那么当这个函数返回一个不是整型的值时，会发生什么情况？

6. 如果一个函数被调用之前，编译器无法看到它的原型，则当这个函数被调用时，实际传递给它的参数与它的形式参数不匹配，此时会发生什么情况？

7. 下面的函数有没有错误？如果有，错在哪里？

```
int
find_max( int array[10] )
{
        int     i;
        int     max = array[0];

        for( i = 1; i < 10; i += 1 )
                if( array[i] > max )
                        max = array[i];

        return max;
}
```

8. 递归和 while 循环之间是如何相似的？

9. 请解释把函数原型单独放在#include 文件中的优点。

10. 在你的系统中，进入递归形式的斐波那契函数，并在函数的起始处增加一条语句，用于增加一个全局整型变量的值。现在编写一个 main 函数，把这个全局变量设置为 0 并计算 Fibonacci(1)。重复这个过程，计算 Fibonacci(2)至 Fibonacci(10)。在每个计算过程中分别调用了几次 Fibonacci 函数（用这个变量值表示）？这个全局变量值的增加和斐波那契数列本身有没有任何关联？基于上面这些信息，能不能计算出 Fibonacchi(11)、Fibonacci(25)和 Fibonacci(50)分别调用了多少次 Fibonacci 函数？

7.11   编程练习

1. Hermite Polynomials（厄密多项式）是这样定义的：

$$H_n(x) = \begin{cases} n \leq 0: & 1 \\ n = 1: & 2x \\ n \geq 2: & 2xH_{n-1}(x) - 2(n-1)H_{n-2}(x) \end{cases}$$

例如，$H_3(2)$的值是 40。编写一个递归函数，计算 $H_n(x)$的值。该函数应该与下面的原型匹配：

```
int hermite( int n, int x)
```

★★ 2. 两个整型值 M 和 N（M、N 均大于 0）的最大公约数可以按照下面的方法计算：

$$
gcd(M, N) = \begin{cases} M \% N = 0: & N \\ M\%N = R, R>0: & gcd(N, R) \end{cases}
$$

请编写一个名叫 gcd 的函数，它接受两个整型参数，并返回这两个数的最大公约数。如果这两个参数中的任何一个不大于零，函数应该返回零。

★★ 3. 为下面这个函数原型编写函数定义：

```
int ascii_to_integer( char *string );
```

这个字符串参数必须包含一个或多个数字，函数应该把这些数字字符转换为整数并返回这个整数。如果字符串参数包含了任何非数字字符，函数就返回零。不必担心算术溢出。

提示：这个技巧很简单——每发现一个数字，就把当前值乘以 10，并把这个值和新数字所代表的值相加。

★★★ 4. 编写一个名叫 max_list 的函数，用于检查任意数目的整型参数并返回它们中的最大值。参数列表必须以一个负值结尾，用于提示列表的结束。

★★★★ 5. 实现一个简化的 printf 函数，它能够处理%d、%f、%s 和%c 格式码。根据 ANSI 标准的原则，其他格式码的行为是未定义的。可以假定已经存在函数 print_integer 和 print_float，用于打印这些类型的值。对于另外两种类型的值，使用 putchar 来打印。

★★★★ 6. 编写如下函数：

```
void written_amount( unsigned int amount, char *buffer );
```

它把 amount 表示的值转换为单词形式，并存储于 buffer 中。这个函数可以在一个打印支票的程序中使用。例如，如果 amount 的值是 16312，那么 buffer 中存储的字符串应该是

```
SIXTEEN THOUSAND THREE HUNDRED TWELVE
```

调用程序应该保证 buffer 缓冲区的空间足够大。

有些值可以用两种不同的方法进行打印。例如，1200 可以是 ONE THOUSAND TWO HUNDRED 或 TWELVE HUNDRED。可以选择一种自己喜欢的形式。

数组

第 2 章已经使用了一些简单的一维数组。本章将深入探讨数组，探索一些更加高级的数组话题，如多维数组、数组和指针以及数组的初始化等。

8.1 一维数组

在讨论多维数组之前，我们还需要学习很多一维数组的知识。首先让我们学习一个概念，它被许多人认为是 C 语言设计的一个缺陷。但是，这个概念实际上是以一种相当优雅的方式把一些完全不同的概念联系在一起的。

8.1.1 数组名

考虑下面这些声明：

```
int  a;
int  b[10];
```

我们把变量 a 称为标量，因为它是个单一的值，这个变量的类型是一个整数。我们把变量 b 称为数组，因为它是一些值的集合。下标和数组名一起使用，用于标识该集合中某个特定的值。例如，b[0] 表示数组 b 的第 1 个值，b[4]表示第 5 个值。每个特定值都是一个标量，可以用于任何能够使用标量数据的上下文环境中。

b[4]的类型是整型，但 b 的类型又是什么？它所表示的又是什么？一个合乎逻辑的答案是它表示整个数组，但事实并非如此。在 C 中，在几乎所有使用数组名的表达式中，数组名的值是一个指针常量，也就是数组第 1 个元素的地址。它的类型取决于数组元素的类型：如果它们是 int 类型，那么数组名的类型就是"指向 int 的常量指针"；如果它们是**其他类型**，那么数组名的类型就是"指向**其他类型**的常量指针"。

请不要根据这个事实得出"数组和指针是相同的"结论。数组具有一些和指针完全不同的特征。例如，数组具有确定数量的元素，而指针只是一个标量值。编译器用数组名来记住这些属性。只有当数组名在表达式中使用时，编译器才会为它产生一个指针常量。

注意，这个值是指针常量，而不是指针变量。常量的值是不能修改的。只要稍微回想一下，就会认为这个限制是合理的：指针常量所指向的是内存中数组的起始位置，如果修改这个指针常量，唯一可行的操作就是把整个数组移动到内存的其他位置。但是，在程序完成链接之后，内存中数组的位置是固定的，所以当程序运行时，再想移动数组就为时已晚了。因此，数组名的值是一个指针常量。

只有在两种场合下，数组名并不用指针常量来表示——当数组名作为 sizeof 操作符或单目操作符&的操作数时。sizeof 返回整个数组的长度，而不是指向数组的指针的长度。取一个数组名的地址所产生的是一个指向数组的指针（指向数组的指针在 8.2.2 节和 8.2.3 节讨论），而不是一个指向某个指针常量值的指针。

现在考虑下面这个例子：

```
int     a[10];
int     b[10];
int     *c;
...
c = &a[0];
```

表达式&a[0]是一个指向数组第 1 个元素的指针。但那正是数组名本身的值，所以下面这条赋值语句和上面那条赋值语句所执行的任务是完全一样的：

```
c = a;
```

这条赋值语句说明了为什么理解表达式中数组名的真正含义是非常重要的。如果数组名表示整个数组，这条语句就表示整个数组被复制到一个新的数组。但事实上完全不是这样，实际被赋值的是一个指针的拷贝，c 所指向的是数组的第 1 个元素。因此，像下面这样的表达式：

```
b = a;
```

是非法的。不能使用赋值符把一个数组的所有元素复制到另一个数组，而是必须使用一个循环，每次复制一个元素。

考虑下面这条语句：

```
a = c;
```

c 被声明为一个指针变量，这条语句看上去像是执行某种形式的指针赋值，把 c 的值复制给 a。但这个赋值是非法的。在这个表达式中，a 的值是个常量，不能被修改。

8.1.2　下标引用

在前面声明的上下文环境中，下面这个表达式是什么意思？

```
*( b + 3 )
```

首先，b 的值是一个指向整型的指针，所以 3 这个值根据整型值的长度进行调整。加法运算的结果是另一个指向整型的指针，它所指向的是数组第 1 个元素向后移 3 个整数长度的位置。其次，间接访问操作访问这个新位置，或者取得那里的值（右值），或者把一个新值存储于该处（左值）。

这个过程听上去是不是很熟悉？这是因为它和下标引用的执行过程完全相同。我们现在可以解释第 5 章所提到的一句话：除优先级之外，下标引用和间接访问完全相同。例如，下面这两个表达式是等同的：

```
array[subscript]
*( array + ( subscript ) )
```

既然已知道数组名的值只是一个指针常量，就可以证明它们的相等性。在上面的第 1 个下标表达式中，子表达式 subscript 首先进行求值。然后，这个下标值在数组中选择一个特定的元素。在第 2 个表达式中，内层的那个括号保证子表达式 subscript 像第 1 个表达式那样首先进行求值。经过指针运算，加法运算的结果是一个指向所需元素的指针。然后，对这个指针执行间接访问操作，访问它指向的那个数组元素。

在使用下标引用的地方，可以使用对等的指针表达式来代替。在使用上面这种形式的指针表达式的地方，也可以使用下标表达式来代替。

这里有个小例子，可以说明这种相等性：

```
int         array[10];
int         *ap = array + 2;
```

记住，在进行指针加法运算时会对 2 进行调整。运算结果所产生的指针 ap 指向 array[2]，如下所示。

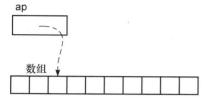

在下面各个涉及 ap 的表达式中，看看你能不能写出使用 array 的对等表达式。

ap   这个很容易，只要阅读它的初始化表达式就能得到答案：array+2。另外，&array[2] 也是与它对等的表达式。

ap   这个也很容易，间接访问跟随指针访问它所指向的位置，也就是 array[2]。也可以写为(array+2)。

ap[0]   "不能这样做，ap 不是一个数组！"如果你是这样想的，就陷入了"其他语言不能这样做"这个惯性思维中了。记住，C 的下标引用和间接访问表达式是一样的。在现在这种情况下，对等的表达式是*(ap+(0))，除去 0 和括号，其结果与前一个表达式相等。因此，它的答案和上一题相同：array[2]。

ap+6   如果 ap 指向 array[2]，这个加法运算产生的指针所指向的元素是 array[2]向后移动 6 个整数位置的元素。与它对等的表达式是 array+8 或&array[8]。

*ap+6   小心！这里有两个操作符，先执行哪一个呢？先执行间接访问。间接访问的结果再与 6 相加，所以这个表达式相当于表达式 array[2]+6。

*(ap+6)   括号迫使加法运算首先执行，所以这次得到的值是 array[8]。注意，这里的间接访问操作和下标引用操作的形式是完全一样的。

ap[6]   把这个下标表达式转换为与其对应的间接访问表达式形式，就会发现它就是我们刚刚完成的那个表达式，所以它们的答案相同。

&ap   这个表达式是完全合法的，但此时并没有对等的涉及 array 的表达式，因为无法预测编译器会把 ap 放在相对于 array 的什么位置。

ap[-1]   怎么又是它？负值的下标！下标引用就是间接访问表达式，只要把它转换为那种形式并对它进行求值。ap 指向第 3 个元素（就是那个下标值为 2 的元素），所以使用偏移量-1 可以得到它的前一个元素，也就是 array[1]。

ap[9]　　　这个表达式看上去很正常，但实际上却存在问题。它对等的表达式是 array[11]，但问题是这个数组只有 10 个元素。这个下标表达式的结果是一个指针表达式，但它所指向的位置越过了数组的右边界。根据标准，这个表达式是非法的。但是，很少有编译器能够检测到这类错误，所以程序能够顺利地继续运行。但这个表达式到底干了些什么？标准表示它的行为是未定义的，但在绝大多数机器上，它将访问那个碰巧存储于数组最后一个元素后面第 2 个位置的值。有时可以通过请求编译器产生程序的汇编语言版本并对它进行检查，从而推断出这个值是什么，但并没有统一的办法预测存储在这个地方的到底是哪个值。因此，这个表达式将访问（或者，如果作为左值，将修改）某个任意变量的值。这个结果估计不是你所希望的。

最后两个例子显示了为什么下标检查在 C 中是一项困难的任务。标准并未提出这项要求。最早的 C 编译器并不检查下标，而最新的编译器依然不对它进行检查。这项任务之所以很困难，是因为下标引用可以作用于任意的指针，而不仅仅是数组名。作用于指针的下标引用的有效性既依赖于该指针当时恰好指向什么内容，也依赖于下标的值。

结果，C 的下标检查所涉及的开销比刚开始想象的要多。编译器必须在程序中插入指令，证实下标表达式的结果所引用的元素和指针表达式所指向的元素属于同一个数组。这个比较操作需要程序中所有数组的位置和长度方面的信息，这将占用一些空间。当程序运行时，这些信息必须进行更新，以反映自动和动态分配的数组，这又将占用一定的时间。因此，即使是那些提供了下标检查的编译器通常也会提供一个开关，允许去掉下标检查。

这里有一个有趣同时也有些神秘和离题的例子。假定下面表达式所处的上下文环境和前面的相同，它的意思是什么呢？

    2[array]

它的答案可能会令你大吃一惊：它是合法的。把它转换成对等的间接访问表达式，就会发现它的有效性：

    *(2 + (array))

内层的那个括号是冗余的，可以把它去掉。同时，加法运算的两个操作数是可以交换位置的，所以这个表达式和下面这个表达式是完全一样的：

    *(array + 2)

也就是说，最初那个看上去颇为古怪的表达式与 array[2]是相等的。

这个诡异技巧之所以可行，缘于 C 实现下标的方法。对编译器来说，这两种形式并无差别。但是，你绝不应该编写 2[array]，因为它会大大影响程序的可读性。

8.1.3　指针与下标

如果可以互换地使用指针表达式和下标表达式，那么应该使用哪一个呢？和往常一样，这里并没有一个简明答案。对于绝大多数人而言，下标更容易理解，尤其是在多维数组中。所以在可读性方面，下标有一定的优势。但这个选择可能会影响运行时效率。

假定这两种方法都是正确的，下标绝不会比指针更有效率，但指针有时会比下标更有效率。

为了理解这个效率问题，让我们来研究两个循环，它们用于执行相同的任务。使用下标方案将数组中的所有元素都设置为 0。

```
int       array[10], a;
for ( a = 0; a < 10; a +=1 )
        array[a] = 0;
```

为了对下标表达式求值，编译器在程序中插入指令，取得 a 的值，并把它与整型的长度（也就是 4）相乘。这个乘法需要花费一定的时间和空间。

现在再来看看下面这个循环，它所执行的任务和前面的循环完全一样。

```
int       array[10], *ap;
for( ap = array; ap < array + 10; ap++ )
        *ap = 0;
```

尽管这里并不存在下标，但还是存在乘法运算。请仔细观察一下，看看能不能找到它。

现在，这个乘法运算出现在 for 语句的调整部分。1 这个值必须与整型的长度相乘，然后再与指针相加。但这里存在一个重大区别：循环每次执行时，执行乘法运算的都是两个相同的数（1 和 4）。结果，这个乘法只在编译时执行一次——程序现在包含了一条指令，把 4 与指针相加。程序在运行时并不执行乘法运算。

这个例子说明了指针比下标更有效率的场合——当在数组中一次一步（或某个固定的数字）地移动时，与固定数字相乘的运算在编译时完成，所以在运行时所需的指令就少一些。在绝大多数机器上，程序将会更小一些，更快一些。

现在考虑下面两个代码段：

```
a = get_value();                    a = get_value();
array[a] = 0;                       *( array + a ) = 0;
```

两边的语句所产生的代码并无区别。a 可能是任何值，在运行时方知。所以两种方案都需要乘法指令，用于对 a 的值进行调整。这个例子说明了指针和下标的效率完全相同的场合。

8.1.4 指针的效率

前面曾说过，指针有时比下标更有效率，**前提是它们被正确地使用**。就像电视上说的那样，你的结果可能不同，这取决于你的编译器和机器。然而，程序的效率主要取决于所编写的代码。和使用下标一样，使用指针也很容易写出质量低劣的代码。事实上，这个可能性或许更大。

为了说明一些拙劣的技巧和一些良好的技巧，让我们看一个简单的函数，它使用下标把一个数组的内容复制到另一个数组。我们将分析这个函数所产生的汇编代码，这里选择了一种特定的编译器，它在一台使用 Motorola M68000 家族处理器的计算机上运行。我们接着将以不同的指针使用方法修改这个函数，看看每次修改对结果目标代码有什么影响。

在开始这个例子之前，要注意两件事情。首先，你编写程序的方法不但影响程序的运行时效率，而且影响它的可读性。不要为了效率上的细微差别而牺牲可读性，这一点非常重要。对于这个话题，后面还要深入探讨。

其次，这里所显示的汇编语言显然是 68000 处理器家族特有的。其他机器（和其他编译器）可能会把程序翻译成其他样子。如果需要在自己的环境里取得最高效率，那么可以在自己的机器（和编译器）上试验在这里使用的各种方法，看看各种不同的源代码惯用法是如何实现的。

首先，下面的声明用于所有版本的函数：

```
#define SIZE    50
int     x[SIZE];
int     y[SIZE];
int     i;
int     *p1, *p2;
```

这是函数的下标版本：

```
void
try1()
{
        for(i = 0; i < SIZE; i++)
                x[i] = y[i];
}
```

这个版本看上去相当直截了当。编译器产生下列汇编语言代码：

```
00000004    42b90000 0000   _try1:    clrl    _i
0000000a    6028                      jra     L20
0000000c    20390000 0000   L20001:   movl    _i,d0
00000012    e580                      asll    #2,d0
00000014    207c0000 0000             movl    #_y,a0
0000001a    22390000 0000             movl    _i,d1
00000020    e581                      asll    #2,d1
00000022    227c0000 0000             movl    #_x,a1
00000028    23b00800 1800             movl    a0@(0,d0:L),a1@(0,d1:L)
0000002e    52b90000 0000             addql   #1,_i
00000034    7032            L20:      moveq   #50,d0
00000036    b0b90000 0000             cmpl    _i,d0
0000003c    6ece                      jgt     L20001
```

让我们逐条分析这些指令。首先，包含变量 i 的内存位置被清除，也就是实现赋值为零的操作。然后，执行流跳转到标签为 L20 的指令，它和接下来的一条指令用于测试 i 的值是否小于 50。如果是，执行流跳回到标签为 L20001 的指令。

标签为 L20001 的指令开始了循环体。i 被复制到寄存器 d0，然后左移 2 位。之所以要使用移位操作，是因为它的结果和乘 4 是一样的，但它的速度更快。接着，数组 y 的地址被复制到地址寄存器 a0。

现在继续执行前面对 i 的几个计算操作，但这次结果值置于寄存器 d1。然后数组 x 的地址置于地址寄存器 a1。

带复杂操作数的 mov1 指令执行实际任务：a0+d0 所指向的值被复制到 a1+d1 所指向的内存位置。然后 i 的值增加 1，并与 50 进行比较，看看是否应该继续循环。

提示：

编译器对表达式 i*4 进行了两次求值，你是不是觉得它有点笨？因为这两个表达式之间 i 的值并没有发生改变。是的，这个编译器确实有点旧，它的优化器也不是很聪明。现代的编译器可能会表现得好一点，但也未必。与编写差劲的源代码，然后依赖编译器产生高效的目标代码相比，直接编写良好的源代码显然更好。但是必须记住，效率并不是唯一的因素，通常代码的简洁性更为重要。

1. 改用指针方案
现在让我们用指针重新编写这个函数。

```
void
try2()
{
        for( p1 = x, p2 = y; p1 - x < SIZE;
                *p1++ = *p2++;
}
```

这里用指针变量取代了下标。其中一个指针用于测试，判断何时退出循环，所以这个方案不再需要计数器。

```
00000046    23fc0000 00000000    _try2:    movl    #_x,_p1
            0000
00000050    23fc0000 00000000              movl    #_y,_p2
            0000
0000005a    601a                           jra     L25
0000005c    20790000 0000        L20003:   movl    _p2,a0
00000062    22790000 0000                  movl    _p1,a1
00000068    2290                           movl    a0@,a1@
0000006a    58b90000 0000                  addql   #4,_p2
00000070    58b90000 0000                  addql   #4,_p1
00000076    7004                 L25:      moveq   #4,d0
00000078    2f00                           movl    d0,sp@-
0000007a    20390000 0000                  movl    _p1,d0
00000080    04800000 0000                  subl    #_x,d0
00000086    2f00                           movl    d0,sp@-
00000088    4eb90000 0000                  jbsr    ldiv
0000008e    508f                           addql   #8,sp
00000090    7232                           moveq   #50,d1
00000092    b280                           cmpl    d0,d1
00000094    6ec6                           jgt     L20003
```

和第 1 个版本相比，这些变化并没有带来多大的改进。需要复制整数并增加指针值的代码减少了，但初始化代码却增加了。用于代替乘法的移位指令不见了，而且执行真正任务的 movl 指令不再使用索引。但是，用于检查循环结束的代码却增加了许多，因为两个指令相减的结果必须进行调整（在这里是除以 4）。除法运算是通过把值压到堆栈上并调用子程序 ldiv 实现的。如果这台机器具有 32 位除法指令，除法运算可能会完成得更有效率。

2.　重新使用计数器

让我们试试另一种方法：

```
void
try3()
{
        for( i = 0, p1 = x, p2 = y; i < SIZE; i++ )
                *p1++ = *p2++;
}
```

这里重新使用了计数器，用于控制循环何时退出，这样可以去除指针减法，并因此缩短目标代码的长度。

```
0000009e    42b90000 0000        _try3:    clrl    _i
000000a4    23fc0000 00000000              movl    #_x,_p1
            0000
000000ae    23fc0000 00000000              movl    #_y,_p2
            0000
000000b8    6020                           jra     L30
000000ba    20790000 0000        L20005:   movl    _p2,a0
000000c0    22790000 0000                  movl    _p1,a1
000000c6    2290                           movl    a0@,a1@
```

```
000000c8    58b90000 0000                     addql   #4,_p2
000000ce    58b90000 0000                     addql   #4,_p1
000000d4    52b90000 0000                     addql   #1,_i
000000da    7032                  L30:        moveq   #50,d0
000000dc    b0b90000 0000                     cmpl    _i,d0
000000e2    6ed6                              jgt     L20005
```

在这个版本中，用于复制整数和增加指针值以及控制循环结束的代码要短一些。但在执行间接访问之前，仍需把指针变量复制到地址寄存器。

3. 寄存器指针变量

我们可以对指针使用寄存器变量，这样就不必复制指针值。但是，它们必须被声明为局部变量。

```
void
Try4()
{
        register int *p1, *p2;
        register int i;

        for( i = 0, p1 = x, p2 = y; i < SIZE, i++ )
                *p1++ = *p2++;
}
```

这个变化带来了较多的改进，并不仅仅是消除了复制指针的过程。

```
000000f0    7e00                  _try4:      moveq   #0,d7
000000f2    2a7c0000 0000                     movl    #_x,a5
000000f8    287c0000 0000                     movl    #_y,a4
000000fe    6004                              jra     L35
00000100    2adc                  L20007:     movl    a4@+,a5@+
00000102    5287                              addql   #1,d7
00000104    7032                  L35:        moveq   #50,d0
00000106    b087                              cmpl    d7,d0
00000108    6ef6                              jgt     L20007
```

注意，指针变量一开始就保存于寄存器 a4 和 a5 中，可以使用硬件的地址自动增量模型（这个行为非常像 C 的后缀++操作符）直接增加它们的值。初始化和用于终止循环的代码基本未做变动。这个版本的代码看上去更好一些。

4. 消除计数器

如果能找到一种方法来判断循环是否终止，但并不使用开始所提到的那种会引起麻烦的指针减法，就可以消除计数器。

```
void
try5()
{
        register int *p1, *p2;

        for( p1 = x, p2 = y; p1 < &x[SIZE]; )
                *p1++ = *p2++;
}
```

这个循环并没有使用指针减法来判断已经复制了多少个元素，而是进行测试，看看 p1 是否到达源数组的末尾。从功能上说，这个测试应该和前面的一样，但它的效率应该更高，因为它不必执行减法运算。而且，表达式&x[SIZE]可以在编译时求值，因为 SIZE 是个数字常量。下面是它的结果：

```
0000011c    2a7c0000 0000      _try5:    movl    #_x,a5
00000122    287c0000 0000                movl    #_y,a4
00000128    6002                          jra     L40
0000012a    2adc               L20009:   movl    a4@+,a5@+
0000012c    bbfc0000 00c8      L40:      cmpl    #_x+200,a5
00000132    65f6                          jcs     L20009
```

这个版本的代码非常紧凑,速度也很快,完全可以与汇编程序员所编写的同类程序相媲美。计数器以及相关的指令不见了。比较指令包含了表达式_x+200,也就是源代码中的&x[SIZE]。由于 SIZE是个常量,因此这个计算可以在编译时完成。这个版本的代码是我们在这个机器上所能获得的最紧凑的代码。

5. 结论

我们可以从这些试验中学到什么呢?

1. 当根据某个固定数目的增量在一个数组中移动时,使用指针变量将比使用下标产生效率更高的代码。当这个增量是 1 并且机器具有地址自动增量模型时,这一点表现得更为突出。

2. 声明为寄存器变量的指针通常比位于静态内存和堆栈中的指针效率更高(具体提高的幅度取决于所使用的机器)。

3. 如果可以通过测试一些已经初始化并经过调整的内容来判断循环是否应该终止,就不需要使用一个单独的计数器。

4. 那些必须在运行时求值的表达式较之诸如&array[SIZE]或 array+SIZE 这样的常量表达式往往代价更高。

提示:

现在,我们必须对前面这些例子进行综合评价。仅仅为了几十微秒的执行时间,是不是值得把第 1 个非常容易理解的循环替换成最后一个被某读者称为"莫名其妙"的循环呢?偶尔,答案是肯定的。但在绝大多数情况下,答案是不容置疑的"否"。在这种方法中,为了一点点运行时效率,它所付出的代价是:程序难于编写在前,难于维护在后。如果程序无法运行或者无法维护,它的执行速度再快也无济于事。

你很容易争辩说,经验丰富的 C 程序员在使用指针循环时不会遇到太大麻烦。但这个论断存在两个荒谬之处。首先,"不会遇到太大麻烦"实际上意味着"还是会遇到一些麻烦"。从本质上说,复杂的用法比简单的用法所涉及的风险要大得多。其次,维护代码的程序员可能并不如阁下经验丰富。程序维护是软件产品的主要成本所在,所以那些使程序维护工作更为困难的编程技巧应慎重使用。

同时,有些机器在设计时使用了特殊的指令,用于执行数组下标操作,目的就是为了使这种极为常用的操作更加快速。在这种机器上的编译器将使用这些特殊的指令来实现下标表达式,但编译器并不一定会用这些指令来实现指针表达式,即使后者也应该这样使用。这样,在这种机器上,下标可能比指针效率更高。

那么,比较这些试验的效率又有什么意义呢?你可能被迫阅读一些别人所编写的"莫名其妙"的代码,所以理解这类代码还是非常重要的。而且在某些场合,追求峰值效率是至关重要的,如那些必须对即时发生的事件作出最快反应的实时程序。而且那些运行速度过于缓慢的程序也可以从这类技巧中获益。关键是先要确认程序中哪些代码段占用了绝大部分运行时间,然后再把你的精力集中在这些代码上,致力于改进它们。这样,你的努力才会获得最大的收获。用于确认这类代码段的技巧将在第 18 章讨论。

8.1.5 数组和指针

指针和数组并不是相等的。为了说明这个概念，请考虑下面这两个声明：

```
int    a[5];
int    *b;
```

a 和 b 能够互换使用吗？它们都具有指针值，而且都可以进行间接访问和下标引用操作。但是，它们还是存在相当大的区别。

声明一个数组时，编译器将根据声明所指定的元素数量为数组保留内存空间，然后再创建数组名，它的值是一个常量，指向这段空间的起始位置。声明一个指针变量时，编译器只为指针本身保留内存空间，它并不为任何整型值分配内存空间。此外，指针变量并未被初始化为指向任何现有的内存空间，如果它是一个自动变量，它甚至根本不会被初始化。把这两个声明用图的方法来表示，可以发现它们之间存在显著不同。

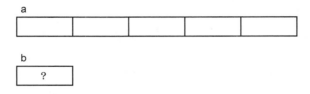

因此，上述声明之后，表达式*a 是完全合法的，但表达式*b 却是非法的。*b 将访问内存中某个不确定的位置，或者导致程序终止。另外，表达式 b++可以通过编译，但 a++却不行，因为 a 的值是个常量。

你必须清楚地理解它们之间的区别，这是非常重要的，因为我们所讨论的下一个话题有可能把水搅浑。

8.1.6 作为函数参数的数组名

当一个数组名作为参数传递给一个函数时会发生什么情况呢？你现在已经知道数组名的值就是一个指向数组第 1 个元素的指针，所以很容易明白此时传递给函数的是一份该指针的拷贝。函数如果执行了下标引用，实际上是对这个指针执行间接访问操作，并且通过这种间接访问，函数可以访问和修改调用程序的数组元素。

现在可以解释 C 关于参数传递的表面上的矛盾之处。早先曾说过，所有传递给函数的参数都是通过传值方式进行的，但数组名参数的行为却仿佛它是通过传址调用传递的。传址调用是通过传递一个指向所需元素的指针，然后在函数中对该指针执行间接访问操作实现对数据的访问。作为参数的数组名是个指针，下标引用实际执行的就是间接访问。

那么数组的传值调用行为又是表现在什么地方呢？传递给函数的是参数的一份副本（指向数组起始位置的指针的副本），所以函数可以自由地操作它的指针形参，而不必担心会修改对应的作为实参的指针。

所以，此处并不存在矛盾：所有参数都是通过传值方式传递的。当然，如果传递了一个指向某个变量的指针，而函数对该指针执行了间接访问操作，那么函数就可以修改那个变量。尽管初看上去并不明显，但数组名作为参数时所发生的正是这种情况。这个参数（指针）实际上是通过传值方式传递的，函数得到的是该指针的一份拷贝，它可以被修改，但调用程序所传递的实参并不受影响。

程序 8.1 是一个简单的函数，用于说明这些观点。它把第 2 个参数中的字符串复制到第 1 个参数所指向的缓冲区。调用程序的缓冲区将被修改，因为函数对参数执行了间接访问操作。但是，无论函数对参数（指针）如何进行修改，都不会修改调用程序的指针实参本身（但可能修改它所指向的内容）。

注意 while 语句中的*string++表达式。它取得 string 所指向的那个字符，并且产生一个副作用，就是修改 string，使它指向下一个字符。用这种方式修改形参并不会影响调用程序的实参，因为只有传递给函数的那份副本发生了修改。

```c
/*
**  把第 2 个参数中的字符串复制到第 1 个参数指定的缓冲区。
*/
void
strcpy( char *buffer, char const *string )
{
        /*
        **  重复复制字符，直到遇见 NUL 字节。
        */
        while( (*buffer++ = *string++) != '\0' )
                ;
}
```

程序 8.1　字符串复制　　　　　　　　　　　　　　　　　　　　　　　　　strcpy.c

提示：

关于这个函数，还有两个要点值得一提（或强调）。首先，形参被声明为一个指向 const 字符的指针。对于一个并不打算修改这些字符的函数而言，预先把它声明为常量有什么重要意义呢？这里至少有 3 个理由。第一，这是一样良好的文档习惯。有些人希望仅观察该函数的原型就能发现该数据不会被修改，而不必阅读完整的函数定义（读者可能无法看到）。第二，编译器可以捕捉到任何试图修改该数据的意外错误。第三，这类声明允许向函数传递 const 参数。

提示：

关于这个函数的第二个要点是函数的参数和局部变量被声明为 register 变量。在许多机器上，register 变量所产生的代码将比静态内存中的变量和堆栈中的变量所产生的代码执行速度更快。这一点在早先讨论数组复制函数时就已经提到。对于这类函数，运行时效率尤其重要。它被调用的次数可能相当多，因为它所执行的是一项极为有用的任务。

但是，使用 register 变量是否能够产生更快的代码则取决于你的环境。许多当前的编译器比程序员更加懂得怎样合理分配寄存器。对于这类编译器，在程序中使用 register 声明反而可能降低效率。请检查一下你的编译器的有关文档，看看它是否执行自己的寄存器分配策略[1]。

---

[1]　在写完这个提示之后，我似乎是遵循了自己的意见，去掉了函数中的 register 声明，让编译器自己进行优化。同时，我还消除了函数中的局部变量。这个提示本身很有意义，但书上的这个例子并没有很好地展现这一点。

8.1.7　声明数组参数

这里有一个有趣的问题。如果想把一个数组名参数传递给函数，正确的函数形参应该是怎样的？它应该声明为一个指针，还是一个数组？

正如所看到的那样，调用函数时实际传递的是一个指针，所以函数的形参实际上是个指针。但为了使程序员新手更容易上手，编译器也接受数组形式的函数形参。因此，下面两个函数原型是相等的：

```
int  strlen( char *string );
int  strlen( char string[] );
```

这个相等性暗示指针和数组名实际上是相等的，但千万不要被它糊弄了！这两个声明确实相等，但只是在**当前这个上下文环境中**。如果它们出现在别处，就可能完全不同，就像前面讨论的那样。但对于数组形参，可以使用任何一种形式的声明。

尽管可以使用任何一种声明，但哪个"更加准确"呢？答案是指针。因为实参实际上是个指针，而不是数组。同样，表达式 sizeof string 的值是指向字符的指针的长度，而不是数组的长度。

现在应该清楚为什么函数原型中的一维数组形参无须写明它的元素数目了，因为函数并不为数组参数分配内存空间。形参只是一个指针，它指向的是已经在其他地方分配好内存的空间。这个事实解释了为什么数组形参可以与任何长度的数组匹配——它实际传递的只是指向数组第 1 个元素的指针。另一方面，这种实现方法使函数无法知道数组的长度。如果函数需要知道数组的长度，它必须作为一个显式的参数传递给函数。

8.1.8　初始化

就像标量变量可以在它们的声明中进行初始化一样，数组也可以这样做。唯一的区别是数组的初始化需要一系列的值。这个系列值是很容易确认的：这些值位于一对花括号中，每个值之间用逗号分隔，如下面的例子所示：

```
int  vector[5] = { 10, 20, 30, 40, 50 };
```

初始化列表给出的值逐个赋值给数组的各个元素，所以 vector[0]获得的值是 10，vector[1]获得的值是 20，依此类推。

静态和自动初始化

数组初始化的方式类似于标量变量的初始化方式——也就是取决于它们的存储类型。存储于静态内存的数组只初始化一次，也就是在程序开始执行之前。程序并不需要执行指令把这些值放到合适的位置，它们一开始就在那里了。这个魔术是由链接器完成的，它用包含可执行程序的文件中合适的值对数组元素进行初始化。如果数组未被初始化，数组元素的初始值将会自动设置为零。当这个文件载入到内存中准备执行时，初始化后的数组值和程序指令一样也被载入到内存中。因此，当程序执行时，静态数组已经初始化完毕。

但是，对于自动变量而言，初始化过程就没有那么浪漫了。因为自动变量位于运行时堆栈中，执行流每次进入它们所在的代码块时，这类变量每次所处的内存位置可能并不相同。在程序开始之前，编译器没有办法对这些位置进行初始化。所以，自动变量在缺省情况下是未初始化的。如果自动变量的声明中给出了初始值，每次当执行流进入自动变量声明所在的作用域时，变量就被一条隐式的赋值语句初始化。这条隐式的赋值语句和普通的赋值语句一样需要时间和空间来执行。数组的问题在于初始化列表中可能有很多值，这就可能产生许多条赋值语句。对于那些非常庞大的数组，它的初始化时间可能非常可观。

因此，这里就需要权衡利弊。当数组的初始化局限在一个函数（或代码块）时，应该仔细考虑一下，在程序的执行流每次进入该函数（或代码块）时，每次都对数组进行重新初始化是不是值得。如果答案是否定的，就把数组声明为 static，这样数组的初始化只需在程序开始前执行一次。

8.1.9 不完整的初始化

在下面两个声明中会发生什么情况呢？

```
int        vector[5] = { 1, 2, 3, 4, 5, 6 };
int        vector[5] = { 1, 2, 3, 4 };
```

在这两种情况下，初始化值的数目和数组元素的数目并不匹配。第 1 个声明是错误的，我们没有办法把 6 个整型值装到 5 个整型变量中。但是，第 2 个声明却是合法的，它为数组的前 4 个元素提供了初始值，最后一个元素则初始化为 0。

那么，可不可以省略列表中间的那些值呢？

```
int        vector[5] = { 1, 5 };
```

编译器只知道初始值不够，但它无法知道缺少的是哪些值。所以，只允许省略最后几个初始值。

8.1.10 自动计算数组长度

这里是另一个有用技巧的例子：

```
int        vector[] = { 1, 2, 3, 4, 5 };
```

如果声明中并未给出数组的长度，编译器就把数组的长度设置为刚好能够容纳所有初始值的长度。如果初始值列表经常修改，这个技巧尤其有用。

8.1.11 字符数组的初始化

根据目前所学的知识，你可能认为字符数组将以下面这种形式进行初始化：

```
char  message[] = { 'H', 'e', 'l', 'l', 'o', 0 };
```

这个方法当然可行。但除了非常短的字符串，这种方法确实很笨拙。因此，语言标准提供了一种用于初始化字符数组的快速方法：

```
char message[] = "Hello";
```

尽管它看上去像是一个字符串常量，**实际上并不是**。它只是前例的初始化列表的另一种写法。

如果它们看上去完全相同，该如何分辨字符串常量和这种初始化列表快速记法呢？它们是根据所处的上下文环境进行区分的。当用于初始化一个字符数组时，它就是一个初始化列表。在其他任何地方，它都表示一个字符串常量。

这里有一个例子：

```
char    message1[] = "Hello";
char    *message2 = "Hello";
```

这两个初始化看上去很像，但它们具有不同的含义。前者初始化一个字符数组的元素，而后者则是一个真正的字符串常量。这个指针变量被初始化为指向这个字符串常量的存储位置，如下图所示。

8.2　多维数组

如果某个数组的维数不止一个，它就被称为多维数组。例如，下面这个声明

```
int       matrix[6][10];
```

创建了一个包含 60 个元素的矩阵。但是，它是 6 行、每行 10 个元素，还是 10 行、每行 6 个元素呢？

为了回答这个问题，需要从一个不同的视角观察多维数组。考虑下列这些维数不断增加的声明：

```
int       a;
int       b[10];
int       c[6][10];
int       d[3][6][10];
```

a 是个简单的整数。接下来的那个声明增加了一个维数，所以 b 就是一个向量，它包含 10 个整型元素。

c 只是在 b 的基础上再增加一维，所以可以把 c 看作一个包含 6 个元素的向量，只不过它的每个元素本身是一个包含 10 个整型元素的向量。换句话说，c 是个一维数组的一维数组。d 也是如此：它是一个包含 3 个元素的数组，每个元素都是包含 6 个元素的数组，而这 6 个元素中的每一个又都是包含 10 个整型元素的数组。简洁地说，d 是一个 3 排、6 行、10 列的整型三维数组。

理解这个视角是非常重要的，因为它正是 C 实现多维数组的基础。为了强化这个概念，让我们先来讨论数组元素在内存中的存储顺序。

8.2.1　存储顺序

考虑下面这个数组：

```
int       array[3];
```

它包含 3 个元素，如下图所示。

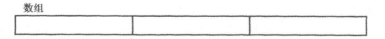

但现在假定你被告知这 3 个元素中的每一个实际上都是包含 6 个元素的数组，情况又将如何呢？下面是这个新的声明：

```
int       array[3][6];
```

下面是它在内存中的存储形式。

数组

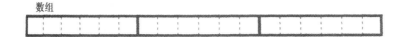

实线方框表示第 1 维的 3 个元素，虚线用于划分第 2 维的 6 个元素。按照从左到右的顺序，上面每个元素的下标值分别是：

```
0,0 0,1 0,2 0,3 0,4 0,5 1,0 1,1 1,2
1,3 1,4 1,5 2,0 2,1 2,2 2,3 2,4 2,5
```

这个例子说明了数组元素的存储顺序（storage order）。在 C 中，多维数组的元素存储顺序按照最右边的下标率先变化的原则，称为行主序（row major order）。知道了多维数组的存储顺序有助于回答一些有用的问题，比如应该按照什么样的顺序来编写初始化列表的值。

下面的代码段将会打印出什么样的值呢？

```
int     matrix[6][10];
int     *mp;
...
mp = &matrix[3][8];
printf( "First value is %d\n", *mp );
printf( "Second value is %d\n", *++mp );
printf( "Third value is %d\n", *++mp );
```

很显然，第一个被打印的值将是 matrix[3][8]的内容，但下一个被打印的又是什么呢？存储顺序可以回答这个问题——下一个元素将是最右边下标首先变化的那个，也就是 matrix[3][9]。再接下去又轮到谁呢？第 9 列可是一行中的最后一列啦。不过，根据存储顺序规定，一行存满后就轮到下一行，所以下一个被打印的元素将是 matrix[4][0][1]。

这里有一个相关的问题。matrix 到底是 6 行 10 列，还是 10 行 6 列？答案可能会令你大吃一惊——在某些上下文环境中，两种答案都对。

两种都对？怎么可能有两个不同的答案呢？这个简单，如果根据下标把数据存放于数组中并在以后根据下标查找数组中的值，那么不管把第 1 个下标解释为行还是列，都不会有什么区别。**只要每次都坚持使用同一种方法**，这两种解释方法都是可行的。

但是，把第 1 个下标解释为行或列并不会改变数组的存储顺序。如果把第 1 个下标解释为行，把第 2 个下标解释为列，那么当按照存储顺序逐个访问数组元素时，所获得的元素是按行排列的。另一方面，如果把第 1 个下标作为列，那么当按前面的顺序访问数组元素时，所得到的元素是按列排列的。可以在程序中选择更加合理的解释方法，但是不能修改内存中数组元素的实际存储方式。这个顺序是由标准定义的。

8.2.2 数组名

一维数组名的值是一个指针常量，它的类型是"指向元素类型的指针"，它指向数组的第 1 个元素。多维数组也很简单。唯一的区别是多维数组第一维的元素实际上是另一个数组。例如，下面这个声明：

```
int     matrix[3][10];
```

---

1 这个例子使用一个指向整型的指针遍历存储了一个二维整型数组元素的内存空间。这个技巧被称为"flattening the array"（压扁数组），它实际上是非法的，因此从某行移到下一行后就无法回到包含第 1 行的那个子数组。尽管它通常没什么问题，但尽量还是应该避免。

创建了 matrix，它可以看作一个一维数组，包含 3 个元素，只是每个元素恰好是包含 10 个整型元素的数组。

matrix 这个名字的值是一个指向它第 1 个元素的指针，所以 matrix 是一个指向一个包含 10 个整型元素的数组的指针。

K&R C：

"指向数组的指针"这个概念是在相当后期才加入到 K&R C 中的，有些老式的编译器并没有完全实现它。但是，这个概念对于理解多维数组的下标引用是至关重要的。

8.2.3　下标

如果要标识一个多维数组的某个元素，必须按照与数组声明时相同的顺序为每一维都提供一个下标，而且每个下标都单独位于一对方括号内。在下面的声明中：

```
int       matrix[3][10];
```
表达式
```
matrix[1][5]
```
访问下面这个元素。

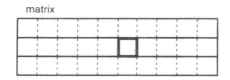

但是，下标引用实际上只是间接访问表达式的一种伪装形式，即使在多维数组中也是如此。考虑下面这个表达式：
```
matrix
```
它的类型是"指向包含 10 个整型元素的数组的指针"，它的值如下所示。

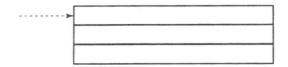

它指向包含 10 个整型元素的第一个子数组。

表达式
```
matrix + 1
```
也是一个"指向包含 10 个整型元素的数组的指针"，但它指向 matrix 的另一行。

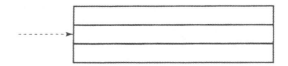

为什么？因为 1 这个值根据包含 10 个整型元素的数组的长度进行调整，所以它指向 matrix 的下一行。如果对其执行间接访问操作，就选择中间这个子数组，如下图所示。

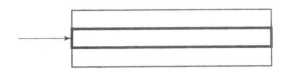

所以表达式

```
*(matrix + 1)
```

事实上标识了一个包含 10 个整型元素的子数组。数组名的值是个常量指针，它指向数组的第 1 元素，在这个表达式中也是如此。它的类型是"指向整型的指针"，我们现在可以在下一维的上下文环境中显示它的值：

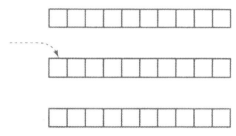

现在猜猜下面这个表达式的结果是什么？

```
*( matrix + 1 ) + 5
```

前一个表达式是个指向整型值的指针，所以 5 这个值根据整型的长度进行调整。整个表达式的结果是一个指针，它指向的位置比原先那个表达式所指向的位置向后移动了 5 个整型元素。

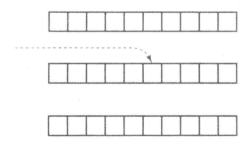

对其执行间接访问操作：

```
*( *( matrix + 1 ) + 5 )
```

它所访问的正是上图中的那个整型元素。如果它作为右值使用，就取得了存储于那个位置的值；如果它作为左值使用，这个位置将存储一个新值。

这个看上去吓人的表达式实际上正是我们的老朋友——下标。我们可以把子表达式 *(matrix + 1) 改写为 matrix[1]。把这个下标表达式代入原先的表达式，将得到：

```
*( matrix[1] + 5 )
```

这个表达式是完全合法的。matrix[1]选定一个子数组,所以它的类型是一个指向整型的指针。对这个指针加上 5,然后执行间接访问操作。

但是,我们可以再次用下标代替间接访问,所以这个表达式还可以写成:

```
matrix[1][5]
```

这样,即使对于多维数组,下标仍然是另一种形式的间接访问表达式。

这个练习的要点在于它说明了多维数组中的下标引用是如何工作的,以及它们是如何依赖于指向数组的指针这个概念的。下标是从左向右进行计算的,数组名是一个指向第 1 维第 1 个元素的指针,所以第 1 个下标值根据该元素的长度进行调整。它的结果是一个指向那一维中所需元素的指针。间接访问操作随后选择那个特定的元素。由于该元素本身是个数组,因此这个表达式的类型是一个指向下一维第 1 个元素的指针。下一个下标值根据这个长度进行调整,这个过程重复进行,直到所有的下标均计算完毕。

警告:

在许多其他语言中,多重下标被写作逗号分隔的值列表形式。有些语言允许这两种形式,但 C 并非如此。编写:

```
matrix[4, 3]
```

看上去没有问题,但它的功能和你想象的几乎肯定不同。记住,逗号操作符首先对第 1 个表达式求值,但随即丢弃这个值。最后的结果是第 2 个表达式的值。因此,前面这个表达式与下面这个表达式是相等的。

```
matrix[3]
```

问题在于这个表达式可以顺利通过编译,不会产生任何错误或警告信息。这个表达式是完全合法的,但它的意思跟你想象的根本不同。

8.2.4 指向数组的指针

下面这些声明合法吗?

```
int      vector[10], *vp = vector;
int      matrix[3][10], *mp = matrix;
```

第 1 个声明是合法的。它为一个整型数组分配内存,把 vp 声明为一个指向整型的指针,并把它初始化为指向 vector 数组的第 1 个元素。vector 和 vp 具有相同的类型:指向整型的指针。但是,第 2 个声明是非法的。它正确地创建了 matrix 数组,并把 mp 声明为一个指向整型的指针。但是,mp 的初始化是不正确的,因为 matrix 并不是一个指向整型的指针,而是一个指向整型数组的指针。我们应该怎样声明一个指向整型数组的指针呢?

```
int   (*p)[10];
```

这个声明比以前见过的所有声明更为复杂,但它事实上并不是很难。只要假定它是一个表达式并对它求值即可。下标引用的优先级高于间接访问,但由于括号的存在,首先执行的还是间接访问。所以,p 是个指针。但它指向什么呢?

接下来执行的是下标引用,所以 p 指向某种类型的数组。这个声明表达式中并没有更多的操作符，所以数组的每个元素都是整数。

声明并没有直接告诉你 p 是什么，但推断它的类型并不困难——在对它执行间接访问操作时，我们得到的是个数组，对该数组进行下标引用操作得到的是一个整型值。所以 p 是一个指向整型数组的指针。

在声明中加上初始化后是下面这个样子：

```
int        (*p)[10] = matrix;
```

它使 p 指向 matrix 的第 1 行。

p 是一个指向拥有 10 个整型元素的数组的指针。当把 p 与一个整数相加时，该整数值首先根据 10 个整型值的长度进行调整，然后再执行加法。所以可以使用这个指针一行一行地在 matrix 中移动。

如果需要一个指针逐个访问整型元素而不是逐行在数组中移动，应该怎么办呢？下面两个声明都创建了一个简单的整型指针，并以两种不同的方式进行初始化，指向 matrix 的第 1 个整型元素：

```
int        *pi = &matrix[0][0];
int        *pi = matrix[0];
```

增加这个指针的值使它指向下一个整型元素。

警告：
如果打算在指针上执行任何指针运算，应该避免这种类型的声明：

```
int        (*p)[] = matrix;
```

p 仍然是一个指向整型数组的指针，但数组的长度却不见了。当某个整数与这种类型的指针执行指针运算时，它的值将根据空数组的长度进行调整（也就是说，与零相乘），这很可能不是你所设想的。有些编译器可以捕捉到这类错误，但有些编译器却不能。

8.2.5 作为函数参数的多维数组

作为函数参数的多维数组名的传递方式和一维数组名相同——实际传递的是个指向数组第 1 个元素的指针。但是两者之间的区别在于，多维数组的每个元素本身是另外一个数组，编译器需要知道它的维数，以便为函数形参的下标表达式进行求值。这里有两个例子，说明了它们之间的区别：

```
int        vector[10];
...
func1(vector);
```

参数 vector 的类型是指向整型的指针，所以 func1 的原型可以是下面两种中的任何一种：

```
void func1( int *vec );
void func1(int vec[] );
```

作用于 vec 上面的指针运算把整型的长度作为它的调整因子。

现在让我们来观察一个矩阵：

```
int        matrix[3][10];
...
func2( matrix );
```

这里，参数 matrix 的类型是指向包含 10 个整型元素的数组的指针。func2 的原型应该是怎样的呢？可以使用下面两种形式中的任何一种：

```
void func2( int (*mat)[10] );
void func2( int mat[][10] );
```

在这个函数中，mat 的第 1 个下标根据包含 10 个元素的整型数组的长度进行调整，接着第 2 个下标根据整型的长度进行调整，这和原先的 matrix 数组一样。

这里的关键在于编译器必须知道第 2 个及以后各维的长度才能对各下标进行求值，因此在原型中必须声明这些维的长度。第一维的长度并不需要，因为在计算下标值时用不到它。

在编写一维数组形参的函数原型时，既可以把它写成数组的形式，也可以把它写成指针的形式。但是，对于多维数组，只有第一维可以进行如此选择。尤其是，把 func2 写成下面这样的原型是不正确的：

```
void func2( int **mat );
```

这个例子把 mat 声明为一个指向整型指针的指针，它和指向整型数组的指针并不是一回事。

8.2.6 初始化

在初始化多维数组时，数组元素的存储顺序就变得非常重要了。编写初始化列表有两种形式。第一种是只给出一个长长的初始值列表，如下面的例子所示：

```
int matrix[2][3] = { 100, 101, 102, 110, 111, 112 };
```

多维数组的存储顺序是根据最右边的下标率先变化的原则确定的，所以这条初始化语句和下面这些赋值语句的结果是一样的：

```
matrix[0][0] = 100;
matrix[0][1] = 101;
matrix[0][2] = 102;
matrix[1][0] = 110;
matrix[1][1] = 111;
matrix[1][2] = 112;
```

第二种方法基于多维数组实际上是复杂元素的一维数组这个概念。例如，下面是一个二维数组的声明：

```
int     tow_dim[3][5];
```

我们可以把 tow_dim 看作一个包含 3 个（复杂的）元素的一维数组。为了初始化这个包含 3 个元素的数组，我们使用一个包含 3 个初始内容的初始化列表：

```
int     two_dim[3][5] = { ★, ★, ★ };
```

但是，该数组的每个元素实际上都是包含 5 个元素的整型数组，所以每个★的初始化列表都应该是一个由一对花括号包围的 5 个整型值。用这类列表替换每个★将产生如下代码：

```
int     two_dim[3][5] = {
        { 00, 01, 02, 03, 04 },
        { 10, 11, 12, 13, 14 },
        { 20, 21, 22, 23, 24 }
};
```

当然，我们所使用的缩进和空格并非必需的，但它们使这个列表更容易阅读。

如果把这个例子中除最外层之外的花括号都去掉，剩下的就是和第一个例子一样的简单初始化列表。那些花括号只是起到了在初始化列表内部逐行定界的作用。

　　图 8.1 和图 8.2 显示了三维数组和四维数组的初始化。在这些例子中，每个作为初始值的数字显示了它的存储位置的下标值[1]。

```
int        three_dim[2][3][5] = {
           {
                   { 000, 001, 002, 003, 004 },
                   { 010, 011, 012, 013, 014 },
                   { 020, 021, 022, 023, 024 }
           },
           {
                   { 100, 101, 102, 103, 104 },
                   { 110, 111, 112, 113, 114 },
                   { 120, 121, 122, 123, 124}
           }
};
```

图 8.1　初始化一个三维数组

```
int        four_dim[2][2][3][5] = {
           {
               { 0000, 0001, 0002, 0003, 0004 },
               { 0010, 0011, 0012, 0013, 0014 },
               { 0020, 0021, 0022, 0023, 0024 }
           },
           {
               { 0100, 0101, 0102, 0103, 0104 },
               { 0110, 0111, 0112, 0113, 0114 },
               { 0120, 0121, 0122, 0123, 0124 }
           }
       },
       {
           {
               { 1000, 1001, 1002, 1003, 1004 },
               { 1010, 1011, 1012, 1013, 1014 },
               { 1020, 1021, 1022, 1023, 1024 }
           },
           {
               { 1100, 1101, 1102, 1103, 1104 },
               { 1110, 1111, 1112, 1113, 1114 },
               { 1120, 1121, 1122, 1123, 1124 }
           }
       }
};
```

图 8.2　初始化一个四维数组

提示：

　　既然加不加那些花括号对初始化过程不会产生影响，那么为什么要不厌其烦地加上它们呢？这里有两个原因。首先是它有利于显示数组的结构。一个长长的单一数字列表使你很难看清哪个

1　如果将这些例子进行编译，那些以 0 开头的初始值实际上会被解释为八进制数值。我们在此不会理会它，只需要观察每个初始值的单独数字。

值位于数组中的哪个位置。因此，花括号起到了路标的作用，可以更容易确信正确的值出现在正确的位置。

其次，对于不完整的初始化列表，花括号就相当有用。如果没有这些花括号，则只能在初始化列表中省略最后几个初始值。即使一个大型多维数组中只有几个元素需要初始化，也必须提供一个非常长的初始化列表，因为中间元素的初始值不能省略。但是，如果使用了这些花括号，**每个子初始列表**都可以省略尾部的几个初始值。同时，**每一**维的初始列表各自都是一个初始化列表。

为了说明这个概念，让我们重新观察图 8.2 所示的四维数组初始化列表，并略微改变一下要求。假定只需要对数组的两个元素进行初始化，即元素[0][0][0][0]初始化为 100，元素[1][0][0][0]初始化为 200，其余的元素都缺省地初始化为 0。下面是用于完成这个任务的方法：

```
int     four_dim[2][2][3][5] = {
        {
                {
                        { 100 }
                }
        },
        {
                {
                        { 200 }
                }
        }
};
```

如果初始化列表内部不使用花括号，就需要下面这个长长的初始化列表：

```
int     four_dim[2][2][3][5] = { 100, 0, 0,
0, 0, 0, 0, 0, 0, 0, 0, 0, 0, 0, 0, 0, 0, 0, 0, 0, 0,
0, 0, 0, 0, 0, 0, 0, 0, 0, 0, 0, 0, 0, 0, 200 };
```

这个列表不但难于阅读，而且一开始要准确地把 100 和 200 这两个值放到正确的位置都很困难。

8.2.7 数组长度自动计算

在多维数组中，只有第一维才能根据初始化列表缺省地提供。剩余的几维必须显式地写出，这样编译器就能推断出每个子数组维数的长度。例如：

```
int     two_dim[][5] = {
        { 00, 01, 02 },
        { 10, 11 },
        { 20, 21, 22, 23 }
};
```

编译器只要数一下初始化列表中所包含的初始值个数，就可以推断出最左边一维为 3。

为什么其他维的大小无法通过对它的最长初始列表的初始值个数进行计数自动推断出来呢？原则上，编译器能够这样做。但是，这需要每个列表中的子初始值列表至少有一个要以完整的形式出现（不得省略末尾的初始值），这样才能保证编译器正确地推断出每一维的长度。但是，如果要求除第一维之外的其他维的大小都显式提供，所有的初始值列表都无须完整。

8.3 指针数组

除类型之外，指针变量和其他变量很相似。正如可以创建整型数组一样，也可以声明指针数组。

这里有一个例子：

```
int       *api[10];
```

为了弄清这个复杂的声明，我们假定它是一个表达式，并对它进行求值。

下标引用的优先级高于间接访问，所以在这个表达式中，先执行下标引用。因此，api 是某种类型的数组（顺便说一下，它包含的元素个数为 10）。在取得一个数组元素之后，随即执行的是间接访问操作。这个表达式不再有其他操作符，所以它的结果是一个整型值。

那么 api 到底是什么东西？对数组的某个元素执行间接访问操作后，我们得到一个整型值，所以 api 肯定是个数组，它的元素类型是指向整型的指针。

什么地方会使用指针数组呢？这里有一个例子：

```
char    const    keyword[] = {
        "do",
        "for",
        "if",
        "register",
        "return",
        "switch",
        "while"
};
#define N_KEYWORD        \
        ( sizeof( keyword ) / sizeof( keyword[0] ) )
```

注意 sizeof 的用途，它用于对数组中的元素进行自动计数。sizeof(keyword)的结果是整个数组所占用的字节数，而 sizeof(keyword[0])的结果则是数组每个元素所占用的字节数。这两个值相除，结果就是数组元素的个数。

这个数组可以用于一个计算 C 源文件中关键字个数的程序中。输入的每个单词将与列表中的字符串进行比较，所有的匹配都将被计数。程序 8.2 遍历整个关键字列表，查找是否存在与参数字符串相同的匹配。如果找到一个匹配，函数就返回这个匹配在列表中的偏移量。调用程序必须知道 0 代表 do、1 代表 for 等，还必须知道返回值如果是-1 则表示没有关键字匹配。这个信息很可能是通过头文件所定义的符号获得的。

```
/*
** 判断参数是否与一个关键字列表中的任何单词匹配，并返回匹配的索引值。如果未找到匹配，函数返回-1。
*/

#include <string.h>

int
lookup_keyword( char const * const desired_word,
    char const *keyword_table[], int const size )
{
        char const **kwp;

        /*
        ** 对于表中的每个单词 ...
        */
        for( kwp = keyword_table; kwp < keyword_table + size; kwp++ )
            /*
            ** 如果这个单词与我们所查找的单词匹配，返回它在表中的位置。
            */
            if( strcmp( desired_word, *kwp ) == 0 )
                return kwp - keyword_table;
```

```
        /*
        ** 没有找到。
        */
        return -1;
}
```

程序 8.2 关键字查找 keyword.c

也可以把关键字存储在一个矩阵中，如下所示：

```
char    const    keyword[][9] = {
        "do",
        "for",
        "if",
        "register",
        "return",
        "switch",
        "while"
};
```

这个声明和前面那个声明的区别在什么地方呢？这个声明创建了一个矩阵，它每一行的长度刚好可以容纳最长的关键字（包括作为终止符的 NUL 字节）。这个矩阵的样子如下所示。

keyword

'd'	'o'	0	0	0	0	0	0	0
'f'	'o'	'r'	0	0	0	0	0	0
'i'	'f'	0	0	0	0	0	0	0
'r'	'e'	'g'	'i'	's'	't'	'e'	'r'	0
'r'	'e'	't'	'u'	'r'	'n'	0	0	0
's'	'w'	'i'	't'	'c'	'h'	0	0	0
'w'	'h'	'i'	'l'	'e'	0	0	0	0

第一个声明创建了一个指针数组，每个指针元素都初始化为指向各个不同的字符串常量，如下所示。

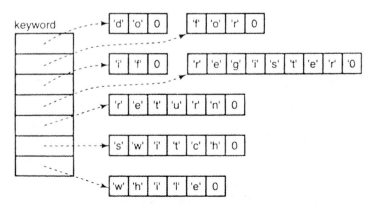

注意这两种方法在占用内存空间方面的区别。矩阵看上去效率低一些，因为它的每一行的长度都被固定为刚好能容纳最长的关键字。但是，它不需要任何指针。另外，指针数组本身也要占用空间，但是每个字符串常量占据的内存空间只是它本身的长度。

如果需要对程序 8.2 进行修改，改用矩阵代替指针数组，应该怎么做呢？答案可能会令人吃惊，我们只需要修改列表形参和局部变量的声明就可以了，具体的代码无须变动。由于数组名的值是一个指针，因此无论传递给函数的是指针还是数组名，函数都能运行。

哪个方案更好一些呢？这取决于希望存储的具体字符串。如果它们的长度都差不多，那么矩阵形式更紧凑一些，因为它无须使用指针。但是，如果各个字符串的长度千差万别，或者更糟——绝大多数字符串都很短，但少数几个却很长，那么指针数组形式就更紧凑一些。这取决于指针所占用的空间是否小于每个字符串都存储于固定长度的行所浪费的空间。

实际上，除非是非常巨大的表，否则这些差别非常之小，所以根本不重要。人们时常选择指针数组方案，但略微对其做些改变：

```
char    const  *keyword[] = {
        "do",
        "for",
        "if",
        "register",
        "return",
        "switch",
        "while",
        NULL
};
```

这里，我们在表的末尾增加了一个 NULL 指针。这个 NULL 指针使函数在搜索这个表时能够检测到表的结束，而无须预先知道表的长度，如下所示：

```
for( kwp = keyword_table; *kwp != NULL; kwp++ )
```

8.4　总结

在绝大多数表达式中，数组名的值是指向数组第 1 个元素的指针。这个规则只有两个例外：sizeof 返回整个数组所占用的字节而不是一个指针所占用的字节；单目操作符&返回一个指向数组的指针，而不是一个指向数组第 1 个元素的指针的指针。

除了优先级不同，下标表达式 array[value]和间接访问表达式*(array+(value))是一样的。因此，下标不仅可以用于数组名，也可以用于指针表达式中。不过这样一来，编译器就很难检查下标的有效性。指针表达式可能比下标表达式效率更高，但下标表达式绝不可能比指针表达式效率更高。但是，以牺牲程序的可维护性为代价来提升程序的运行时效率可不是个好主意。

指针和数组并不相等。数组的属性和指针的属性大相径庭。当声明一个数组时，它同时也分配了一些内存空间，用于容纳数组元素。但是，当声明一个指针时，它只分配了用于容纳指针本身的空间。

当数组名作为函数参数传递时，实际传递给函数的是一个指向数组第 1 个元素的指针。函数所接收到的参数实际上是原参数的一份拷贝，所以函数可以对其进行操纵而不会影响实际的参数。但是，对指针参数执行间接访问操作允许函数修改原先的数组元素。数组形参既可以声明为数组，也可以声明为指针。这两种声明形式只有当它们**作为函数的形参时**才是相等的。

数组也可以用初始值列表进行初始化，初始值列表就是由一对花括号包围的一组值。静态变量（包括数组）在程序载入到内存时得到初始值。自动变量（包括数组）在每次当执行流进入它们声明所在的代码块时，都要使用隐式的赋值语句重新进行初始化。如果初始值列表包含的值的个数少于数组元素的个数，数组最后几个元素就用缺省值进行初始化。如果一个被初始化的数组的长度在声明中未给出，编译器将这个数组的长度设置为刚好能容纳初始值列表中所有值的长度。字符数组也可以用一种很像字符串常量的快速方法进行初始化。

多维数组实际上是一维数组的一种特型，就是它的每个元素本身也是一个数组。多维数组中的元素根据行主序进行存储，也就是最右边的下标率先变化。多维数组名的值是一个指向它第 1 个元素的指针，也就是一个指向数组的指针。对该指针进行运算将根据它所指向数组的长度对操作数进行调整。多维数组的下标引用也是指针表达式。当一个多维数组名作为参数传递给一个函数时，它所对应的函数形参的声明中必须显式指明第二维（和接下去所有维）的长度。由于多维数组实际上是复杂元素的一维数组，因此一个多维数组的初始化列表就包含了这些复杂元素的值。这些值的每一个都可能包含嵌套的初始值列表，由数组各维的长度决定。如果多维数组的初始化列表是完整的，它的内层花括号可以省略。在多维数组的初始值列表中，只有第一维的长度会被自动计算出来。

我们还可以创建指针数组。字符串的列表可以以矩阵的形式存储，也可以以指向字符串常量的指针数组形式存储。在矩阵中，每行必须与最长字符串的长度一样长，但它不需要任何指针。指针数组本身要占用空间，但每个指针指向的字符串所占用的内存空间就是字符串本身的长度。

8.5　警告的总结

1. 当访问多维数组的元素时，误用逗号分隔下标。
2. 在一个指向未指定长度的数组的指针上执行指针运算。

8.6　编程提示的总结

1. 一开始就编写良好的代码显然比依赖编译器来修正劣质代码要好。
2. 源代码的可读性几乎总是比程序的运行时效率更为重要。
3. 只要有可能，函数的指针形参都应该声明为 const。
4. 在有些环境中，可使用 register 关键字提高程序的运行时效率。
5. 在多维数组的初始值列表中使用完整的多层花括号能提高可读性。

8.7　问题

1. 根据下面给出的声明和数据，对每个表达式进行求值并写出它的值。在对每个表达式进行求值时使用原先给出的值（也就是说，某个表达式的结果不影响后面的表达式）。假定 ints 数组在内存中的起始位置是 100，整型值和指针的长度都是 4 字节。

```
int     ints[20] = {
        10, 20, 30, 40, 50, 60, 70, 80, 90, 100,
        110, 120, 130, 140, 150, 160, 170, 180, 190, 200
};
(Other declarations)
int     *ip = ints + 3;
```

表达式	值	表达式	值
ints	_____	ip	_____
ints[4]	_____	ip[4]	_____
ints + 4	_____	ip + 4	_____
*ints + 4	_____	*ip + 4;	_____
*(ints + 4)	_____	*(ip + 4)	_____
ints[-2]	_____	ip[-2]	_____
&ints	_____	&ip	_____
&ints[4]	_____	&ip[4]	_____
&ints + 4	_____	&ip + 4	_____
&ints[-2]	_____	&ip[-2]	_____

2. 表达式 array[i+j] 和 i+j[array] 是不是相等?

3. 下面的声明试图按照从 1 开始的下标访问数组 data,它能成功吗?

```
int    actual_data[ 20 ];
int    *data = actual_data - 1;
```

4. 下面的循环用于测试某个字符串是否是回文,请对它进行重写,用指针变量代替下标。

```
char     buffer[SIZE];
int      front, rear;
...
front = 0;
rear = strlen( buffer ) - 1;
while( front < rear ){
        if( buffer[front] != buffer[rear] )
                break;

        front += 1;
        rear -= 1;
}
if( front >= rear ){
        printf( "It is a palindrome!\n" );
}
```

5. 指针在效率上可能强于下标,这是使用它们的动机之一。那么什么时候使用下标是合理的呢(尽管它在效率上可能有所损失)?

6. 在你的机器上编译函数 try1 到 try5,并分析结果的汇编代码。可以得到什么结论?

7. 测试对前一个问题的结论,方法是运行每一个函数并对它们的执行时间进行计时。把数组的元素增加到几千个,增加试验的准确性,因为此时复制所占用的时间远远超过程序不相关部分所占用的时间。同样,在一个循环内部调用函数,让它重复执行足够多的次数,这样可以精确地为执行时间计时。为这个试验两次编译程序——一次不使用任何优化措施,另一次使用优化措施。如果你的编译器可以提供选择,请选择优化措施以获得最佳速度。

8. 下面的声明取自某个源文件:

```
int    a[10];
```

```
int     *b = a;
```

但在另一个不同的源文件中，却发现了这样的代码：

```
extern  int     *a;
extern  int     b[];
int     x, y;
...
x = a[3];
y = b[3];
```

当两条赋值语句执行时会发生什么？（假定整型和指针的长度都是 4 字节。）

9. 编写一个声明，初始化一个名叫 coin_values 的整型数组，各个元素的值分别表示当前各种美元硬币的币值。

10. 给定下列声明：

```
int     array[4][2];
```

请写出下面每个表达式的值。假定数组的起始位置为 1000，整型值在内存中占据 2 字节的空间。

表达式	值
array	_____
array + 2	_____
array[3]	_____
array[2] - 1	_____
&array[1][2]	_____
&array[2][0]	_____

11. 给定下列声明：

```
int     array[4][2][3][6];
```

表达式	值	X 的类型
array	_____	_____
array + 2	_____	_____
array[3]	_____	_____
array[2] - 1	_____	_____
array[2][1]	_____	_____
array[1][0] + 1	_____	_____
array[1][0][2]	_____	_____
array[0][1][0] + 2	_____	_____
array[3][1][2][5]	_____	_____
&array[3][1][2][5]	_____	_____

计算上表中各个表达式的值。同时，写出变量 x 所需的声明，这样表达式不用进行强制类型转换就可以赋值给 x。假定数组的起始位置为 1000，整型值在内存中占据 4 字节的空间。

12. C 的数组按照行主序存储。什么时候需要使用这个信息？

13. 给定下列声明：

```
int     array[4][5][3];
```

把下列各个指针表达式转换为下标表达式。

表达式	下标表达式
*array	
*(array + 2)	
*(array + 1) + 4	
*(*(array + 1) + 4)	
*(*(*(array + 3) + 1) + 2)	
*(*(*array + 1) + 2)	
*(**array + 2)	
**(*array + 1)	
***array	

14. 多维数组的各个下标必须单独出现在一对方括号内。在什么条件下，下列这些代码段可以通过编译而不会产生任何警告或错误信息？

```
int     array[10][20];
...
i = array[3,4];
```

15. 给定下列声明：

```
unsigned int  which;
int                array[ SIZE ];
```

下面两条语句中的哪条更合理？为什么？

```
if(array[ which ] == 5 && which < SIZE ) ...
if( which < SIZE && array[ which ] == 5 )...
```

16. 在下面的代码中，变量 array1 和 array2 有什么区别（如果有的话）？

```
void function( int array1[10] ){
        int     array2[10];
        ...
}
```

17. 解释下面两种 const 关键字用法的显著区别所在。

```
void function( int const a, int const b[] ) {
```

18. 在保持结果不变的情况下，下面的函数原型可以改写为什么形式？

```
void function( int array[3][2][5] );
```

19. 在程序 8.2 的关键字查找例子中，字符指针数组的末尾增加了一个 NULL 指针，这样就不需要知道表的长度。那么，矩阵方案应如何进行修改才能达到同样的效果呢？写出用于访问修改后的矩阵的 for 语句。

8.8 编程练习

★ 1. 编写一个数组的声明，把数组的某些特定位置初始化为特定的值。这个数组的名字应该叫 char_value，它包含 3×6×4×5 个无符号字符。下面的表中列出的这些位置应该用相应的值进行静态初始化。

位置	值	位置	值	位置	值
1,2,2,3	'A'	1,1,1,1	' '	1,3,2,2	0xf3
2,4,3,2	'3'	1,4,2,3	'\n'	2,2,3,1	'\121'
2,4,3,3	3	2,5,3,4	125	1,2,3,4	'x'
2,1,1,2	0320	2,2,2,2	'\''	2,2,1,1	'0'

上表中未提到的位置应该被初始化为二进制值 0（不是字符'0'）。**注意**：应该使用静态初始化，在解决方案中不应该存在任何可执行代码！

尽管并非解决方案的一部分，但你很可能想编写一个程序，通过打印数组的值来验证它的初始化。由于某些值并不是可打印的字符，因此请把这些字符用整型的形式打印出来（用八进制或十六进制输出会更方便一些）。

注意：用两种方法解决这个问题：一次在初始化列表中使用嵌套的花括号；另一次则不使用，这样能深刻地理解嵌套花括号的作用。

★★★ 2. 美国联邦政府使用下面这些规则计算 1995 年每个公民的个人收入所得税：

如果你的含税收入大于	但不超过	你的税额为	超过这个数额的部分
$0	$23,350	15%	$0
23 350	56,550	$3 502.50+28%	23 350
56 550	117,950	12 798.50+31%	56 550
117 950	256,500	31 832.50+36%	117 950
256 500	—	81 710.50+39.6%	256 500

为下面的函数原型编写函数定义：

```
float single_tax( float income );
```

参数 income 表示应征税的个人收入，函数的返回值就是 income 应该征收的税额。

★★ 3. 单位矩阵（identity matrix）就是一个正方形矩阵，它除了主对角线的元素值为 1 之外，其余元素的值均为 0。例如：

```
1 0 0
0 1 0
0 0 1
```

就是一个 3×3 的单位矩阵。编写一个名叫 identity_matrix 的函数，它接受一个 10×10 整型矩阵为参数，并返回一个布尔值，提示该矩阵是否为单位矩阵。

★★★ 4. 修改前一个问题中的 identity_matrix 函数，它可以对数组进行扩展，从而能够接受任意大小的矩阵参数。函数的第 1 个参数应该是一个整型指针，你需要第 2 个参数，用于指定矩阵的大小。

★★★★★★ 5. 如果 A 是个 x 行 y 列的矩阵，B 是个 y 行 z 列的矩阵，把 A 和 B 相乘，其结果将是另一个 x 行 z 列的矩阵 C。这个矩阵的每个元素是由下面的公式决定的：

$$Ci, j = \sum_{k=1}^{y} Ai, k \times Bk, j$$

例如：

$$\begin{bmatrix} 2 & -6 \\ 3 & 5 \\ 1 & -1 \end{bmatrix} \times \begin{bmatrix} 4 & -2 & -4 & -5 \\ -7 & -3 & 6 & 7 \end{bmatrix} = \begin{bmatrix} 50 & 14 & -44 & -52 \\ -23 & -21 & 18 & 20 \\ 11 & 1 & -10 & -12 \end{bmatrix}$$

结果矩阵中 14 这个值是通过 2×-2 加上-6×-3 得到的。

编写一个函数，用于执行两个矩阵的乘法。函数的原型如下：

```
void matrix_multiply( int *m1, int *m2, int *r,
        int x, int y, int z );
```

m1 是一个 x 行 y 列的矩阵，m2 是一个 y 行 z 列的矩阵。这两个矩阵应该相乘，结果存储于 r 中，它是一个 x 行 z 列的矩阵。记住，应该对公式做些修改，以适应 C 语言下标从 0 而不是 1 开始这个事实！

★★★★★ 6. 众所周知，C 编译器为数组分配下标时总是从 0 开始。而且当程序使用下标访问数组元素时，它并不检查下标的有效性。在这个项目中，你将要编写一个函数，允许用户访问"伪数组"，它的下标范围可以任意指定，并伴以完整的错误检查。

下面是将要编写的这个函数的原型：

```
int array_offset ( int arrayinfo[], ... );
```

这个函数接受一些用于描述伪数组的维数的信息以及一组下标值。然后它使用这些信息把下标值翻译为一个整数，用于表示一个向量（一维数组）的下标。使用这个函数，用户既可以以向量的形式分配内存空间，也可以使用 malloc 分配空间，但按照多维数组的形式访问这些空间。这个数组之所以被称为"伪数组"，是因为编译器以为它是个向量，尽管这个函数允许它按照多维数组的形式进行访问。

这个函数的参数如下：

参　　数	含　　义
arrayinfo	一个可变长度的整型数组，包含一些关于伪数组的信息。arrayinfo[0]指定伪数组具有的维数，它的值必须在 1～10 之间（含 10）。arrayinfo[1]和 arrayinfo[2]给出第一维的下限和上限。arrayinfo[3]和 arrayinfo[4]给出第二维的下限和上限，依此类推。
…	参数列表的可变部分可能包含多达 10 个的整数，用于标识伪数组中某个特定位置的下标值。必须使用 va_参数宏访问它们。当函数被调用时，arrayinfo[0]参数将会被传递

公式根据下面给出的下标值计算一个数组位置。变量 s_1、s_2 等代表下标参数 s_1、s_2 等。变量 lo_1 和 hi_1 代表下标 s_1 的下限和上限，它们来源于 arrayinfo 参数，其余各维以此类推。变量 loc 表示伪数组的目标位置，它用一个距离伪数组起始位置的整型偏移量表示。对于一维伪数组：

$$loc = s_1 - lo_1$$

对于二维伪数组：

$$loc = (s_1 - lo_1) \times (hi_2 - lo_2 + 1) + s_2 - lo_2$$

对于三维伪数组：

$$loc = [(s_1 - lo_1) \times (hi_2 - lo_2 + 1) + s_2 - lo_2] \times (hi_3 - lo_3 + 1) + s_3 - lo_3$$

对于四维伪数组：

$$loc = \{[(s_1 - lo_1) \times (hi_2 - lo_2 + 1) + s_2 - lo_2] \times (hi_3 - lo_3 + 1) + s_3 - lo_3\} \times (hi_4 - lo_4 + 1) + s_4 - lo_4$$

一直到第 10 维为止，都可以使用这种方法推导出 loc 的值。

可以假定 arrayinfo 是个有效的指针，传递给 array_offset 的下标参数值也是正确的。对于其他情况，则必须进行错误检查。可能出现的一些错误有：维的数目不处于 1～10 之间；下标小于 low 值；low 值大于其对应的 hign 值等。如果检测到这些或其他一些错误，函数应该返回-1。

提示：把下标参数复制到一个局部数组中。接着便可以把计算过程以循环的形式编码，对每一维都使用一次循环。

举例：假定 arrayinfo 包含值 3、4、6、1、5、-3 和 3。这些值提示我们所处理的是三维伪数组。第 1 个下标范围从 4～6，第 2 个下标范围从 1～5，第 3 个下标范围从-3～3。在这个例子中，array_offset 被调用时将有 3 个下标参数传递给它。下面显示了几组下标值以及它们所代表的偏移量。

下标	偏移量	下标	偏移量	下标	偏移量
4, 1, -3	0	4, 1, 3	6	5, 1, -3	35
4, 1, -2	1	4, 2, -3	7	6, 3, 1	88

★★★ 7. 修改问题 6 的 array_offset 函数，使它访问以列主序存储的伪数组，也就是最左边的下标率先变化。这个新函数（array_offset2）在其他方面应该与原先那个函数一样。计算这些数组下标的公式如下所示。

对于一维伪数组：

$$loc = s_1 - lo_1$$

对于二维伪数组：

$$loc = (s_2 - lo_2) \times (hi_1 - lo_1 + 1) + s_1 - lo_1$$

对于三维伪数组：

$$loc = [(s_3 - lo_3) \times (hi_2 - lo_2 + 1) + s_2 - lo_2] \times (hi_1 - lo_1 + 1) + s_1 - lo_1$$

对于四维伪数组：

$$loc = \{[(s_4 - lo_4) \times (hi_3 - lo_3 + 1) + (s_3 - lo_3)] \times (hi_2 - lo_2 + 1) + s_2 - lo_2\} \times (hi_1 - lo_1 + 1) + s_1 - lo_1$$

一直到第 10 维为止，都可以使用这种方法推导出 loc 的值。

例如：假定 arrayinfo 数组包含了值 3、4、6、1、5、-3 和 3。这些值提示我们所处理的是三维伪数组。第 1 个下标范围从 4～6，第 2 个下标范围从 1～5，第 3 个下标范围从-3～3。在这个例子中，array_offset 被调用时将有 3 个下标参数传递给它。下面显示了几组下标值以及它们所代表的偏移量。

下标	偏移量	下标	偏移量	下标	偏移量
4,1,-3	0	4,2,-3	3	4,1,-1	30
5,1,-3	1	4,3,-3	6	5,3,-1	37
6,1,-3	2	4,1,-2	15	6,5,3	104

★ ★ ★ ★ ★　8. 皇后是国际象棋中威力最大的棋子。在下面所示的棋盘上，皇后可以攻击位于箭头所覆盖位置的所有棋子。

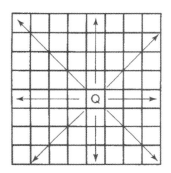

我们能不能把 8 个皇后放在棋盘上，让它们中的任何一个都无法攻击其余的皇后？这个问题被称为"八皇后"问题。你的任务是编写一个程序，找到八皇后问题的所有答案，看看一共有多少种答案。

提示：如果采用一种叫作**回溯法**（backtracking）的技巧，可以很容易编写出这个程序。编写一个函数，把一个皇后放在某行的第 1 列，然后检查它是否与棋盘上的其他皇后互相攻击。如果存在互相攻击，函数把皇后移到该行的第 2 列再进行检查。如果每列都存在互相攻击的局面，函数就应该返回。

但是，如果皇后可以放在这个位置，函数接着应该递归地调用自身，把另一个皇后放在下一行。当递归调用返回时，函数再把原先那个皇后移到下一列。当一个皇后成功地放置于最后一行时，函数应该打印出棋盘，显示 8 个皇后的位置。

字符串、字符和字节

字符串是一种重要的数据类型，但是 C 语言并没有显式的字符串数据类型，因为字符串以字符串常量的形式出现或者存储于字符数组中。字符串常量很适用于那些程序不会对它们进行修改的字符串。所有其他字符串都必须存储于字符数组或动态分配的内存中（见第 11 章）。本章描述处理字符串和字符的库函数，以及一组既可以处理字符串也可以处理非字符串数据的相关函数。

9.1　字符串基础

首先回顾一下字符串的基础知识。字符串就是一串零个或多个字符，并且以一个位模式为全 0 的 NUL 字节结尾。因此，字符串所包含的字符内部不能出现 NUL 字节。这个限制很少会引起问题，因为 NUL 字节并不存在与它相关联的可打印字符，这也是选它为终止符的原因。NUL 字节是字符串的终止符，但它本身并不是字符串的一部分，所以字符串的长度并不包括 NUL 字节。

头文件 string.h 包含了使用字符串函数所需的原型和声明。尽管并非必需，但在程序中包含这个头文件确实是个好主意，因为有了它所包含的原型，编译器可以更好地为程序执行错误检查[1]。

9.2　字符串长度

字符串的长度就是它所包含的字符个数。我们很容易通过对字符进行计数来计算字符串的长度，程序 9.1 就是这样做的。这种实现方法说明了处理字符串所使用的处理过程的类型。但是，事实上我们极少需要编写字符串函数，因为标准库所提供的函数通常都能完成这些任务。不过，如果还是希望自己编写一个字符串函数，请注意标准保留了所有以 str 开头的函数名，用于标准库将来的扩展。

库函数 strlen 的原型如下：

```
size_t  strlen( char const *string );
```

1　老的 C 程序常常不包含这个文件，因此没有函数原型，只有每个函数的返回类型才能被声明，而且这些函数中的绝大多数都会忽略返回值。

警告:

注意 strlen 返回一个类型为 size_t 的值。这个类型是在头文件 stddef.h 中定义的,它是一个无符号整数类型。在表达式中使用无符号数可能导致不可预料的结果。例如,下面两个表达式看上去是相等的:

```
if( strlen( x ) >= strlen( y ) ) ...
if( strlen( x ) - strlen( y ) >= 0 ) ...
```

但事实上它们是不相等的。第 1 条语句将按照你预想的那样工作,但第 2 条语句的结果将永远是真。strlen 的结果是个无符号数,所以操作符>=左边的表达式也将是无符号数,而无符号数绝不可能是负的。

```
/*
** 计算字符串参数的长度。
*/
#include <stddef.h>

size_t
strlen( char const *string )
{
    int length;

    for( length = 0; *string++ != '\0'; )
        length += 1;

    return length;
}
```

程序 9.1　字符串长度   strlen.c

警告:

表达式中如果同时包含了有符号数和无符号数,可能会产生奇怪的结果。和上一对语句一样,下面两条语句并不相等,其原因相同:

```
if( strlen( x ) >= 10 ) ...
if( strlen( x ) - 10 >= 0 ) ...
```

如果把 strlen 的返回值强制转换为 int,就可以消除这个问题。

提示:

你很可能想自行编写 strlen 函数,并灵活运用 register 声明和一些聪明的技巧,从而使它比库函数版本效率更高。这的确是个诱惑,但事实上很少能如愿。标准库函数有时是用汇编语言实现的,目的就是为了充分利用某些机器所提供的特殊的字符串操纵指令,从而追求最大限度的速度。即使在没有这类特殊指令的机器上,你最好还是把更多的时间花在程序其他部分的算法改进上。寻找一种更好的算法比改良一种差劲的算法更有效率,复用已经存在的软件比重新开发一个效率更高。

9.3 不受限制的字符串函数

最常用的字符串函数都是"不受限制"的，也就是说它们只是通过寻找字符串参数结尾的 NUL 字节来判断它的长度。这些函数一般都指定一块内存用于存放结果字符串。在使用这些函数时，程序员必须保证结果字符串不会溢出这块内存。本节在具体讨论每个函数时，将对这个问题做更详细的讨论。

9.3.1 复制字符串

用于复制字符串的函数是 strcpy，它的原型如下所示：

```
char    *strcpy( char *dst, char const *src );
```

这个函数把参数 src 字符串复制到 dst 参数。如果参数 src 和 dst 在内存中出现重叠，其结果是未定义的。由于 dst 参数将进行修改，因此它必须是个字符数组或者是一个指向动态分配内存的数组的指针，不能使用字符串常量。这个函数的返回值将在 9.3.3 节描述。

目标参数的以前内容将被覆盖并丢失。即使新的字符串比 dst 原先的内存更短，由于新字符串是以 NUL 字节结尾，所以老字符串最后剩余的几个字符也会被有效地删除。

考虑下面这个例子：

```
char    message[] = "Original message";
...
if( ... )
        strcpy( message, "Different" );
```

如果条件为真并且复制顺利执行，数组将包含下面的内容：

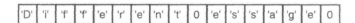

第 1 个 NUL 字节后面的几个字符再也无法被字符串函数访问，因此从任何现实的角度看，它们都已经丢失了。

警告：
程序员必须保证目标字符数组的空间足以容纳需要复制的字符串。如果字符串比数组长，多余的字符仍被复制，它们将覆盖原先存储于数组后面的内存空间的值。strcpy 无法解决这个问题，因为它无法判断目标字符数组的长度。

例如：

```
char    message[] = "Original message";
...
strcpy( message, "A different message" );
```

第 2 个字符串太长了，无法容纳于 message 字符数组中。因此，strcpy 函数将侵占数组后面的部分内存空间，改写原先恰好存储在那里的变量。如果在使用这个函数前，确保目标参数足以容纳源字符串，就可以避免大量的调试工作。

9.3.2 连接字符串

要想把一个字符串添加（连接）到另一个字符串的后面，可以使用 strcat 函数。它的原型如下：

```
char    *strcat( char *dst, char const *src );
```

strcat 函数要求 dst 参数原先已经包含了一个字符串（可以是空字符串）。它找到这个字符串的末尾，并把 src 字符串的一份副本添加到这个位置。如果 src 和 dst 的位置发生重叠，其结果是未定义的。

下面这个例子显示了这个函数的一种常见用法：

```
strcpy( message, "Hello " );
strcat( message, customer_name );
strcat( message, ", how are you?" );
```

每个 strcat 函数的字符串参数都被添加到原先存在于 message 数组的字符串后面，其结果是下面这个字符串：

```
Hello Jim, how are you?
```

警告：

和前面一样，程序员必须保证目标字符数组剩余的空间足以保存整个源字符串。但这次并不是简单地比较源字符串的长度和目标字符数组的长度，因此必须考虑目标数组中原先存在的字符串。

9.3.3 函数的返回值

strcpy 和 strcat 都返回它们第 1 个参数的一份副本，就是一个指向目标字符数组的指针。由于它们返回这种类型的值，因此可以嵌套地调用这些函数，如下面的例子所示：

```
strcat( strcpy( dst, a ), b );
```

strcpy 首先执行。它把字符串从 a 复制到 dst 并返回 dst。然后这个返回值成为 strcat 函数的第 1 个参数，strcat 函数把 b 添加到 dst 的后面。

这种嵌套调用的风格较之下面这种可读性更佳的风格在功能上并无优势：

```
strcpy( dst, a );
strcat( dst, b );
```

事实上，在这些函数的绝大多数调用中，它们的返回值只是被简单地忽略。

9.3.4 字符串比较

比较两个字符串涉及对两个字符串对应的字符逐个进行比较，直到发现不匹配为止。那个最先不匹配的字符中较"小"（也就是说，在字符集中的序数较小）的那个字符所在的字符串被认为"小于"另外一个字符串。如果其中一个字符串是另外一个字符串的前面一部分，那么它也被认为"小于"另外一个字符串，因为它的 NUL 结尾字节出现得更早。这种比较被称为"词典比较"，对于只包含大写字母或只包含小写字母的字符串比较，这种比较过程所给出的结果总是和我们日常所用的字母顺序的比较相同。

库函数 strcmp 用于比较两个字符串，它的原型如下：

```
int    strcmp( char const *s1, char const *s2 );
```

如果 s1 小于 s2，strcmp 函数返回一个小于零的值；如果 s1 大于 s2，函数返回一个大于零的值；如果两个字符串相等，函数就返回零。

警告：

初学者常常会编写下面这样的表达式：

```
if( strcmp( a, b ) )
```

他以为如果两个字符串相等，它的结果将是真。但是，这个结果将正好相反，因为在两个字符串相等的情况下返回值是零（假）。然而，把这个返回值当作布尔值进行测试是一种坏风格，因为它具有 3 个截然不同的结果：小于、等于和大于。所以，更好的方法是把这个返回值与零进行比较。

警告：

注意，标准并没有规定用于提示不相等的具体值。它只是说如果第 1 个字符串大于第 2 个字符串，就返回一个大于零的值；如果第 1 个字符串小于第 2 个字符串，就返回一个小于零的值。一个常见的错误是以为返回值是 1 和–1，分别代表大于和小于，但这并不总是正确的。

警告：

由于 strcmp 并不修改它的任何一个参数，因此不存在溢出字符数组的危险。但是，和其他不受限制的字符串函数一样，strcmp 函数的字符串参数也必须以一个 NUL 字节结尾。如果并非如此，strcmp 就可能对参数后面的字节进行比较，这个比较结果将不会有什么意义。

9.4　长度受限的字符串函数

标准库还包含了一些函数，它们以一种不同的方式处理字符串。这些函数接受一个显式的长度参数，用于限定进行复制或比较的字符数。这些函数提供了一种方便的机制，可以防止难以预料的长字符串从它们的目标数组溢出。

这些函数的原型如下所示。和它们的不受限制版本一样，如果源参数和目标参数发生重叠，strncpy 和 strncat 的结果就是未定义的。

```
char    *strncpy( char *dst, char const *src, size_t len );
char    *strncat( char *dst, char const *src, size_t len );
int     strncmp( char const *s1, char const *s2, size_t len );
```

和 strcpy 一样，strncpy 把源字符串的字符复制到目标数组。然而，它总是正好向 dst 写入 len 个字符。如果 strlen(src)的值小于 len，dst 数组就用额外的 NUL 字节填充到 len 长度；如果 strlen(src)的值大于或等于 len，那么只有 len 个字符被复制到 dst 中。**注意！它的结果将不会以 NUL 字节结尾。**

警告：

strncpy 调用的结果可能不是一个字符串，因此字符串必须以 NUL 字节结尾。如果在一个需要字符串的地方（例如 strlen 函数的参数）使用了一个不是以 NUL 字节结尾的字符序列，会发生什么情况呢？strlen 函数将无法知道 NUL 字节是没有的，所以它将继续进行查找，一个字符接一个字符，直到它发现一个 NUL 字节为止。或许它找了几百个字符才找到，而 strlen 函数的这个返回值从本质上说是一个随机数。或者，如果函数试图访问系统分配给这个程序以外的内存范围，程序就会崩溃。

警告：

这个问题只有在使用 strncpy 函数创建字符串，然后或者对它们使用 str 开头的库函数，或者在 printf 中使用%s 格式码打印它们时才会发生。在使用不受限制的函数之前，首先必须确定字符串实际上是以 NUL 字节结尾的。例如，考虑下面这个代码段：

```
char      buffer[BSIZE];
...
strncpy( buffer, name, BSIZE );
buffer[BSIZE - 1] = '\0';
```

如果 name 的内容可以容纳于 buffer 中，最后那个赋值语句没有任何效果。但是，如果 name 太长，这条赋值语句可以保证 buffer 中的字符串是以 NUL 结尾的。以后对这个数组使用 strlen 或其他不受限制的字符串函数将能够正确工作。

尽管 strncat 也是一个长度受限的函数，但它和 strncpy 存在不同之处。它从 src 中最多复制 len 个字符到目标数组的后面。但是，strncat 总是在结果字符串后面添加一个 NUL 字节，而且它不会像 strncpy 那样对目标数组用 NUL 字节进行填充。注意，目标数组中原先的字符串并没有算在 strncat 的长度中。strncat 最多向目标数组复制 len 个字符（再加一个结尾的 NUL 字节），它才不管目标参数除去原先存在的字符串之后留下的空间够不够。

最后，strncmp 也用于比较两个字符串，但它最多比较 len 个字节。如果两个字符串在第 len 个字符之前存在不相等的字符，这个函数就像 strcmp 一样停止比较，并返回结果；如果两个字符串的前 len 个字符相等，函数就返回零。

9.5   字符串查找基础

标准库中存在许多函数，它们用各种不同的方法查找字符串。这些函数给了 C 程序员很大的灵活性。

9.5.1   查找一个字符

在一个字符串中查找一个特定字符最容易的方法是使用 strchr 和 strrchr 函数，它们的原型如下所示：

```
char      *strchr( char const *str, int ch );
char      *strrchr( char const *str, int ch );
```

注意，它们的第 2 个参数是一个整型值。但是，它包含了一个字符值。strchr 在字符串 str 中查找字符 ch 第 1 次出现的位置，找到后函数返回一个指向该位置的指针。如果该字符并不存在于字符串中，函数就返回一个 NULL 指针。strrchr 的功能和 strchr 基本一致，只是它所返回的是一个指向字符串中该字符最后一次出现的位置（最右边那个）。

这里有个例子：

```
char      string[20] = "Hello there, honey.";
char      *ans;

ans = strchr( string, 'h' );
```

ans 所指向的位置将是 string+7，因为第 1 个'h'出现在这个位置。注意，这里大小写是有区别的。

9.5.2　查找任何几个字符

strpbrk 是个更为常见的函数。它并不是查找某个特定的字符，而是查找任何一组字符第一次在字符串中出现的位置。它的原型如下：

```
char    *strpbrk( char const *str, char const *group );
```

这个函数返回一个指向 str 中第 1 个匹配 group 中任何一个字符的字符位置。如果未找到匹配，函数返回一个 NULL 指针。

在下面的代码段中，

```
char    string[20] = "Hello there, honey.";
char    *ans;

ans = strpbrk( string, "aeiou" );
```

ans 所指向的位置是 string+1，因为这个位置是第 2 个参数中的字符第一次出现的位置。和前面一样，这个函数也是区分大小写的。

9.5.3　查找一个子串

为了在字符串中查找一个子串，可以使用 strstr 函数，它的原型如下：

```
char *strstr( char const *s1, char const *s2 );
```

这个函数在 s1 中查找整个 s2 第一次出现的起始位置，并返回一个指向该位置的指针。如果 s2 并没有完整地出现在 s1 的任何地方，函数将返回一个 NULL 指针。如果第 2 个参数是一个空字符串，函数就返回 s1。

标准库中并不存在 strrstr 或 strrpbrk 函数。不过，如果需要它们，它们是很容易实现的。程序 9.2 显示了一种实现 strrstr 的方法。这个技巧同样也可以用于实现 strrpbrk。

```
/*
** 在字符串 s1 中查找字符串 s2 最右出现的位置，并返回一个指向该位置的指针。
*/
#include <string.h>

char*
my_strrstr( char const *s1, char const *s2 )
{
    register char*last;
    register char*current;
    /*
    ** 把指针初始化为已经找到的前一次匹配位置。
    */
    last = NULL;

    /*
    **只在第 2 个字符串不为空时才进行查找，如果 S2 为空，返回 NULL。
    */
    if( *s2 != '\0' ){
        /*
        ** 查找 s2 在 s1 中第一次出现的位置。
        */
        current = strstr( s1, s2 );

    /*
    ** 每次找到字符串时，让指针指向它的起始位置，然后查找该字符串下一个匹配位置。
    */
```

```
        while( current != NULL ){
            last = current;
            current = strstr( last + 1, s2 );
        }
    }

    /* 返回指向找到的最后一次匹配的起始位置的指针。*/
    return last;
}
```

程序 9.2　查找子串最右一次出现的位置　　　　　　　　　　　　mstrrstr.c

9.6　高级字符串查找

接下来的一组函数简化了从一个字符串中查找和抽取一个子串的过程。

9.6.1　查找一个字符串前缀

strspn 和 strcspn 函数用于在字符串的起始位置对字符计数。它们的原型如下所示：

```
size_t  strspn( char const *str, char const *group );
size_t  strcspn( char cosnt *str, char const *group );
```

group 字符串指定一个或多个字符。strspn 返回 str 起始部分匹配 group 中任意字符的字符数。例如，如果 group 包含了空格、制表符等空白字符，那么这个函数将返回 str 起始部分空白字符的数目。str 的下一个字符就是它的第 1 个非空白字符。

考虑下面这个例子：

```
int     len1, len2;
char    buffer[] = "25,142,330,Smith,J,239-4123";

len1 = strspn( buffer, "0123456789" );
len2 = strspn( buffer, ",0123456789" );
```

当然，buffer 缓冲区在正常情况下是不会用这个方法进行初始化的。它将包含在运行时读取的数据。但是在 buffer 中有了这个值之后，变量 len1 将被设置为 2，变量 len2 将被设置为 11。下面的代码将计算一个指向字符串中第 1 个非空白字符的指针：

```
ptr = buffer + strspn( buffer, "\n\r\f\t\v" );
```

strcspn 函数和 strspn 函数正好相反，它对 str 字符串起始部分中不与 group 中任何字符匹配的字符进行计数。strcspn 这个名字中的字母 c 来源于对一组字符求补这个概念，也就是把这些字符换成原先并不存在的字符。如果使用"\n\r\f\t\v"作为 group 参数，这个函数将返回第 1 个参数字符串起始部分所有非空白字符的值。

9.6.2　查找标记

一个字符串常常包含几个单独的部分，它们彼此被分隔开来。每次为了处理这些部分，都首先必须把它们从字符串中抽取出来。

这个任务正是 strtok 函数所实现的功能。它从字符串中隔离各个单独的称为标记（token）的部分，并丢弃分隔符。它的原型如下：

```
char    *strtok( char *str, char const *sep );
```

sep 参数是个字符串，定义了用作分隔符的字符集合。第 1 参数指定一个字符串，它包含零个或多个由 sep 字符串中一个或多个分隔符分隔的标记。strtok 找到 str 的下一个标记，并将其用 NUL 结尾，然后返回一个指向这个标记的指针。

警告：

在执行任务时，strtok 函数将会修改它所处理的字符串。如果源字符串不能被修改，那就复制一份，将这份拷贝传递给 strtok 函数。

如果 strtok 函数的第 1 个参数不是 NULL，函数将找到字符串的第 1 个标记。strtok 同时将保存它在字符串中的位置。如果 strtok 函数的第 1 个参数是 NULL，函数就在同一个字符串中从这个被保存的位置开始像前面一样查找下一个标记。如果字符串内不存在更多的标记，strtok 函数就返回一个 NULL 指针。在典型情况下，在第一次调用 strtok 时，向它传递一个指向字符串的指针。然后，这个函数被重复调用（第 1 个参数为 NULL），直到它返回 NULL 为止。

程序 9.3 是一个简短的例子。这个函数从它的参数中提取标记并把它们打印出来（一行一个）。这些标记用空白分隔。不要被 for 语句的外观所混淆。它之所以被分成 3 行，是因为它实在太长了。

```
/*
** 从一个字符数组中提取空白字符分隔的标记并把它们打印出来（每行一个）。
*/
#include <stdio.h>
#include <string.h>

void
print_tokens( char *line )
{
        static char whitespace[] = " \t\f\r\v\n";
        char  *token;

        for( token = strtok( line, whitespace );
           token != NULL;
           token = strtok( NULL, whitespace ) )
            printf( "Next token is %s\n", token );
}
```

程序 9.3　提取标记   token.c

如果愿意，可以在每次调用 strtok 函数时使用不同的分隔符集合。当一个字符串的不同部分由不同的字符集合分隔的时候，这个技巧很管用。

警告：

由于 strtok 函数保存它所处理的函数的局部状态信息，因此不能用它同时解析两个字符串。因此，如果 for 循环的循环体内调用了一个在内部调用 strtok 函数的函数，程序 9.3 将会失败。

9.7　错误信息

当调用一些函数，请求操作系统执行一些功能（如打开文件）时，如果出现错误，操作系统是通过设置一个外部的整型变量 errno 进行错误代码报告的。strerror 函数把其中一个错误代码作为参数并返回一个指向用于描述错误的字符串的指针。这个函数的原型如下：

```
char *strerror( int error_number );
```

事实上，返回值应该被声明为 const，因为不应该修改它。

9.8 字符操作

标准库包含了两组函数，用于操作单独的字符，它们的原型位于头文件 ctype.h。第 1 组函数用于对字符分类，而第 2 组函数用于转换字符。

9.8.1 字符分类

每个分类函数接受一个包含字符值的整型参数。函数测试这个字符并返回一个整型值，表示真或假[1]。表 9.1 列出了这些字符分类函数以及它们每个所执行的测试。

表 9.1   字符分类函数

函　　数	如果它的参数符合下列条件就返回真
iscntrl	任何控制字符
isspace	空白字符：空格' '、换页 '\f'、换行 '\n'、回车 '\r'、制表符 '\t'或垂直制表符'\v'
isdigit	十进制数字 0～9
isxdigit	十六进制数字，包括所有十进制数字、小写字母 a～f、大写字母 A～F
islower	小写字母 a～z
isupper	大写字母 A～Z
isalpha	字母 a～z 或 A～Z
isalnum	字母或数字（a～z、A～Z 或 0～9）
ispunct	标点符号，任何不属于数字或字母的图形字符（可打印符号）
isgraph	任何图形字符
isprint	任何可打印字符，包括图形字符和空白字符

9.8.2 字符转换

转换函数用于把大写字母转换为小写字母或者把小写字母转换为大写字母。

```
int tolower( int ch );
int toupper( int ch );
```

toupper 函数返回其参数的对应大写形式，tolower 函数返回其参数的对应小写形式。如果函数的参数并不是一个处于适当大小写状态的字符（即 toupper 的参数不是小写字母或 tolower 的参数不是个大写字母），函数将不修改参数，而是直接返回。

提示：

直接测试或操纵字符会降低程序的可移植性。例如，考虑下面这条语句，它试图测试 ch 是否是

---

1 注意，标准并没有指定任何特定值，所以有可能返回任何非零值。

一个大写字符。

```
if( ch >= 'A' && ch <= 'Z' )
```

这条语句在使用 ASCII 字符集的机器上能够运行,但在使用 EBCDIC 字符集的机器上将会失败。另外, 下面这条语句

```
if( isupper( ch ) )
```

无论机器使用哪个字符集,它都能顺利运行。

9.9　内存操作

根据定义, 字符串由一个 NUL 字节结尾, 所以字符串内部不能包含任何 NUL 字符。但是, 非字符串数据内部包含零值的情况并不罕见。我们无法使用字符串函数来处理这种类型的数据, 因为当它们遇到第 1 个 NUL 字节时将停止工作。

不过, 我们可以使用另外一组相关的函数, 它们的操作与字符串函数类似, 但这些函数能够处理任意的字节序列。下面是它们的原型:

```
void    *memcpy( void *dst, void const *src, size_t length );
void    *memmove( void *dst, void const *src, size_t length );
void    *memcmp( void const *a, void const *b, size_t length );
void    *memchr( void const *a, int ch, size_t length );
void    *memset( void *a, int ch, size_t length );
```

每个原型都包含一个显式的参数来说明需要处理的字节数。但和 strn 带头的函数不同, 它们在遇到 NUL 字节时并不会停止操作。

memcpy 从 src 的起始位置复制 length 个字节到 dst 的内存起始位置。可以用这种方法复制任何类型的值, 第 3 个参数指定复制值的长度 (以字节计)。如果 src 和 dst 以任何形式出现了重叠, 它的结果是未定义的。

例如:

```
char    temp[SIZE], values[SIZE];
...
memcpy( temp, values, SIZE );
```

它从数组 values 复制 SIZE 个字节到数组 temp。

但是, 如果两个数组都是整型数组该怎么办呢? 下面的语句可以完成这项任务:

```
memcpy( temp, values, sizeof( values ) );
```

前两个参数并不需要使用强制类型转换, 因为在函数的原型中, 参数的类型是 void*型指针, 而任何类型的指针都可以转换为 void*型指针。

如果数组只有部分内容需要复制, 那么需要复制的数量必须在第 3 个参数中指明。对于长度大于一个字节的数据, 要确保把数量和数据类型的长度相乘, 例如:

```
memcpy( saved_answers, answers, count * sizeof( answers[0] ) );
```

也可以使用这种技巧复制结构或结构数组。

memmove 函数的行为和 memcpy 差不多, 只是它的源操作数和目标操作数可以重叠。虽然它并不需要以下面这种方法实现, 但 memmove 的结果和这种方法的结果相同:把源操作数复制到一个临时位置, 这个临时位置不会与源或目标操作数重叠, 然后再把它从这个临时位置复制到目标操作数。

memmove 通常无法使用某些机器所提供的特殊的字节-字符串处理指令来实现，所以它可能比 memcpy 慢一些。但是，如果源和目标参数真的可能存在重叠，就应该使用 memmove，如下例所示：

```
/*
** Shift the values in the x array left one position.
*/
memmove( x, x + 1, ( count - 1 ) * sizeof( x[ 0 ] ) );
```

memcmp 对两段内存中的内容进行比较，这两段内存分别起始于 a 和 b，共比较 length 个字节。这些值按照无符号字符逐字节进行比较，函数的返回类型和 strcmp 函数一样——负值表示 a 小于 b，正值表示 a 大于 b，零表示 a 等于 b。由于这些值是根据一串无符号字节进行比较的，因此如果 memcmp 函数用于比较不是单字节的数据（如整数或浮点数），就可能给出不可预料的结果。

memchr 从 a 的起始位置开始查找字符 ch 第 1 次出现的位置，并返回一个指向该位置的指针，它共查找 length 个字节。如果在这 length 个字节中未找到该字符，函数就返回一个 NULL 指针。

最后，memset 函数把从 a 开始的 length 个字节都设置为字符值 ch。例如：

```
memset( buffer, 0, SIZE );
```

把 buffer 的前 SIZE 个字节都初始化为 0。

9.10 总结

字符串就是零个或多个字符的序列，该序列以一个 NUL 字节结尾。字符串的长度就是它所包含的字符的数目。标准库提供了一些函数用于处理字符串，它们的原型位于头文件 string.h 中。

strlen 函数用于计算一个字符串的长度，它的返回值是一个无符号整数，所以把它用于表达式时应该小心。strcpy 函数把一个字符串从一个位置复制到另一个位置，而 strcat 函数把一个字符串的一份拷贝添加到另一个字符串的后面。这两个函数都假定它们的参数是有效的字符串，而且如果源字符串和目标字符串出现重叠，函数的结果是未定义的。strcmp 对两个字符串进行词典序的比较。它的返回值提示第 1 个字符串是大于、小于还是等于第 2 个字符串。

长度受限的函数 strncpy、strncat 和 strncmp 都类似它们对应的不受限制版本，区别在于这些函数还接受一个长度参数。在 strncpy 中，长度指定了多少个字符将被写入到目标字符数组中。如果源字符串比指定长度更长，结果字符串将不会以 NUL 字节结尾。strncat 函数的长度参数指定从源字符串复制过来的字符的最大数目，但它的结果始终以一个 NUL 字节结尾。strncmp 函数的长度参数用于限定字符比较的数目。如果两个字符串在指定的数目里不存在区别，它们便被认为是相等的。

用于查找字符串的函数有好几个。strchr 函数查找一个字符串中某个字符第一次出现的位置。strrchr 函数查找一个字符串中某个字符最后一次出现的位置。strpbrk 在一个字符串中查找一个指定字符集中任意字符第一次出现的位置。strstr 函数在一个字符串中查找另一个字符串第一次出现的位置。

标准库还提供了一些更加高级的字符串查找函数。strspn 函数计算一个字符串的起始部分匹配一个指定字符集中任意字符的字符数量。strcspn 函数计算一个字符串的起始部分不匹配一个指定字符集中任意字符的字符数量。strtok 函数把一个字符串分割成几个标记。每次调用它时，都返回一个指向字符串中下一个标记位置的指针。这些标记由一个指定字符集的一个或多个字符分隔。

strerror 把一个错误代码作为它的参数。它返回一个指向字符串的指针，该字符串用于描述这个错误。

　　标准库还提供了各种用于测试和转换字符的函数。使用这些函数的程序比那些自己执行字符测试和转换的程序更具移植性。toupper 函数把一个小写字母字符转换为大写形式，tolower 函数则执行相反的任务。iscntrl 函数检查它的参数是不是一个控制字符，isspace 函数测试它的参数是否为空白字符。isdigit 函数用于测试它的参数是否为一个十进制数字字符，isxdigit 函数则检查它的参数是否为一个十六进制数字字符。islower 和 isupper 函数分别检查它们的参数是否为大写和小写字母。isalpha 函数检查它的参数是否为字母字符，isalnum 函数检查它的参数是否为字母或数字字符，ispunct 函数检查它的参数是否为标点符号字符。最后，isgraph 函数检查它的参数是否为图形字符，isprint 函数检查它的参数是否为图形字符或空白字符。

　　memxxx 函数提供了类似字符串函数的能力，但可以处理包括 NUL 字节在内的任意字节。这些函数都接受一个长度参数。memcpy 从源参数向目标参数复制由长度参数指定的字节数。memmove 函数执行相同的功能，但它能够正确处理源参数和目标参数出现重叠的情况。memcmp 函数比较两个序列的字节，memchr 函数在一个字节序列中查找一个特定的值。最后，memset 函数把一序列字节初始化为一个特定的值。

9.11　警告的总结

1. 应该在使用有符号数的表达式中使用 strlen 函数。
2. 在表达式中混用有符号数和无符号数。
3. 使用 strcpy 函数把一个长字符串复制到一个较短的数组中，导致数组溢出。
4. 使用 strcat 函数把一个字符串添加到一个数组中，导致数组溢出。
5. 把 strcmp 函数的返回值当作布尔值进行测试。
6. 把 strcmp 函数的返回值与 1 和-1 进行比较。
7. 使用并非以 NUL 字节结尾的字符序列。
8. 使用 strncpy 函数产生不以 NUL 字节结尾的字符串。
9. 把 strncpy 函数和 strxxx 族函数混用。
10. 忘记 strtok 函数将会修改它所处理的字符串。
11. strtok 函数是不可再入的[1]。

9.12　编程提示的总结

1. 不要试图自己编写功能相同的函数来取代库函数。
2. 使用字符分类和转换函数可以提高函数的移植性。

9.13　问题

1. C 语言缺少显式的字符串数据类型，这是一个优点还是一个缺点？
2. strlen 函数返回一个无符号量（size_t），为什么这里无符号值比有符号值更合适？返回无符

1　译注：不可再入是指函数在连续几次调用中，即使它们的参数相同，其结果也可能不同。

号值其实也有缺点，这是为什么？

3. 如果 strcat 和 strcpy 函数返回一个指向目标字符串末尾的指针，与事实上返回一个指向目标字符串起始位置的指针相比，有没有什么优点？

4. 如果从数组 x 复制 50 个字节到数组 y，最简单的方法是什么？

5. 假定有一个名叫 buffer 的数组，它的长度为 BSIZE 字节，用下面这条语句把一个字符串复制到这个数组：

```
strncpy( buffer, some_other_string, BSIZE - 1 );
```

它能不能保证 buffer 中的内容是一个有效的字符串？

6. 用下面这种方法

```
if( isalpha( ch ) ){
```

取代下面这种显式的测试有什么优点？

```
if( ch >= 'A' && ch <= 'Z' ||
    ch >= 'a' && ch <= 'z' ){
```

7. 下面的代码怎样进行简化？

```
for( p_str = message; *p_str != '\0'; p_str++ ){
    if( islower( *p_str ) )
        *p_str = toupper( *p_str );
}
```

8. 下面的表达式有何不同？

```
memchr( buffer, 0, SIZE ) - buffer
strlen( buffer )
```

9.14 编程练习

★ 1. 编写一个程序，从标准输入读取一些字符，并统计下列各类字符所占的百分比。
    控制字符
    空白字符
    数字
    小写字母
    大写字母
    标点符号
    不可打印的字符
    请使用在 ctype.h 头文件中定义的字符分类函数。

★ 2. 编写一个名叫 my_strlen 的函数。它类似于 strlen 函数，但它能够处理由于使用 strn---函数而创建的未以 NUL 字节结尾的字符串。需要向函数传递一个参数，它的值就是这样一个数组的长度，即这个数组保存了需要进行长度测试的字符串。

★ 3. 编写一个名叫 my_strcpy 的函数。它类似于 strcpy 函数，但不会溢出目标数组。复制的结果必须是一个真正的字符串。

★ 4. 编写一个名叫 my_strcat 的函数。它类似于 strcat 函数，但不会溢出目标数组。它的结果必须是一个真正的字符串。

★　5.　编写下面的函数：

```
void my_strncat( char *dest, char *src, int dest_len );
```

它用于把 src 中的字符串连接到 dest 中原有字符串的末尾，但保证不会溢出长度为 dest_len 的 dest 数组。和 strncat 函数不同，这个函数也会考虑原先存在于 dest 数组的字符串长度，因此能够保证不会超越数组边界。

★　6.　编写一个名叫 my_strcpy_end 的函数，用来取代 strcpy 函数，它返回一个指向目标字符串末尾的指针（也就是说，指向 NUL 字节的指针），而不是返回一个指向目标字符串起始位置的指针。

★　7.　编写一个名叫 my_strrchr 的函数，它的原型如下：

```
char *my_strrchr( char const *str, int ch );
```

这个函数类似于 strchr 函数，只是它返回的是一个指向 ch 字符在 str 字符串中最后一次出现（最右边）的位置的指针。

★　8.　编写一个名叫 my_strnchr 的函数，它的原型如下：

```
char *my_strnchr( char const *str, int ch, int which );
```

这个函数类似于 strchr 函数，但它的第 3 个参数指定 ch 字符在 str 字符串中第几次出现。例如，如果第 3 个参数为 1，这个函数的功能就和 strchr 完全一样。如果第 3 个参数为 2，这个函数就返回一个指向 ch 字符在 str 字符串中第 2 次出现的位置的指针。

★ ★　9.　编写一个函数，它的原型如下：

```
int count_chars( char const *str,
char const *chars );
```

函数应该在第 1 个参数中进行查找，并返回匹配第 2 个参数所包含的字符的数量。

★ ★ ★　10.　编写函数

```
int palindrome( char *string );
```

如果参数字符串是个回文，函数就返回真，否则就返回假。回文就是指一个字符串从左向右读和从右向左读是一样的[1]。函数应该忽略所有的非字母字符，而且在进行字符比较时不用区分大小写。

★ ★ ★　11.　编写一个程序，对标准输入进行扫描，并对单词"the"出现的次数进行计数。进行比较时应该区分大小写，所以"The"和"THE"并不计算在内。我们可以认为各单词由一个或多个空格字符分隔，而且输入行在长度上不会超过 100 字符。计数结果应该写到标准输出上。

★ ★ ★　12.　有一种技巧可以对数据进行加密，并使用一个单词作为它的密匙。下面是它的工作原理：首先，选择一个单词作为密匙，如 TRAILBLAZERS。如果单词中包含有重复的字母，则只保留第一个，其余几个丢弃。现在，修改过的那个单词列于字母表的下面，如下所示：

1　前提是空白字符、标点符号和大小写状态被忽略。当 Adam（亚当）第 1 次遇到 Eve（夏娃）时他可能会说的一句话："Madam, I'm Adam"就是回文一例。

```
A B C D E F G H I J K L M N O P Q R S T U V W X Y Z
T R A I L B Z E S
```

最后，底下那行用字母表中剩余的字母填充完整：

```
A B C D E F G H I J K L M N O P Q R S T U V W X Y Z
T R A I L B Z E S C D F G H J K M N O P Q U V W X Y
```

在对信息进行加密时，信息中的每个字母被固定于顶上那行，并用下面那行的对应字母一一取代原文的字母。因此，使用这个密匙，ATTACK AT DAWN（黎明时攻击）就会被加密为 TPPTAD TP ITVH。

这个题材共有 3 个程序（包括下面两个练习），在第一个程序中，需要编写函数：

```
int prepare_key( char *key );
```

它接受一个字符串参数，它的内容就是需要使用的密匙单词。函数根据上面描述的方法把它转换成一个包含编好码的字符数组。假定 key 参数是个字符数组，其长度至少可以容纳 27 字符。函数必须把密匙中的所有字符要么转换为大写字母，要么转换为小写字母（随意选择），并从单词中去除重复的字母，然后再用字母表中剩余的字母按照原先所选择的大小写形式填充到 key 数组中。如果处理成功，函数返回一个真值。如果 key 参数为空或者包含任何非字母字符，函数将返回一个假值。

★★ 13. 编写下面的函数：

```
void encrypt( char *data, char const *key );
```

它使用前题 prepare_key 函数所产生的密匙对 data 中的字符进行加密。data 中的非字母字符不做修改，但字母字符则用密匙所提供的编码后的字符一一取代源字符。字母字符的大小写状态应该保留。

★★ 14. 这个问题的最后部分就是编写下面的函数：

```
void decrypt( char *data, char const *key );
```

它接受一个加过密的字符串为参数，它的任务是重现原来的信息。除了它是用于解密之外，它的工作原理应该与 encrypt 相同。

★★★ 15. 标准 I/O 库并没有提供一种机制，在打印大整数时用逗号进行分隔。在这个练习中，需要编写一个程序，为美元数额的打印提供这个功能。函数将把一个数字字符串（代表以美分为单位的金额）转换为美元形式，如下面的例子所示：

输入	输出	输入	输出
空	$0.00	12345	$123.45
1	$0.01	123456	$1,234.56
12	$0.12	1234567	$12,345.67
123	$1.23	12345678	$123,456.78
1234	$12.34	123456789	$1,234,567.89

下面是函数的原型：

```
void dollars( char *dest, char const *src );
```

src 将指向需要被格式化的字符（可以假定它们都是数字）。函数应该像上面例子所示的那样对字符进行格式化，并把结果字符串保存到 dest 中。应该保证所创建的字符串以一个 NUL 字节结尾。src 的值不应被修改。应该使用指针而不是下标。

提示：首先找到第 2 个参数字符串的长度。这个值有助于判断逗号应插入到什么位置。同时，小数点和最后两位数字应该是唯一需要处理的特殊情况。

★★★ 16. 这个程序与前一个练习的程序相似，但它更为通用。它按照一个指定的格式字符串对一个数字字符串进行格式化，类似于许多 BASIC 编译器所提供的 "print using" 语句。函数的原型应该如下：

```
int format( char *format_string,
            char const *digit_string );
```

digit_string 中的数字根据一开始在 format_string 中找到的字符从右到左逐个复制到 format_string 中。注意，被修改后的 format_string 就是这个处理过程的结果。在完成时要确定 format_string 依然是以 NUL 字节结尾的。根据格式化过程中是否出现错误，函数返回真或假。

格式字符串可以包含下列字符。

\#　　在两个字符串中都是从右向左进行操作。格式字符串中的每个#字符都被数字字符串中的下一个数字取代。如果数字字符串用完，格式字符串中所有剩余的#字符由空白代替（但存在例外，请参见下面对小数点的讨论）。

,　　如果逗号左边至少有一位数字，那么它就不做修改。否则它由空白代替。

.　　小数点始终作为小数点存在。如果小数点左边没有一位数字，那么小数点左边的那个位置以及右边直到有效数字为止的所有位置都由 0 填充。

下面的例子说明了调用这个函数的一些结果。符号□用于表示空白。

为了简化这个项目，可以假定格式字符串所提供的格式总是正确的。最左边至少有一个#符号，小数点和逗号的右边也至少有一个#符号，而且逗号绝不会出现在小数点的右边。我们需要进行检查的错误只有：

a）数字字符串中的数字多于格式字符串中的#符号；

b）数字字符串为空。

发生这两种错误时，函数返回假，否则返回真。如果数字字符串为空，格式字符串在返回时应未做修改。如果使用指针而不是下标来解决问题，将会学到更多的东西。

格式字符串	数字字符串	结果格式字符串
#####	12345	12345
#####	123	□□123
##,###	1234	□1,234
##,###	123	□□□123
##,###	1234567	34,567
#,###,###.##	123456789	1,234,567.89
#,###,###.##	1234567	□□□12,345.67
#,###,###.##	123	□□□□□□□□1.23
#,###,###.##	1	□□□□□□□□0.01
#####.#####	1	□□□□0.00001

提示：开始时让两个指针分别指向格式字符串和数字字符串的末尾，然后从右向左进行处理。对于作为参数传递给函数的指针，必须保留它的值，这样就可以判断是否到达了这些字符串的左端。

★★★★ 17. 这个程序与前两个练习类似，但更加一般化。它允许调用程序把逗号放在大数的内部、去除多余的前导零以及提供一个浮动美元符号等。

这个函数的操作类似于 IBM 370 机器上的 Edit 和 Mark 指令。它的原型如下：

```
char *edit( char *pattern, char const *digits );
```

它的基本思路很简单。模式（pattern）就是一个图样，处理结果看上去应该像它的样子。数字字符串中的字符根据这个图样所提供的方式**从左向右**复制到模式字符串。

数字字符串的第 1 位有效数字很重要。结果字符串中所有在第一位有效数字之前的字符都由一个"填充"字符代替，函数将返回一个指针，它所指向的位置正是第 1 位有效数字在结果字符串中的存储位置（调用程序可以根据这个返回指针，把一个浮动美元符号放在这个值左边的毗邻位置）。这个函数的输出结果就像支票上打印的结果一样——这个值左边所有的空白由星号或其他字符填充。

在描述这个函数的详细处理过程之前，看一些这个操作的例子是有很帮助的。为了清晰起见，符号¤用于表示空格。结果字符串中带下划线的那个数字就是返回值指针所指向的字符（也就是第 1 位有效数字），如果结果字符串中不存在带下划线的字符，就说明函数的返回值是个 NULL 指针。

模式字符串	数字字符串	结果字符串
*#,###	1234	*<u>1</u>,234
*#,###	123456	*<u>1</u>,234
*#,###	12	*<u>1</u>,2
*#,###	0012	****<u>1</u>2
*#,###	¤¤12	****<u>1</u>2
*#,###	¤1¤¤	***<u>1</u>00
*X#Y#Z	空	**
¤#,##!.##	¤23456	¤¤¤<u>2</u>34.56
¤#,##!.##	023456	¤¤¤<u>2</u>34.56
$#,##!.##	¤¤¤456	$$$$<u>4</u>.56
$#,##!.##	0¤¤¤¤6	$$$$<u>0</u>.06
$#,##!.##	0	$$$
$#,##!.##	1	$<u>1</u>,
$#,##!.##	Hi¤there	$<u>H</u>,i0t.he

现在，让我们讨论这个函数的细节。函数的第 1 个参数就是模式，模式字符串的第 1 个字符就是"填充字符"。函数使数字字符串修改模式字符串中剩余的字符来产生结果字符串。在处理过程中，模式字符串将被修改。输出字符串不可能比原先的模式字符串更长，所以不存在溢出第 1 个参数的危险（因此不需要对此进行检查）。

模式是从左向右逐个字符进行处理的。每个位于填充字符后面的字符的处理结果将是三选一：原样保留，不做修改；被一个数字字符串中的字符代替；被填充字符代替。

数字字符串也是从左向右进行处理的，但它本身在处理过程中绝不会被修改。虽然它被称为"数字字符串"，但是它也可以包含任何其他字符，如上面的例子所示。但是，数字字符串中的空格应该和数字 0 一样对待（它们的处理结果相同）。

函数必须保持一个"有效"标志，用于标志是否有任何有效数字从数字字符串复制到模式字符串。数字字符串中的前导空格和前导零并非有效数字，其余的字符都是有效数字。

如果模式字符串或数字字符串有一个是 NULL，那就是个错误。在这种情况下，函数应该立即返回 NULL。

下表列出了所有需要的处理过程。列标题"signif"就是有效标志。"模式"和"数字"分别表示模式字符串和数字字符串的下一个字符。表的左边列出了所有可能出现的不同情况，表的右边描述了每种情况需要的处理过程。例如，如果下一个模式字符是'#'，有效标志就设为"假"。数字字符串的下一个字符是'0'，所以用一个填充字符代替模式字符串中的#字符，对有效标志不做修改。

如果你找到这个……			你应该这样处理……		
模式	signif	数字	模式	signif	说明
'\0'	无关紧要	不使用	不做修改	不做修改	返回保存的指针
'#'	无关紧要	'\0'	'\0'	不做修改	返回保存的指针
	假	'0'或' '	填充字符	不做修改	
		其他任何字符	数字	真	保存指向该字符的指针
	真	任何字符	数字	不做修改	
'!'	无关紧要	'\0'	'\0'	不做修改	返回保存的指针
	假	任何字符	数字	真	保存指向该字符的指针
	真	任何字符	数字	不做修改	
其他任何符号	假	不使用	填充字符	不做修改	
	真	不使用	不做修改	不做修改	

结构和联合

数据经常以成组的形式存在。例如，雇主必须明了每位雇员的姓名、年龄和工资。如果这些值能够存储在一起，访问起来会简单一些。但是，如果这些值的类型不同（就像现在这种情况），则无法存储于同一个数组中。在 C 中，使用结构可以把不同类型的值存储在一起。

10.1 结构基础知识

聚合数据类型（aggregate data type）能够同时存储一个以上的单独数据。C 提供了两种类型的聚合数据类型：数组和结构。数组是相同类型的元素的集合，它的每个元素是通过下标引用或指针间接访问来选择的。

结构也是一些值的集合，这些值称为它的**成员**（member），但一个结构的各个成员可能具有不同的类型。结构和 Pascal 或 Modula 中的记录（record）非常相似。

数组元素可以通过下标访问，这只是因为数组的元素长度相同。但是，在结构中情况并非如此。由于一个结构的成员可能长度不同，因此不能使用下标来访问它们。相反，每个结构成员都有自己的名字，它们是通过名字访问的。

这个区别非常重要。结构并不是一个它自身成员的数组。和数组名不同，当一个结构变量在表达式中使用时，它并不被替换成一个指针。结构变量也无法使用下标来选择特定的成员。

结构变量属于标量类型，所以可以像对待其他标量类型那样执行相同类型的操作。结构也可以作为传递给函数的参数，它们也可以作为返回值从函数返回；相同类型的结构变量相互之间可以赋值。可以声明指向结构的指针，取一个结构变量的地址，也可以声明结构数组。但是，在讨论这些话题之前，我们必须知道一些更为基础的东西。

10.1.1 结构声明

在声明结构时，必须列出它包含的所有成员。这个列表包括每个成员的类型和名字。

```
struct tag { member-list } variable-list ;
```

声明结构的语法需要做一些解释。所有可选部分不能全部省略——它们至少要出现两个[1]。

这里有几个例子。

```
struct  {
        int     a;
        char    b;
        float   c;
} x;
```

这个声明创建了一个名叫 x 的变量，它包含 3 个成员：一个整数、一个字符和一个浮点数。

```
struct  {
        int     a;
        char    b;
        float   c;
} y[20], *z;
```

这个声明创建了 y 和 z。y 是一个数组，它包含了 20 个结构。z 是一个指针，它指向这个类型的结构。

警告：

这两个声明被编译器当作两种截然不同的类型，即使它们的成员列表完全相同。因此，变量 y 和 z 的类型与 x 的类型不同，所以下面这条语句

```
z = &x;
```

是非法的。

这是不是意味着某种特定类型的所有结构都必须使用一个单独的声明来创建呢？

幸运的是，事实并非如此。标签（tag）字段允许为成员列表提供一个名字，这样它就可以在后续的声明中使用。标签允许多个声明使用同一个成员列表，并且创建同一种类型的结构。这里有个例子：

```
struct  SIMPLE  {
        int     a;
        char    b;
        float   c;
};
```

这个声明把标签 SIMPLE 和这个成员列表联系在一起。该声明并没有提供变量列表，所以它并未创建任何变量。

这个声明类似于制造一个甜饼切割器。甜饼切割器决定了做出来的甜饼的形状，但其本身却不是甜饼。标签标识了一种模式，用于声明未来的变量，但无论是标签还是模式，其本身都不是变量。

```
struct  SIMPLE  x;
struct  SIMPLE  y[20], *z;
```

这些声明使用标签来创建变量。它们创建和最初两个例子一样的变量，但存在一个重要的区别——现在 x、y 和 z 都是同一种类型的结构变量。

声明结构时可以使用的另一种良好技巧是用 typedef 创建一种新的类型，如下面的例子所示：

```
typedef struct  {
        int     a;
        char    b;
        float   c;
} Simple;
```

这个技巧和声明一个结构标签的效果几乎相同。区别在于 Simple 现在是个类型名而不是个结构

1　这个规则的一个例外是结构标签的不完整声明，将在本章后面部分描述。

标签，所以后续的声明可能像下面这个样子：

```
Simple  x;
Simple  y[20], *z;
```

提示：

如果想在多个源文件中使用同一种类型的结构，就应该把标签声明或 typedef 形式的声明放在一个头文件中。如果源文件需要这个声明，可以使用#include 指令把那个头文件包含进来。

10.1.2　结构成员

到目前为止的例子里，只使用了简单类型的结构成员，但可以在一个结构外部声明的任何变量都可以作为结构的成员。尤其是，结构成员可以是标量、数组、指针甚至是其他结构。

这里有一个更为复杂的例子：

```
struct  COMPLEX {
        float   f;
        int     a[20];
        long    *lp;
        struct  SIMPLE  s;
        struct  SIMPLE  sa[10];
        struct  SIMPLE  *sp;
};
```

一个结构的成员的名字可以和其他结构的成员的名字相同，所以这个结构的成员 a 并不会与 struct SIMPLE s 的成员 a 冲突。正如接下去看到的那样，成员的访问方式允许指定任何一个成员而不至于产生歧义。

10.1.3　结构成员的直接访问

结构变量的成员是通过点操作符（.）访问的。点操作符接受两个操作数：左操作数就是结构变量的名字；右操作数就是需要访问的成员的名字。这个表达式的结果就是指定的成员。例如，考虑下面这个声明：

```
struct COMPLEX comp;
```

名字为 a 的成员是一个数组，所以表达式 comp.a 就选择了这个成员。这个表达式的结果是个数组名，所以可以把它用在任何可以使用数组名的地方。类似地，成员 s 是个结构，所以表达式 comp.s 的结果是个结构名，它可以用于任何可以使用普通结构变量的地方。尤其是，我们可以把这个表达式用作另一个点操作符的左操作符，如(comp.s).a，用来选择结构 comp 的成员 s（也是一个结构）的成员 a。点操作符的结合性是从左向右，所以可以省略括号，表达式 comp.s.a 表示同样的意思。

这里有一个更为复杂的例子。成员 sa 是一个结构数组，所以 comp.sa 是一个数组名，它的值是一个指针常量。对这个表达式使用下标引用操作，如(comp.sa)[4]将选择一个数组元素。但这个元素本身是一个结构，所以可以使用另一个点操作符取得它的成员之一。下面就是一个这样的表达式：

```
( (comp.sa)[4] ).c
```

下标引用和点操作符具有相同的优先级，它们的结合性都是从左向右，所以可以省略所有的括号。下面的表达式和前面那个表达式是等效的。

```
comp.sa[4].c
```

10.1.4 结构成员的间接访问

如果你拥有一个指向结构的指针，该如何访问这个结构的成员呢？首先就是对指针执行间接访问操作，从而获得这个结构。然后再使用点操作符来访问它的成员。但是，点操作符的优先级高于间接访问操作符，所以必须在表达式中使用括号，确保间接访问首先执行。举个例子，假定一个函数的参数是个指向结构的指针，如下面的原型所示：

```
void    func( struct COMPLEX *cp );
```

函数可以使用下面这个表达式来访问这个变量所指向的结构的成员 f：

```
(*cp).f
```

对指针执行间接访问将访问结构，然后点操作符访问一个成员。

由于这个概念有点惹人厌，因此 C 语言提供了一个更为方便的操作符来完成这项工作——->操作符（也称箭头操作符）。和点操作符一样，箭头操作符接受两个操作数，但左操作数必须是一个指向结构的**指针**。箭头操作符对左操作数执行间接访问取得指针所指向的结构，然后和点操作符一样，根据右操作数选择一个指定的结构成员。但是，间接访问操作内建于箭头操作符中，所以不需要显式地执行间接访问或使用括号。这里有一些例子，它们像前面一样使用同一个指针。

```
cp->f
cp->a
cp->s
```

第 1 个表达式访问结构的浮点数成员，第 2 个表达式访问一个数组名，第 3 个表达式则访问一个结构。后文将给出为数众多的例子，可以帮助大家弄清如何访问结构成员。

10.1.5 结构的自引用

在一个结构内部包含一个类型为该结构本身的成员是否合法呢？这里有一个例子，可以说明这个想法：

```
struct   SELF_REF1 {
        int      a;
        struct   SELF_REF1 b;
        int      c;
};
```

这种类型的自引用是非法的，因为成员 b 是另一个完整的结构，其内部还将包含它自己的成员 b。这第二个成员又是另一个完整的结构，它还将包括它自己的成员 b。这样重复下去永无止境。这有点像永远不会终止的递归程序。但下面这个声明却是合法的，你能看出其中的区别吗？

```
struct   SELF_REF2 {
        int      a;
        struct   SELF_REF2 *b;
        int      c;
};
```

这个声明和前面那个声明的区别在于 b 现在是一个指针而不是结构。编译器在结构的长度确定之前就已经知道指针的长度，所以这种类型的自引用是合法的。

如果你觉得一个结构内部包含一个指向该结构本身的指针有些奇怪，请记住它事实上所指向的是同一种类型的**不同**结构。更加高级的数据结构，如链表和树，都是用这种技巧实现的。每个结构指向链表的下一个元素或树的下一个分枝。

警告：

警惕下面这个陷阱：

```
typedef struct {
        int       a;
        SELF_REF3 *b;
        int       c;
} SELF_REF3;
```

这个声明的目的是为这个结构创建类型名 SELF_REF3，但是它失败了。类型名直到声明的末尾才定义，所以在结构声明的内部它尚未定义。

解决方案是定义一个结构标签来声明 b，如下所示：

```
typedef struct  SELF_REF3_TAG {
        int       a;
        struct    SELF_REF3_TAG *b;
        int       c;
} SELF_REF3;
```

10.1.6　不完整的声明

有时候，我们必须声明一些相互之间存在依赖的结构。也就是说，其中一个结构包含了另一个结构的一个或多个成员。和自引用结构一样，至少有一个结构必须在另一个结构内部以指针的形式存在。问题在于声明部分：如果每个结构都引用了其他结构的标签，应该首先声明哪个结构呢？

这个问题的解决方案是使用不完整声明（incomplete declaration），它声明一个作为结构标签的标识符。然后可以把这个标签用在不需要知道这个结构的长度的声明中，如声明指向这个结构的指针。接下来的声明把这个标签与成员列表联系在一起。

考虑下面这个例子，两个不同类型的结构内部都有一个指向另一个结构的指针：

```
struct  B;

struct  A        {
        struct  B        *partner;
        /* other declarations */
};

struct  B        {
        struct  A        *partner;
        /* other declarations */
};
```

在 A 的成员列表中需要标签 B 的不完整声明。一旦 A 被声明之后，B 的成员列表也可以被声明。

10.1.7　结构的初始化

结构的初始化方式和数组的初始化很相似。一个位于一对花括号内部、由逗号分隔的初始值列表可用于结构中各个成员的初始化。这些值根据结构成员列表的顺序写出。如果初始列表的值不够，剩余的结构成员将使用缺省值进行初始化。

结构中如果包含数组或结构成员，其初始化方式类似于多维数组的初始化。一个完整的聚合类型成员的初始值列表可以嵌套于结构的初始值列表内部。这里有一个例子：

```
struct  INIT_EX {
        int       a;
        short     b[10];
        Simple    c;
```

```
} x = {
    10,
    { 1, 2, 3, 4, 5 },
    { 25, 'x', 1.9 }
};
```

10.2　结构、指针和成员

直接或通过指针访问结构和它们的成员的操作符是相当简单的，但是当它们应用于复杂的情形时就有可能引起混淆。这里有几个例子，能帮助大家更好地理解这两个操作符的工作过程。这些例子使用了下面的声明：

```
typedef struct  {
        int     a;
        short   b[2];
} Ex2;
typedef struct EX {
        int     a;
        char    b[3];
        Ex2     c;
        struct EX       *d;
} Ex;
```

类型为 EX 的结构可以用下面的图表示。

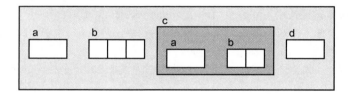

这里用图的形式来表示结构，可使这些例子看上去更清楚一些。事实上，上图并不完全准确，因为编译器只要有可能，就会设法避免成员之间的浪费空间。

第一个例子将使用这些声明：

```
Ex      x = { 10, "Hi", { 5, { -1, 25 } }, 0 };
Ex      *px = &x;
```

它将产生下面这些变量：

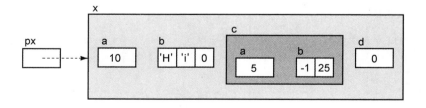

现在使用第 6 章的记法研究和图解各个不同的表达式。

10.2.1　访问指针

让我们从指针变量开始。表达式 px 的右值如下所示。

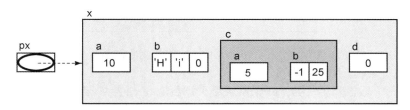

px 是一个指针变量,但此处并不存在任何间接访问操作符,所以这个表达式的值就是 px 的内容。这个表达式的左值如下所示。

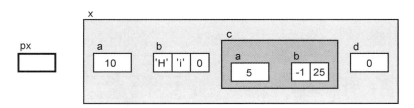

它显示了 px 的旧值将被一个新值所取代。

现在考虑表达式 px + 1。这个表达式并不是一个合法的左值,因为它的值并不存储于任何可标识的内存位置。这个表达式的右值更为有趣。如果 px 指向一个结构数组的元素,这个表达式将指向该数组的下一个结构。但就算如此,这个表达式仍然是非法的,因为我们没办法分辨内存下一个位置所存储的是这些结构元素之一还是其他东西。编译器无法检测到这类错误,所以必须自己判断指针运算是否有意义。

10.2.2　访问结构

我们可以使用*操作符对指针执行间接访问。表达式*px 的右值是 px 所指向的整个结构。

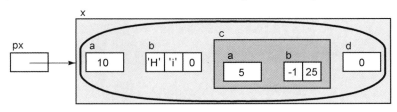

间接访问操作随箭头访问结构,所以使用实线显示,其结果就是整个结构。可以把这个表达式赋值给另一个类型相同的结构,也可以把它作为点操作符的左操作数,访问一个指定的成员。也可以把它作为参数传递给函数,还可以把它作为函数的返回值返回(不过,最后这两个操作需要考虑效率问题,以后将会对此详述)。表达式*px 的左值如下所示。

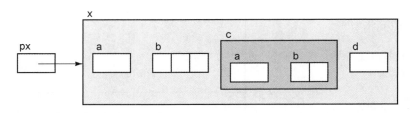

这里，结构将接受一个新值，或者更精确地说，它将接受它的所有成员的新值。作为左值，重要的是位置，而不是这个位置所保存的值。

表达式*px + 1 是非法的，因为*px 的结果是一个结构。C 语言并没有定义结构和整型值之间的加法运算。但表达式*(px + 1)又如何呢？如果 x 是一个数组的元素，这个表达式表示它后面的那个结构。但是，x 是一个标量，所以这个表达式实际上是非法的。

10.2.3　访问结构成员

现在让我们来看一下箭头操作符。表达式 px->a 的右值如下所示。

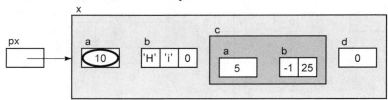

->操作符对 px 执行间接访问操作（由实线箭头提示），它首先得到它所指向的结构，然后访问成员 a。如果拥有一个指向结构的指针但又不知道结构的名字，便可以使用表达式 px->a。如果知道这个结构的名字，也可以使用功能相同的表达式 x.a。

在此我们稍作停顿，相互比较一下表达式*px 和 px->a。在这两个表达式中，px 所保存的地址都用于寻找这个结构。但结构的第 1 个成员是 a，所以 a 的地址和结构的地址是一样的。这样 px 看上去是指向整个结构，同时指向结构的第 1 个成员：毕竟，它们具有相同的地址。但是，这个分析只有一半是正确的。尽管两个地址的值是相等的，但它们的类型不同。变量 px 被声明为一个指向结构的指针，所以表达式*px 的结果是整个结构，而不是它的第 1 个成员。

下面创建一个指向整型的指针：

```
int    *pi;
```

我们能不能让 pi 指向整型成员 a？如果 pi 的值和 px 相同，那么表达式*pi 的结果将是成员 a。但是，表达式

```
pi = px;
```

是非法的，因为它们的类型不匹配。使用强制类型转换就能奏效：

```
pi = (int *)px;
```

但这种方法是很危险的，因为它避开了编译器的类型检查。正确的表达式更为简单——使用&操作符取得一个指向 px->a 的指针：

```
pi = &px->a;
```

->操作符的优先级高于&操作符的优先级，所以这个表达式无须使用括号。让我们检查一下&px->a 的图，如下所示。

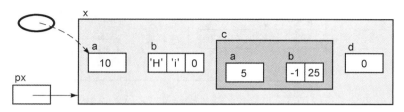

注意椭圆里的值是如何直接指向结构的成员 a 的，这与 px 相反，后者指向整个结构。在上面的赋值操作之后，pi 和 px 具有相同的值。但它们的类型是不同的，所以对它们使用间接访问操作所得的结果也不一样：*px 的结果是整个结构，*pi 的结果是一个单一的整型值。

这里还有一个使用箭头操作符的例子。表达式 px->b 的值是一个指针常量，因为 b 是一个数组。这个表达式不是一个合法的左值。下面是它的右值。

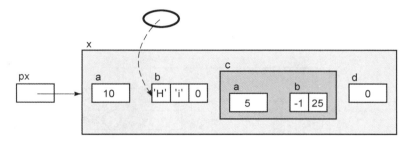

如果对这个表达式执行间接访问操作，它将访问数组的第 1 个元素。使用下标引用或指针运算，还可以访问数组的其他元素。表达式 px->b[1]访问数组的第 2 个元素，如下所示。

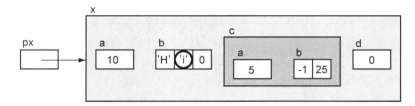

10.2.4　访问嵌套的结构

为了访问本身也是结构的成员 c，可以使用表达式 px->c。它的左值是整个结构。

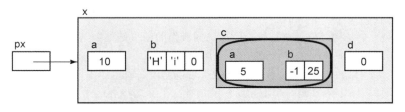

这个表达式可以使用点操作符访问 c 的特定成员。例如，表达式 px->c.a 具有下面的右值：

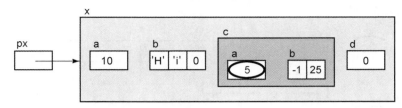

这个表达式既包含了点操作符，也包含了箭头操作符。之所以使用箭头操作符，是因为 px 并不是一个结构，而是一个指向结构的指针。接下来之所以要使用点操作符，是因为 px->c 的结果并不是一个指针，而是一个结构。

这里有一个更为复杂的表达式：

```
*px->c.b
```

如果对它进行逐步分析，这个表达式还是比较容易弄懂的。它有 3 个操作符，首先执行的是箭头操作符。px->c 的结果是结构 c。在表达式中增加.b 来访问结构 c 的成员 b。b 是一个数组，所以 px->b.c 的结果是一个（常量）指针，它指向数组的第 1 个元素。最后对这个指针执行间接访问，所以表达式的最终结果是数组的第 1 个元素。这个表达式可以图解为如下形式。

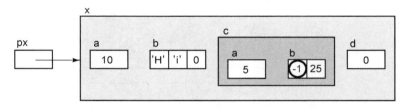

10.2.5 访问指针成员

表达式 px->d 的结果如我们所料——它的右值是 0，它的左值是它本身的内存位置。表达式 *px->d 更为有趣。这里间接访问操作符作用于成员 d 所存储的指针值。但 d 包含了一个 NULL 指针，所以它不指向任何东西。对一个 NULL 指针进行解引用操作是个错误，但正如以前讨论的那样，有些环境不会在运行时捕捉到这个错误。在这些机器上，程序将访问内存位置 0 的内容，把它也当作是结构成员之一，如果系统未发现错误，它还将继续下去。这个例子说明，对指针进行解引用操作之前检查一下它是否有效是非常重要的。

让我们创建另一个结构，并把 x.d 设置为指向它：

```
Ex        y;
x.d = &y;
```

现在可以对表达式*px->d 求值。

成员 d 指向一个结构，所以对它执行间接访问操作的结果是整个结构。这个新的结构并没有显式地初始化，所以在图中并没有显示它的成员的值。

正如我们可能预料的那样，这个新结构的成员可以通过在表达式中增加更多的操作符进行访问。我们使用箭头操作符，因为 d 是一个指向结构的指针。下面这些表达式是执行什么任务的呢？

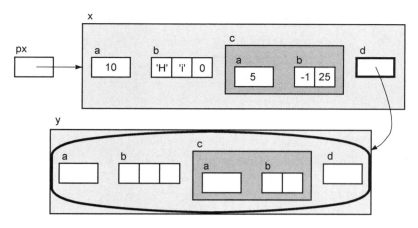

```
px->d->a
px->d->b
px->d->c
px->d->c.a
px->d->c.b[1]
```

最后一个表达式的右值可以图解为如下形式。

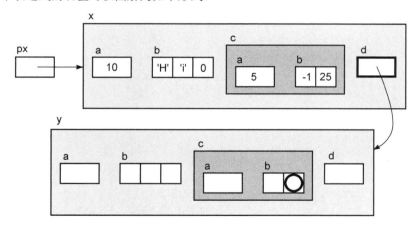

10.3　结构的存储分配

　　结构在内存中是如何实际存储的呢？前面例子的这张图似乎提示了结构内部包含了大量的未用空间。但这张图并不完全准确，编译器按照成员列表的顺序一个接一个地给每个成员分配内存。只有当存储成员时需要满足正确的边界对齐要求时，成员之间才可能出现用于填充的额外内存空间。

　　为了说明这一点，考虑下面这个结构：

```
struct  ALIGN    {
        char     a;
        int      b;
        char     c;
};
```

如果某个机器的整型值长度为 4 字节，并且它的起始存储位置必须能够被 4 整除，那么这一个结构在内存中的存储将如下所示。

系统禁止编译器在一个结构的起始位置跳过几个字节来满足边界对齐要求，因此所有结构的起始存储位置必须是结构中边界要求最严格的数据类型所要求的位置。因此，成员 a（最左边的那个方框）必须存储于一个能够被 4 整除的地址。结构的下一个成员是一个整型值，所以它必须跳过 3 个字节（用灰色显示）到达合适的边界才能存储。在整型值之后是最后一个字符。

如果声明了相同类型的第 2 个变量，它的起始存储位置也必须满足 4 这个边界，所以第 1 个结构的后面还要再跳过 3 字节才能存储第 2 个结构。因此，每个结构将占据 12 字节的内存空间，但实际只使用其中的 6 个。这个利用率可不是很出色。

可以在声明中对结构的成员列表重新排列，让那些对边界要求最严格的成员首先出现，对边界要求最弱的成员最后出现。这种做法可以最大限度地减少因边界对齐而带来的空间损失。例如，下面这个结构：

```
struct ALIGN2 {
int         b;
char        a;
char        c;
};
```

所包含的成员和前面那个结构一样，但它只占用 8 字节的空间，节省了 33%。两个字符可以紧挨着存储，所以只有结构最后面需要跳过的两个字节才被浪费。

提示：

有时，我们有充分的理由决定不对结构的成员进行重排，以减少因对齐带来的空间损失。例如，我们可能想把相关的结构成员存储在一起，提高程序的可维护性和可读性。但是，如果不存在这样的理由，结构的成员应该根据它们的边界需要进行重排，减少因边界对齐而造成的内存损失。

如果程序将创建几百个甚至几千个结构，减少内存浪费的要求就比程序的可读性更为急迫。在这种情况下，在声明中增加注释可能避免可读性方面的损失。

sizeof 操作符能够得出一个结构的整体长度，包括因边界对齐而跳过的那些字节。如果必须确定结构中某个成员的实际位置，应该考虑边界对齐因素，可以使用 offsetof 宏（定义于 stddef.h）：

```
offsetof( type, member )
```

type 就是结构的类型，member 就是需要的那个成员名。表达式的结果是一个 size_t 值，表示这个指定成员开始存储的位置距离结构开始存储的位置偏移几个字节。例如，对前面那个声明而言，

```
offsetof( struct ALIGN, b )
```

的返回值是 4。

10.4　作为函数参数的结构

结构变量是一个标量，可以用于其他标量可以使用的任何场合。因此，把结构作为参数传递给

一个函数是合法的，但这种做法往往并不适宜。

下面的代码段取自一个程序，该程序用于操作电子现金收入记录机。下面是一个结构的声明，它包含单笔交易的信息：

```
typedef struct    {
        char      product[PRODUCT_SIZE];
        int       quantity;
        float     unit_price;
        float     total_amount;
} Transaction;
```

当交易发生时，需要涉及很多步骤，其中之一就是打印收据。让我们看看怎样用几种不同的方法来完成这项任务。

```
void
print_receipt( Transaction trans )
{
        printf( "%s\n", trans.product );
        printf( "%d @ %.2f total %.2f\n", trans.quantity,
            trans.unit_price, trans.total_amount );
}
```

如果 current_trans 是一个 Transaction 结构，则可以像下面这样调用函数：

```
print_receipt( current_trans );
```

警告：

这个方法能够产生正确的结果，但它的效率很低，因为 C 语言的参数传值调用方式要求把参数的一份副本传递给函数。如果 PRODUCT_SIZE 为 20，而且在我们使用的机器上整型和浮点型都占 4 字节，那么这个结构将占据 32 字节的空间。要想把它作为参数进行传递，则必须把 32 字节复制到堆栈中，以后再丢弃。

把前面那个函数和下面这个进行比较：

```
void
print_receipt( Transaction *trans )
{
        printf( "%s\n", trans->product );
        printf( "%d @ %.2f total %.2f\n", trans->quantity,
            trans->unit_price, trans->total_amount );
}
```

这个函数可以像下面这样进行调用：

```
print_receipt( &current_trans );
```

这次传递给函数的是一个指向结构的指针。指针比整个结构要小得多，所以把它压到堆栈上效率能提高很多。传递指针另外需要付出的代价是，我们必须在函数中使用间接访问来访问结构的成员。结构越大，把指向它的指针传递给函数的效率就越高。

在许多机器中，可以把参数声明为寄存器变量，从而进一步提高指针传递方案的效率。在有些机器上，这种声明在函数的起始部分还需要一条额外的指令，用于把堆栈中的参数（参数先传递给堆栈）复制到寄存器，供函数使用。但是，如果函数对这个指针的间接访问次数超过两三次，那么使用这种方法所节省的时间将远远高于一条额外指令所花费的时间。

向函数传递指针的缺陷在于函数现在可以对调用程序的结构变量进行修改。如果不希望如此，可以在函数中使用 const 关键字来防止这类修改。经过这两个修改之后，现在函数的原型将如下所示：

```
void print_receipt( register Transaction const *trans );
```

让我们前进一个步骤，对交易进行处理：计算应该支付的总额。我们希望函数 comput_total_amount 能够修改结构的 total_amount 成员。要完成这项任务，有 3 种方法。首先让我们来看一下效率最低的那种。下面这个函数

```
Transaction
compute_total_amount( Transaction trans )
{
        trans.total_amount =
            trans.quantity * trans.unit_price;
        return trans;
}
```

可以用下面这种形式进行调用：

```
current_trans = compute_total_amount( current_trans );
```

结构的一份副本作为参数传递给函数并被修改。然后一份修改后的结构拷贝从函数返回，所以这个结构被复制了两次。

一个稍微好点的方法是只返回修改后的值，而不是整个结构。第 2 个函数使用的就是这种方法。

```
float
compute_total_amount( Transaction trans )
{
        return trans.quantity * trans.unit_price;
}
```

但是，这个函数必须以下面这种方式进行调用：

```
current_trans.total_amount =
    compute_total_amount( current_trans );
```

这个方案比返回整个结构的那个方案强，但这个技巧只适用于计算单个值的情况。如果要求函数修改结构的两个或更多成员，这种方法就无能为力了。另外，它仍然存在"把整个结构作为参数进行传递"这个开销。更糟的是，它要求调用程序知道结构的内容，尤其是总金额字段的名字。

第 3 种方法是传递一个指针，这个方案显然要好得多：

```
void
compute_total_amount( register Transaction *trans )
{
        trans->total_amount =
            trans->quantity * trans->unit_price;
}
```

这个函数按照下面的方式进行调用：

```
compute_total_amount( &current_trans );
```

现在，调用程序的结构的字段 total_amount 被直接修改，它并不需要把整个结构作为参数传递给函数，也不需要把整个修改过的结构作为返回值返回。这个版本比前两个版本效率高得多。另外，调用程序无须知道结构的内容，所以也提高了程序的模块化程度。

什么时候应该向函数传递一个结构而不是一个指向结构的指针呢？很少有这种情况。只有当一个结构特别小（长度和指针相同或更小）时，结构传递方案的效率才不会输给指针传递方案。但对于绝大多数结构，传递指针显然效率更高。如果希望函数修改结构的任何成员，也应该使用指针传递方案。

K&R C:

在非常早期的 K&R C 编译器中，无法把结构作为参数传递给函数——编译器就是不允许这样做。后期的 K&R C 编译器允许传递结构参数。但是，这些编译器都不支持 const，所以防止程序修改结构参数的唯一办法就是向函数传递一份结构的拷贝。

10.5　位段

关于结构，我们最后还必须提到它们实现位段（bit field）的能力。位段的声明和结构类似，但它的成员是一个或多个位的字段。这些不同长度的字段实际上存储于一个或多个整型变量中。

位段的声明和任何普通的结构成员声明相同，但有两个例外。首先，位段成员必须声明为 int、signed int 或 unsigned int 类型。其次，在成员名的后面是一个冒号和一个整数，这个整数指定该位段所占用的位的数目。

提示：

用 signed 或 unsigned 整数显式地声明位段是个好主意。如果把位段声明为 int 类型，它究竟被解释为有符号数还是无符号数则是由编译器决定的。

提示：

注重可移植性的程序应该避免使用位段。由于下面这些与实现有关的依赖性，位段在不同的系统中可能有不同的结果。

1. int 位段被当作有符号数还是无符号数。
2. 位段中位的最大数目。许多编译器把位段成员的长度限制在一个整型值的长度之内，所以一个能够运行于 32 位整数的机器上的位段声明可能在 16 位整数的机器上无法运行。
3. 位段中的成员在内存中是从左向右分配的还是从右向左分配的。
4. 当一个声明指定了两个位段，且第 2 个位段比较大，无法容纳于第 1 个位段剩余的位时，编译器有可能把第 2 个位段放在内存的下一个字，也可能直接放在第 1 个位段后面，从而在两个内存位置的边界上形成重叠。

下面是一个位段声明的例子：

```
struct  CHAR    {
        unsigned ch     : 7;
        unsigned font   : 6;
        unsigned size   : 19;
};
struct  CHAR    ch1;
```

这个声明取自一个文本格式化程序，它可以处理多达 128 个不同的字符值（需要 7 位）、64 种不同的字体（需要 6 个位）以及 0～524 287 个单位的长度。这个 size 位段过于庞大，无法容纳于一个短整型，但其余的位段都比一个字符还短。位段使程序员能够利用存储 ch 和 font 所剩余的位来增加 size 的位数，这样就避免了声明一个 32 位的整数来存储 size 位段。

许多 16 位整数机器的编译器会把这个声明标志为非法，因为最后一个位段的长度超过了整型的长度。但在 32 位的机器上，这个声明将根据下面两种可能的方法创建 ch1。

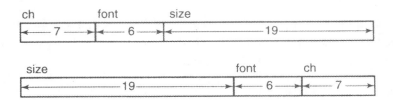

这个例子说明了一个使用位段的好理由：它能够把长度为奇数的数据包装在一起，节省存储空间。当程序需要使用成千上万的这类结构时，这种节省方法就会变得相当重要。

另一个使用位段的理由是它们可以很方便地访问一个整型值的部分内容。让我们研究一个例子，它可能出现于操作系统中。用于操作软盘的代码必须与磁盘控制器通信。这些设备控制器常常包含了几个寄存器，每个寄存器又包含了许多包装在一个整型值内的不同的值。位段就是一种访问这些单一值的方便方法。假定磁盘控制器其中的一个寄存器是如下定义的：

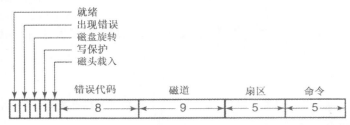

前 5 个位段每个都占 1 位，其余几个位段则更长一些。在一个从右向左分配位段的机器上，下面这个声明允许程序方便地对这个寄存器的不同位段进行访问：

```
struct  DISK_REGISTER_FORMAT    {
        unsigned        command         : 5;
        unsigned        sector          : 5;
        unsigned        track           : 9;
        unsigned        error_code      : 8;
        unsigned        head_loaded     : 1;
        unsigned        write_protect   : 1;
        unsigned        disk_spinning   : 1;
        unsigned        error_occurred  : 1;
        unsigned        ready           : 1;
};
```

假如磁盘寄存器是在内存地址 0xc0200142 进行访问的，我们可以声明下面的指针常量：

```
#define DISK_REGISTER   \
        ((struct DISK_REGISTER_FORMAT *)0xc0200142)
```

做了这个准备工作后，实际需要访问磁盘寄存器的代码就变得简单多了，如下面的代码段所示：

```
/*
** 告诉控制器从哪个扇区哪个磁道开始读取。
*/
DISK_REGISTER->sector = new_sector;
DISK_REGISTER->track = new_track;
DISK_REGISTER->command = READ;

/*
** 等待，直到操作完成（ready 变量变成真）。
```

```
*/
while( ! DISK_REGISTER->ready )
    ;

/*
** 检查错误。
*/
if( DISK_REGISTER->error_occurred ) {
switch( DISK_REGISTER->error_code ) {
...
```

使用位段只是基于方便的目的。任何可以用位段实现的任务都可以使用移位和屏蔽来实现。例如，下面代码段的功能和前一个例子中第 1 个赋值的功能完全一样：

```
#define DISK_REGISTER    (unsigned int *)0xc0200142

*DISK_REGISTER &= 0xfffffc1f;
*DISK_REGISTER |= ( new_sector & 0x1f ) << 5;
```

第 1 条赋值语句使用位 AND 操作把 sector 字段清零，但不影响其他的位段。第 2 条赋值语句用于接受 new_sector 的值，AND 操作可以确保这个值不会超过这个位段的宽度。接着，把它左移到合适的位置，然后使用位 OR 操作把这个字段设置为需要的值。

提示：

在源代码中，用位段表示这个处理过程更为简单一些，但在目标代码中，这两种方法并不存在任何区别。无论是否使用位段，相同的移位和屏蔽操作都是必需的。位段提供的唯一优点是简化了源代码。这个优点必须与"位段的移植性较弱"这个缺点进行权衡。

10.6　联合

和结构相比，联合（union）可以说是另一种"动物"了。联合的声明和结构类似，但它的行为方式却和结构不同。联合的所有成员引用的是**内存中的相同位置**。如果想在不同的时刻把不同的东西存储于同一个位置，就可以使用联合。

首先，让我们看一个简单的例子。

```
union    {
    float    f;
    int      i;
} fi;
```

在一个浮点型和整型都是 32 位的机器上，变量 fi 只占据内存中一个 32 位的字。如果成员 f 被使用，这个字就作为浮点值访问；如果成员 i 被使用，这个字就作为整型值访问。所以，下面这段代码

```
fi.f = 3.14159;
printf("%d\n", fi.i );
```

首先把 π 的浮点表示形式存储于 fi，然后把这些**相同的位**当作一个整型值打印输出。注意，这两个成员所引用的位相同，仅有的区别在于每个成员的类型决定了这些位被如何解释。

为什么人们有时想使用类似此例的形式呢？如果你想看看浮点数是如何存储在一种特定的机器中，但又对其他内容不感兴趣，联合就可能有所帮助。这里有一个更为现实的例子。BASIC 解释器

的任务之一就是记住程序所使用的变量的值。BASIC 提供了几种不同类型的变量，所以每个变量的类型必须和它的值一起存储。下面这个结构用于保存这个信息，但它的效率不高。

```
struct  VARIABLE       {
        enum    { INT, FLOAT, STRING }  type;
        int     int_value;
        float   float_value;
        char    *string_value;
};
```

当 BASIC 程序中的一个变量被创建时，解释器就创建一个这样的结构并记录变量的类型。然后，根据变量的类型，把变量的值存储在这 3 个值字段的其中一个。

这个结构的低效之处在于它所占用的内存——每个 VARIABLE 结构存在两个未使用的值字段。联合就可以减少这种浪费，它把这 3 个值字段的每一个都存储于同一个内存位置。这 3 个字段并不会冲突，因为每个变量只可能具有一种类型，这样在某一时刻，联合的这几个字段中只有一个被使用。

```
struct  VARIABLE       {
        enum    { INT, FLOAT, STRING }  type;
        union   {
                int     i;
                float   f;
                char    *s;
        } value;
};
```

现在，对于整型变量，你将把 type 字段设置为 INT，并把整型值存储于 value.i 字段。对于浮点值，你将使用 value.f 字段。当以后得到这个变量的值时，对 type 字段进行检查可以决定使用哪个值字段。这个选择决定内存位置如何被访问，所以同一个位置可以用于存储这 3 种不同类型的值。注意，编译器并不对 type 字段进行检查，以证实程序使用的是正确的联合成员。维护并检查 type 字段是程序员的责任。

如果联合的各个成员具有不同的长度，联合的长度就是它最长成员的长度。下一节将讨论这种情况。

10.6.1 变体记录

让我们讨论一个例子，实现一种在 Pascal 和 Modula 中被称为变体记录（variant record）的东西。从概念上说，这就是我们刚刚讨论过的那个情况——内存中某个特定的区域将在不同的时刻存储不同类型的值。但是，在现在这个情况下，这些值比简单的整型或浮点型更为复杂，它们的每一个都是一个完整的结构。

下面这个例子取自一个存货系统，它记录了两种不同的实体：零件（part）和装配件（subassembly）。零件就是一种小配件，从其他生产厂家购得。它具有各种不同的属性，如购买来源、购买价格等。装配件是我们制造的东西，它由一些零件及其他装配件组成。

下面两个结构指定每个零件和装配件必须存储的内容。

```
struct  PARTINFO       {
        int     cost;
        int     supplier;
        ...
};

struct  SUBASSYINFO    {
        int     n_parts;
        struct  {
```

```
            char       partno[10];
            short      quan;
        } parts[MAXPARTS];
    };
```

接下来的存货（inventory）记录包含了每个项目的一般信息，并包括了一个联合：或者用于存储零件信息，或者用于存储装配件信息。

```
struct   INVREC   {
        char      partno[10];
        int       quan;
        enum      { PART, SUBASSY }        type;
        union     {
                struct   PARTINFO          part;
                struct   SUBASSYINFO       subassy;
        } info;
};
```

这里有一些语句，用于操作名叫 rec 的 INVREC 结构变量：

```
if( rec.type == PART ){
        y = rec.info.part.cost;
        z = rec.info.part.supplier;
}
else {
        y = rec.info.subassy.nparts;
        z = rec.info.subassy.parts[0].quan;
}
```

尽管并非十分真实，但这段代码说明了如何访问联合的每个成员。语句的第 1 部分获得成本（cost）值和零件的供应商（supplier），语句的第 2 部分获得一个装配件中不同零件的编号以及第 1 个零件的数量。

在一个成员长度不同的联合里，分配给联合的内存数量取决于它的最长成员的长度。这样，联合的长度总是足以容纳它最大的成员。如果这些成员的长度相差悬殊，当存储长度较短的成员时，浪费的空间是相当可观的。在这种情况下，更好的方法是在联合中存储指向不同成员的指针而不是直接存储成员本身。所有指针的长度都是相同的，这样就解决了内存浪费的问题。当它决定需要使用哪个成员时，就分配正确数量的内存来存储它。第 11 章将讲述动态内存分配，它包含了一个用于说明这种技巧的例子。

10.6.2　联合的初始化

联合变量可以被初始化，但这个初始值必须是联合第一个成员的类型，而且它必须位于一对花括号里面。例如，

```
union {
        int       a;
        float     b;
        char      c[4];
} x = { 5 };
```

把 x.a 初始化为 5。

我们不能把这个类量初始化为一个浮点值或字符值。如果给出的初始值是任何其他类型，它就会转换（如果可能的话）为一个整数并赋值给 x.a。

10.7　总结

在结构中，不同类型的值可以存储在一起。结构中的值称为成员，它们是通过名字访问的。结构变量是一个标量，可以出现在普通标量变量可以出现的任何场合。

结构的声明列出了结构包含的成员列表。对于不同的结构声明，即使它们的成员列表相同，也被认为是不同的类型。结构标签是一个名字，它与一个成员列表相关联。可以使用结构标签在不同的声明中创建相同类型的结构变量，这样就不用每次在声明中重复成员列表。typedef 也可以用于实现这个目标。

结构的成员可以是标量、数组或指针。结构也可以包含本身也是结构的成员。在不同的结构中出现同样的成员名是不会引起冲突的。点操作符用来访问结构变量的成员。如果拥有一个指向结构的指针，就可以使用箭头操作符访问这个结构的成员。

结构不能包含类型也是这个结构的成员，但它的成员可以是一个指向这个结构的指针。这个技巧常常用于链式数据结构中。为了声明两个结构，每个结构都包含一个指向对方的指针的成员，我们需要使用不完整的声明来定义一个结构标签名。结构变量可以用一个由花括号包围的值列表进行初始化。这些值的类型必须适合它所初始化的那些成员。

编译器在为一个结构变量的成员分配内存时，要满足它们的边界对齐要求。在实现结构存储的边界对齐时，可能会浪费一部分内存空间。根据边界对齐要求来降序排列结构成员可以最大限度地减少结构存储中浪费的内存空间。sizeof 返回的值包含了结构中浪费的内存空间。

结构可以作为参数传递给函数，也可以作为返回值从函数返回。但是，向函数传递一个指向结构的指针往往效率更高。在结构指针参数的声明中加上 const 关键字可以防止函数修改指针所指向的结构。

位段是结构的一种，但它的成员长度以位为单位指定。位段声明在本质上是不可移植的，因为它涉及许多与实现有关的因素。但是，位段允许把长度为奇数的值包装在一起以节省存储空间。源代码如果需要访问一个值内部任意的一些位，使用位段比较简便。

一个联合的所有成员都存储同一个内存位置。通过访问不同类型的联合成员，内存中相同的位组合可以被解释为不同的东西。联合在实现变体记录时很有用，但程序员必须负责确认实际存储的是哪个变体并选择正确的联合成员以便访问数据。联合变量也可以进行初始化，但初始值必须与联合中第一个成员的类型匹配。

10.8　警告的总结

1. 具有相同成员列表的结构声明产生不同类型的变量。
2. 使用 typedef 为一个自引用的结构定义名字时应该小心。
3. 向函数传递结构参数是低效的。

10.9　编程提示的总结

1. 把结构标签声明和结构的 typedef 声明放在头文件中，当源文件需要这些声明时可以通过

#include 指令把它们包含进来。

2. 结构成员的最佳排列形式并不一定就是考虑边界对齐而浪费内存空间最少的那种排列形式。
3. 把位段成员显式地声明为 signed int 或 unsigned int 类型。
4. 位段是不可移植的。
5. 位段使源代码中位的操作表达得更为清楚。

10.10　问题

1. 成员和数组元素有什么区别？
2. 结构名和数组名有什么不同？
3. 结构声明的语法有几个可选部分。请列出所有合法的结构声明形式，并解释每一个是如何实现的。
4. 下面的程序段有没有错误？如果有，错误有哪里？

```
struct abc {
        int     a;
        int     b;
        int     c;
};
...
abc.a = 25;
abc.b = 15;
abc.c = -1
```

5. 下面的程序段有没有错误？如果有，错误有哪里？

```
typedef struct {
        int     a;
        int     b;
        int     c;
} abc;
...
abc.a = 25;
abc.b = 15;
abc.c = -1
```

6. 完成下面声明中对 x 的初始化，使成员 a 为 3，b 为字符串"hello"，c 为 0。可以假设 x 存储于静态内存中。

```
struct   {
        int     a;
        char    b[10];
        float   c;
} x =
```

7. 考虑下面这些声明和数据：

```
struct NODE {
        int a;
        struct NODE *b;
        struct NODE *c;
};

struct NODE    nodes[5] = {
        { 5,     nodes + 3,      NULL },
        { 15,    nodes + 4,      nodes + 3 },
        { 22,    NULL,           nodes + 4 },
        { 12,    nodes + 1,      nodes },
        { 18,    nodes + 2,      nodes + 1 }
```

```
        };
        (Other declarations...)
        struct NODE     *np      = nodes + 2;
        struct NODE     **npp    = &nodes[1].b;
```

对下面每个表达式求值，并写出它的值。同时，写明任何表达式求值过程中可能出现的副作用。应该用最初显示的值对每个表达式求值（也就是说，不要使用某个表达式的结果来对下一个表达式求值）。假定 nodes 数组在内存中的起始位置为 200，并且在这台机器上整数和指针的长度都是 4 字节。

表达式	值	表达式	值
nodes	_____	&nodes[3].c->a	_____
nodes.a	_____	&nodes->a	_____
nodes[3].a	_____	np	_____
nodes[3].c	_____	np->a	_____
nodes[3].c->a	_____	np->c->c->a	_____
*nodes	_____	npp	_____
*nodes.a	_____	npp->a	_____
(*nodes).a	_____	*npp	_____
nodes->a	_____	**npp	_____
nodes[3].b->b	_____	*npp->a	_____
*nodes[3].b->b	_____	(*npp)->a	_____
&nodes	_____	&np	_____
&nodes[3].a	_____	&np->a	_____
&nodes[3].c	_____	&np->c->c->a	_____

8. 在一台 16 位的机器上，下面这个结构由于边界对齐浪费了多少空间？在一台 32 位的机器上又是如何？

```
        struct {
                char    a;
                int     b;
                char    c;
        };
```

9. 至少说出位段不可移植的两个理由。

10. 编写一个声明，允许根据下面的格式方便地访问一个浮点值的单独部分。

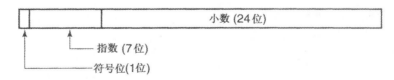

11. 如果不使用位段，怎样实现下面这段代码的功能？假定使用的是一台 16 位的机器，它从左向右为位段分配内存。

```
struct  {
        int     a:4;
        int     b:8;
        int     c:3;
        int     d:1;
} x;
...
x.a = aaa;
x.b = bbb;
x.c = ccc;
x.d = ddd;
```

12. 下面这个代码段将打印出什么？

```
struct  {
        int     a:2;
} x;
...
x.a = 1;
x.a += 1;
printf( "%d\n", x.a );
```

13. 下面的代码段有没有错误？如果有，错误有哪里？

```
union   {
        int     a;
        float   b;
        char    c;
} x;
...
x.a = 25;
x.b = 3.14;
x.c = 'x';
printf( "%d %g %c\n", x.a, x.b, x.c );
```

14. 假定有一些信息已经赋值给一个联合变量，该如何正确地提取这个信息呢？

15. 下面的结构可以被一个 BASIC 解释器使用，用于记住变量的类型和值。

```
struct  VARIABLE {
        enum    { INT, FLOAT, STRING }  type;
        union   {
                int     i;
                float   f;
                char    *s;
        } value;
};
```

如果结构改写成下面这种形式，会有什么不同呢？

```
struct  VARIABLE        {
        enum    { INT, FLOAT, STRING }  type;
        union   {
                int     i;
                float   f;
                char    s[MAX_STRING_LENGTH];
        } value;
};
```

10.11 编程练习

1. 在拨打长途电话时，电话公司所保存的信息会包括拨打电话的日期和时间。它还包括 3 个电话号码：使用的那个电话、呼叫的那个电话以及付账的那个电话。这些电话号码的每一个都由 3 个部分组成：区号、交换台和站号码。请为这些记账信息编写一个结构声明。

★★ 2. 为一个信息系统编写一个声明，用于记录每个汽车零售商的销售情况。每份销售记录必须包括下列数据。字符串值的最大长度不包括其结尾的 NUL 字节。

顾客名字（customer's name）	string（20）
顾客地址（customer's address）	string（40）
模型（model）	string（20）

销售时可能出现 3 种不同类型的交易：全额现金销售、贷款销售和租赁。对于全额现金销售，还必须保存下面这些附加信息：

生产厂家建议零售价（manufacturer's suggested retail price）	float
实际售出价格（actual selling price）	float
营业税（sales tax）	float
许可费用（licensing fee）	float

对于租赁，必须保存下面这些附加信息：

生产厂家建议零售价（manufacturer's suggested retail price）	float
实际售出价格（actual selling price）	float
预付定金（down payment）	float
安全抵押（security deposit）	float
月付金额（monthly payment）	float
租赁期限（lease term）	int

对于贷款销售，必须保存下面这些附加信息：

生产厂家建议零售价（manufacturer's suggested retail price）	float
实际售出价格（actual selling price）	float
营业税（sales tax）	float
许可费用（licensing fee）	float
预付定金（doun payment）	float
贷款期限（loan duration）	int
贷款利率（interest rate）	float
月付金额（monthly payment）	float
银行名称（name of bank）	string（20）

3. 计算机的任务之一就是对程序的指令进行解码，确定采取何种操作。在许多机器中，由于不同的指令具有不同的格式，因此解码过程被复杂化了。在某台特定的机器上，每个指令的长度都是 16 位，并实现了下列各种不同的指令格式。位是从右向左进行标记的。

单操作数指令		双操作数指令		转移指令	
位	字段名	位	字段名	位	字段名
0~2	dst_reg	0~2	dst_reg	0~7	offset
3~5	dst_mode	3~5	dst_mode	8~15	opcode
6~15	opcode	6~8	src_reg		
		9~11	src_mode		
		12~15	opcode		

源寄存器指令		其余指令	
位	字段名	位	字段名
0~2	dst_reg	0~15	opcode
3~5	dst_mode		
6~8	src_reg		
9~15	opcode		

你的任务是编写一个声明，允许程序使用这些格式中的任何一种对指令进行解释。声明同时必须有一个名叫 addr 的 unsigned short 类型字段，可以访问所有的 16 位值。在声明中使用 typedef 来创建一个新的类型，称为 machine_inst。

给定下面的声明：

```
machine_inst  x;
```

下面的表达式应该能访问它所指定的位。

表达式	位
x.addr	0~15
x.misc.opcode	0~15
x.branch.opcode	8~15
x.sgl_op.dst_mode	3~5
x.reg_src.src_reg	6~8
x.dbl_op.opcode	12~15

第

11

章

动态内存分配

数组的元素存储于内存中连续的位置上。当一个数组被声明时，它所需要的内存在编译时就被分配。但是，也可以使用动态内存分配在运行时为它分配内存。在本章中，我们将研究这两种技巧的区别，看看什么时候应该使用动态内存分配以及怎样进行动态内存分配。

11.1 为什么使用动态内存分配

在声明数组时，必须用一个编译时常量指定数组的长度。但是，数组的长度常常在运行时才知道，这是因为它所需要的内存空间取决于输入数据。例如，一个用于计算学生等级和平均分的程序可能需要存储一个班级所有学生的数据，但不同班级的学生数量可能不同。在这些情况下，我们通常采取的方法是声明一个较大的数组，它可以容纳可能出现的最多元素。

提示：

这种方法的优点是简单，但它有好几个缺点。首先，这种声明在程序中引入了人为的限制，如果程序需要使用的元素数量超过了声明的长度，它就无法处理这种情况。要避免这种情况，显而易见的方法是把数组声明得更大一些，但这种做法使它的第 2 个缺点进一步恶化。如果程序实际需要的元素数量比较少时，巨型数组的绝大部分内存空间都被浪费了。这种方法的第 3 个缺点是如果输入的数据超过了数组的容纳范围，程序必须以一种合理的方式做出响应。它不应该因为一个异常而失败，但也不应该打印出看上去正确实际上却是错误的结果。实现这一点所需的逻辑其实很简单，但人们在头脑中很容易形成"数组永远不会溢出"这个概念，这就诱使他们不去实现这种方法。

11.2 malloc 和 free

C 函数库提供了 malloc 和 free 两个函数，分别用于执行动态内存分配和释放。这些函数维护一个可用内存池。当一个程序另外需要一些内存时，它就调用 malloc 函数，malloc 从内存池中提取一块合适的内存，并向该程序返回一个指向这块内存的指针。这块内存此时并没有以任何方式进行初始化。如果对这块内存进行初始化非常重要，你要么自己动手对它进行初始化，要么使用 calloc 函数（在下一节描述）。当一块以前分配的内存不再使用时，程序调用 free 函数把它归还给内存池供以后之需。

这两个函数的原型如下所示，它们都在头文件 stdlib.h 中声明：

```
void    *malloc( size_t size );
void     free( void *pointer );
```

malloc 的参数就是需要分配的内存字节（字符）数[1]。如果内存池中的可用内存可以满足这个需求，malloc 就返回一个指向被分配的内存块起始位置的指针。

malloc 所分配的是一块连续的内存。例如，如果请求它分配 100 字节的内存，那么它实际分配的内存就是 100 个连续的字节，并不会分开位于两块或多块不同的内存。同时，malloc 实际分配的内存有可能比请求的稍微多一点。但是，这个行为是由编译器定义的，所以不能指望它肯定会分配比请求更多的内存。

如果内存池是空的，或者它的可用内存无法满足请求，会发生什么情况呢？在这种情况下，malloc 函数向操作系统请求，要求得到更多的内存，并在这块新内存上执行分配任务。如果操作系统无法向 malloc 提供更多的内存，malloc 就返回一个 NULL 指针。因此，对每个从 malloc 返回的指针都进行检查，确保它并非 NULL，这非常重要。

free 的参数必须要么是 NULL，要么是一个先前从 malloc、calloc 或 realloc（稍后描述）返回的值。向 free 传递一个 NULL 参数不会产生任何效果。

malloc 又是如何知道所请求的内存需要存储的是整数、浮点值、结构还是数组呢？它并不知情——malloc 返回一个类型为 void *的指针，正是缘于这个原因。标准表示一个 void *类型的指针可以转换为其他任何类型的指针。但是，有些编译器，尤其是那些老式的编译器，可能要求你在转换时使用强制类型转换。

对于要求边界对齐的机器，malloc 所返回的内存的起始位置将始终能够满足对边界对齐要求最严格的类型的要求。

11.3 calloc 和 realloc

另外还有两个内存分配函数：calloc 和 realloc。它们的原型如下所示：

```
Void    *calloc( size_t num_elements,
                 size_t element_size );
void     realloc( void *ptr, size_t new_size );
```

calloc 也用于分配内存。malloc 和 calloc 之间的主要区别是后者在返回指向内存的指针之前把它初始化为 0。这个初始化常常能带来方便，但如果你的程序只是想把一些值存储到数组中，那么这个初始化过程纯属浪费时间。calloc 和 malloc 之间另一个较小的区别是它们请求内存数量的方式不同。calloc 的参数包括所需元素的数量和每个元素的字节数。根据这些值，它能够计算出总共需要分配的内存。

realloc 函数用于修改一个原先已经分配的内存块的大小。使用这个函数，可以使一块内存扩大或缩小。如果它用于扩大一个内存块，那么这块内存原先的内容依然保留，新增加的内存添加到原先内存块的后面，新内存并未以任何方法进行初始化。如果它用于缩小一个内存块，该内存块尾部

---

1 注意这个参数的类型是 size_t，它是一个无符号类型，定义于 stdlib.h。

的部分内存便被拿掉，剩余部分内存的原先内容依然保留。

如果原先的内存块无法改变大小，realloc 将分配另一块正确大小的内存，并把原先那块内存的内容复制到新的块上。因此，在使用 realloc 之后，就不能再使用指向旧内存的指针，而是应该改用 realloc 所返回的新指针。

最后，如果 realloc 函数的第一个参数是 NULL，那么它的行为就和 malloc 一模一样。

11.4　使用动态分配的内存

这里有一个例子，它用 malloc 分配一块内存：

```
int     *pi;
...
pi = malloc( 100 );
if( pi == NULL ){
        printf( "Out of memory!\n" );
        exit( 1 );
}
```

符号 NULL 定义于 stdio.h，它实际上是字面值常量 0。它在这里起着视觉提醒器的作用，提醒我们进行测试的值是一个指针而不是整数。

如果内存分配成功，那么我们就拥有了一个指向 100 字节的指针。在整型为 4 字节的机器上，这块内存将被当作 25 个整型元素的数组，因为 pi 是一个指向整型的指针。

提示：

如果你的目标就是获得足够存储 25 个整数的内存，这里有一个更好的技巧来实现这个目的。

```
        pi = malloc( 25 * sizeof( int ) );
```

这个方法更好一些，因为它是可移植的。即使是在整数长度不同的机器上，它也能获得正确的结果。

既然已经有了一个指针，那么该如何使用这块内存呢？当然可以使用间接访问和指针运算来访问数组的不同整数位置，下面这个循环就是这样做的。它把这个新分配的数组的每个元素都初始化为 0：

```
int     *pi2, i;
...
pi2 = pi;
for( i = 0; i < 25; i += 1 )
        *pi2++ = 0;
```

可以看到，不仅可以使用指针，也可以使用下标。下面的循环所执行的任务和前面一个相同：

```
int     i;
...
for( i = 0; i < 25; i += 1 )
        pi[i] = 0;
```

11.5　常见的动态内存错误

在使用动态内存分配的程序中，常常会出现许多错误。这些错误包括对 NULL 指针进行解引用操作、对分配的内存进行操作时越过边界、释放并非动态分配的内存、试图释放一块动态分配的内存的一部分，以及一块动态内存被释放之后被继续使用。

警告：

动态内存分配最常见的错误就是忘记检查所请求的内存是否成功分配。程序 11.1 展现了一种技巧，可以很可靠地进行这个错误检查。MALLOC 宏接受元素的数目以及每种元素的类型，计算总共需要的内存字节数，并调用 alloc 获得内存[1]。alloc 调用 malloc 并进行检查，确保返回的指针不是 NULL。

这个方法最后一个难解之处在于第一个非比寻常的#define 指令。它用于防止由于其他代码块直接塞入程序而导致的偶尔直接调用 malloc 的行为。增加这个指令以后，如果程序偶尔调用了 malloc，程序将由于语法错误而无法编译。在 alloc 中必须加入#undef 指令，这样它才能调用 malloc 而不至于出错。

警告：

动态内存分配的第二大错误来源是操作内存时超出了分配内存的边界。例如，你有一个 25 个整型的数组，进行下标引用操作时如果下标值小于 0 或大于 24，将引起两种类型的问题。

第一种问题显而易见：被访问的内存可能保存了其他变量的值。对它进行修改将破坏那个变量，修改那个变量将破坏存储在那里的值。这种类型的 bug 非常难以发现。

第二种问题不是那么明显。在 malloc 和 free 的有些实现中，它们以链表的形式维护可用的内存池。对分配的内存之外的区域进行访问可能破坏这个链表，这有可能产生异常，从而终止程序。

```
/*
** 定义一个不易发生错误的内存分配器。
*/
#include <stdlib.h>

#define    malloc                /*不要直接调用 malloc!*/
#define    MALLOC(num,type) (type *)alloc( (num) * sizeof(type) )
extern     void *alloc( size_t size );
```

程序 11.1a　错误检查分配器:接口　　　　　　　　　　　　　　　　alloc.h

```
/*
** 不易发生错误的内存分配器的实现。
*/
#include <stdio.h>
#include "alloc.h"
#undef     malloc

    void *
    alloc( size_t size )
    {
    Void   *new_mem;
    /*
    ** 请求所需的内存，并检查确实分配成功。
    */
    new_mem = malloc( size );
if( new_mem == NULL ){
printf( "Out of memory!\n" );
exit( 1 );
}
```

1　#define 宏在第 14 章详细描述。

```
        return new_mem;
}
```

程序 11.1b　错误检查分配器：实现

alloc.c

```
/*
** 一个使用很少引起错误的内存分配器的程序。
*/
#include "alloc.h"

void
function()
{
    Int  *new_memory;

    /*
    ** 获得一串整型数的空间。
    */
    new_memory = MALLOC( 25, int );
    /* ... */
}
```

程序 11.1c　使用错误检查分配器

a_client.c

当一个使用动态内存分配的程序失败时，人们很容易把问题的责任推给 malloc 和 free 函数。但它们实际上很少是罪魁祸首。事实上，问题几乎总是出在你自己的程序中，而且常常是由于访问了分配内存以外的区域而引起的。

警告：

当使用 free 时，可能出现各种不同的错误。传递给 free 的指针必须是一个从 malloc、calloc 或 realloc 函数返回的指针。传给 free 函数一个指针，让它释放一块并非动态分配的内存可能导致程序立即终止或在晚些时候终止。试图释放一块动态分配内存的一部分也有可能引起类似的问题，像下面这样：

```
/*
** Get 10 integers
*/
pi = malloc( 10 * sizeof( int ) );
...
/*
** Free only the last 5 integers; keep the first 5
*/
free( pi + 5 );
```

释放一块内存的一部分是不允许的。动态分配的内存必须整块一起释放。但是，realloc 函数可以缩小一块动态分配的内存，有效地释放它尾部的部分内存。

警告：

最后，不要访问已经被 free 函数释放了的内存。这个警告看上去很显然，但这里仍然存在一个很微妙的问题。假定你对一个指向动态分配的内存的指针进行了复制，而且这个指针的几份副本散布于程序各处。当使用其中一个指针时，你无法保证它所指向的内存是不是已被另一个指针释放。另一方面，必须确保程序中所有使用这块内存的地方在这块内存被释放之前停止对它的使用。

内存泄漏

当动态分配的内存不再需要时，应该被释放，这样它以后可以被重新分配使用。分配内存但在使用完毕后不释放将引起内存泄漏（memory leak）。在那些所有执行程序共享一个通用内存池的操作系统中，内存泄漏将一点点地榨干可用内存，最终使其一无所有。要摆脱这个困境，只有重启系统。

其他操作系统能够记住每个程序当前拥有的内存段，这样当一个程序终止时，所有分配给它但未被释放的内存都归还给内存池。但即使在这类系统中，内存泄漏仍然是一个严重的问题，因为一个持续分配却一点不释放内存的程序最终将耗尽可用的内存。此时，这个有缺陷的程序将无法继续执行下去，它的失败有可能导致当前已经完成的工作统统丢失。

11.6 内存分配实例

动态内存分配一个常见的用途就是为那些长度在运行时才知道的数组分配内存空间。程序 11.2 读取一列整数，并按升序排列它们，最后打印这个列表。

```
/*
** 读取、排序和打印一列整型值。
*/
#include <stdlib.h>
#include <stdio.h>

/*
** 该函数由'qsort'调用，用于比较整型值。
*/
int
compare_integers( void const *a, void const *b )
{
    register int   const *pa = a;
    register int   const *pb = b;

    return *pa > *pb ? 1 : *pa < *pb ? -1 : 0;
}

int
main()
{
    int    *array;
    int    n_values;
    int    i;

    /*
    ** 观察共有多少个值。
*/
    printf( "How many values are there? " );
    if( scanf( "%d", &n_values ) != 1 || n_values <= 0 ){
        printf( "Illegal number of values.\n" );
        exit( EXIT_FAILURE );
    }

    /*
```

```
** 分配内存，用于存储这些值。
*/
array = malloc( n_values * sizeof( int ) );
if( array == NULL ){
    printf( "Can't get memory for that many values.\n" );
    exit( EXIT_FAILURE );
}


/*
** 读取这些数值。
*/
for( i = 0; i < n_values; i += 1 ){
    printf( "? " );
    if( scanf( "%d", array + i ) != 1 ){
        printf( "Error reading value #%d\n", i );
        free( array );
        exit( EXIT_FAILURE );
    }
}


/*
** 对这些值排序。
*/
qsort( array, n_values, sizeof( int ), compare_integers );


/*
** 打印这些值。
*/
for( i = 0; i < n_values; i += 1 )
    printf( "%d\n", array[i] );


/*
** 释放内存并退出。
*/
 free( array );
 return EXIT_SUCCESS;
}
```

程序 11.2　排序一列整型值   sort.c

　　用于保存这个列表的内存是动态分配的，这样当编写程序时就不必猜测用户可能希望对多少个值进行排序。可以排序的值的数量仅受分配给这个程序的动态内存数量的限制。但是，当程序对一个小型的列表进行排序时，它实际分配的内存就是实际需要的内存，因此不会造成浪费。

　　现在让我们考虑一个读取字符串的程序。如果预先不知道最长的那个字符串的长度，就无法使用普通数组作为缓冲区；反之，就可以使用动态分配内存。如果发现一个长度超过缓冲区的输入行，就可以重新分配一个更大的缓冲区，把该行的剩余部分也装到它里面。这个技巧的实现留作编程练习。

```
/*
** 用动态分配内存制作一个字符串的一份副本。注意：调用程序应该负责检查这块内
** 存是否成功分配！这样做允许调用程序以它所希望的任何方式对错误做出反应。
*/
#include <stdlib.h>
```

227

```
#include <string.h>

char *
strdup( char const *string )
{
    char*new_string;

    /*
    ** 请求足够长度的内存，用于存储字符串和它的结尾 NUL 字节。
    */
    new_string = malloc( strlen( string ) + 1 );

    /*
    ** 如果我们得到内存，就复制字符串。
    */
    if( new_string != NULL )
        strcpy( new_string, string );

    return new_string;
}
```

程序 11.3　复制字符串   strdup.c

　　输入被读入到缓冲区，每次读取一行。此时可以确定字符串的长度，然后就分配内存用于存储字符串。最后，字符串被复制到新内存。这样缓冲区又可以用于读取下一个输入行。

　　程序 11.3 中名叫 strdup 的函数返回一个输入字符串的副本，该副本存储于一块动态分配的内存中。函数首先试图获得足够的内存来存储这个副本。内存的容量应该比字符串的长度多一个字节，以便存储字符串结尾的 NUL 字节。如果内存成功分配，字符串就被复制到这块新内存。最后，函数返回一个指向这块内存的指针。注意，如果由于某些原因导致内存分配失败，new_string 的值将为 NULL。在这种情况下，函数将返回一个 NULL 指针。

　　这个函数是非常方便的，也非常有用。事实上，尽管标准没有提及，但许多环境都把它作为函数库的一部分。

　　我们的最后一个例子说明了可以怎样使用动态内存分配来消除使用变体记录造成的内存空间浪费。程序 11.4 是第 10 章存货系统例子的修改版本。程序 11.4a 包含了存货记录的声明。

　　和以前一样，存货系统必须处理两种类型的记录，分别用于零件和装配件。第 1 个结构保存零件的专用信息（这里只显示这个结构的一部分），第 2 个结构保存装配件的专用信息。最后一个声明用于存货记录，它包含了零件和装配件的一些共有信息以及一个变体部分。

　　由于变体部分的不同字段具有不同的长度（事实上，装配件记录的长度是可变的），因此联合包含了指向结构的指针而不是结构本身。动态分配允许程序创建一条存货记录，它所使用的内存的大小就是进行存储的项目的长度，这样就不会浪费内存。

　　程序 11.4b 是一个函数，它为每个装配件创建一条存货记录。这个任务取决于装配件所包含的不同零件的数目，所以这个值是作为参数传递给函数的。

　　这个函数为 3 样东西分配内存：存货记录、装配件结构和装配件结构中的零件数组。如果这些分配中的任何一个失败，所有已经分配的内存将被释放，函数返回一个 NULL 指针；否则，type 和 info.subassy->n_parts 字段被初始化，函数返回一个指向该记录的指针。

为零件存货记录分配内存较之装配件存货记录容易一些，因为它只需要进行两项内存分配。因此，这个函数在此不予解释。

```
/*
** 存货记录的声明。
*/

/*
** 包含零件专用信息的结构。
*/
typedef struct {
        int     cost;
        int     supplier;
        /* 其他信息。 */
} Partinfo;

/*
** 存储装配件专用信息的结构。
*/
Typedef   struct    {
          int  n_parts;
struct    SUBASSYPART {
      char partno[10];
      short    quan;
} *part;
} Subassyinfo;

/*
** 存货记录结构，它是一个变体记录。
*/
Typedef   struct    {
Char   partno[10];
Int    quan;
Enum   { PART, SUBASSY }  type;
union     {
      Partinfo   *part;
      Subassyinfo   *subassy;
} info;
} Invrec;
```

程序 11.4a　存货系统声明　　　　　　　　　　　　　　　　　　　　**inventor.h**

```
/*
** 用于创建 SUBASSEMBLY (装配件) 存货记录的函数。
*/

#include <stdlib.h>
#include <stdio.h>
#include "inventor.h"

Invrec *
create_subassy_record( int n_parts )
{
Invrec    *new_rec;
```

```
        /*
        ** 试图为 Invrec 部分分配内存。
        */
        new_rec = malloc( sizeof( Invrec ) );
        if( new_rec != NULL ){
        /*
        ** 内存分配成功，现在存储 SUBASSYINFO 部分。
        */
            new_rec->info.subassy =
                malloc( sizeof( Subassyinfo ) );
          if( new_rec->info.subassy != NULL ){
        /*
        ** 为零件获取一个足够大的数组。
        */
                new_rec->info.subassy->part = malloc(
                    n_parts * sizeof( struct SUBASSYPART ) );
                if( new_rec->info.subassy->part != NULL ){
        /*
        ** 获取内存，填充我们已知道值的字段，然后返回。
        */
                    new_rec->type = SUBASSY;
                    new_rec->info.subassy->n_parts =
                        n_parts;
                    return new_rec;
                }

            /*
            ** 内存已用完，释放我们原先分配的内存。
            */
                free( new_rec->info.subassy );
            }
            free( new_rec );
        }
        return NULL;
}
```

程序 11.4b   动态创建变体记录   invcreat.c

程序 11.4c 包含了这个例子的最后部分：一个用于销毁存货记录的函数。这个函数适用于两种类型的存货记录。它使用一条 switch 语句判断传递给它的记录的类型，并释放动态分配给这个记录的所有字段的内存。最后，这个记录便被删除。

在这种情况下，一个常见的错误是在释放记录中的字段所指向的内存前便释放记录。在记录被释放之后，就可能无法安全地访问它所包含的任何字段。

```
/*
** 释放存货记录的函数。
*/

#include <stdlib.h>
#include "inventor.h"

void
```

```
discard_inventory_record( Invrec *record )
{
    /*
    ** 删除记录中的变体部分
    */
    switch( record->type ){
    case SUBASSY:
        free( record->info.subassy->part );
        free( record->info.subassy );
        break;

    case PART:
        free( record->info.part );
        break;
    }

    /*
    ** 删除记录的主体部分
    */
    free( record );
}
```

程序 11.4c 变体记录的销毁   invdelet.c

下面的代码段尽管看上去不是非常一目了然，但它的效率比程序 11.4c 稍有提高：

```
if( record->type == SUBASSY )
        free( record->info.subassy->part );

free( record->info.part );
free( record );
```

这段代码在释放记录的变体部分时并不区分零件和装配件。联合的任一成员都可以传递给 free 函数，因为后者并不理会指针所指向内容的类型。

11.7 总结

当数组被声明时，必须在编译时知道它的长度。动态内存分配允许程序为一个长度在运行时才知道的数组分配内存空间。

malloc 和 calloc 函数都用于动态分配一块内存，并返回一个指向该块内存的指针。malloc 的参数就是需要分配的内存的字节数。和它不同的是，calloc 的参数是需要分配的元素个数和每个元素的长度。calloc 函数在返回前把内存初始化为零，而 malloc 函数返回时内存并未以任何方式进行初始化。调用 realloc 函数可以改变一块已经动态分配的内存的大小。增加内存块大小时有可能采取的方法是把原来内存块上的所有数据复制到一个新的更大的内存块上。如果一个动态分配的内存块不再使用，应该调用 free 函数把它归还给可用内存池。内存被释放之后便不能再被访问。

如果请求的内存分配失败，malloc、calloc 和 realloc 函数返回的将是一个 NULL 指针。错误地访问分配内存之外的区域所引起的后果类似越界访问一个数组，这个错误还可能破坏可用内存池，导致程序失败。如果一个指针不是从早先的 malloc、calloc 或 realloc 函数返回的，它是不能作为参数传递给 free 函数的。也不能只释放一块内存的一部分。

内存泄漏是指内存被动态分配以后，当它不再使用时未被释放。内存泄漏会增加程序的体积，有可能导致程序或系统的崩溃。

11.8　警告的总结

1. 不检查从 malloc 函数返回的指针是否为 NULL。
2. 访问动态分配的内存之外的区域。
3. 向 free 函数传递一个并非由 malloc 函数返回的指针。
4. 在动态内存被释放之后再访问它。

11.9　编程提示的总结

1. 动态内存分配有助于消除程序内部存在的限制。
2. 使用 sizeof 计算数据类型的长度，提高程序的可移植性。

11.10　问题

1. 在你的系统中，能够声明的静态数组的最大长度能达到多少？使用动态内存分配，最大能够获取的内存块有多大？
2. 如果一次请求分配 500 字节的内存，实际获得的动态分配的内存数量总共有多大？如果一次请求分配 5000 字节，又如何？它们有区别吗？如果有，如何解释？
3. 在一个从文件读取字符串的程序中，有没有什么值可以合乎逻辑地作为输入缓冲区的长度？
4. 有些 C 编译器提供了一个称为 alloca 的函数，它与 malloc 函数的不同之处在于它在堆栈上分配内存。这种类型的分配有什么优点和缺点？
5. 下面的程序用于读取整数，整数的范围在 1 和从标准输入读取的 size 之间，它返回每个值出现的次数。这个程序包含了几个错误，你能找出它们吗？

```
#include <stdlib.h>

int *
frequency( int size )
{
        int     *array;
        int     i;
/*
**获得足够的内存来容纳计数。
*/
arry = (int *)malloc ( size * 2 )

/*
**调整指针，让它后退一个整型位置，这样我们就可以使用范围 1-size 的下标。
*/
arry - = 1;

/*
**把各个元素值清零。
*/
for ( i =0; i <=size; i +=1 )
```

```
        array[i]= 0 ;

/*
**计数每个值出现的次数，然后还回结果。
*/
while(scanf( *%d*, &i ) = = )  )
        arry[ i ]  +=1;

        free(arry);
        return arry;
}
```

6. 假定需要编写一个程序，并希望最大限度地减少堆栈的使用量。动态内存分配能不能提供帮助？使用标量数据又该如何？

7. 在程序 11.4b 中，删除两个 free 函数的调用会导致什么后果？

11.11　编程练习

★　1. 请自己尝试编写 calloc 函数，函数内部使用 malloc 函数来获取内存。

★★　2. 编写一个函数，从标准输入读取一列整数，把这些值存储于一个动态分配的数组中并返回这个数组。函数通过观察 EOF 来判断输入列表是否结束。数组的第 1 个数是数组包含的值的个数，它的后面就是这些整数值。

★★★　3. 编写一个函数，从标准输入读取一个字符串，把字符串复制到动态分配的内存中，并返回该字符串的副本。这个函数不应该对读入字符串的长度作任何限制！

★★★　4. 编写一个程序，按照下图所示创建数据结构。最后 3 个对象都是动态分配的结构。第 1 个对象可能是一个静态的指向结构的指针。不必使这个程序过于全面——我们将在下一章讨论这个数据结构。

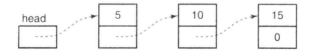

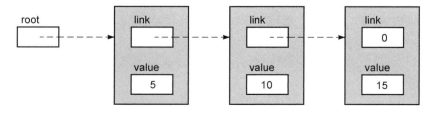

第

12

章

使用结构和指针

可以通过组合使用结构和指针创建强大的数据结构。本章将深入讨论一些使用结构和指针的技巧。我们将花许多时间讨论一种称为链表的数据结构，这不仅因为它非常有用，还因为许多用于操纵链表的技巧也适用于其他数据结构。

12.1　链表

有些读者可能还不熟悉链表，这里对它作一简单介绍。链表（linked list）就一些包含数据的独立数据结构（通常称为节点）的集合。链表中的每个节点通过链或指针连接在一起。程序通过指针访问链表中的节点。通常节点是动态分配的，但有时也能看到由节点数组构建的链表。即使在这种情况下，程序也是通过指针来遍历链表的。

12.2　单链表

在单链表中，每个节点包含一个指向链表下一节点的指针。链表最后一个节点的指针字段的值为 NULL，提示链表后面不再有其他节点。在找到链表的第 1 个节点后，指针就可以带你访问剩余的所有节点。为了记住链表的起始位置，可以使用一个根指针（root pointer）。根指针指向链表的第 1 个节点。注意，根指针只是一个指针，它不包含任何数据。

下面是一张单链表的图。

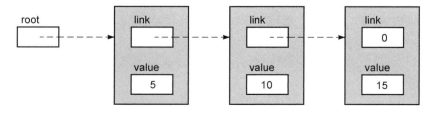

本例中的节点是用下面的声明创建的结构。

235

```
typedef struct   NODE   {
        struct  NODE    *link;
        int             value;
} Node;
```

存储于每个节点的数据是一个整型值。这个链表包含 3 个节点。如果从根指针开始，随着指针到达第 1 个节点，可以访问存储于那个节点的数据。随着第 1 个节点的指针可以到达第 2 个节点，可以访问存储在那里的数据。最后，第 2 个节点的指针带你来到最后一个节点。零值提示它是一个 NULL 指针，在这里它表示链表中不再有更多的节点。

在上面的图中，这些节点相邻在一起，这是为了显示链表所提供的逻辑顺序。事实上，链表中的节点可能分布于内存中的各个地方。对于一个处理链表的程序而言，各节点在物理上是否相邻并没有什么区别，因为程序始终用链（指针）从一个节点移动到另一个节点。

单链表可以通过链从开始位置遍历链表直到结束位置，但链表无法从相反的方向进行遍历。换句话说，当程序到达链表的最后一个节点时，如果想回到其他任何节点，就只能从根指针从头开始。当然，程序在移动到下一个节点前可以保存一个指向当前位置的指针，甚至可以保存指向前面几个位置的指针。但是，链表是动态分配的，可能增长到几百或几千个节点，所以要保存所有指向前面位置的节点的指针是不可行的。

在这个特定的链表中，节点根据数据的值按升序链接在一起。对于有些应用程序而言，这种顺序非常重要，比如根据一天的时间安排约会。对于那些不要求排序的应用程序，当然也可以创建无序的链表。

12.2.1　在单链表中插入

怎么才能把一个新节点插入到一个有序的单链表中呢？假定我们有一个新值，比如 12，想把它插入到前面那个链表中。从概念上说，这个任务非常简单：从链表的起始位置开始，跟随指针直到找到第一个值大于 12 的节点，然后把这个新值插入到那个节点之前的位置。

实际的算法则比较有趣。我们按顺序访问链表，当到达内容为 15 的节点（第一个值大于 12 的节点）时就停下来。我们知道这个新值应该添加到这个节点之前，但**前一个**节点的指针字段必须进行修改以实现这个插入。由于我们已经越过了这个节点，所以无法返回去。解决这个问题的方法就是始终保存一个指向链表当前节点之前的那个节点的指针。

我们现在将开发一个函数，把一个节点插入到一个有序的单链表中。程序 12.1 是我们的第一次尝试。

```
/*
** 插入到一个有序的单链表。函数的参数是一个指向链表第一个节点的指针以及需要插入的值。
*/
#include <stdlib.h>
#include <stdio.h>
#include "sll_node.h"

#define   FALSE    0
#define   TRUE     1

int
sll_insert( Node *current, int new_value )
{
```

```
Node    *previous;
Node    *new;

/*
** 寻找正确的插入位置，方法是按顺序访问链表，直到到达其值大于或等于
** 新插入值的节点。
*/
while( current->value < new_value ){
    previous = current;
    current = current->link;
}

/*
** 为新节点分配内存，并把新值存储到新节点中，如果内存分配失败，
**  函数返回 FALSE。
*/
new = (Node *)malloc( sizeof( Node ) );
if( new == NULL )
    return FALSE;
new->value = new_value;

/*
** 把新节点插入到链表中，并返回 TRUE。
*/
new->link = current;
previous->link = new;
return TRUE;
}
```

程序 12.1　插入到一个有序的单链表：第 1 次尝试　　　　　　　　　　　insert1.c

用下面这种方法调用这个函数：

```
result = sll_insert( root, 12 );
```

让我们仔细跟踪代码的执行过程，看看它是否把新值 12 正确地插入到链表中。首先，传递给函数的参数是 root 变量的值，它是指向链表第一个节点的指针。当函数刚开始执行时，链表的状态如下。

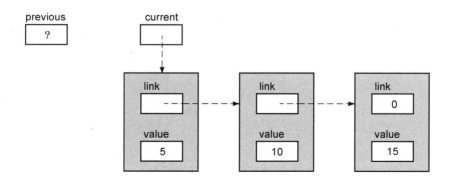

上图并没有显示 root 变量，因为函数不能访问它。它的值的一份副本作为形参 current 传递给函数，但函数不能访问 root。现在 current->value 是 5，它小于 12，所以循环体再次执行。当回到循环

237

的顶部时，current 和 previous 指针都向前移动了一个节点。

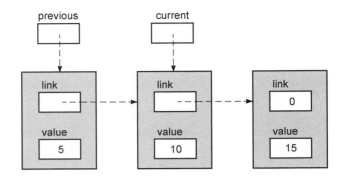

现在，current->value 的值为 10，因此循环体还将继续执行，结果如下。

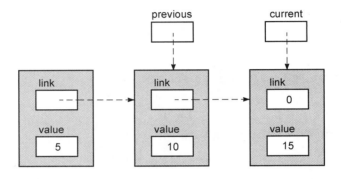

现在，current->value 的值大于 12，所以退出循环。

此时，重要的是 previous 指针，因为它指向我们必须加以修改以插入新值的那个节点。但首先，我们必须得到一个新节点，用于容纳新值。下面这张图显示了新值被复制到新节点之后链表的状态。

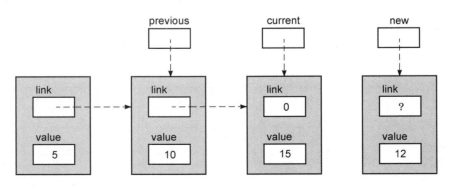

把这个新节点链接到链表中需要两个步骤。第一个步骤是执行下述语句：

```
new->link = current;
```

使新节点指向将成为链表下一个节点的节点，也就是我们所找到的第一个值大于 12 的那个节点。在这个步骤之后，链表的内容如下所示。

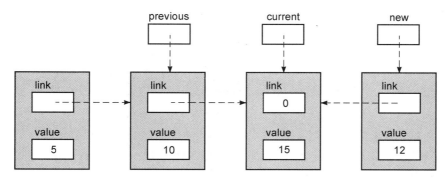

第二个步骤是让 previous 指针所指向的节点（也就是最后一个值小于 12 的那个节点）指向这个新节点。下面这条语句用于执行这项任务：

```
previous->link = new;
```

这个步骤之后，链表的状态如下。

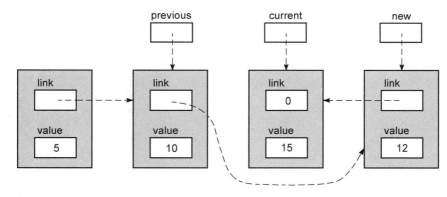

然后函数返回，链表的最终样子如下所示。

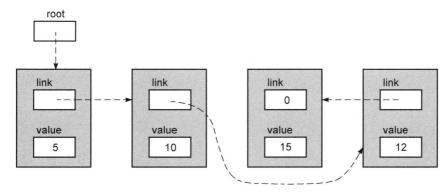

从根指针开始，随各个节点的 link 字段逐个访问链表，可以发现这个新节点已被正确地插入到链表中。

1. 调试插入函数

警告：

不幸的是，这个插入函数是不正确的。试试把 20 这个值插入到链表中，你就会发现一个问题：while 循环越过链表的尾部，并对一个 NULL 指针执行间接访问操作。为了解决这个问题，必须对 current 的值进行测试，在执行表达式 current->value 之前确保它不是一个 NULL 指针：

```
while( current != NULL & current->value < value ){
```

下一个问题更加棘手，试试把 3 这个值插入到链表中，看看会发生什么？

为了在链表的起始位置插入一个节点，函数必须修改根指针。但是，函数不能访问变量 root。修正这个问题最容易的方法是把 root 声明为全局变量，这样插入函数就能修改它。不幸的是，这是**最坏**的一种解决方法。因为这样一来，函数只对这个链表起作用。

稍好的解决方法是把一个指向 root 的指针作为参数传递给函数。然后，使用间接访问，函数不仅可以获得 root（指向链表第一个节点的指针，也就是根指针）的值，也可以向它存储一个新的指针值。这个参数的类型是什么呢？root 是一个指向 Node 的指针，所以参数的类型应该是 Node **，也就是一个指向 Node 的指针的指针。程序 12.2 的函数包含了这些修改。现在，我们必须以下面这种方式调用这个函数：

```
result = sll_insert( &root, 12 );

/*
** 插入到一个有序单链表。函数的参数是一个指向链表根指针的指针，以及一个需要插入的新值。
*/
#include <stdlib.h>
#include <stdio.h>
#include "sll_node.h"

#define    FALSE    0
#define    TRUE     1

int
sll_insert( Node **rootp, int new_value )
{
        Node  *current;
        Node  *previous;
        Node  *new;

        /*
        ** 得到指向第 1 个节点的指针。
        */
        current = *rootp;
        previous = NULL;

        /*
        ** 寻找正确的插入位置，方法是按序访问链表，直到到达一个其值大于或等于
        ** 新值的节点。
        */
        while( current != NULL && current->value < new_value ){
                previous = current;
```

```
        current = current->link;
    }

    /*
    ** 为新节点分配内存，并把新值存储到新节点中，如果内存分配失败，
    ** 函数返回 FALSE。
    */
    new = (Node *)malloc( sizeof( Node ) );
    if( new == NULL )
        return FALSE;
    new->value = new_value;

    /*
    ** 把新节点插入到链表中，并返回 TRUE。
    */
    new->link = current;
    if( previous == NULL )
        *rootp = new;
    else
        previous->link = new;
    return TRUE;

}
```

程序 12.2　插入到一个有序单链表：第 2 次尝试　　　　　　　　　　　　　　insert2.c

这第 2 个版本包含了另外一些语句。

```
previous = NULL;
```

我们需要这条语句，这样以后就可以检查新值是否应为链表的第一个节点。

```
current = *rootp;
```

这条语句对根指针参数执行间接访问操作，得到的结果是 root 的值，也就是指向链表第一个节点的指针。

```
If (previous == NULL)
        *rootp = new;
else
        previous->link = new;
```

上述语句被添加到函数的最后，用于检查新值是否应该被添加到链表的起始位置。如果是，则使用间接访问修改根指针，使它指向新节点。

这个函数可以正确完成任务，而且在许多语言中，这是你能够获得的最佳方案。但是，我们还可以做得更好一些，因为 C 允许我们获得现存对象的地址（即指向该对象的指针）。

2. 优化插入函数

看上去，把一个节点插入到链表的起始位置**必须**作为一种特殊情况进行处理。毕竟，我们此时插入新节点需要修改的指针是根指针。对于任何其他节点，对指针进行修改时实际修改的是前一个节点的 link 字段。这两个看上去不同的操作实际上是一样的。

消除特殊情况的关键在于：我们必须认识到，链表中的每个节点都有一个指向它的指针。对于第一个节点，这个指针是根指针；对于其他节点，这个指针是前一个节点的 link 字段。重点在于每个节点都有一个指针指向它。至于该指针是不是位于一个节点的内部则无关紧要。

让我们再次观察这个链表，弄清这个概念。下面是第 1 个节点和指向它的指针。

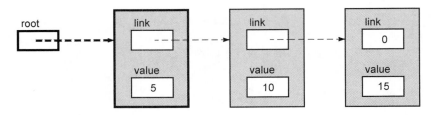

如果新值插入到第 1 个节点之前，这个指针就必须进行修改。

下面是第 2 个节点和指向它的指针。

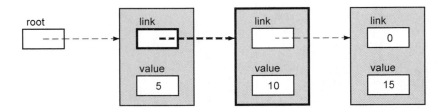

如果新值需要插入到第 2 个节点之前，那么**这个**指针必须进行修改。注意，我们只考虑指向这个节点的指针，至于哪个节点包含这个指针则无关紧要。对于链表中的其他节点，都可以应用这个模式。

现在让我们看一下修改后的函数（当它开始执行时）。下面显示了第一条赋值语句之后各个变量的情况。

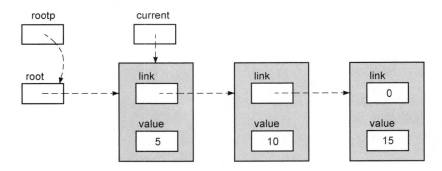

我们拥有一个指向当前节点的指针，以及一个"指向当前节点的 link 字段的"指针。除此之外，就不需要别的了！如果当前节点的值大于新值，那么 rootp 指针就会告诉我们哪个 link 字段必须进行修改，以便让新节点链接到链表中。如果在链表其他位置的插入也可以用同样的方式进行表示，就不存在前面提到的特殊情况了。关键在于我们前面看到的指针/节点关系。

当移动到下一个节点时，我们保存一个"指向下一个节点的 **link 字段**"的指针，而不是保存一个指向前一个**节点**的指针。我们很容易画出一张描述这种情况的图。

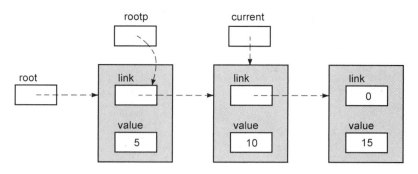

注意，这里 rootp 并不指向节点本身，而是指向节点内部的 link 字段。这是简化插入函数的关键所在，但我们必须能够取得当前节点的 link 字段的地址。在 C 中，这种操作是非常容易的。表达式 &current->link 就可以达到这个目的。程序 12.3 是插入函数的最终版本。rootp 参数现在称为 linkp，因为它现在指向的是不同的 link 字段，而不仅仅是根指针。我们不再需要 previous 指针，因为 link 指针可以负责寻找需要修改的 link 字段。前面那个函数最后部分用于处理特殊情况的代码也不见了，因为我们始终拥有一个指向需要修改的 link 字段的指针——我们用一种和修改节点的 link 字段完全一样的方式修改 root 变量。最后，我们在函数的指针变量中增加了 register 声明，用于提高结果代码的效率。

我们在最终版本中的 while 循环中增加了一个窍门，它嵌入了对 current 的赋值。下面是一个功能相同但长度稍长的循环。

```
/*
** Look for the right place.
*/
current = *linkp;
while( current !=NULL && current->value < value ){
        linkp = &current->link;

current = * linkp;
}
```

一开始，current 被设置为指向链表的第一个节点。while 循环测试我们是否到达了链表的尾部。如果是，它接着检查我们是否到达了正确的插入位置。如果不是，循环体继续执行，并把 linkp 设置为指向当前节点的 link 字段，并使 current 指向下一个节点。

循环的最后一条语句和循环之前的那条语句相同，这就促使我们对它进行"简化"，方法是把 current 的赋值嵌入到 while 表达式中。其结果是一个稍为复杂但更加紧凑的循环，因为我们消除了 current 的冗余赋值。

```
/*
** 插入到一个有序单链表。函数的参数是一个指向链表第一个节点的指针，以及一个需要插入的新值。
*/
#include <stdlib.h>
#include <stdio.h>
#include "sll_node.h"

#define    FALSE    0
#define    TRUE     1

int
```

```
sll_insert( register Node **linkp, int new_value )
{
    register Node  *current;
    register Node  *new;

    /*
    ** 寻找正确的插入位置，方法是按序访问链表，直到到达一个其值大于或等于
    ** 新值的节点。
    */
    while( ( current = *linkp ) != NULL &&
        current->value < new_value )
            linkp = &current->link;

    /*
    ** 为新节点分配内存，并把新值存储到新节点中，如果内存分配失败，
    ** 函数返回 FALSE。
    */
    new = (Node *)malloc( sizeof( Node ) );
    if( new == NULL )
        return FALSE;
    new->value = new_value;

    /*
    ** 在链表中插入新节点，并返回 TRUE。
    */
    new->link = current;
    *linkp = new;
    return TRUE;
}
```

程序 **12.3**　插入到一个有序的单链表：最终版本　　　　　　　　　　　insert3.c

提示：

消除特殊情况使这个函数更为简单。这个改进之所以可行，是由于两个因素。第一个因素是我们正确解释问题的能力。除非可以在看上去不同的操作中总结出共性，不然只能编写额外的代码来处理特殊情况。通常，这种知识只有在学习了一阵数据结构并对其有进一步的理解之后才能获得。第二个因素是 C 语言提供了正确的工具，可以帮助我们归纳问题的共性。

这个改进的函数依赖于 C 能够取得现存对象的地址这一能力。和许多 C 语言特性一样，这个能力既威力巨大，又暗伏凶险。例如，在 Modula 和 Pascal 中并不存在"取地址"操作符，所以指针唯一的来源就是动态内存分配。我们没有办法获得一个指向普通变量的指针或甚至是指向一个动态分配的结构的字段的指针。对指针不允许进行算术运算，也没有办法把一种类型的指针通过强制类型转换为另一种类型的指针。这些限制的优点在于它们可以防止诸如"越界引用数组元素"或"产生一种类型的指针但实际上指向另一种类型的对象"这类错误。

警告：

C 的指针限制要少得多，这也是我们能改进插入函数的原因所在。另一方面，C 程序员在使用指针时必须加倍小心，以避免产生错误。Pascal 语言的指针哲学有点类似下面这样的说法："使用锤子可能会伤着你自己，所以我们不给你锤子。" C 语言的指针哲学则是："给你锤子，实际上你可以使用好几种锤子。祝你好运！"有了这个能力之后，C 程序员较之 Pascal 程序员更容易陷

入麻烦，但优秀的 C 程序员可以比 Pascal 和 Modula 程序员产生体积更小、效率更高、可维护性更佳的代码。这也是 C 语言在业界为何如此流行以及经验丰富的 C 程序员为何如此受青睐的原因之一。

12.2.2　其他链表操作

为了让单链表更加有用，我们需要增加更多的操作，如查找和删除。但是，用于这些操作的算法非常直截了当，很容易用插入函数所说明的技巧来实现。因此，这里把这些函数留作练习。

12.3　双链表

单链表的替代方案就是双链表。在一个双链表中，每个节点都包含两个指针——指向前一个节点的指针和指向后一个节点的指针。这可以使我们以任何方向遍历双链表，甚至可以随意在双链表中访问。下面的图展示了一个双链表。

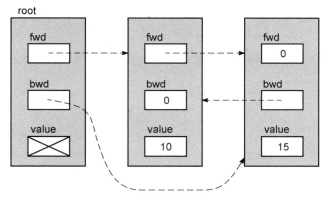

下面是节点类型的声明：

```
typedef struct  NODE   {
        struct  NODE   *fwd;
        struct  NODE   *bwd;
        int            value;
} Node;
```

现在，存在两个根指针：一个指向链表的第一个节点，另一个指向最后一个节点。这两个指针允许从链表的任何一端开始遍历链表。

我们可能想把两个根指针分开声明为两个变量。但这样一来，我们必须把两个指针都传递给插入函数。为根指针声明一个完整的节点更为方便，只是它的值字段绝不会被使用。在我们的例子中，这个技巧只是浪费了一个整型值的内存空间。对于值字段非常大的链表，分开声明两个指针可能更好一些。另外，也可以在根节点的值字段中保存其他一些关于链表的信息，例如链表当前包含的节点数量。

根节点的 fwd 字段指向链表的第 1 个节点，根节点的 bwd 字段指向链表的最后 1 个节点。如果链表为空，这两个字段都为 NULL。链表第 1 个节点的 bwd 字段和最后 1 个节点的 rwd 字段都为 NULL。在一个有序的链表中，各个节点将根据 value 字段的值以升序排列。

12.3.1 在双链表中插入

这一次，我们要编写一个函数，把一个值插入到一个有序的双链表中。dll_insert 函数接受 2 个参数：一个指向根节点的指针和一个整型值。

我们先前所编写的单链表插入函数把重复的值也添加到链表中。在有些应用程序中，不插入重复的值可能更为合适。dll_insert 函数只有当待插入的值原先不存在于链表中时才将其插入。

让我们用一种更为规范的方法来编写这个函数。当把一个节点插入到一个链表时，可能出现 4 种情况：

1. 新值可能必须插入到链表的中间位置；
2. 新值可能必须插入到链表的起始位置；
3. 新值可能必须插入到链表的结束位置；
4. 新值可能必须既插入到链表的起始位置，又插入到链表的结束位置（即原链表为空）。

在每种情况下，有 4 个指针必须进行修改。

- 在情况 1 和情况 2 中，新节点的 fwd 字段必须设置为指向链表的下一个节点，链表下一个节点的 bwd 字段必须设置为指向这个新节点。在情况 3 和情况 4 中，新节点的 fwd 字段必须设置为 NULL，根节点的 bwd 字段必须设置为指向新节点。
- 在情况 1 和情况 3 中，新节点的 bwd 字段必须设置为指向链表的前一个节点，而链表前一个节点的 fwd 字段必须设置为指向新节点。在情况 2 和情况 4 中，新节点的 bwd 字段必须设置为 NULL，根节点的 fwd 字段必须设置为指向新节点。

如果大家觉得这些描述不甚清楚，程序 12.4 简明的实现方法可以帮助你加深理解。

```
/*
** 把一个值插入到一个双链表，rootp 是一个指向根节点的指针，
** value 是待插入的新值。
** 返回值：如果欲插值原先已存在于链表中，函数返回 0；
** 如果内存不足导致无法插入，函数返回-1；如果插入成功，函数返回 1。
*/
#include <stdlib.h>
#include <stdio.h>
#include "doubly_linked_list_node.h"

int
dll_insert( Node *rootp, int value )
{
    Node  *this;
    Node  *next;
    Node  *newnode;

    /*
    ** 查看 value 是否已经存在于链表中，如果是就返回。
    ** 否则，为新值创建一个新节点（"newnode"将指向它）。
    ** "this"将指向应该在新节点之前的那个节点，
    ** "next"将指向应该在新节点之后的那个节点。
    */
    for( this = rootp; (next = this->fwd) != NULL; this = next ){
        if( next->value == value )
```

```
                return 0;
        if( next->value > value )
                break;
}
newnode = (Node *)malloc( sizeof( Node ) );
if( newnode == NULL )
    return -1;
newnode->value = value;

/*
** 把新值添加到链表中。
*/
if( next != NULL ){
/*
** 情况 1 或 2：并非位于链表尾部。
*/
        if( this != rootp ){        /* 情况 1：并非位于链表起始位置。 */
                newnode->fwd = next;
                this->fwd = newnode;
                newnode->bwd = this;
                next->bwd = newnode;
        }
        else {                           /* 情况 2：位于链表起始位置。 */
                newnode->fwd = next;
                rootp->fwd = newnode;
                newnode->bwd = NULL;
                next->bwd = newnode;
        }
}
else {
/*
** 情况 3 或 4：位于链表的尾部。
*/
        if( this != rootp ){    /* 情况 3：并非位于链表的起始位置。 */
                newnode->fwd = NULL;
                this->fwd = newnode;
                newnode->bwd = this;
                rootp->bwd = newnode;
        }
        else {                           /* 情况 4：位于链表的起始位置。 */
                newnode->fwd = NULL;
                rootp->fwd = newnode;
                newnode->bwd = NULL;
                rootp->bwd = newnode;
        }
}
    return 1;
}
```

程序 12.4　简明的双链表插入函数　　　　　　　　　　　　　　　　　　　dll_ins1.c

　　一开始，函数使 this 指向根节点。next 指针始终指向 this 之后的那个节点。它的思路是这两个指针同步前进，直到新节点应该插入到这两者之间。for 循环检查 next 所指节点的值，判断是否到达需要插入的位置。

　　如果在链表中找到新值，函数就简单地返回；否则，当到达链表尾部或找到适当的插入位置时循环终止。在任何一种情况下，新节点都应该插入到 this 所指的节点后面。注意，在决定新值是否应该实际插入到链表之前，并不为它分配内存。如果事先分配内存，但发现新值原先已经存在于链表中，就有可能发生内存泄漏。

4 种情况是分开实现的。让我们通过把 12 插入到链表中来观察情况 1。下面这张图显示了 for 循环终止之后几个变量的状态。

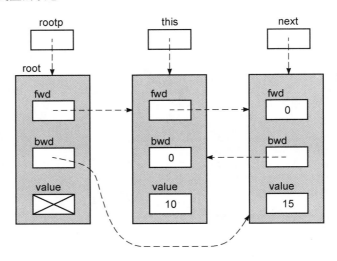

然后，函数为新节点分配内存，下面几条语句执行之后，

```
newnode->fwd = next;
this->fwd = newnode;
```

链表的样子如下所示。

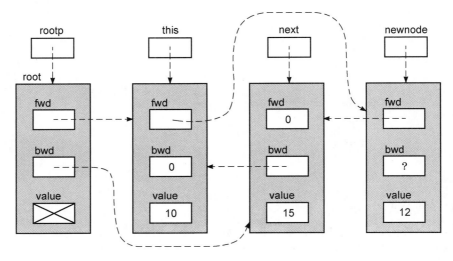

然后，执行下列语句：

```
newnode->bwd = this;
    next->bwd = newnode;
```

这就完成了把新值插入到链表的过程。

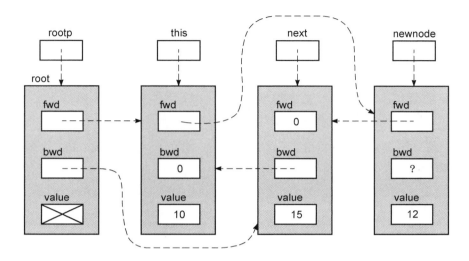

请研究一下代码，确定应该如何处理剩余的几种情况，确保它们都能正确工作。

简化插入函数

提示：

细心的程序员会注意到，在函数中各个嵌套的 if 语句群存在大量的相似之处，而优秀的程序员会对程序中出现这么多的重复代码感到厌烦。所以，我们现在将使用两个技巧消除这些重复的代码。第一个技巧是语句提炼（statement factoring），如下面的例子所示：

```
if( x == 3) {
        i = 1;
        something;
        j = 2;
}
else {
        i = 1;
        something different;
        j = 2;
}
```

注意，不管表达式 x = = 3 的值是真还是假，语句 i = 1 和 j = 2 都将执行。在 if 之前执行 i = 1 不会影响 x = = 3 的测试结果，所以这两条语句都可以被提炼出来，这样就产生了更为简单但同样完整的语句：

```
i = 1;
if( x == 3 )
        something;
else
        something different;
j = 2;
```

警告：

如果 if 之前的语句会对测试的结果产生影响，则千万不要把它提炼出来。例如，在下面的例子中：

```
if( x == 3 ){
        x = 0;
        something;
}
else {
        x = 0;
        something different;
}
```

语句 x = 0 不能被提炼出来，因为它会影响比较的结果。

把程序 12.4 最内层嵌套的 if 语句进行提炼，就产生了程序 12.5 的代码段。请将这段代码和前面的函数进行比较，确认它们是等价的。

```
/*
** 把新节点添加到链表中。
*/
if( next != NULL ){
    /*
    ** 情况 1 或情况 2：并非位于链表的尾部。
    */
        newnode->fwd = next;
        if( this != rootp ){        /* 情况 1：并非位于链表起始位置。 */
            this->fwd = newnode;
            newnode->bwd = this;
        }
        else {                          /* 情况 2：位于链表起始位置。 */
            rootp->fwd = newnode;
            newnode->bwd = NULL;
        }
        next->bwd = newnode;
}
else {
    /*
    ** 情况 3 或情况 4：位于链表尾部。
    */
        newnode->fwd = NULL;
        if( this != rootp ){  /* 情况 3：并不位于链表起始位置。 */
            this->fwd = newnode;
            newnode->bwd = this;
        }
        else {                          /* 情况 4：位于链表起始位置。 */
            rootp->fwd = newnode;
            newnode->bwd = NULL;
        }
        rootp->bwd = newnode;
        }
```

程序 12.5　双链表插入逻辑的提炼   dll_ins2.c

第二个简化技巧很容易用下面这个例子进行说明：

```
if( pointer !=NULL )
        field = pointer;
else
        fileld = NULL;
```

这段代码的意图是设置一个和 pointer 相等的变量，如果 pointer 未指向任何内容，这个变量就设置为 NULL。但是，请看下面这条语句：

```
field = pointer;
```

如果 pointer 的值不是 NULL，field 就像前面一样获得它的值的一份副本。但是，如果 pointer 的值是 NULL，那么 field 将从 pointer 获得一份 NULL 的副本，这和把它赋值为常量 NULL 的效果是一样的。这条语句所执行的任务和前面那条 if 语句相同，但它明显简单多了。

在程序 12.5 中运用这个技巧的关键是找出那些虽然看上去不一样但实际上执行相同任务的语句，然后对它们进行改写，写成同一种形式。我们可以把情况 3 和情况 4 的第一条语句改写为：

```
newnode->fwd = next;
```

由于 if 语句刚刚判断出 next == NULL，这个改动使 if 语句两边的第一条语句相等，因此可以把它提炼出来。请做好这个修改，然后对剩余的代码进行研究。

你发现了吗？现在两个嵌套的 if 语句是相等的，所以它们也可以被提炼出来。这些改动的结果显示在程序 12.6 中。

我们还可以对代码作进一步的完善。第一条 if 语句的 else 子句的第一条语句可以改写为：

```
this->fwd = newnode;
```

这是因为 if 语句已经判断出 this == rootp。现在，这条改写后的语句以及它的同类也可以被提炼出来。

程序 12.7 是实现了所有修改的完整版本。它所执行的任务和最初的函数相同，但体积要小得多。局部指针被声明为寄存器变量，进一步改善了代码的体积和执行速度。

```
/*
** 把新节点添加到链表中。
*/
newnode->fwd = next;

if( this != rootp ){
    this->fwd = newnode;
    newnode->bwd = this;
}
else {
    rootp->fwd = newnode;
    newnode->bwd = NULL;
}
if( next != NULL )
    next->bwd = newnode;
else
    rootp->bwd = newnode;
```

程序 12.6　双链表插入逻辑的进一步提炼　　　　　　　　　　　　　　　　　　　dll_ins3.c

```
/*
** 把一个新值插入到一个双链表中。rootp 是一个指向根节点的指针，
** value 是需要插入的新值
```

```
** 返回值: 如果链表原先已经存在这个值, 函数返回 0。
** 如果为新值分配内存失败, 函数返回 -1。
** 如果新值成功地插入到链表中, 函数返回 1。
*/
#include <stdlib.h>
#include <stdio.h>
#include "doubly_liked_list_node.h"

int
dll_insert( register Node *rootp, int value )
{
    register Node  *this;
    register Node  *next;
    register Node  *newnode;

    /*
    ** 查看 value 是否已经存在于链表中, 如果是就返回。
    ** 否则, 为新值创建一个新节点 ("newnode"将指向它)。
    ** "this"将指向应该在新节点之前的那个节点,
    ** "next"将指向应该在新节点之后的那个节点。
    */
    for( this = rootp; (next = this->fwd) != NULL; this = next ){
        if( next->value == value )
            return 0;
        if( next->value > value )
            break;
    }
    newnode = (Node *)malloc( sizeof( Node ) );
    if( newnode == NULL )
        return -1;
    newnode->value = value;

    /*
    ** 把新节点添加到链表中。
    */
    newnode->fwd = next;
    this->fwd = newnode;

    if( this != rootp )
        newnode->bwd = this;
    else
        newnode->bwd = NULL;

    if( next != NULL )
        next->bwd = newnode;
    else
        rootp->bwd = newnode;

    return 1;
}
```

程序 12.7　双链表插入函数的最终简化版本　　　　　　　　　　　　　　　　　dll_ins4.c

　　这个函数无法再大幅度改善了, 但我们可以让源代码更小一些。第一条 if 语句的目的是判断赋值语句右边一侧的值。我们可以用一个条件表达式取代 if 语句。我们也可以用条件表达式取代第二条 if 语句，但这个修改的意义并不是很大。

提示：

程序 12.8 的代码确实更小一些，但它是不是真的更好？尽管它的语句数量减少了，但必须执行的比较和赋值操作还是和前面的一样多，所以这段代码的运行速度并不比前面的更快。这里存在两个微小的差别：newnode->bwd 和->bwd = newnode 都只编写了一次而不是两次。这些差别能不能产生更小的目标代码呢？也许会，这取决于你的编译器优化措施是否出色。但是，即使会产生更小的代码，其差别也是很小的，但这段代码的可读性较之前面的代码有所下降，尤其是对于那些缺乏经验的 C 程序员而言。因此，程序 12.8 维护起来或许更困难一些。

如果程序的大小或者执行速度确实至关重要，我们可能只好考虑用汇编语言来编写函数。但即便在编码方式上采取如此巨大的变化，也不能保证肯定会有任何重大的改进。另外还要考虑到汇编代码难于编写、难于阅读和难于维护。所以，只有当迫不得已的时候，才能求诸于汇编语言。

```
/*
** 把新节点添加到链表中。
*/
newnode->fwd = next;
this->fwd = newnode;
newnode->bwd = this != rootp ? this : NULL;
( next != NULL ? next : rootp )->bwd = newnode;
```

程序 12.8　使用条件表达式实现插入函数　　　　　　　　　dll_ins5.c

12.3.2　其他链表操作

和单链表一样，双链表也需要更多的操作。本章的编程练习将给大家更多的实践机会来编写它们。

12.4　总结

单链表是一种使用指针来存储值的数据结构。链表中的每个节点包含一个字段，用于指向链表的下一个节点。另外有一个独立的根指针指向链表的第一个节点。由于节点在创建时是采用动态分配内存的方式，所以它们可能分布于内存之中。但是，遍历链表是根据指针进行的，所以节点的物理排列无关紧要。单链表只能以一个方向进行遍历。

为了把一个新值插入到一个有序的单链表中，首先必须找到链表中合适的插入位置。对于无序单链表，新值可以插入到任何位置。把一个新节点链接到链表中需要两个步骤。首先，新节点的 link 字段必须设置为指向它的目标后续节点。其次，前一个节点的 link 字段必须设置为指向这个新节点。在许多其他语言中，插入函数保存一个指向前一个节点的指针来完成第二个步骤。但是，这个技巧使插入到链表的起始位置成为一种特殊情况，需要单独处理。在 C 语言中，可以通过保存一个指向必须进行修改的 link 字段的指针，而不是保存一个指向前一个节点的指针，来消除这个特殊情况。

双链表中的每个节点包含两个 link 字段：其中一个指向链表的下一个节点；另一个指向链表的前一个节点。双链表有两个根指针，分别指向第 1 个节点和最后 1 个节点。因此，遍历双链表可以从任何一端开始，而且在遍历过程中可以改变方向。为了把一个新节点插入到双链表中，必须修改 4

个指针。新节点的前向和后向 link 字段必须被设置，前一个节点的后向 link 字段和后一个节点的前向 link 字段也必须进行修改，使它们指向这个新节点。

语句提炼是一种简化程序的技巧，其目的是消除程序中冗余的语句。如果一条 if 语句的 then 和 else 子句以相同序列的语句结尾，它们可以被一份单独的出现于 if 语句之后的副本代替。相同序列的语句也可以从 if 语句的起始位置提炼出来，但这种提炼不能改变 if 的测试结果。如果不同的语句事实上执行相同的功能，则可以把它们写成相同的样子，然后再使用语句提炼简化程序。

12.5 警告的总结

1. 落到链表尾部的后面。
2. 使用指针时应格外小心，因为 C 并没有对它们的使用提供安全网。
3. 从 if 语句中提炼语句可能会改变测试结果。

12.6 编程提示的总结

1. 消除特殊情况使代码更易于维护。
2. 通过提炼语句消除 if 语句中的重复语句。
3. 不要仅仅根据代码的大小评估它的质量。

12.7 问题

1. 能否进行改写程序 12.3，使其不使用 current 变量？如果可以，把你的答案和原先的函数进行比较。
2. 有些数据结构图书建议在单链表中使用"头节点"。这个哑节点始终是链表的第一个元素，这就消除了插入到链表起始位置这个特殊情况。讨论这个技巧的利与弊。
3. 在程序 12.3 中，插入函数会把重复的值插入到什么位置？如果把比较操作符由<改为<=会有什么效果？
4. 讨论怎样省略双链表中根节点的值字段的一些技巧。
5. 如果程序 12.7 中对 malloc 的调用在函数的起始部分执行，会有什么结果？
6. 能不能对一个无序的单链表进行排序？
7. 索引表（concordance list）是一种字母链表，表中的节点是出现于一本书或一篇文章中的单词。可以使用一个有序的字符串单链表实现索引表，使用插入函数时不插入重复的单词。与这种实现方法有关的问题是，搜索链表的时间将随着链表规模的扩大而急剧增长。

图 12.1 说明了另一种存储索引表的数据结构。它的思路是把一个大型的链表分解为 26 个小型的链表——每个链表中的所有单词都以同一个字母开头。最初链表中的每个节点包含一个字母和一个指向一个以该字母开头的单词的有序单链表（以字符串形式存储）的指针。

使用这种数据结构搜索一个特定的单词所花费的时间与使用一个存储所有单词的单链表相比，有没有什么变化？

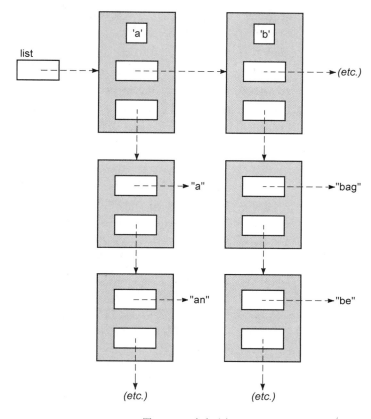

图 12.1　一个索引表

12.8　编程练习

✐★　1. 编写一个函数，用于计数一个单链表的节点个数。它的唯一参数就是一个指向链表第 1 个节点的指针。编写这个函数时，必须知道哪些信息？这个函数还能用于执行其他任务吗？

★　2. 编写一个函数，在一个无序的单链表中寻找一个特定的值，并返回一个指向该节点的指针。可以假设节点数据结构在头文件 singly_linked_list_node.h 中定义。
如果想让这个函数适用于有序的单链表，需不需要对它做些修改？

★★★　3. 重新编写程序 12.7 的 dll_insert 函数，使头指针和尾指针分别以一个单独的指针传递给函数，而不是作为一个节点的一部分。从函数的逻辑而言，这个改动有何效果？

★★★★　4. 编写一个函数，反序排列一个单链表的所有节点。函数具有下面的原型：

```
struct NODE * sll_reverse( struct NODE *first);
```

在头文件 singly_linked_list_node.h 中声明节点数据结构。
函数的参数指向链表的第 1 个节点。当链表被重排之后，函数返回一个指向链表新头节点的指针。链表最后一个节点的 link 字段的值应设置为 NULL，在空链表（first == NULL）上执行这个函数将返回 NULL。

✎ ★ ★ ★　5. 编写一个程序，从一个单链表中移除一个节点。函数的原型如下：

```
int sll_remove( struct NODE **rootp, struct NODE *node );
```

可以假设节点数据结构在头文件 singly_linked_list_node.h 中定义。函数的第 1 个参数是一个指向链表根指针的指针，第 2 个参数是一个指向待移除节点的指针。如果链表并不包含待移除的节点，函数就返回假，否则它就移除这个节点并返回真。

把一个指向待移除节点的指针（而不是待移除节点的值）作为参数传递给函数有哪些优点？

　★ ★ ★　6. 编写一个程序，从一个双链表中移除一个节点。函数的原型如下：

```
int dll_remove( struct NODE *rootp, struct NODE *node );
```

可以假设节点数据结构在头文件 doubly_linked_list_node.h 中定义。函数的第 1 个参数是一个指向包含链表根指针的节点的指针（和程序 12.7 相同），第 2 个参数是个指向待移除节点的指针。如果链表并不包含待移除的节点，函数就返回假，否则函数移除该节点并返回真。

★ ★ ★ ★ ★　7. 编写一个函数，把一个新单词插入到问题 7 所描述的索引表中。函数接受两个参数：一个指向 list 指针的指针和一个字符串。该字符串假定包含单个单词。如果这个单词原先并未存在于索引表中，它应该复制到一块动态分配的节点并插入到索引表中。如果该字符串成功插入，函数应该返回真。如果该字符串原先已经存在于索引表中，或字符串不是以一个字母开头，或者出现其他错误，函数就返回假。

函数应该维护一个一级链表，节点的排列以字母为序。其余的二级链表则以单词为序排列。

第

13

章

高级指针话题

本章介绍了各种各样的涉及指针的技巧。有些技巧非常实用，另外一些技巧则学术味更浓一些，还有一些则纯属找乐。但是，这些技巧都很好地说明了这门语言的各种原则。

13.1 进一步探讨指向指针的指针

上一章使用了指向指针的指针，用于简化向单链表插入新值的函数。另外还存在许多领域，指向指针的指针可以在其中发挥重要的作用。

这里有一个通用的例子：

```
int     i;
int     *pi;
int     **ppi;
```

这些声明在内存中创建了下列变量。如果它们是自动变量，则无法猜测它们的初始值。

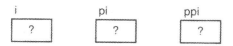

有了上面这些信息之后，请问下面各条语句的效果是什么呢？

```
①  printf( "%d\n", ppi );
②  printf( "%d\n", &ppi );
③  *ppi = 5;
```

① 如果 ppi 是个自动变量，它就未被初始化，这条语句将打印一个随机值。如果它是个静态变量，这条语句将打印 0。

② 这条语句将把存储 ppi 的地址作为十进制整数打印出来。这个值并不是很有用。

③ 这条语句的结果是不可预测的。对 ppi 不应该执行间接访问操作，因为它尚未被初始化。

接下来的两条语句用处比较大。

```
ppi = &pi;
```

这条语句把 ppi 初始化为指向变量 pi。以后就可以安全地对 ppi 执行间接访问操作了。

```
*ppi = &i;
```

这条语句把 pi（通过 ppi 间接访问）初始化为指向变量 i。执行完上面最后两条语句之后，这些变量变成了下面这个样子：

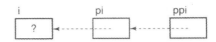

现在，下面各条语句具有相同的效果：

```
i='a';
*pi='a';
**ppi='a';
```

在一条简单的对 i 赋值的语句就可以完成任务的情况下，为什么还要使用更为复杂的涉及间接访问的方法呢？这是因为简单赋值并不总是可行，例如链表的插入。在那些函数中，无法使用简单赋值，因为变量名在函数的作用域内部是未知的。函数所拥有的只是一个指向需要修改的内存位置的指针，所以要对该指针进行间接访问操作以访问需要修改的变量。

在前一个例子中，变量 i 是一个整数，pi 是一个指向整型的指针。但 ppi 是一个指向 pi 的指针，所以它是一个指向整型的指针的指针。假定我们需要另一个变量，它需要指向 ppi。那么，它的类型当然是"指向整型的指针的指针的指针"，而且它应该像下面这样声明：

```
int ***pppi;
```

间接访问的层次越多，需要用到它的次数就越少。但是，一旦真正理解了间接访问，无论出现多少层间接访问，我们应该都能十分轻松地应付。

提示：
只有当确实需要时，才应该使用多层间接访问。不然的话，程序将会变得更庞大、更缓慢并且更难于维护。

13.2　高级声明

在使用更高级的指针类型之前，我们必须观察它们是如何声明的。前面的章节介绍了表达式声明的思路以及 C 语言的变量如何通过推论进行声明。我们在第 8 章声明指向数组的指针时已经看到过一些推论声明的例子。现在通过观察一系列越来越复杂的声明进一步探索这个话题。

首先来看几个简单的例子：

```
int     f;   /* 一个整型变量 */
int     *f;  /* 一个指向整型的指针 */
```

不过，请回忆一下第 2 个声明是如何工作的：它把**表达式***f 声明为一个整数。根据这个事实，肯定能推断出 f 是个指向整型的指针。C 声明的这种解释方法可以通过下面的声明得到验证：

```
int* f, g;
```

它并没有声明两个指针。尽管它们之间存在空白，但星号是作用于 f 的，只有 f 才是一个指针。g 只是一个普通的整型变量。

下面是另外一个例子，以前曾见过：

```
int     f();
```

　　它把 f 声明为一个函数，它的返回值是一个整数。旧式风格的声明对函数的参数并未提供任何信息。它只声明 f 的返回值类型。现在将使用这种旧式风格，这样例子看上去简单一些，后面再回到完整的原型形式。

　　下面是一个新例子：

```
int      *f();
```

　　要想推断出它的含义，必须确定表达式*f( )是如何进行求值的。首先执行的是函数调用操作符()，因为它的优先级高于间接访问操作符。因此，f 是一个函数，它的返回值类型是一个指向整型的指针。

　　如果"推论声明"看上去有点讨厌，只要这样考虑就可以了：用于声明变量的表达式和普通的表达式在求值时所使用的规则相同。我们不需要为这类声明学习一套单独的语法。如果能够对一个复杂表达式求值，同样可以推断出一个复杂声明的含义，因为它们的原理是相同的。

　　接下来的一个声明更为有趣：

```
int      (*f)();
```

　　确定括号的含义是分析这个声明的一个重要步骤。这个声明有两对括号，每对的含义各不相同。第 2 对括号是函数调用操作符，但第 1 对括号只起到聚组的作用。它迫使间接访问在函数调用之前进行，使 f 成为一个函数指针，它所指向的函数返回一个整型值。

　　函数指针？是的，程序中的每个函数都位于内存中的某个位置，所以存在指向那个位置的指针是完全可能的。函数指针的初始化和使用将在本章后面详述。

　　现在，下面这个声明应该是比较容易弄懂了：

```
int      *(*f)();
```

　　它和前一个声明基本相同，f 也是一个函数指针，只是所指向的函数的返回值是一个整型指针，必须对其进行间接访问操作才能得到一个整型值。

　　现在，让我们把数组也考虑进去：

```
int      f[];
```

　　这个声明表示 f 是个整型数组。数组的长度暂时省略，因为我们现在关心的是它的类型，而不是它的长度[1]。

　　下面这个声明又如何呢？

```
int      *f[];
```

　　这个声明又出现了两个操作符。下标的优先级更高，所以 f 是一个数组，它的元素类型是指向整型的指针。

　　下面这个例子隐藏着一个圈套。不管怎样，让我们先推断出它的含义。

```
int      f()[];
```

　　f 是一个函数，它的返回值是一个整型数组。这里的圈套在于这个声明是非法的——函数只能返回标量值，不能返回数组。

　　这里还有一个例子，颇费思量。

```
int      f[]();
```

　　现在，f 似乎是一个数组，它的元素类型是返回值为整型的函数。这个声明也是非法的，因为数组元素必须具有相同的长度，但不同的函数显然可能具有不同的长度。

1　如果它们的链接属性是 external 或者是作用于函数的参数，即使它们在声明时未注明长度，也仍然是合法的。

但是，下面这个声明是合法的：

```
int        (*f[])();
```

首先，必须找到所有的操作符，然后按照正确的次序执行它们。同样，这里有两对括号，它们分别具有不同的含义。括号内的表达式*f[]首先进行求值，所以 f 是一个元素为某种类型的指针的数组。表达式末尾的( )是函数调用操作符，所以 f 肯定是一个数组，数组元素的类型是函数指针，它所指向的函数的返回值是一个整型值。

如果大家搞清楚了上面最后一个声明，下面这个应该是比较容易的了：

```
int        *(*f[])();
```

它和上面那个声明的唯一区别就是多了一个间接访问操作符，所以这个声明创建了一个指针数组，指针所指向的类型是返回值为整型指针的函数。

到现在为止，这里使用的是旧式风格的声明，目的是为了让例子简单一些。但 ANSI C 要求我们使用完整的函数原型，使声明更为明确。例如：

```
int        (*f)( int, float );
int        *(*g[])( int, float );
```

前者把 f 声明为一个函数指针，它所指的函数接受两个参数，分别是一个整型值和浮点型值，并返回一个整型值。后者把 g 声明为一个数组，数组的元素类型是一个函数指针，它所指向的函数接受两个参数，分别是一个整型值和浮点型值，并返回一个整型指针。尽管原型增加了声明的复杂度，但我们还是应该大力提倡这种风格，因为它向编译器提供了一些额外的信息。

提示：

如果大家使用的是 UNIX 系统，并能访问 Internet，则可以获得一个名叫 cdecl 的程序，它可以在 C 语言的声明和英语之间进行转换。它可以解释一个现存的 C 语言声明：

```
cdecl> explain int (*(*f)())[10];
declare f as pointer to function returning pointer to
    array 10 of int
```

或者给出一个声明的语法：

```
cdecl> declare x as pointer to array 10 of pointer to
    function returning int
int (*(*x)[10])()
```

cdecl 的源代码可以从 comp.sources.unix.newsgroup 存档文件第 14 卷中获得。

13.3   函数指针

我们不会每天都使用函数指针。但是，它们的确有用武之地，最常见的两个用途是转换表（jump table）和作为参数传递给另一个函数。本节将探索这两方面的一些技巧。但是，首先容我指出一个常见的错误，这是非常重要的。

警告：

简单声明一个函数指针并不意味着它马上就可以使用。和其他指针一样，对函数指针执行间接访问之前必须把它初始化为指向某个函数。下面的代码段说明了一种初始化函数指针的方法。

```
int        f( int );
int        (*pf)( int ) = &f;
```

第 2 个声明创建了函数指针 pf，并把它初始化为指向函数 f。函数指针的初始化也可以通过一条赋值语句来完成。在函数指针的初始化之前具有 f 的原型是很重要的，否则编译器将无法检查 f 的类型是否与 pf 所指向的类型一致。

初始化表达式中的&操作符是可选的，因为**函数名**被使用时总是由编译器把它转换为**函数指针**。&操作符只是显式地说明了编译器将隐式执行的任务。

在函数指针被声明并且初始化之后，就可以使用 3 种方式调用函数：

```
int      ans;

ans = f( 25 );
ans = (*pf)( 25 );
ans = pf( 25 );
```

第 1 条语句简单地使用名字调用函数 f，但它的执行过程可能和想象的不太一样。函数名 f 首先被转换为一个函数指针，该指针指定函数在内存中的位置。然后，函数调用操作符调用该函数，执行开始于这个地址的代码。

第 2 条语句对 pf 执行间接访问操作，它把函数指针转换为一个函数名。这个转换并不是真正需要的，因为编译器在执行函数调用操作符之前又会把它转换回去。不过，这条语句的效果和第 1 条语句是完全一样的。

第 3 条语句和前两条语句的效果是一样的。间接访问操作并非必需的，因为编译器需要的是一个函数指针。这个例子显示了函数指针通常是如何使用的。

什么时候应该使用函数指针呢？前面提到过，两个最常见的用途是把函数指针作为参数传递给函数以及用于转换表。让我们各看一个例子。

13.3.1　回调函数

这里有一个简单的函数，它用于在一个单链表中查找一个值。它的参数是一个指向链表第 1 个节点的指针以及那个需要查找的值。

```
Node *
search_list( Node *node, int const value )
{
        while( node != NULL ){
                if( node->value == value )
                        break;
                node = node->link;
        }
        return node;
}
```

这个函数看上去相当简单，但它只适用于值为整数的链表。如果需要在一个字符串链表中查找，则不得不另外编写一个函数。这个函数和上面那个函数的绝大部分代码相同，只是第 2 个参数的类型以及节点值的比较方法不同。

一种更为通用的方法是使查找函数与类型无关，这样它就能用于任何类型的值的链表。我们必须对函数的两个方面进行修改，使它与类型无关。首先，必须改变比较的执行方式，这样函数就可以对任何类型的值进行比较。这个目标听上去好像不可能，如果编写语句用于比较整型值，它怎么还可能用于其他类型（如字符串）的比较呢？解决方案就是使用函数指针。调用者编写一个函数，用于比较两个值，然后把一个指向这个函数的指针作为参数传递给查找函数。然后查找函数调用这个函数来执行值的比较。使用这种方法，任何类型的值都可以进行比较。

必须修改的第二个方面是向函数传递一个指向值的**指针**而不是值本身。函数有一个 void *形参，用于接受这个参数。然后指向这个值的指针便传递给比较函数。这个修改使字符串和数组对象也可以被使用。字符串和数组无法作为参数传递给函数，但指向它们的指针却可以。

使用这种技巧的函数被称为**回调函数**（callback function），因为用户把一个函数指针作为参数传递给其他函数，后者将"回调"用户的函数。任何时候，如果所编写的函数必须能够在不同的时刻执行不同类型的工作，或者执行只能由函数调用者定义的工作，都可以使用这个技巧。许多窗口系统使用回调函数连接多个动作，如拖拽鼠标和点击按钮来指定用户程序中的某个特定函数。

我们无法在这个上下文环境中为回调函数编写一个准确的原型，因为并不知道进行比较的值的类型。事实上，我们需要查找函数能作用于任何类型的值。解决这个难题的方法是把参数类型声明为 void *，表示"一个指向未知类型的指针"。

提示：

在使用比较函数中的指针之前，它们必须被强制转换为正确的类型。因为强制类型转换能够躲过一般的类型检查，所以在使用时必须格外小心，确保函数的参数类型是正确的。

在这个例子里，回调函数比较两个值。查找函数向比较函数传递两个指向需要进行比较的值的指针，并检查比较函数的返回值。例如，零表示相等的值，非零值表示不相等的值。现在，查找函数就与类型无关，因为它本身并不执行实际的比较。确实，调用者必须编写必需的比较函数，但这样做是很容易的，因为调用者知道链表中所包含的值的类型。如果使用几个分别包含不同类型值的链表，为每种类型编写一个比较函数就允许单个查找函数作用于所有类型的链表。

程序 13.1 是类型无关查找函数的一种实现方法。注意，函数的第 3 个参数是一个函数指针。这个参数用一个完整的原型进行声明。同时注意，虽然函数绝不会修改参数 node 所指向的任何节点，但 node 并未被声明为 const。如果 node 被声明为 const，函数将不得不返回一个 const 结果，这将限制调用程序，它便无法修改查找函数所找到的节点。

```
/*
** 在一个单链表中查找一个指定值的函数。它的参数是一个指向链表第 1 个节点的
** 指针、一个指向需要查找的值的指针和一个函数指针，它所指向的函数用于比
** 较存储于链表中的类型的值。
*/
#include <stdio.h>
#include "node.h"

Node *
search_list( Node *node, void const *value,
    int (*compare)( void const *, void const * ) )
{
    while( node != NULL ){
        if( compare( &node->value, value ) == 0 )
            break;
        node = node->link;
    }
    return node;
}
```

程序 13.1　类型无关的链表查找　　　　　　　　　　　　　　　　search.c

　　指向值参数的指针和&node->value 被传递给比较函数。后者是我们当前所检查的节点的值。在选择比较函数的返回值时，这里选择了与直觉相反的约定，就是相等返回零值，不相等返回非零值。它的目的是为了与标准库的一些函数所使用的比较函数规范兼容。在这个规范中，不相等操作数的报告方式更为明确——负值表示第 1 个参数小于第 2 个参数，正值表示第 1 个参数大于第 2 个参数。

　　在一个特定的链表中进行查找时，用户需要编写一个适当的比较函数，并把指向该函数的指针和指向需要查找的值的指针传递给查找函数。例如，下面是一个比较函数，它用于在一个整数链表中进行查找。

```
int
compare_ints( void const *a, void const *b )
{
        if( *(int *)a == *(int *)b )
                return 0;
        else
                return 1;
}
```

这个函数将像下面这样使用：

```
desired_node = search_list( root, &desired_value,
    compare_ints );
```

　　注意强制类型转换：比较函数的参数必须声明为 void *以匹配查找函数的原型，然后它们再强制转换为 int *类型，用于比较整型值。

　　如果希望在一个字符串链表中进行查找，下面的代码可以完成这项任务：

```
#include <string.h>
...
desired_node = search_list( root, "desired_value",
    strcmp );
```

　　碰巧，库函数 strcmp 所执行的比较和我们需要的完全一样，不过有些编译器会发出警告信息，因为它的参数被声明为 char *而不是 void *。

13.3.2　转移表

　　转移表最好用个例子来解释。下面的代码段取自一个程序，它用于实现一个袖珍式计算器。程序的其他部分已经读入两个数（op1 和 op2）和一个操作符（oper）。下面的代码对操作符进行测试，然后决定调用哪个函数。

```
switch( oper ){
case ADD:
        result = add( op1, op2 );
        break;

case SUB:
        result = sub( op1, op2 );
        break;

case MUL:
        result = mul( op1, op2 );
        break;

case DIV:
        result = div( op1, op2 );
        break;
...
```

对于一个新奇的具有上百个操作符的计算器来说,这条 switch 语句将会非常之长。

为什么要调用函数来执行这些操作呢?把具体操作和选择操作的代码分开是一种良好的设计方案。更为复杂的操作将肯定以独立的函数来实现,因为它们的长度可能很长。但即使是简单的操作,也可能具有副作用,例如保存一个常量值用于以后的操作。

为了使用 switch 语句,表示操作符的代码必须是整数。如果它们是从零开始连续的整数,则可以使用转换表来实现相同的任务。转换表就是一个函数指针数组。

创建一个转换表需要两个步骤。声明并初始化一个函数指针数组。唯一需要留心之处就是确保这些函数的原型出现在这个数组的声明之前。

```
double  add( double, double );
double  sub( double, double );
double  mul( double, double );
double  div( double, double );
...
double  (*oper_func[])( double, double ) = {
          add, sub, mul, div, ...
};
```

在初始化列表中,各个函数名的正确顺序取决于程序中用于表示每个操作符的整型代码。这个例子假定 ADD 是 0,SUB 是 1,MUL 是 2;依此类推。

第二个步骤是用下面这条语句替换前面整条 switch 语句!

```
result = oper_func[ oper ]( op1, op2 );
```

oper 从数组中选择正确的函数指针,而函数调用操作符将执行这个函数。

警告:

在转换表中,越界下标引用就像在其他任何数组中一样是不合法的。但一旦出现这种情况,把它诊断出来要困难得多。当这种错误发生时,程序有可能在 3 个地方终止。首先,如果下标值远远越过了数组的边界,它所标识的位置可能在分配给该程序的内存之外。有些操作系统能检测到这个错误并终止程序,但有些操作系统并不这样做。如果程序被终止,这个错误将在靠近转换表语句的地方被报告,问题相对而言较易诊断。

如果程序并未终止,非法下标所标识的值被提取,处理器跳到该位置。这个不可预测的值可能代表程序中一个有效的地址,但也可能不是。如果它不代表一个有效地址,程序此时也会终止,但错误所报告的地址从本质上说是一个随机数。此时,问题的调试就极为困难。

如果程序此时还未失败,机器将开始执行根据非法下标所获得的虚假地址的指令,此时要调试出问题根源就更为困难了。如果这个随机地址位于一块存储数据的内存中,程序通常会很快终止,这通常是由于非法指令或非法的操作数地址所致(尽管数据值有时也能代表有效的指令,但并不总是这样)。要想知道机器为什么会到达那个地方,唯一的线索是转移表调用函数时存储于堆栈中的返回地址。如果任何随机指令在执行时修改了堆栈或堆栈指针,那么连这个线索也消失了。

更糟的是,如果这个随机地址恰好位于一个函数的内部,那么该函数就会顺利地执行,修改谁也不知道的数据,直到它运行结束。但是,函数的返回地址并不是该函数所期望的保存于堆栈上的地址,而是另一个随机值。这个值就成为下一个指令的执行地址,计算机将在各个随机地址间跳转,执行位于那里的指令。

问题在于指令破坏了机器如何到达错误最后发生地点的线索。没有了这方面的信息,要查明问题的根源简直难如登天。如果怀疑转移表有问题,可以在那个函数调用之前和之后各打印一条信息。

如果被调用函数不再返回，用这种方法就可以看得很清楚。但困难在于人们很难认识到程序某个部分的失败可以是由于程序中相隔甚远的且不相关部分的一个转移表错误所引起的。

提示：

一开始就保证转移表所使用的下标位于合法的范围是很容易做到的。在这个计算器例子里，用于读取操作符并把它转换为对应整数的函数应该核实该操作符是否有效。

13.4　命令行参数

处理命令行参数是指向指针的指针的另一个用武之地。有些操作系统，包括 UNIX 和 MS-DOS，让用户在命令行中编写参数来启动一个程序的执行。这些参数被传递给程序，程序按照它认为合适的任何方式对它们进行处理。

13.4.1　传递命令行参数

这些参数如何传递给程序呢？C 程序的 main 函数具有两个形参[1]。第 1 个通常称为 argc，它表示命令行参数的数目。第 2 个通常称为 argv，它指向一组参数值。由于参数的数目并没有内在的限制，因此 argv 指向这组参数值（从本质上说是一个数组）的第 1 个元素。这些元素的每一个都是指向一个参数文本的指针。如果程序需要访问命令行参数，main 函数在声明时就要加上这些参数：

```
int
main( int argc, char **argv )
```

注意，这两个参数通常取名为 argc 和 argv，但它们并无神奇之处。如果你喜欢，也可以把它们称为 fred 和 ginger，只不过程序的可读性会差一点。

图 13.1 显示了下面这条命令行是如何进行传递的。

```
$ cc -c -o main.c insert.c -o test
```

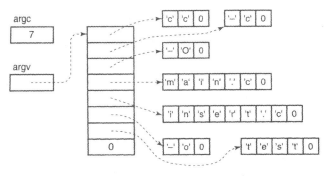

图 13.1　命令行参数

注意指针数组：这个数组的每个元素都是一个字符指针，数组的末尾是一个 NULL 指针。argc 的值和这个 NULL 值都用于确定实际传递了多少个参数。argv 指向数组的第 1 个元素，这就是它被

1　实际上，有些操作系统向 main 函数传递第 3 个参数，它是一个指向环境变量列表以及它们的值的指针。请查阅你的编译器或操作系统文档，以了解更多细节。

声明为一个指向字符的指针的指针的原因。

最后一个需要注意的地方是第 1 个参数就是程序的名称。把程序名作为参数传递有什么用意呢？程序显然知道自己的名字，通常这个参数是被忽略的。不过，如果程序通常采用几组不同的选项进行启动，此时这个参数就有用武之地了。UNIX 中用于列出一个目录中所有文件的 ls 命令就是一个这样的程序。在许多 UNIX 系统中，这个命令具有几个不同的名字。当它以名字 ls 启动时，它将产生一个文件的简单列表；如果它以名字 1 启动，就产生一个多列的简单列表；如果它以名字 ll 启动，就产生一个文件的详细列表。程序对第 1 个参数进行检查，确定它是由哪个名字启动的，从而根据这个名字选择启动选项。

在有些系统中，参数字符串是挨个存储的。这样当把指向第 1 个参数的指针向后移动，越过第一个参数的尾部时，就到达了第 2 个参数的起始位置。但是，这种排列方式是由编译器定义的，所以不能依赖它。为了寻找一个参数的起始位置，应该使用数组中合适的指针。

程序是如何访问这些参数的呢？程序 13.2 是一个非常简单的例子，它简单地打印出它的所有参数（除了程序名）——非常像 UNIX 的 echo 命令。

```
/*
** 一个打印其命令行参数的程序。
*/
#include <stdio.h>
#include <stdlib.h>

int
main( int argc, char **argv )
{
        /*
        ** 打印参数，直到遇到 NULL 指针（未使用 argc）。程序名被跳过。
        */
        while( *++argv != NULL )
                printf( "%s\n", *argv );
        return EXIT_SUCCESS;
}
```

程序 13.2　打印命令行参数　　　　　　　　　　　　　　　　　　　　　　　　echo.c

while 循环增加 argc 的值，然后检查*argv，看看是否到达了参数列表的尾部，方法是把每个参数都与表示列表末尾的 NULL 指针进行比较。如果还存在另外的参数，循环体就执行，打印出这个参数。在循环一开始就增加 argc 的值，程序名就被自动跳过了。

printf 函数的格式字符串中的%s 格式码要求参数是一个指向字符的指针。printf 假定该字符是一个以 NUL 字节结尾的字符串的第一个字符。对 argv 参数使用间接访问操作产生它所指向的值，也就是一个指向字符的指针——这正是格式所要求的。

13.4.2　处理命令行参数

让我们编写一个程序，用一种更加现实的方式处理命令行参数。这个程序将处理一种非常常见的形式——文件名参数前面的选项参数。在程序名的后面，可能有零个或多个选项，后面跟随零个或多个文件名，像下面这样：

```
prog -a -b -c name1 name2 name3
```

每个选项都以一条横杠开头,后面是一个字母,用于在几个可能的选项中标明程序所需的一个。每个文件名以某种方式进行处理。如果命令行中没有文件名,就对标准输入进行处理。

为了让这些例子更为通用,我们的程序设置了一些变量,记录程序所找到的选项。一个现实程序的其他部分可能会测试这些变量,用于确定命令所请求的处理方式。在一个现实的程序中,如果程序发现它的命令行参数有一个选项,其对应的处理过程可能也会执行。

下面的程序 13.3 和程序 13.2 颇为相似,因为它包含了一个循环,用于检查所有的参数。它们的主要区别在于我们现在必须区分选项参数和文件名参数。当循环到达并非以横杠开头的参数时就结束。第 2 个循环用于处理文件名。

```
/*
** 处理命令行参数。
*/
#include <stdio.h>
#define    TRUE 1

/*
** 执行实际任务的函数的原型。
*/
void process_standard_input( void );
void process_file( char *file_name );

/*
** 选项标志,缺省初始化为 FALSE。
*/
int   option_a, option_b  /* etc. */ ;

void
main( int argc, char **argv )
{
        /*
        ** 处理选项参数:跳到下一个参数,并检查它是否以一个横杠开头。
        */
        while( *++argv != NULL && **argv == '-' ){
        /*
        ** 检查横杠后面的字母。
        */
                switch( *++*argv ){
                case 'a':
                        option_a = TRUE;
                        break;

                case 'b':
                        option_b = TRUE;
                        break;

                /* etc. */
                }
        }

        /*
        ** 处理文件名参数。
        */
        if( *argv == NULL )
```

```
        process_standard_input();
    else {
        do {
            process_file( *argv );
        } while( *++argv != NULL );
    }
}
```

程序 13.3   处理命令行参数   cmd_line.c

注意，在程序 13.3 的 while 循环中，增加了下面这个测试：

```
**argv == '-'
```

双重间接访问操作访问参数的第 1 个字符，如图 13.2 所示。如果这个字符不是一个横杠，那就表示不再有其他的选项，循环终止。注意，在测试**argv 之前先测试*argv 是非常重要的。如果*argv 为 NULL，那么**argv 中的第 2 个间接访问就是非法的。

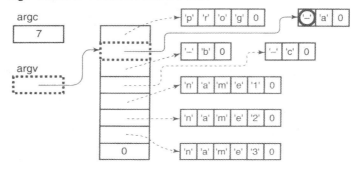

图 13.2   访问参数

switch 语句中的*++*argv 表达式以前曾见到过。第 1 个间接访问操作访问 argv 所指的位置，然后这个位置执行自增操作。最后 1 个间接访问操作根据自增后的指针进行访问，如图 13.3 所示。switch 语句根据找到的选项字母设置一个变量，while 循环中的++操作符使 argv 指向下一个参数，用于循环的下一次迭代。

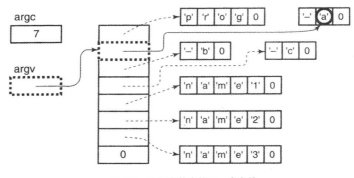

图 13.3   访问参数中的下一个字符

当不再存在其他选项时，程序就处理文件名。如果 argv 指向 NULL 指针，命令行参数中就没有其他内容了，程序就处理标准输入；否则，程序就逐个处理文件名。这个程序的函数调用较为通用，它们并未显示一个现实程序可能执行的任何实际工作。然而，这个设计方式是非常好的。main 程序处理参数，这样执行处理过程的函数就无须担心怎样对选项进行解析或者怎样挨个访问文件名。

有些程序允许用户在一个参数中放入多个选项字母，像下面这样：

```
prog -abc name1 name2 name3
```

一开始我们可能会觉得这个改动会使程序变得复杂，但实际上它很容易进行处理。每个参数都可能包含多个选项，所以我们使用另一个循环来处理它们。这个循环在遇到参数末尾的 NUL 字节时应该结束。

程序 13.3 中的 switch 语句由下面的代码段代替：

```
while( ( opt = *++*argv ) != '\0' ){
        switch( opt ){
        case 'a':
                option_a = TRUE;
                break;
        /* etc. */
        }
}
```

循环中的测试使参数指针移动到横杠后的那个位置，并复制一份位于那里的字符。如果这个字符并非 NUL 字节，那么就像前面一样使用 switch 语句来设置合适的变量。注意，选项字符被保存到局部变量 opt 中，这可以避免在 switch 语句中对**argv 进行求值。

提示：

注意，使用这种方式时，命令行参数可能只能处理一次，因为指向参数的指针在内层的循环中被破坏。如果必须多次处理参数，则当挨个访问列表时，对每个需要增值的指针都复制一份。

在处理选项时还存在其他的可能性。例如，选项可能是一个单词而不是单个字母，或者可能有一些值与某些选项联系在一起，如下面的例子所示：

```
cc -o prog prog.c
```

本章的其中一个问题就是对这个思路的扩展。

13.5 字符串常量

现在是时候对以前曾提过的一个话题进行更深入的讨论了，这个话题就是字符串常量。当一个字符串常量出现于表达式中时，它的值是个指针常量。编译器把这些指定字符的一份副本存储在内存的某个位置，并存储一个指向第一个字符的指针。但是，当数组名用于表达式中时，它们的值也是指针常量。我们可以对它们进行下标引用、间接访问以及指针运算。这些操作对于字符串常量来说是不是也有意义呢？让我们来看一些例子。

下面这个表达式是什么意思呢？

```
"xyz" + 1
```

对于绝大多数程序员而言，它看上去像堆垃圾。它好像是试图在一个字符串上面执行某种类型的加法运算。但是，当你记得字符串常量实际上是个指针时，它的意义就变得清楚了。这个表达式计算"指针值加上 1"的值。它的结果是个指针，指向字符串中的第 2 个字符：y。

那么下面这个表达式又是什么呢？

```
*"xyz"
```

对一个指针执行间接访问操作时，其结果就是指针所指向的内容。字符串常量的类型是"指向字符的指针"，所以这个间接访问的结果就是它所指向的字符：x。注意表达式的结果并不是整个字符串，而只是它的第 1 个字符。

下一个例子看上去也是有点奇怪，不过现在应该能够推断出这个表达式的值就是字符 z：

```
"xyz" [2]
```

最后这个例子包含了一个错误。偏移量 4 超出了这个字符串的范围，所以这个表达式的结果是一个不可预测的字符。

```
*( "xyz" + 4 )
```

什么时候人们可能想使用类似上面这些形式的表达式呢？程序 13.4 的函数是一个有用的例子。大家能够推断出这个神秘的函数执行了什么任务吗？提示：用几个不同的输入值追踪函数的执行过程，并观察它的打印结果。答案将在本章结束时给出。

同时，让我们来看另外一个例子。程序 13.5 包含了一个函数，它把二进制值转换为字符并把它们打印出来。你第一次看到这个函数是在程序 7.6 中。我们将修改这个例子，以十六进制的形式打印结果值。第一个修改很容易：只要把结果除以 16 而不是 10 就可以了。但是，现在余数可能是 0～15 的任何值，而 10～15 的值应该以字母 A～F 来表示。下面的代码是解决这个问题的一种典型方法：

```
remainder = value % 16;
if( remainder < 10 )
        putchar( remainder + '0' );
else
        putchar( remainder - 10 + 'A' );
```

这里使用了一个局部变量来保存余数，而不是 3 次分别计算它。对于 0～9 的余数，只需和以前一样打印一个十进制数字。但对于其他余数，就把它们以字母的形式打印出来。代码中的测试是必要的，因为在任何常见的字符集中，字母 A～F 并不是立即位于数字的后面。

```
/*
** 神秘函数。
**
**    参数是一个 0～100 的值。
*/
#include <stdio.h>

void
mystery( int n )
{
    n += 5;
    n /= 10;
    printf( "%s\n", "**********" + 10 - n );
}
```

程序 13.4 神秘函数   mystery.c

```
/*
** 接受一个整型值（无符号），把它转换为字符，并打印出来。前导零被去除。
*/
#include <stdio.h>
```

```
void
binary_to_ascii( unsigned int value )
{
    unsigned int  quotient;

    quotient = value / 10;
    if( quotient != 0 )
        binary_to_ascii( quotient );
    putchar( value % 10 + '0' );
}
```

程序 13.5　把二进制值转换为字符　　　　　　　　　　　　　　　　　　btoa.c

下面的代码用一种不同的方法解决这个问题：

```
putchar( "0123456789ABCDEF" [value % 16 ] );
```

同样，余数将是一个 0～15 的值。但这次它使用下标从字符串常量中选择一个字符进行打印。前面的代码是比较复杂的，因为字母和数字在字符集中并不是相邻的。这个方法定义了一个字符串，使字母和数字相邻，从而避免了这种复杂性。余数将从字符串中选择一个正确的数字。

第二种方法比传统的方法要快，因为它所需要的操作更少。但是，它的代码并不一定比原来的方法更小。虽然指令减少了，但它付出的代价是多了一个 17 字节的字符串常量。

提示：

但是，如果程序的可读性大幅下降，对于因此获得的执行速度的略微提高是得不偿失的。在使用一种不寻常的技巧或语句时，应确保增加一条注释，描述它的工作原理。一旦解释清楚了这个例子，它实际上就比传统的代码更容易理解，因为它更短一些。

现在让我们回到神秘函数。你是不是已经猜出了它的意思？它根据参数值的一定比例打印相应数量的星号。如果参数为 0，它就打印 0 个星号；如果参数为 100，它就打印 10 个星号；如果参数位于 0～100，它就打印出 0～10 个的星号。换句话说，这个函数打印一幅柱状图的一横，它比传统的循环方案要容易得多，效率也高得多。

13.6　总结

如果声明得当，一个指针变量可以指向另一个指针变量。和其他的指针变量一样，在使用一个指向指针的指针之前，必须对其进行初始化。为了取得目标对象，必须对指针的指针执行双重的间接访问操作。更多层的间接访问也是允许的（比如一个指向整型的指针的指针的指针），但它们与简单的指针相比用得较少。也可以创建指向函数和数组的指针，还可以创建包含这类指针的数组。

在 C 语言中，声明是以推论的形式进行分析的。下面这个声明

```
int    *a;
```

把表达式*a 声明为一个整型。你必须随之推断出 a 是个指向整型的指针。通过推论声明，阅读声明的规则就和阅读表达式的规则一样了。

可以使用函数指针来实现回调函数。一个指向回调函数的指针作为参数传递给另一个函数，后者使用这个指针调用回调函数。使用这种技巧，可以创建通用型函数，用于执行普通的操作，如在一个链表中进行查找。任何特定问题的某个实例的工作，如在链表中进行值的比较，由客户提供的回调函数执行。

转移表也使用函数指针。转移表像 switch 语句一样执行选择。转移表由一个函数指针数组组成（这些函数必须具有相同的原型）。函数通过下标选择某个指针，再通过指针调用对应的函数。必须始终保证下标值处于适当的范围之内，因为在转移表中调试错误是非常困难的。

如果某个执行环境实现了命令行参数，则这些参数是通过两个形参传递给 main 函数的。这两个形参通常称为 argc 和 argv。argc 是一个整数，用于表示参数的数量。argv 是一个指针，它指向一个序列的字符型指针。该序列中的每个指针指向一个命令行参数。该序列以一个 NULL 指针作为结束标志。其中第一个参数就是程序的名字。程序可以通过对 argv 使用间接访问操作来访问命令行参数。

出现在表达式中的字符串常量的值是一个常量指针，它指向字符串的第一个字符。和数组名一样，既可以用指针表达式，也可以用下标来使用字符串常量。

13.7　警告的总结

1. 对一个未初始化的指针执行间接访问操作。
2. 在转移表中使用越界下标。

13.8　编程提示的总结

1. 如果并非必要，避免使用多层间接访问。
2. cdecl 程序可以帮助分析复杂的声明。
3. 把 void *强制转换为其他类型的指针时必须小心。
4. 使用转移表时，应始终验证下标的有效性。
5. 破坏性的命令行参数处理方式使得以后无法再次进行处理。
6. 对于不寻常的代码，始终应该加上一条注释，描述它的目的和原理。

13.9　问题

1. 下面显示了一列声明。

```
a.   int     abc();
b.   int     abc[3];
c.   int     **abc();
d.   int     (*abc)();
e.   int     (*abc)[6];
f.   int     *abc();
g.   int     **(*abc[6])();
h.   int     **abc[6];
i.   int     *(*abc)[6];
j.   int     *(*abc())();
k.   int     (**(*abc)())();
l.   int     (*(*abc)())[6];
m.   int     *(*(*(*abc)())[6])();
```

从下面的列表中挑出与上面各个声明匹配的最佳描述。

Ⅰ.　　int 型指针（指向 int 的指针）。

Ⅱ.　　int 型指针的指针。

Ⅲ.　　int 型数组。

Ⅳ.　　指向"int 型数组"的指针。

Ⅴ.　　int 型指针数组。

Ⅵ.　　指向"int 型指针数组"的指针。

Ⅶ.　　int 型指针的指针数组。

Ⅷ.　　返回值为 int 的函数。

Ⅸ.　　返回值为"int 型指针"的函数。

Ⅹ.　　返回值为"int 型指针的指针"的函数。

Ⅺ.　　返回值为 int 的函数指针。

Ⅻ.　　返回值为 int 型指针的函数指针。

ⅩⅢ.　　返回值为 int 型指针的指针的函数指针。

ⅩⅣ.　　返回值为 int 的函数指针的数组。

ⅩⅤ.　　指向"返回值为 int 型指针的函数"的指针的数组。

ⅩⅥ.　　指向"返回值为 int 型指针的指针的函数"的指针的数组。

ⅩⅦ.　　返回值为"返回值为 int 的函数指针"的函数。

ⅩⅧ.　　返回值为"返回值为 int 的函数的指针的指针"的函数。

ⅩⅨ.　　返回值为"返回值为 int 型指针的函数指针"的函数。

ⅩⅩ.　　返回值为"返回值为 int 的函数指针"的函数指针。

ⅩⅪ.　　返回值为"返回值为 int 的函数指针的指针"的函数指针。

ⅩⅫ.　　返回值为"返回值为 int 型指针的函数指针"的函数指针。

ⅩⅩⅢ.　　返回值为"指向 int 型数组的指针"的函数指针。

ⅩⅩⅣ.　　返回值为"指向 int 型指针数组的指针"的函数指针。

ⅩⅩⅤ.　　返回值为"指向'返回值为 int 型指针的函数指针'的数组的指针"的函数指针。

ⅩⅩⅥ.　　非法。

2. 给定下列声明：

```
Char      *array[10];
char      **ptr = array;
```

如果变量 ptr 加上 1，它的效果是什么样的？

3. 假定要编写一个函数，它的起始部分如下所示：

```
void func( int ***arg ){
```

参数的类型是什么？画一张图，显示这个变量的正确用法。如果想取得这个参数所指代的整数，应该使用怎样的表达式？

4. 下面的代码可以如何进行改进？

```
Transaction *trans;
trans->product->orders += 1;
trans->product->quantity_on_hand -= trans->quantity;
trans->product->supplier->reorder_quantity
```

```
                    += trans->quantity;
        if( trans->product->export_restricted ){
                    ...
        }
```

5. 给定下列声明：

```
typedef        struct  {
        int     x;
        int     y;
} Point;

Point   p;
Point   *a = &p;
Point   **b = &a;
```

判断下面各个表达式的值。

     a.   a

     b.   *a

     c.   a->x

     d.   b

     e.   b->a

     f.   b->x

     g.   *b

     h.   *b->a

     i.   *b->x

     j.   b->a->x

     k.   (*b)->a

     l.   (*b)->x

     m. **b

6. 给定下列声明：

```
typedef        struct  {
        int     x;
        int     y;
} Point;

Point   x, y;
Point   *a = &x, *b = &y;
```

解释下列各语句的含义。

     a.   x = y;

     b.   a = y;

     c.   a = b;

     d.   a = *b;

     e.   *a = *b;

7. 许多 ANSI C 的实现都包含了一个称为 getopt 的函数。这个函数用于帮助处理命令行参数。但是，getopt 在标准中并未提及。这样一个函数的优点和缺点分别是什么？

8. 下面的代码段有什么错误（如果有的话）？如何修正它？

```
char    * pathname = "/usr/temp/xxxxxxxxxxxxxx"
…
/*
**Insert the filename in to the pathname.
*/
```

```
strcpy ( pathname+10 , "abcde");
```

9. 下面的代码段有什么错误（如果有的话）？如何修正它？

```
char    pathname[] = "/usr/temp/";
...
/*
** Append the filename to the pathname.
*/
strcat( pathname, "abcde" );
```

10. 下面的代码段有什么错误（如果有的话）？如何修正它？

```
char    *pathname [20] = "/usr/temp/ ";
…
/*
**  Append the filename to the pathname.
*/
stroat (pathrame,filename);
```

11. 标准规定，如果对一个字符串常量进行修改，其效果是未定义的。如果修改了字符串常量，有可能会出现什么问题呢？

13.10 编程练习

1. 编写一个程序，从标准输入读取一些字符，并根据下面的分类计算各类字符所占的百分比。

   控制字符

   空白字符

   数字

   小写字母

   大写字母

   标号符号

   不可打印字符

这些字符的分类是根据 ctype.h 中的函数定义的。不能使用一系列的 if 语句。

2. 编写一个通用目的的函数，用于遍历一个单链表。它应该接受两个参数：一个指向链表第一个节点的指针和一个指向一个回调函数的指针。回调函数应该接受单个参数，也就是指向一个链表节点的指针。对于链表中的每个节点，都应该调用一次这个回调函数。这个函数需要知道链表节点的什么信息？

3. 转换下面的代码段，使它改用转移表而不是 switch 语句。

```
Node *list;
Node *current;
Transaction *transaction;
typedef enum  { NEW, DELETE, FORWARD, BACKWARD,
    SEARCH, EDIT } Trans_type;
...
switch( transaction->type ) {
case   NEW
        add_new_trans(list,transaction);
        break;
```

```
        case DELETE:
                current = delete_trans( list, current );
                break;

        case FORWARD:
                current = current->next;
                break;

        case BACKWARD:
                current = current->prev;
                break;

        case SEARCH:
                current = search( list, transaction );
                break;

        case EDIT:
                edit( current, transaction );
                break;

        default:
                printf( "Illegal transaction type!\n" );
                break;
        }
```

★★★★★ 4. 编写一个名叫 sort 的函数，它用于对一个任何类型的数组进行排序。为了使函数更为通用，其中一个参数必须是一个指向比较回调函数的指针，该回调函数由调用程序提供。比较函数接受两个参数，也就是两个指向需要进行比较的值的指针。如果两个值相等，函数返回零；如果第 1 个值小于第 2 个值，函数返回一个小于零的整数；如果第 1 个值大于第 2 个值，函数返回一个大于零的整数。

sort 函数的参数将是：

1. 一个指向需要排序的数组的第一个值的指针；

2. 数组中值的个数；

3. 每个数组元素的长度；

4. 一个指向比较回调函数的指针。

sort 函数没有返回值。

不能根据实际类型声明数组参数，因为函数应该可以对不同类型的数组进行排序。如果把数据当作一个字符数组使用，则可以用第 3 个参数寻找实际数组中每个元素的起始位置，也可以用它交换两个数组元素（每次 1 字节）。

对于简单的交换排序，可以使用下面的算法，当然也可以使用你认为更好的算法。

```
for i = 1 to 元素数-1 do
    for j = i + 1 to 元素数 do
        if 元素 i > 元素 j then
                交换元素 i 和元素 j
```

★★★★★ 5. 编写代码来处理命令行参数是十分乏味的，所以最好有一个标准函数来完成这项工作。但是，不同的程序以不同的方式处理它们的参数。所以，这个函数必须非常灵活，以便它能用于更多的程序。在本题中，你将编写这样一个函数，这个函数通过寻找和提取参数来提供灵活性。用户所提供的回调函数将执行实际的处理工作。

下面是函数的原型。注意，它的第 4 个和第 5 个参数是回调函数的原型。

```
char **
do_args( int argc, char **argv, char *control,
    void (*do_arg)( int ch, char *value ),
    void (*illegal_arg)( int ch ) );
```

头两个参数就是 main 函数的参数，main 函数对它们不做修改，直接传递给 do_args 的第 3 个参数是个字符串，用于标识程序期望接受的命令行参数。最后两个参数都是函数指针，它们是由用户提供的。

do_args 函数按照下面这样的方式处理命令行参数：

```
跳过程序名参数
while 下一次参数以一个横杠开头
        对于参数横杠后面的每个字符
            处理字符
返回一个指针，指向下一个参数指针。
```

为了"处理字符"，首先必须观察该字符是否位于 control 字符串内。如果它并不位于那里，调用 illegal_arg 所指向函数，把这个字符作为参数传递过去。如果它位于 control 字符串内，但它的后面并不是跟一个+号，那么就调用 do_arg 所指向的函数，把这个字符和一个 NULL 指针作为参数传递过去。

如果该字符位于 control 字符串内并且后面跟一个+号，那么就应该有一个值与这个字符相联系。如果当前参数还有其他字符，它们就是我们需要的值；否则，下一个参数才是这个值。在任何一种情况下，都应该调用 do_arg 所指向的函数，把这个字符和指向这个值的指针传递过去。如果不存在这个值（当前参数没有其他字符，且后面不再有参数），则应该改而调用 illegal_arg 函数。**注意**：必须保证这个值中的字符以后不会被处理。

当所有以一个横杠开头的参数被处理完毕后，应该返回一个指向下一个命令行参数的指针的指针（也就是一个诸如&argv[4]或 argv+4 的值）。如果所有的命令行参数都以一个横杠开头，就返回一个指向"命令行参数列表中结尾的 NULL 指针"的指针。

这个函数必须既不能修改命令行参数指针，也不能修改参数本身。为了说明这一点，假定程序 prog 调用这个函数。下面的例子显示了几个不同集合的参数的执行结果。

命令行：	$ prog –x –y z
control:	"x"
do_args 调用：	(*do_arg)('x', 0)
	(*illegal_arg)('y')
并且返回：	&argv[3]
命令行：	$ prog –x –y –z
control:	"x+y+z+"
do_args 调用：	(*do_arg)('x', "-y")
	(*illegal_arg)('z')
并且返回：	&argv[4]

续表

命令行：	$ prog –abcd –ef ghi jkl
control：	"ab+cdef+g"
do_args 调用：	(*do_arg)('a', 0)
	(*do_arg)('b', "cd")
	(*do_arg)('e', 0)
	(*do_arg)('f', "ghi")
并且返回：	&argv[4]
命令行：	$ prog –a b –c –d –e –f
control：	"abcdef"
do_args 调用：	(*do_arg)('a', 0)
并且返回：	&argv[2]

预处理器

编译一个 C 程序涉及很多步骤。其中第一个步骤被称为预处理（preprocessing）阶段。C 预处理器（preprocessor）在源代码编译之前对其进行一些文本性质的操作。它的主要任务包括删除注释、插入被#include 指令包含的文件的内容、定义和替换由#define 指令定义的符号，以及确定代码的部分内容是否应该根据一些条件编译指令进行编译。

14.1 预定义符号

表 14.1 总结了由**预处理器**定义的符号。它们的值或者是字符串常量，或者是十进制数字常量。_ _FILE_ _和_ _LINE_ _在确认调试输出的来源方面很有用处。_ _DATE_ _和_ _TIME_ _常常用于在被编译的程序中加入版本信息。_ _STDC_ _用于在那些 ANSI 环境和非 ANSI 环境都必须进行编译的程序中结合条件编译（本章稍后描述）。

表 14.1   预处理器符号

符　号	示例值	含义
_ _FILE_ _	"name.c"	进行编译的源文件名
_ _LINE_ _	25	文件当前行的行号
_ _DATE_ _	"Jan 31 1997"	文件被编译的日期
_ _TIME_ _	"18:04:30"	文件被编译的时间
_ _STDC_ _	1	如果编译器遵循 ANSI C，其值就为 1，否则未定义

14.2 #define

前面已经见过#define 指令的一些简单用法，就是为数值命名一个符号。本节将介绍#define 指令的更多用途。首先让我们观察一下它的更为正式的描述。

```
#define name    stuff
```

有了这条指令以后，每当有符号 name 出现在这条指令后面时，预处理器就会把它替换成 stuff。

K&R C:

早期的 C 编译器要求#出现在每行的起始位置，不过它的后面可以跟一些空白。在 ANSI C 中，这条限制被取消了。

替换文本并不仅限于数值字面值常量。使用#define 指令，可以把**任何**文本替换到程序中。这里有几个例子：

```
#define reg               register
#define do_forever        for(;;)
#define CASE              break;case
```

第 1 个定义只是为关键字 register 创建了一个简短的别名。这个较短的名字使各个声明更容易通过制表符进行排列。第 2 条声明用一个更具描述性的符号来代替一种用于实现无限循环的 for 语句类型。最后一个#define 定义了一种简短记法，以便在 switch 语句中使用。它自动地把一个 break 放在每个 case 之前，这使得 switch 语句看上去更像其他语言的 case 语句。

如果定义中的 stuff 非常长，它可以分成几行，除了最后一行，每行的末尾都要加一个反斜杠，如下面的例子所示：

```
#define DEBUG_PRINT      printf( "File %s line %d:" \
                             " x=%d, y=%d, z=%d", \
                             __FILE__, __LINE__, \
                             x, y, z )
```

这里利用了"相邻的字符串常量被自动连接为一个字符串"这个特性。在调试一个存在许多涉及一组变量的不同计算过程的程序时，这种类型的声明非常有用。我们可以很容易地插入一条调试语句，打印出它们的当前值。

```
x *= 2;
y += x;
z = x * y;
DEBUG_PRINT;
```

警告：

这条语句在 DEBUG_PRINT 后面加了一个分号，所以不应该在宏定义的尾部加上分号。如果这样做了，结果就会产生两条语句——一条 printf 语句后面再加一条空语句。有些场合只允许出现一条语句，如果放入两条语句就会出现问题，例如：

```
if( ... )
        DEBUG_PRINT;
else
        ...
```

也可以使用#define 指令把一序列语句插入到程序中。这里有一个完整循环的声明：

```
#define PROCESS_LOOP                    \
        for( i = 0; i < 10; i += 1 ){   \
                sum += i;               \
                if( i > 0 )             \
                        prod *= i;      \
        }
```

提示：

不要滥用这种技巧。如果相同的代码需要出现在程序的几个地方，通常更好的方法是把它实现为一个函数。本章后面将详细讨论#define 宏和函数之间的优劣。

14.2.1　宏

#define 机制包括一个规定，允许把参数替换到文本中，这种实现通常称为**宏**（macro）或定义宏（defined macro）。下面是宏的声明方式：

```
#define name(parameter-list)   stuff
```

其中，parameter-list（参数列表）是一个由逗号分隔的符号列表，它们可能出现在 stuff 中。参数列表的左括号必须与 name 紧邻。如果两者之间有任何空白存在，参数列表就会被解释为 stuff 的一部分。

当宏被调用时，名字后面是一个由逗号分隔的值的列表，每个值都与宏定义中的一个参数相对应，整个列表用一对括号包围。当参数出现在程序中时，与每个参数对应的实际值都将被替换到 stuff 中。

这里有一个宏，它接受一个参数：

```
#define SQUARE(x)          x * x
```

如果在上述声明之后，把

```
SQUARE( 5 )
```

置于程序中，预处理器就会用下面这个表达式替换上面的表达式：

```
5 * 5
```

警告：

但是，这个宏存在一个问题。观察下面的代码段：

```
a = 5;
printf("%d\n", SQUARE( a + 1 ) );
```

乍一看，可能觉得这段代码将打印 36 这个值。事实上，它将打印 11。为什么？请观察被替换的宏文本。参数 x 被文本 a + 1 替换，所以这条语句实际上变成了

```
printf("%d\n", a + 1 * a + 1 );
```

现在问题清楚了：由替换产生的表达式并没有按照预想的次序进行求值。

在宏定义中加上两个括号，这个问题便很轻松地解决了：

```
#define SQUARE(x)       (x) * ( x )
```

在前面那个例子里，预处理器现在将用下面这条语句执行替换，从而产生预期的结果：

```
printf("%d\n", ( a + 1 ) * ( a + 1 ) );
```

这里有另外一个宏定义：

```
#define  DOUBLE(x)      (x) + (x)
```

定义中使用了括号，用于避免前面出现的问题。但是，使用这个宏，可能会出现另外一个不同的错误。下面这段代码将打印出什么值？

```
a = 5;
printf("%d\n", 10 * DOUBLE( a ) );
```

警告：

看上去它好像将打印 100，但事实上它打印的是 55。再一次，通过观察宏替换产生的文本，就能够发现问题所在：

```
printf("%d\n", 10 * ( a ) + ( a ) );
```

乘法运算在宏所定义的加法运算之前执行。这个错误很容易修正：在定义宏时，只要在整个表达式两边加上一对括号就可以了。

```
#define  DOUBLE(x)         ( (x) + (x) )
```

提示：

所有用于对数值表达式进行求值的宏定义都应该用这种方式加上括号，避免在使用宏时，参数中的操作符或邻近的操作符之间发生不可预料的相互作用。

下面是一对有趣的宏：

```
#define  repeat        do
#define  until(x)      while( ! (x) )
```

这两个宏创建了一种"新"的循环，其工作过程类似于其他语言中的 repeat/until 循环。它按照下面这样的方式使用：

```
repeat {
        statements
} until( i >= 10 );
```

预处理器将用下面的代码进行替换：

```
do {
        statements
} while( ! ( i >= 10 ) );
```

表达式 i>=10 两边的括号用于确保在!操作符执行之前先完成这个表达式的求值。

提示：

创建一套#define 宏，用一种看上去很像其他语言的方式编写 C 程序是完全可能的。在绝大多数情况下，都应该避免这种诱惑，因为这样编写出来的程序使其他 C 程序员很难理解。他们必须时常查阅这些宏的定义以便弄清实际的代码是什么意思。即使与这个项目生命期各个阶段相关的所有人都熟悉那种被模仿的语言，这个技巧仍然可能引起混淆，因为准确地模仿其他语言的各个方面是极为困难的。

14.2.2　#define 替换

在程序中扩展#define 定义符号和宏时，需要涉及几个步骤。

1. 在调用宏时，首先对参数进行检查，看看是否包含了任何由#define 定义的符号。如果是，它们首先被替换。

2. 替换文本随后被插入到程序中原来文本的位置。对于宏，参数名被它们的值所替代。

3. 最后，再次对结果文本进行扫描，看看它是否包含了任何由#define 定义的符号。如果是，就重复上述处理过程。

这样，宏参数和#define 定义可以包含其他#define 定义的符号。但是，宏不可以出现递归。

当预处理器搜索#define 定义的符号时，并不检查字符串常量的内容。如果想把宏参数插入到字符串常量中，可以使用两个技巧。第一个技巧是，邻近字符串自动连接的特性使我们很容易把一个字符串分成几段，每段实际上都是一个宏参数。示例如下：

```
#define PRINT(FORMAT,VALUE)                \
        printf( "The value is " FORMAT "\n", VALUE )
...
PRINT( "%d", x + 3 );
```

这个技巧只有当字符串常量作为宏参数给出时才能使用。

第二个技巧是使用预处理器把一个宏参数转换为一个字符串。#argument 这种结构被预处理器翻译为"argument"。这种翻译可以让你像下面这样编写代码：

```
#define PRINT(FORMAT,VALUE)                \
        printf( "The value of " #VALUE   \
        " is " FORMAT "\n", VALUE )
...
PRINT( "%d", x + 3 );
```

它将产生下面的输出：

```
The value of x + 3 is 25
```

##结构则执行一种不同的任务。它把位于自己两边的符号连接成一个符号。作为用途之一，它允许宏定义从分离的文本片段创建标识符。下面这个例子使用这种连接把一个值添加到几个变量之一：

```
#define ADD_TO_SUM( sum_number, value ) \
        sum ## sum_number += value
...
ADD_TO_SUM( 5, 25 );
```

最后一条语句把值 25 加到变量 sum5。注意，这种连接必须产生一个合法的标识符，否则，其结果就是未定义的。

14.2.3　宏与函数

宏非常频繁地用于执行简单的计算，比如在两个表达式中寻找其中较大（或较小）的一个：

```
#define MAX( a, b )     ( (a) > (b) ? (a) : (b) )
```

为什么不用函数来完成这个任务呢？有两个原因。首先，用于调用和从函数返回的代码很可能比实际执行这个小型计算工作的代码更大，所以使用宏比使用函数在程序的规模和速度方面都更胜一筹。

其次，更为重要的是，函数的参数必须声明为一种特定的类型，所以它只能在类型合适的表达式中使用。反之，上面这个宏可以用于整型、长整型、单浮点型、双浮点数以及其他任何可以用>操作符比较值大小的类型。换句话说，宏是与类型无关的。

和使用函数相比，使用宏的不利之处在于每次使用宏时，一份宏定义代码的副本都将插入到程序中。除非宏非常短，否则使用宏可能会大幅增加程序的长度。

还有一些任务根本无法用函数实现。让我们仔细观察定义于程序 11.1a 中的宏。这个宏的第 2 个参数是一种类型，它无法作为函数参数进行传递。

```
#define MALLOC(n, type) \
        ( (type *)malloc( (n) * sizeof( type ) ) )
```

现在可以观察一下这个宏确切的工作过程。下面这个例子中的第 1 条语句被预处理器转换为第 2 条语句：

```
pi = MALLOC( 25, int );
pi = ( ( int * )malloc( ( 25 ) * sizeof( int ) ) );
```

同样，请注意宏定义并没有用一个分号结尾。分号出现在调用这个宏的语句中。

14.2.4 带副作用的宏参数

当宏参数在宏定义中出现的次数超过一次时，如果这个参数具有副作用，那么在使用这个宏时就可能出现危险，导致不可预料的结果。**副作用**就是在表达式求值时出现永久性的效果。例如，下面这个表达式

```
x + 1
```

可以重复执行几百次，它每次获得的结果都是一样的。这个表达式不具有副作用。但是

```
x++
```

就具有副作用：它增加 x 的值。当这个表达式下一次执行时，它将产生一个不同的结果。MAX 宏可以证明具有副作用的参数所引起的问题。观察下列代码，你认为它将打印出什么？

```
#define MAX( a, b )        ( (a) > (b) ? (a) : (b) )
...
x = 5;
y = 8;
z = MAX( x++, y++ );
printf( "x=%d, y=%d, z=%d\n", x, y, z );
```

这个问题并不轻松。记住第一个表达式是一个条件表达式，用于确定执行另两个表达式中的哪一个，剩余的那个表达式将不会执行。其结果是：x = 6，y = 10，z = 9。

和往常一样，只要检查一下用宏替换后产生的代码，这个奇怪的结果就一目了然了。

```
z = ( ( x++ ) > ( y++ ) ? ( x++ ) : ( y++ ) );
```

虽然那个较小的值只增值了一次，但那个较大的值却增值了两次——第 1 次是在比较时，第 2 次在执行?符号后面的表达式时。

副作用并不仅限于修改变量的值。下面这个表达式

```
getchar()
```

也具有副作用。调用这个函数将"消耗"输入的一个字符，所以该函数的后续调用将得到不同的字符。如果用户的意图并不是想"消耗"输入字符，就不能重复调用这个函数。

考虑下面这个宏。

```
#define EVENPARITY( ch )                        \
        ( ( count_one_bits( ch ) & 1 ) ?        \
        ( ch ) | PARITYBIT : ( ch ) )
```

它使用了程序 5.1 中的 count_one_bits 函数，该函数返回它的参数的二进制位模式中 1 的个数。这个宏的目的是产生一个具有偶校验[1]的字符。它首先计数字符中位 1 的个数，如果结果是一个奇数，PARITYBIT 值（一个值为 1 的位）与该字符执行 OR 操作，否则该字符就保留不变。但是，当这个宏以下面这种方式使用时，请想象一下会发生什么？

```
ch = EVENPARITY( getchar() );
```

---

1 奇偶校验（parity）是一种错误检测机制。在数据被存储或通过通信线路传送之前，为一个值计算（并添加）一个校验位，使数据的二进制模式中 1 的个数为偶数。以后，数据可以通过计算它的位 1 的个数来验证其有效性。如果结果是奇数，那么数据就出现了错误。这个技巧被称为偶校验（even parity）。奇校验（odd parity）的工作原理相同，只是计算并添加校验位之后，数据的二进制位模式中 1 的个数是奇数。

这条语句看上去很合理：读取一个字符并计算它的校验位。但是，它的结果是失败的，因为它实际上读入了两个字符！

14.2.5　命名约定

#define 宏的行为和真正的函数相比存在一些不同的地方，表 14.2 对此进行了总结。由于这些不同之处，因此让程序员知道一个标识符究竟是一个宏还是一个函数是非常重要的。不幸的是，使用宏的语法和使用函数的语法是完全一样的，所以语言本身并不能帮助你区分这两者。

提示：

为宏定义（对于绝大多数由#define 定义的符号也是如此）采纳一种命名约定是很重要的，上面这种混淆就是促使人们这样做的原因之一。一个常见的约定就是把宏名字全部大写。在下面这条语句中，

```
value = max( a, b );
```
不能明显看出 max 究竟是一个宏还是一个函数。我们很可能不得不仔细察看源文件以及它所包含的所有头文件来找出它的真实身份。另外，请看下面这条语句

```
value = MAX( a, b );
```
命名约定使 MAX 的身份一清二楚。如果宏使用可能具有副作用的参数，这个约定尤为重要，因为它可以提醒程序员在使用宏之前先把参数存储到临时变量中。

表 14.2　　　　　　　　　　　　宏和函数的不同之处

属　　性	#define 宏	函　　数
代码长度	每次使用时，宏代码都被插入到程序中。除了非常小的宏，程序的长度将大幅增长	函数代码只出现于一个地方；每次使用这个函数时，都调用那个地方的同一份代码
执行速度	更快	存在函数调用/返回的额外开销
操作符优先级	宏参数的求值是在所有周围表达式的上下文环境里，除非它们加上括号，否则邻近操作符的优先级可能会产生不可预料的结果	函数参数只在函数调用时求值一次，它的结果值传递给函数。表达式的求值结果更容易预测
参数求值	参数每次用于宏定义时，它们都将重新求值。由于多次求值，具有副作用的参数可能会产生不可预料的结果	参数在函数被调用前只求值一次。在函数中多次使用参数并不会导致多个求值过程。参数的副作用并不会造成任何特殊的问题
参数类型	宏与类型无关。只要对参数的操作是合法的，它可以使用于任何参数类型	函数的参数是与类型有关的。如果参数的类型不同，就需要使用不同的函数，即使它们执行的任务是相同的

14.2.6　#undef

下面这条预处理指令用于移除一个宏定义：

```
#undef name
```
如果一个现存的名字需要被重新定义，那么首先必须用#undef 移除它的旧定义。

14.2.7　命令行定义

许多 C 编译器提供了一种能力，允许在命令行中定义符号，用于启动编译过程。当根据同一个

源文件编译一个程序的不同版本时，这个特性是很有用的。例如，假定某个程序声明了一个某种长度的数组。如果某个机器的内存很有限，这个数组必须很小，但在另一个内存充裕的机器上，你可能希望数组能够大一些。如果数组是用类似下面的形式进行声明的：

```
Int         array[ARRAY_SIZE];
```

那么，在编译程序时，ARRAY_SIZE 的值可以在命令行中指定。

在 UNIX 编译器中，-D 选项可以完成这项任务。我们可以用如下两种方式使用这个选项：

```
-Dname
-Dname=stuff
```

第 1 种形式定义了符号 name，它的值为 1。第 2 种形式把该符号的值定义为等号后面的 stuff。用于 MS-DOS 的 Borland C 编译器使用相同的语法提供相同的功能。请查阅你的编译器文档，获取和系统有关的信息。

回到我们的例子。在 UNIX 系统中，编译这个程序的命令行可能是下面这个样子：

```
cc -DARRAY_SIZE=100 prog.c
```

这个例子说明了在程序中使用诸如数组长度这样的参数化量的另一个好处。如果在数组的声明中，它的长度以字面值常量的形式给出，如果需要在循环内部用一个字面值常量作为限量访问数组，这种技巧就无法使用。在需要引用数组长度的地方，都必须使用符号常量。

提供符号命令行定义的编译器通常也提供在命令行中去除符号的定义。在 UNIX 编译器上，-U 选项用于执行这项任务。指定-Uname 将导致程序中符号 name 的初始定义被忽略。当它与条件编译结合使用时，这个特性是很有用的。

14.3 条件编译

在编译一个程序时，如果可以翻译或忽略选定的某条语句或某组语句，常常会很方便。只用于调试程序的语句就是一个明显的例子。它们不应该出现在程序的产品版本中，但是我们可能并不想把这些语句从源代码中物理删除，因为在需要一些维护性修改时，可能需要重新调试这个程序，此时还需要这些语句。

条件编译（conditional compilation）可以实现这个目的。使用条件编译，可以选择代码的一部分是被正常编译还是完全忽略。用于支持条件编译的基本结构是#if 指令和与其匹配的#endif 指令。下面显示了它最简单的语法形式：

```
#if  constant-expression
        statements
#endif
```

其中，constant-expression（常量表达式）由预处理器进行求值。如果它的值是非零值（真），那么 statements 部分就被正常编译，否则预处理器就静默地删除它们。

所谓常量表达式，就是说它或者是字面值常量，或者是一个由#define 定义的符号。如果变量在执行期之前无法获得它们的值，那么它们出现在常量表达式中就是非法的，因为它们的值在编译时是不可预测的。

例如，将所有的调试代码都以下面这种形式出现：

```
#if DEBUG
        printf( "x=%d, y=%d\n", x, y );
#endif
```

这样，无论是想编译还是忽略这个代码，都很容易办到。如果想要编译它，只要使用

```
#define DEBUG 1
```

这个符号定义就可以了。如果想要忽略它，只要把这个符号定义为 0 就可以了。无论哪种情况，这段代码都可以保留在源文件中。

条件编译的另一个用途是在编译时选择不同的代码部分。为了支持这个功能，#if 指令还具有可选的#elif 和#else 子句。完整的语法如下所示：

```
#if constant-expression
        statements
#elif constant-expression
        other statements ...
#else
        other statements
#endif
```

#elif 子句出现的次数可以不限。每个 constant-expression（常量表达式）只有当前面所有常量表达式的值都为假时才会被编译。#else 子句中的语句只有当前面所有常量表达式的值都为假时才会被编译，在其他情况下都会被忽略。

K&R C：

最初的 K&R C 并没有#elif 指令。但是，在这类编译器中，可以使用嵌套的指令来获得相同的效果。

下面这个例子取自一个以几个不同版本进行销售的程序。每个版本都有一组不同的选项特性。编写这个代码的困难在于如何让它产生不同的版本。必须避免为每个版本编写一组不同的源文件，因为这个代价太大了！由于各组源文件的绝大多数代码都是一样的，维护这个程序将成为一个噩梦。幸运的是，条件编译可以解决这个问题。

```
if( feature_selected == FEATURE1 )
#if     FEATURE1_ENABLED_FULLY
        feature1_function( arguments );
#elif   FEATURE1_ENABLED_PARTIALLY
        feature1_partial_function( arguments );
#else
        printf( "To use this feature, send $39.95;"
            " allow ten weeks for delivery.\n" );
#endif
```

这样，我们只需要编写一组源文件。当它们被编译时，每个当前版本所需的特性（或特性层次）符号被定义为 1，其余的符号被定义为 0 即可。

14.3.1 是否被定义

测试一个符号是否已被定义也是可能的。在条件编译中完成这个任务往往更为方便，因为如果程序并不需要控制编译的符号所控制的特性，就不需要定义符号。这个测试可以通过下列任何一种方式进行：

```
#if      defined(symbol)
#ifdef   symbol

#if      !defined(symbol)
#ifndef  symbol
```

每对定义的两条语句是等价的，但#if 形式功能更强。因为常量表达式可能包含额外的条件，如下所示：

```
#if X > 0 || defined( ABC ) && defined( BCD )
```

K&R C：

有些 K&R C 编译器可能并未包含所有这些功能，这取决于它们的年代如何久远。

14.3.2 嵌套指令

前面提到的这些指令可以嵌套于另一个指令内部，如下面的代码段所示：

```
#if      defined( OS_UNIX )
         #ifdef   OPTION1
                 unix_version_of_option1();
         #endif
         #ifdef   OPTION2
                 unix_version_of_option2();
         #endif
#elif    defined( OS_MSDOS )
         #ifdef   OPTION2
                 msdos_version_of_option2();
         #endif
#endif
```

在这个例子中，操作系统的选择将决定不同的选项可以使用哪些方案。这个例子同时说明了预处理器指令可以在它们前面添加空白，形成缩进，从而提高可读性。

为了帮助大家记住复杂的嵌套指令，可以为每个#endif 加上一个注释标签，标签的内容就是#if（或#ifdef）后面的那个表达式。当#if（或#ifdef）和#endif 之间的代码块非常长时，这种做法尤为有用。例如：

```
#ifdef   OPTION1
         lengthy code for option1;
#else
         lengthy code for alternative;
#endif   /* OPTION1 */
```

有些编译器允许一个符号出现于#endif 指令中，它的作用和上面这种标签类似。不过这个符号对实际代码不会产生任何作用。标准并没有提及这种做法是否合法，所以更安全的做法还是使用注释。

14.4 文件包含

前面已经看到，#include 指令使另一个文件的内容被编译，就像它实际出现于#include 指令出现的位置一样。这种替换执行的方式很简单：预处理器删除这条指令，并用包含文件的内容取而代之。这样，一个头文件如果被包含到 10 个源文件中，它实际上被编译了 10 次。

提示：

这个事实意味着使用#include 文件时会涉及一些开销，但基于两个十分充分的理由，我们不必担心这种开销。首先，这种额外开销实际上并不大。如果两个源文件都需要同一组声明，把这些声明复制到每个源文件中所花费的编译时间跟把这些声明放入一个头文件，然后再用#include 指令把它包含于每个源文件所花费的编译时间相差无几。同时，这个开销只是在程序被编译时才存在，对运行时效率并无影响。更为重要的是，把这些声明放于一个头文件中具有重要的意义。如果其他源文件还需要这些声明，就不必把这些副本逐一复制到这些源文件中，因此它们的维护任务也变得简单了。

提示：

当头文件被包含时，位于头文件内的所有内容都要被编译。这个事实意味着每个头文件只应该包含一组函数或数据的声明。和把一个程序需要的所有声明都放入一个巨大的头文件中相比，使用几个头文件，每个头文件包含用于某个特定函数或模块的声明的做法会更好一些。

提示：

程序设计和模块化的原则也支持这种方法。只把必要的声明包含于一个文件中会更好一些，这样文件中的语句就不会意外地访问应该属于私有的函数或变量。同时，这种方法使得我们也不需要在数百行不相关的代码中寻找所需要的那组声明，因此它们的维护工作也更容易一些。

14.4.1 函数库文件包含

编译器支持两种不同类型的#include 文件包含：函数库文件和本地文件。事实上，它们之间的区别很小。

函数库头文件包含使用下面的语法：

```
#include <filename>
```

对于 filename，并不存在任何限制，不过根据约定，标准库文件以一个.h 后缀[1]结尾。

编译器通过观察由编译器定义的"一系列标准位置"查找函数库头文件。你所使用的编译器的文档应该说明这些标准位置是什么，以及怎样修改它们或者在列表中添加其他位置。例如，在典型情况下，运行于 UNIX 系统上的 C 编译器在/user/include 目录查找函数库头文件。这种编译器有一个命令行选项，允许把其他目录添加到这个列表中，这样就可以创建自己的头文件函数库。同样，请查阅你使用的编译器的文档，看看你的系统在这方面是怎样规定的。

14.4.2 本地文件包含

下面是#include 指令的另一种形式：

```
#include "filename"
```

标准允许编译器自行决定是否把本地形式的#include 和函数库形式的#include 区别对待。可以先对本地头文件使用一种特殊的处理方式，如果失败，编译器再按照函数库头文件的处理方式对它们进行处理。处理本地头文件的一种常见策略就是在源文件所在的当前目录进行查找，如果该头文件并未找到，编译器就像查找函数库头文件一样在标准位置查找本地头文件。

---

1 从技术上说，函数库头文件并不需要以文件的形式存储，但对于程序员而言，这并非显而易见。

可以在所有的#include 语句中使用双引号而不是尖括号。但是，如果使用这种方法，有些编译器在查找函数库头文件时可能会浪费少许时间。对函数库头文件使用尖括号的另一个较好的理由是它能给读者提供一些信息。使用尖括号，下面这条语句

```
#include <errno.h>
```

显然引用的是一个函数库头文件。如果使用下面这种形式：

```
#include "errno.h"
```

就无法弄清楚这个和上面相同的文件到底是一个函数库头文件还是一个本地头文件。要想弄明白它究竟是哪种类型，唯一的方法是检查执行编译过程的目录。

UNIX 系统和 Borland C 编译器所支持的一种变体形式是使用绝对路径名（absolute pathname），它不仅指定文件的名字，还指定了文件的位置。UNIX 系统中的绝对路径名以一个斜杠开头，如下所示：

```
/home/fred/C/my_proj/declaration2.h
```

在 MS-DOS 系统中，它所使用的是反斜杠（而不是斜杠）。如果一个绝对路径名出现在任何一种形式的#include 中，那么正常的目录查找就被跳过，因为这个路径名指定了头文件的位置。

14.4.3　嵌套文件包含

完全可以在一个将被其他文件包含的文件中使用#include 指令。例如，考虑一组读取输入并且执行各种输入有效性验证任务的函数。函数返回的是验证后的数据，如果到达文件尾，就返回常量 EOF。

这些函数的原型放到一个头文件中，并且用#include 指令包含到需要使用这些函数的源文件中。但是，每个使用 I/O 函数的文件必须同时包含 stdio.h 以获得 EOF 的声明。因此，包含这些函数原型的头文件也可能包含一条语句：

```
#include <stdio.h>
```

包含了这个头文件，就自动引入了标准 I/O 声明。

标准要求编译器必须支持至少 8 层的头文件嵌套，但它并没有限定嵌套深度的最大值。事实上，我们并没有很好的理由让#include 指令的嵌套深度超过一层或两层。

提示：

嵌套#include 文件的一个不利之处在于它使得我们很难判断源文件之间的真正依赖关系。有些程序，如 UNIX 的 make 实用工具，必须知道这些依赖关系以便决定当某些文件被修改之后，哪些文件需要重新编译。

嵌套#include 文件的另一个不利之处在于一个头文件可能会被多次包含。为了说明这种错误，考虑下面的代码：

```
#include "x.h"
#include "x.h"
```

显然，这里文件 x.h 被包含了两次。没有人会故意编写这样的代码。但下面的代码：

```
#include "a.h"
#include "b.h"
```

看上去没什么问题。如果 a.h 和 b.h 都包含一个嵌套的#include 文件 x.h，那么 x.h 在此处也同样出现了两次，只不过它的形式不是那么明显而已。

多重包含在绝大多数情况下出现于大型程序中，它往往需要使用很多头文件，因此要发现这种情况并不容易。要解决这个问题，可以使用条件编译。如果所有的头文件都像下面这样编写：

```
#ifndef _HEADERNAME_H
#define _HEADERNAME_H 1
/*
** All the stuff that you want in the header file
*/
#endif
```

那么，多重包含的危险就被消除了。当头文件第一次被包含时，它被正常处理，符号_HEADERNAME_H被定义为1。如果头文件被再次包含，通过条件编译，它的所有内容被忽略。符号_HEADERNAME_H按照被包含文件的文件名进行取名，以避免由于其他头文件使用相同的符号而引起的冲突。

注意，前一个例子中的定义也可以写作

```
#define _HEADERNAME_H
```

它的效果完全一样。尽管现在它的值是一个空字符串而不是"1"，但这个符号仍然被定义。

但是，必须记住预处理器仍将读入整个头文件，即使这个文件的所有内容将被忽略。由于这种处理将拖慢编译速度，因此如果可能，应避免出现多重包含，不管它是否是嵌套的#include 文件导致的。

14.5 其他指令

预处理器还支持其他一些指令。首先，当程序编译之后，#error 指令允许生成错误信息。下面是它的语法：

```
#error   text of error message
```

下面的代码段显示了可以如何使用这个指令：

```
#if      defined( OPTION_A )
         stuff needed for option A
#elif    defined( OPTION_B )
         stuff needed for option B
#elif    defined( OPTION_C )
         stuff needed for option C
#else
         #error No option selected!
#endif
```

另外还有一种用途较小的#line 指令，它的形式如下：

```
#line    number  "string"
```

它通知预处理器 number 是下一行输入的行号。如果给出了可选部分"string"，预处理器就把它作为当前文件的名字。值得注意的是，这条指令将修改_ _LINE_ _符号的值，如果加上可选部分，它还将修改_ _FILE_ _符号的值。

这条指令最常用于把其他语言的代码转换为 C 代码的程序。C 编译器产生的错误信息可以引用源文件（而不是翻译程序产生的 C 中间源文件）的文件名和行号。

#progma 指令是另一种机制，用于支持因编译器而异的特性。它的语法也是因编译器而异。有些环境可能提供一些#progma 指令，允许一些编译选项或其他任何方式无法实现的一些处理方式。例如，有些编译器使用#progma 指令在编译过程中打开或关闭清单显示，或者把汇编代码插入到 C 程序中。从本质上说，#progma 是不可移植的。预处理器将忽略它不认识的#progma 指令，两个不同

的编译器可能以两种不同的方式解释同一条#progma 指令。

最后，无效指令（null directive）就是以#符号开头，但后面不跟任何内容的一行。这类指令只是被预处理器简单地删除。下面例子中的无效指令通过把#include 与周围的代码分隔开来，凸显它的存在：

```
#
#include <stdio.h>
#
```

我们也可以通过插入空行取得相同的效果。

14.6   总结

编译一个 C 程序的第一个步骤就是对它进行预处理。预处理器共支持 5 个符号，它们在表 14.1 中描述。

#define 指令把一个符号名与一个任意的字符序列联系在一起。例如，这些字符可能是一个字面值常量、表达式或者程序语句。这个序列到该行的末尾结束。如果该序列较长，可以把它分开数行，但需要在最后一行之外的每一行末尾加一个反斜杠。宏就是一个被定义的序列，它的参数值将被替换。当一个宏被调用时，它的每个参数都被一个具体的值替换。为了防止可能出现于表达式中的与宏有关的错误，应该在宏完整定义的两边加上括号。同样，在宏定义中每个参数的两边也要加上括号。#define 指令可以用于"重写" C 语言，使它看上去像是其他语言。

#argument 结构由预处理器转换为字符串常量"argument"。##操作符用于把它两边的文本连接成同一个标识符。

有些任务既可以用宏也可以用函数实现。宏与类型无关，这是一个优点。宏的执行速度快于函数，因为它不存在函数调用/返回的开销。但是，使用宏通常会增加程序的长度，函数却不会。同样，具有副作用的参数可能在宏的使用过程中产生不可预料的结果，而函数参数的行为更容易预测。由于这些区别，使用一种命名约定，让程序员很容易地判断一个标识符是函数还是宏是非常重要的。

在许多编译器中，符号可以从命令行定义。#undef 指令将导致一个名字的原来定义被忽略。

使用条件编译，可以从一组单一的源文件创建程序的不同版本。#if 指令根据编译时测试的结果，包含或忽略一个序列的代码。当同时使用#elif 和#else 指令时，可以从几个序列的代码中选择其中之一进行编译。除了测试常量表达式，这些指令还可以测试某个符号是否已被定义。#ifdef 和#ifndef 指令也可以执行这个任务。

#include 指令用于实现文件包含，它有两种形式。如果文件名位于一对尖括号中，编译器将在由编译器定义的标准位置查找这个文件。这种形式通常用于包含函数库头文件时。另一种形式是文件名出现在一对双引号内。不同的编译器可以用不同的方式处理这种形式。但是，如果用于处理本地头文件的任何特殊处理方法无法找到这个头文件，那么编译器接下来就使用标准查找过程来寻找它。这种形式通常用于包含自己编写的头文件。文件包含可以嵌套，但很少需要进行超过一层或两层的文件包含嵌套。嵌套的包含文件将会增加多次包含同一个文件的危险，而且使我们更难以确定某个特定的源文件依赖的究竟是哪个头文件。

#error 指令在编译时产生一条错误信息，信息中包含的是所选择的文本。#line 指令允许用户告诉编译器下一行输入的行号，如果它加上了可选内容，还将告诉编译器输入源文件的名字。因编译器而异的#progma 指令允许编译器提供不标准的处理过程，比如向一个函数插入内联的汇编代码。

14.7　警告的总结

1. 不要在一个宏定义的末尾加上分号，使其成为一条完整的语句。
2. 在宏定义中使用参数，但忘了在它们周围加上括号。
3. 忘了在整个宏定义的两边加上括号。

14.8　编程提示的总结

1. 避免用#define 指令定义可以用函数实现的很长序列的代码。
2. 在那些对表达式求值的宏中，每个宏参数出现的地方都应该加上括号，并且在整个宏定义的两边也加上括号。
3. 避免使用#define 宏创建一种新语言。
4. 采用命名约定，使程序员很容易看出某个标识符是否为#define 宏。
5. 只要合适就应该使用文件包含，不必担心它的额外开销。
6. 头文件只应该包含一组函数和（或）数据的声明。
7. 把不同集合的声明分离到不同的头文件中可以改善信息隐蔽性。
8. 嵌套的#include 文件使我们很难判断源文件之间的依赖关系。

14.9　问题

1. 预处理器定义了 5 个符号，给出了进行编译的文件名、文件的当前行号、当前日期和时间以及编译器是否为 ANSI C 编译器。为每个符号举出一种可能的用途。
2. 说出使用#define 定义的名字替代字面值常量的两个优点。
3. 编写一个用于调试的宏，打印出任意的表达式。它被调用时应该接受两个参数。第 1 个是 printf 格式码，第 2 个是需要打印的表达式。
4. 下面的程序将打印出什么？在展开#define 内容时必须非常小心！

```
#define MAX(a,b)      (a)>(b)?(a):(b)
#define SQUARE(x)     x*x
#define DOUBLE(x)     x+x

main()
{
        int     x, y, z;

        y = 2; z = 3;
        x = MAX(y,z);
/* a */ printf( "%d %d %d\n", x, y, z );

        y = 2; z = 3;
        x = MAX(++y,++z);
/* b */ printf( "%d %d %d\n", x, y, z );

        x = 2;
        y = SQUARE(x);
        z = SQUARE(x+6);
/* c */ printf( "%d %d %d\n", x, y, z );
```

```
            x = 2;
            y = 3;
            z = MAX(5*DOUBLE(x),++y);
/* d */ printf( "%d %d %d\n", x, y, z );
        }
```

5. putchar 函数定义于文件 stdio.h 中，尽管它的内容比较长，但它是作为一个宏实现的。你认为它为什么以这种方式定义？

6. 下列代码是否有错？如果有，错在何处？

```
/*
** Process all the values in the array.
*/
result = 0;
i = 0;
while( i < SIZE ){
        result += process( value[ i++ ] );
}
```

7. 下列代码是否有错？如果有，错在何处？

```
#define SUM( value )    ( ( value ) + ( value ) )
int     array[SIZE];
...
/*
** Sum all the values in the array.
*/
sum = 0;
i = 0;
while( i < SIZE )
        sum += SUM( array[ i++ ] );
```

8. 下列代码是否有错？如果有，错在何处？

```
在文件 header1.h 中:
#ifndef _HEADER1_H
#define _HEADER1_H
#include  "header2.h"
    其他声明
#endif

在文件 header2.h 中:
#ifndef _HEADER2_H
#define _HEADER2_H
#include  "header1.h"
    其他声明
#endif
```

9. 在一次提高程序可读性的尝试中，一位程序员编写了下面的声明。

```
#if sizeof( int ) == 2
        typedef long int32;
#else
        typedef int int32;
#endif
```

这段代码是否有错？如果有，错在何处？

14.10　编程练习

★★　　1. 你所在的公司向市场投放了一个程序，用于处理金融交易并打印它们的报表。为了扩展潜在的市场，这个程序以几个不同的版本进行销售，每个版本都有不同选项的组合——选项越多，价格就越高。你的任务是实现一个打印函数的代码，这样它可以很容易地进行编译，产生程序的不同版本。

你的函数名为 print_ledger。它接受一个 int 参数，没有返回值。它应该调用一个或多个下面的函数，具体依取决于该函数被编译时定义了哪个符号（如果有的话）。

如果这个符号被定义为……	那么就调用这个函数
OPTION_LONG	print_ledger_long
OPTION_DETAILED	print_ledger_detailed
（无）	print_ledger_default

每个函数都接受单个 int 参数。把收到的值传递给应该调用的函数。

★★　　2. 编写一个函数，返回一个值，提示运行这个函数的计算机的类型。这个函数将由一个能够运行于许多不同计算机的程序使用。

我们将使用条件编译来实现。你的函数应该叫作 cpu_type，它不接受任何参数。当函数被编译时，在下表"定义符号"列中的符号之一可能会被定义。函数应该从"返回值"列中返回对应的符号。如果左边列中的所有符号均未定义，那么函数就返回 CPU_UNKNOWN 这个值。如果超过一个的符号被定义，那么其结果就是未定义的。

定义符号	返回值
VAX	CPU_VAX
M68000	CPU_68000
M68020	CPU_68020
I80386	CPU_80386
X6809	CPU_6809
X6502	CPU_6502
U3B2	CPU_3B2
（无）	CPU_UNKNOWN

"返回值"列中的符号将被 #define 定义为各种不同的整型值，其内容位于头文件 cpu_type.h 中。

输入/输出函数

和早期的 C 相比，ANSI C 的一个最大优点就是它在规范里包含了函数库。每个 ANSI 编译器必须支持一组规定的函数，并具备规范所要求的接口，而且按照规定的行为工作。这种情况较之早期的 C 是一个巨大的改进。以前，不同的编译器可以通过修改或扩展普通函数库的功能来进行"改善"。这些改变可能在那个做出修改的特定系统上很有用，但它们却限制了可移植性，因为依赖这些修改的代码在缺乏这些修改（或者具有不同修改）的其他编译器上将会失败。

ANSI 编译器并未被禁止在它们的函数库的基础上增加其他函数。但是，标准函数必须根据标准所定义的方式执行。如果大家关心可移植性，只要避免使用任何非标准函数就可以了。

本章讨论 ANSI C 的输入和输出（I/O）函数。我们首先学习两个非常有用的函数，它们用于报告错误以及对错误做出反应。

15.1 错误报告

perror 函数以一种简单、统一的方式报告错误。ANSI C 函数库的许多函数调用操作系统来完成某些任务，I/O 函数尤其如此。任何时候，当操作系统根据要求执行一些任务的时候，都存在失败的可能。例如，如果一个程序试图从一个并不存在的磁盘文件读取数据，操作系统除了提示发生错误之外就没什么好做的了。而标准库函数在一个外部整型变量 errno（在 errno.h 中定义）中保存错误代码之后把这个信息传递给用户程序，提示操作失败的准确原因。

perror 函数简化向用户报告这些特定错误的过程。它的原型定义于 stdio.h，如下所示：

```
void perror( char const *message );
```

如果 message 不是 NULL 并且指向一个非空的字符串，perror 函数就打印出这个字符串，后面跟一个分号和一个空格，然后打印出一条用于解释 errno 当前错误代码的信息。

提示：

perrno 最大的优点就是容易使用。良好的编程实践要求任何可能产生错误的操作都应该在执行之后进行检查，确定它是否成功执行。即使是那些十拿九稳不会失败的操作也应该进行检查，因为它们迟早可能失败。这种检查需要稍许额外的工作，但与可能付出的大量调试时间相比，它们还是非常值得的。perror 将在本章许多地方以例子的方式进行说明。

注意，只有当一个库函数失败时，才会设置 errno。当函数成功运行时，errno 的值不会被修改。这意味着我们不能通过测试 errno 的值来判断是否有错误发生。反之，只有当被调用的函数提示有错误发生时，检查 errno 的值才有意义。

15.2 终止执行

另一个有用的函数是 exit，它用于终止一个程序的执行。它的原型定义于 stdlib.h，如下所示：

```
void exit( int status );
```

status 参数返回给操作系统，用于提示程序是否正常完成。这个值和 main 函数返回的整型状态值相同。预定义符号 EXIT_SUCCESS 和 EXIT_FAILURE 分别提示程序的终止是成功还是失败。虽然程序也可以使用其他的值，但它们的具体含义将取决于编译器。

当程序发现错误情况使它无法继续执行下去时，这个函数尤其有用。我们经常会在调用 perrno 之后再调用 exit 终止程序。尽管终止程序并非处理所有错误的正确方法，但和一个注定会失败的程序继续执行以后再失败相比，这种做法更好一些。

注意，这个函数没有返回值。当 exit 函数结束时，程序已经消失，所以它无处可返。

15.3 标准 I/O 函数库

K&R C 最早的编译器的函数库在支持输入和输出方面功能甚弱。其结果是，程序员如果需要使用比函数库所提供的 I/O 更为复杂的功能，将不得不自己实现。

有了标准 I/O 函数库（Standard I/O Library）之后，这种情况得到了极大的改观。标准 I/O 函数库具有一组 I/O 函数，在原先的 I/O 库基础上实现了许多程序员自行添加的额外功能。这个函数库对现存的函数进行了扩展，例如为 printf 创建了不同的版本，使之用于各种不同的场合。函数库同时引进了缓冲 I/O 的概念，提高了绝大多数程序的效率。

这个函数库存在两个主要的缺陷。首先，它是在某台特定类型的机器上实现的，并没有对其他具有不同特性的机器做过多考虑。这就可能出现一种情况，就是在某台机器上运行良好的代码在另一台机器上无法运行，原因仅仅是两台机器之间的架构不同。第 2 个缺陷与第 1 个缺陷有直接有关系。当设计人员发现上述问题后，他们试图通过修改库函数修正。但是，只要他们这样做了，这个函数库就不再"标准"，程序的可移植性就会降低。

ANSI C 函数库中的 I/O 函数是旧式标准 I/O 库函数的直接后代，只是这些 ANSI 版函数做了一些改进。在设计 ANSI 函数库时，可移植性和完整性是两个关键的考虑内容。但是，与现有程序的向后兼容性也不得不予以考虑。ANSI 版函数与其祖先之间的绝大多数区别就是它在可移植性和功能性方面进行了改进。

针对可移植性最后再说一句：这些函数是对原来的函数进行诸多完善之后的结果，它们仍可能进一步改进，变得更完美。ANSI C 的一个主要优点就是这些修改将通过增加**不同函数**的方式实现，而不是通过对现存函数进行修改来实现。因此，程序的可移植性不会受到影响。

15.4　ANSI I/O 概念

头文件 stdio.h 包含了与 ANSI 函数库的 I/O 部分有关的声明。它的名字来源于旧式的标准 I/O 函数库。尽管不包含这个头文件也可以使用某些 I/O 函数，但绝大多数 I/O 函数在使用前都需要包含这个头文件。

15.4.1　流

当前的计算机具有大量不同的设备，很多都与 I/O 操作有关。CD-ROM 驱动器、软盘和硬盘驱动器、网络连接、通信端口和视频适配器就是这类很常见的设备。每种设备具有不同的特性和操作协议。操作系统负责这些不同设备的通信细节，并向程序员提供一个更为简单和统一的 I/O 接口。

ANSI C 进一步对 I/O 的概念进行了抽象。就 C 程序而言，所有的 I/O 操作只是简单地从程序移进或移出字节。因此，毫不惊奇的是，这种字节流便被称为流（stream）。程序只需要关心创建正确的输出字节数据，以及正确地解释从输入读取的字节数据。特定 I/O 设备的细节对程序员是隐藏的。

绝大多数流是完全缓冲的（fully buffered），这意味着“读取”和“写入”实际上是从一块称为缓冲区（buffer）的内存区域来回复制数据。从内存中来回复制数据是非常快速的。用于输出流的缓冲区只有被写满时才会刷新（flush，物理写入）到设备或文件中。把写满的缓冲区一次性写入相较于逐片把程序产生的输出分别写入，其效率更高。类似地，输入缓冲区为空时会通过从设备或文件读取下一块较大的输入，重新填充缓冲区。

使用标准输入和输出时，这种缓冲可能会引起混淆。所以，只有当操作系统可以断定它们与交互设备并无联系时，才会进行完全缓冲。否则，它们的缓冲状态将因编译器而异。一个常见（但并不普遍）的策略是把标准输出和标准输入联系在一起，就是当请求输入时同时刷新输出缓冲区。这样，在用户必须进行输入之前，提示用户进行输入的信息和以前写入到输出缓冲区中的内容将出现在屏幕上。

警告：

尽管这种缓冲通常是我们所需的，但在调试程序时仍可能引起混淆。一种常见的调试策略是把一些 printf 函数的调用散布于程序中，确定错误出现的具体位置。但是，这些函数调用的输出结果被写入到缓冲区中，并不立即显示到屏幕上。事实上，如果程序失败，缓冲输出可能不会被实际写入，这就可能使程序员无法得到错误出现的正确位置。这个问题的解决方法就是在每个用于调试的 printf 函数之后立即调用 fflush，如下所示：

```
printf("something or other" );
fflush( stdout );
```

fflush（本章后面将有更多描述）迫使缓冲区的数据立即写入，不管它是否已满。

1. 文本流

流分为两种类型：文本（text）流和二进制（binary）流。文本流的有些特性在不同的系统中可能不同，其中之一就是文本行的最大长度。标准规定至少允许 254 个字符。另一个可能不同的特性是文本行的结束方式。例如，在 MS-DOS 系统中，文本文件约定以一个回车符和一个换行符（或称为行反馈符）结尾。但是 UNIX 系统只使用一个换行符结尾。

提示：

标准把文本行定义为零个或多个字符，后面跟一个表示结束的换行符。对于那些文本行的外在表现形式与这个定义不同的系统上，库函数负责外部形式和内部形式之间的翻译。例如，在 MS-DOS 系统中，在输出时，文本中的换行符被写成一对回车/换行符。在输入时，文本中的回车符被丢弃。这种不必考虑文本的外部形式而操纵文本的能力简化了可移植程序的创建。

2. 二进制流

二进制流中的字节将完全根据程序编写它们的形式写入到文件或设备中，而且完全根据它们从文件或设备读取的形式读入到程序中。它们并未做任何改变。这种类型的流适用于非文本数据。如果不希望 I/O 函数修改文本文件的行末字符，也可以把它用于文本文件。

15.4.2 文件

stdio.h 所包含的声明之一就是 FILE 结构。请不要把它和存储于磁盘上的数据文件相混淆。FILE 是一个数据结构，用于访问一个流。如果同时激活了几个流，每个流都有一个相应的 FILE 与它关联。为了在流上执行一些操作，需要调用一些合适的函数，并向它们传递一个与这个流关联的 FILE 参数。

对于每个 ANSI C 程序，运行时系统必须提供至少 3 个流——标准输入（standard input）、标准输出（standard output）和标准错误（standard error）。这些流的名字分别为 stdin、stdout 和 stderr，它们都是一个指向 FILE 结构的指针。标准输入是缺省情况下输入的来源，标准输出是缺省的输出设置。具体的缺省值因编译器而异，通常标准输入为键盘设备，标准输出为终端或屏幕。

许多操作系统允许用户在程序执行时修改缺省的标准输入和输出设备。例如，MS-DOS 和 UNIX 系统都支持用下面这种方法进行输入/输出重定向：

```
$ program < data > answer
```

当执行这个程序时，它会将文件 data（而不是键盘）作为标准输入进行读取，而且将把标准输出写入到文件 answer 中（而不是屏幕上）。有关 I/O 重定向的细节，请查阅你的系统文档。

标准错误就是写入错误信息的地方。perror 函数把它的输出也写到这个地方。在许多系统中，标准输出和标准错误在缺省情况下是相同的。但是，为错误信息准备一个不同的流意味着，即使标准输出重定向到其他地方，错误信息仍将出现在屏幕或其他缺省的输出设备上。

15.4.3 标准 I/O 常量

stdio.h 中定义了数量众多的与输入和输出有关的常量。我们已经见过的 EOF 是许多函数的返回值，它提示到达了文件尾。EOF 所选择的实际值比一个字符要多几位，这是为了避免二进制值被错误地解释为 EOF。

一个程序同时最多能够打开多少个文件呢？它和编译器有关，但可以保证至少能同时打开 FOPEN_MAX 个文件。常量 FOPEN_MAX 包括了 3 个标准流，它的值至少是 8。

常量 FILENAME_MAX 是一个整型值，用于提示一个字符数组应该多大，以便容纳编译器所支持的最长合法文件名。如果对文件名的长度没有一个实际的限制，则这个常量的值就是文件名的推荐最大长度。其余的一些常量将在本章剩余部分和使用它们的函数一起描述。

15.5 流 I/O 总览

标准库函数使得我们可以轻松地在 C 程序中执行与文件相关的 I/O 任务。下面是关于文件 I/O 的一般概况。

1. 程序为必须同时处于活动状态的每个文件声明一个指针变量，其类型为 FILE *。这个指针指向这个 FILE 结构，当它处于活动状态时由流使用。

2. 流通过调用 fopen 函数打开。为了打开一个流，必须指定需要访问的文件或设备以及它们的访问方式（例如，读、写或者既读又写）。Fopen 向操作系统验证文件或设备确实存在（在有些操作系统中，还会验证是否允许执行所指定的访问方式）并初始化 FILE 结构。

3. 根据需要对该文件进行读取或写入。

4. 调用 fclose 函数关闭流。关闭一个流可以防止与它相关联的文件被再次访问，保证任何存储于缓冲区的数据被正确地写到文件中，并且释放 FILE 结构，以使它可以用于另外的文件。

标准流的 I/O 更为简单，因为它们并不需要打开或关闭。

I/O 函数以 3 种基本的形式处理数据：单个字符、文本行和二进制数据。对于每种形式，都有一组特定的函数对它们进行处理。表 15.1 列出了用于每种 I/O 形式的函数或函数家族。函数家族在表中以斜体表示，它指一组函数中的每个都执行相同的基本任务，只是方式稍有不同。这些函数的区别在于获得输入的来源或输出写入的地方不同。这些变体用于执行下面的任务。

表 15.1　　　　　　　　　　　　执行字符、文本行和二进制 I/O 的函数

函数名或函数家族名

数据类型	输　　入	输　　出	描　　述
字符	*getchar*	*putchar*	读取（写入）单个字符
文本行	*gets* *scanf*	*puts* *printf*	文本行未格式化的输入（输出） 格式化的输入（输出）
二进制数据	fread	fwrite	读取（写入）二进制数据

1. 只用于 stdin 或 stdout。

2. 随作为参数的流使用。

3. 使用内存中的字符串而不是流。

需要一个流参数的函数将接受 stdin 或 stdout 作为它的参数。有些函数家族并不具备用于字符串的函数变体，因为使用其他语句或函数来实现相同的结果更为容易。表 15.2 列出了每个家族的函数。

表 15.2　　　　　　　　　　　　　　输入/输出函数家族

家　族　名	目　　　的	可用于所有的流	只用于 stdin 和 stdout	内存中的字符串
getchar	字符输入	fgetc、getc	getchar	①
putchar	字符输出	fputc、putc	putchar	①
gets	文本行输入	fgets	gets	②
puts	文本行输出	fputs	puts	②
scanf	格式化输入	fscanf	scanf	sscanf
printf	格式化输出	fprintf	printf	sprintf

① 对指针使用下标引用或间接访问操作从内存获得一个字符（或向内存写入一个字符）。
② 使用 strcpy 函数从内存读取文本行（或向内存写入文本行）。

各个函数将在本章后面详细描述。

15.6 打开流

fopen 函数打开一个特定的文件，并把一个流和这个文件相关联。它的原型如下所示：

```
FILE *fopen( char const *name, char const *mode );
```

两个参数都是字符串。name 是希望打开的文件或设备的名字。创建文件名的规则在不同的系统中可能各不相同，所以 fopen 把文件名作为一个字符串而不是作为路径名、驱动器字母、文件扩展名等并准备一个参数。这个参数指定要打开的文件——FILE *变量的名字供程序用来保存 fopen 的返回值，它并不影响哪个文件被打开。mode（模式）参数提示流是用于只读、只写还是既读又写，以及它是文本流还是二进制流。表 15.3 列出了一些常用的模式。

表 15.3 常用模式

	读 取	写 入	添 加
文本	"r"	"w"	"a"
二进制	"rb"	"wb"	"ab"

mode 以 r、w 或 a 开头，分别表示打开的流用于读取、写入还是添加。如果一个打开的文件是用于读取，那么它必须原先已经存在。但是，如果一个打开的文件是用于写入，如果它原先已经存在，那么它原来的内容就会被删除。如果它原先不存在，就创建一个新文件。如果一个打开的用于添加的文件原先并不存在，那么它将被创建。如果它原先已经存在，则原先的内容并不会被删除。无论在哪一种情况下，数据只能从文件的尾部写入。

在 mode 中添加 "a +" 表示打开该文件用于更新，并且流既允许读也允许写。但是，如果已经从该文件读入了一些数据，那么在开始向它写入数据之前，必须调用其中一个文件定位函数（fseek、fsetpos、rewind，它们将在本章稍后描述）。在向文件写入一些数据之后，如果又想从该文件读取一些数据，则首先必须调用 fflush 函数或者文件定位函数之一。

如果 fopen 函数执行成功，它将返回一个指向 FILE 结构的指针，该结构代表这个新创建的流。如果函数执行失败，它就返回一个 NULL 指针，errno 会提示问题的性质。

警告：

应该始终检查 fopen 函数的返回值！如果函数失败，它会返回一个 NULL 值。如果程序不检查错误，这个 NULL 指针就会传给后续的 I/O 函数。它们将对这个指针执行间接访问，并将失败。下面的例子说明了 fopen 函数的用法：

```
FILE    *input;

input = fopen( "data3", "r" );
if( input == NULL ){
        perror( "data3" );
        exit( EXIT_FAILURE );
}
```

首先，fopen 函数被调用。这个被打开的文件名为 data3，用于读取。这个步骤之后就是对返回值进行检查，确定文件打开是否成功，这非常重要。如果失败，错误就被报告给用户，程序也将终止。调用 perror 所产生的确切输出结果在不同的操作系统中可能各不相同，但它大致应该像下面这个样子：

    data3: No such file or directory

这种类型的信息清楚地向用户报告有一个地方出了差错，并很好地提示了问题的性质。在那些读取文件名或者从命令行接受文件名的程序中，报告这些错误尤其重要。当用户输入一个文件名时，存在出错的可能性。显然，描述性的错误信息能够帮助用户判断哪里出了错以及如何修正它。

freopen 函数用于打开（或重新打开）一个特定的文件流。它的原型如下：

    FILE *freopen(char const *filename, char const *mode,   FILE *stream);

最后 1 个参数就是需要打开的流。它可能是一个先前从 fopen 函数返回的流，也可能是标准流 stdin、stdout 或 stderr。

这个函数首先试图关闭这个流，然后用指定的文件和模式重新打开这个流。如果打开失败，函数返回一个 NULL 值。如果打开成功，函数就返回它的第 3 个参数值。

15.7　关闭流

流是用函数 fclose 关闭的，它的原型如下：

    int fclose(FILE *f);

对于输出流，fclose 函数在文件关闭之前刷新缓冲区。如果它执行成功，fclose 返回零值，否则返回 EOF。

程序 15.1 把它的命令行参数解释为一列文件名。它打开每个文件并逐个对它们进行处理。如果有任何一个文件无法打开，它就打印一条包含该文件名的错误信息。然后程序继续处理列表中的下一个文件名。退出状态（exit_status）取决于是否有错误发生。

前文提到，任何有可能失败的操作都应该进行检查，确定它是否成功执行。这个程序对 fclose 函数的返回值进行了检查，看看是否有什么地方出现了问题。许多程序员懒得执行这个测试，他们争辩说关闭文件没理由失败。更何况，此时对这个文件的操作已经结束，即使 fclose 函数失败也并无大碍。然而，这并不完全正确。

```
/*
** 处理每个文件名出现于命令行的文件。
*/
#include <stdlib.h>
#include <stdio.h>

int
main( int ac, char **av )
{
        int  exit_status = EXIT_SUCCESS;
        FILE     *input;

        /*
        ** 当还有更多的文件名时...
        */
        while( *++av != NULL ){
        /*
        ** 试图打开这个文件。
```

```
        */
                input = fopen( *av, "r" );
                if( input == NULL ){
                        perror( *av );
                        exit_status = EXIT_FAILURE;
                        continue;
                }

        /*
        ** 在这里处理这个文件...
        */

        /*
        ** 关闭文件（期望这里不会发生什么错误）。
        */
        if( fclose( input ) != 0 ){
                        perror( "fclose" );
                        exit( EXIT_FAILURE );
                }
        }

        return exit_status;
}
```

程序 15.1　打开和关闭文件　　　　　　　　　　　　　　　　　　　　open_cls.c

input 变量可能会因为 fopen 和 fclose 之间的一个程序 bug 而发生修改。这个 bug 无疑将导致程序失败。在那些并不检查 fopen 函数返回值的程序中，input 的值甚至有可能是 NULL。在任何一种情况下，fclose 都将失败，而且程序很可能在 fclose 被调用之前很早便已终止。

那么是否应该对 fclose（或任何其他操作）进行错误检查呢？在做出决定之前，先问自己两个问题。

1．如果操作成功应该执行什么？

2．如果操作失败应该执行什么？

如果这两个问题的答案是不同的，那么就应该进行错误检查。只有当这两个问题的答案是相同时，跳过错误检查才是合理的。

15.8　字符 I/O

当一个流被打开之后，它可以用于输入和输出。它最简单的形式是字符 I/O。字符输入是由 getchar 函数家族执行的，它们的原型如下所示。

```
int fgetc( FILE *stream );
int getc( FILE *stream );
int getchar( void );
```

需要操作的流作为参数传递给 getc 和 fgetc，但 getchar 始终从标准输入读取。每个函数从流中读取下一个字符，并把它作为函数的返回值返回。如果流中不存在更多的字符，函数就返回常量值 EOF。

这些函数都用于读取字符，但它们都返回一个 int 型值而不是 char 型值。尽管表示字符的代码本身是小整型，但返回 int 型值的真正原因是为了允许函数报告文件的末尾（EOF）。如果返回值是

char 型，那么在 256 个字符中必须有一个被指定用于表示 EOF。如果这个字符出现在文件内部，那么这个字符以后的内容将不会被读取，因为它被解释为 EOF 标志。

让函数返回一个 int 型值就能解决这个问题。EOF 被定义为一个整型，它的值在任何可能出现的字符范围之外。这种解决方法允许我们使用这些函数来读取二进制文件。在二进制文件中，所有的字符都有可能出现，文本文件也是如此。

为了把单个字符写入到流中，可以使用 putchar 函数家族。它们的原型如下：

```
int fputc( int character, FILE *stream );
int putc( int character, FILE *stream );
int putchar( int character );
```

第 1 个参数是要被打印的字符。在打印之前，函数把这个整型参数裁剪为一个无符号字符型值，所以

```
putchar('abc' );
```

只打印一个字符（至于是哪一个，则与编译器相关）。

如果由于任何原因（如写入到一个已被关闭的流）导致函数失败，它们就返回 EOF。

15.8.1　字符 I/O 宏

fgetc 和 fputc 都是真正的函数，但 getc、putc、getchar 和 putchar 都是通过#define 指令定义的宏。宏在执行时间上效率稍高，而函数在程序的长度方面更胜一筹。之所以提供两种类型的方法，是为了允许用户根据程序的长度和执行速度选择正确的方法。这个区别实际上不必太看重，通过对实际程序的观察，不论采用何种类型，其结果通常相差甚微。

15.8.2　撤销字符 I/O

在实际读取之前，并不知道流的下一个字符是什么。因此，偶尔所读取的字符是自己想要读取的字符的后面一个字符。例如，假定必须从一个流中逐个读入一串数字。由于在实际读入之前，无法知道下一个字符，因此必须连续读取，直到读入一个非数字字符。但是如果不希望丢弃这个字符，那么该如何处置它呢？

ungetc 函数可以解决这种类型的问题。下面是它的原型：

```
int ungetc( int character, FILE *stream );
```

ungetc 把一个先前读入的字符返回到流中，这样它可以在以后被重新读入。程序 15.2 说明了 ungetc 的用法。它从标准输入读取字符并把它们转换为一个整数。如果没有 ungetc，这个函数将不得不把这个多余的字符返回给调用程序，后者负责把它发送到读取下一个字符的程序部分。处理这个额外字符所涉及的特殊情况和额外逻辑显著提高了程序的复杂性。

```
/*
** 把一串从标准输入读取的数字转换为整数。
*/

#include <stdio.h>
#include <ctype.h>

int
read_int()
```

```
    {
            int   value;
            int   ch;

            value = 0;

            /*
            ** 转换从标准输入读入的数字，当得到一个非数字字符时就停止。
            */
            while( ( ch = getchar() ) != EOF && isdigit( ch ) ){
                    value *= 10;
                    value += ch - '0';
            }

            /*
            ** 把非数字字符退回到流中，这样它就不会丢失。
            */
            ungetc( ch, stdin );
            return value;
    }
```

程序 15.2　把字符转换为整数   char_int.c

每个流都允许至少退回一个字符。如果一个流允许退回多个字符，那么这些字符再次被读取的顺序就以退回时的反序进行。注意，把字符退回到流中和写入到流中并不相同。与一个流相关联的外部存储并不受 ungetc 的影响。

警告：

"退回"字符和流的当前位置有关，所以如果用 fseek、fsetpos 或 rewind 函数改变了流的位置，所有退回的字符都将被丢弃。

15.9　未格式化的行 I/O

行 I/O 可以用两种方式执行——未格式化的和格式化的。这两种形式都用于操纵字符串。区别在于未格式化的 I/O（unformatted line I/O）简单读取或写入字符串，而格式化的 I/O 则执行数字和其他变量在内部和外部表示形式之间的转换。本节将讨论未格式化的行 I/O。

gets 和 puts 函数家族用于操作字符串而不是单个字符。这个特征使它们在那些处理一行行文本输入的程序中非常有用。这些函数的原型如下所示：

```
char *fgets( char *buffer, int buffer_size, FILE *stream );
char *gets( char *buffer );

int fputs( char const *buffer, FILE *stream );
int puts( char const *buffer );
```

fgets 从指定的 stream 读取字符并把它们复制到 buffer 中。当它读取一个换行符并存储到缓冲区之后就不再读取。如果缓冲区内存储的字符数达到 buffer_size-1 个时它也停止读取。在这种情况下，并不会出现数据丢失的情况，因为下一次调用 fgets 时将从流的下一个字符开始读取。在任何一种情况下，一个 NUL 字节将被添加到缓冲区所存储数据的末尾，使它成为一个字符串。

如果在读取任何字符前就到了文件尾，缓冲区就未进行修改，fgets 函数返回一个 NULL 指针；否则，fgets 返回它的第 1 个参数（指向缓冲区的指针）。这个返回值通常只用于检查是否到达了文件尾。

传递给 fputs 的缓冲区必须包含一个字符串，它的字符被写入到流中。这个字符串预期以 NUL 字节结尾，所以这个函数没有一个缓冲区长度参数。这个字符串是逐字写入的：如果它不包含一个换行符，就不会写入换行符。如果它包含了好几个换行符，所有的换行符都会被写入。因此，当 fgets 每次都读取一整行时，fputs 既可以一次写入一行的一部分，也可以一次写入一整行，甚至可以一次写入好几行。如果写入时出现了错误，fputs 返回常量值 EOF，否则返回一个非负值。

程序 15.3 是一个函数，它从一个文件读取输入行并原封不动地把它们写入到另一个文件。常量 MAX_LINE_LENGTH 决定缓冲区的长度，也就是可以被读取的一行文本的最大长度。在这个函数中，这个值并不重要，因为不管长行是被一次性读取还是分段读取，它所产生的结果文件都是相同的。另一方面，如果函数需要计数被复制的行的数目，太小的缓冲区将产生一个不正确的计数，因为一个长行可能会被分成数段进行读取。我们可以通过增加代码，观察每段是否以换行符结尾来修正这个问题。

缓冲区长度的正确值通常是根据需要执行的处理过程的本质而做出的折衷。但是，即使溢出它的缓冲区，fgets 也绝不引起错误。

警告：

注意 fgets 无法把字符串读入到一个长度小于两字符的缓冲区，因为其中一个字符需要为 NUL 字节保留。

gets 和 puts 函数几乎和 fgets 与 fputs 相同。它们之所以存在是为了允许向后兼容。它们之间的一个主要的功能性区别在于当 gets 读取一行输入时，它并不在缓冲区中存储结尾的换行符。当 puts 写入一个字符串时，它在字符串写入之后再向输出中添加一个换行符。

警告：

另一个区别仅存在于 gets，这从函数的原型中就清晰可见：它没有缓冲区长度参数。因此 gets 无法判断缓冲区的长度。如果一个长输入行读到一个短的缓冲区，多出来的字符将被写入到缓冲区后面的内存位置，这将破坏一个或多个不相关变量的值。这个事实导致 gets 函数只适用于玩具程序，因为唯一防止输入缓冲区溢出的方法就是声明一个巨大的缓冲区。但不管它有多大，下一个输入行仍有可能比缓冲区更大，尤其是当标准输入被重定向到一个文件时。

```c
/*
** 把标准输入读取的文本行逐行复制到标准输出。
*/
#include <stdio.h>

#define    MAX_LINE_LENGTH         1024  /* 可以复制的最长行。 */

void
copylines( FILE *input, FILE *output )
{
        char  buffer[MAX_LINE_LENGTH];

        while( fgets( buffer, MAX_LINE_LENGTH, input ) != NULL )
              fputs( buffer, output );
}
```

程序 15.3   从一个文件向另一个文件复制文本行   copyline.c

15.10 格式化的行 I/O

"格式化的行 I/O"这个名字从某种意义上说并不准确，因为 scanf 和 printf 函数家族并不仅限于单行，它们也可以在行的一部分或多行上执行 I/O 操作。

15.10.1 scanf 家族

scanf 函数家族的原型如下所示。每个原型中的省略号表示一个可变长度的指针列表。从输入转换而来的值逐个存储到这些指针参数所指向的内存位置。

```
int fscanf( FILE *stream, char const *format, ... );
int scanf( char const *format, ... );
int sscanf( char const *string, char const *format, ... );
```

这些函数都从输入源读取字符并根据 format 字符串给出的格式代码对它们进行转换。fscanf 的输入源就是作为参数给出的流，scanf 从标准输入读取，而 sscanf 则从第 1 个参数所给出的字符串中读取字符。

当格式化字符串到达末尾或者读取的输入不再匹配格式字符串所指定的类型时，输入就停止。在任何一种情况下，被转换的输入值的数目作为函数的返回值返回。如果在任何输入值被转换之前文件就已到达尾部，函数就返回常量值 EOF。

警告：

为了能让这些函数正常运行，指针参数的类型必须是对应格式代码的正确类型。函数无法验证它们的指针参数是否为正确的类型，所以函数就假定它们是正确的，于是继续执行并使用它们。如果指针参数的类型是不正确的，那么结果值就会是垃圾，而邻近的变量有可能在处理过程中被改写。

警告：

现在，大家对于 scanf 函数的参数前面为什么要加一个&符号应该是比较清楚的了。由于 C 的传值参数传递机制，把一个内存位置作为参数传递给函数的唯一方法就是传递一个指向该位置的指针。在使用 scanf 函数时，一个非常容易出现的错误就是忘了加上&符号。省略这个符号将导致变量的值作为参数传递给函数，而 scanf 函数（或其他两个）却把它解释为一个指针。当它被解引用时，要么导致程序终止，要么导致一个不可预料的内存位置的数据被改写。

15.10.2 scanf 格式代码

scanf 函数家族中的 format 字符串参数可能包含下列内容：

- 空白字符——它们与输入中的零个或多个空白字符匹配，在处理过程中将被忽略；
- 格式代码——它们指定函数如何解释接下来的输入字符；
- 其他字符——当任何其他字符出现在格式字符串时，下一个输入字符必须与它匹配。如果匹配，该输入字符随后就被丢弃。如果不匹配，函数就不再读取而是直接返回。

scanf 函数家族的格式代码都以一个百分号开头，后面可以是一个可选的星号、一个可选的宽度、一个可选的限定符、格式代码。星号将使转换后的值被丢弃而不是被存储。这个技巧可以用于跳过不需要的输入字符。宽度以一个非负的整数给出，用于限制将被读取用于转换的输入字符的个数。如果未给出宽度，函数就连续读入字符，直到遇见输入中的下一个空白字符。限定符用于修改有些格式代码的含义，如表 15.4 所示。

格式代码	h	l	L
d、i、n	short	long	
o、u、x	unsigned short	unsigned long	
e、f、g		double	long double

表 15.4 的标题：

表 15.4　　　　　　　　　scanf 限定符

使用限定符的结果

警告：

限定符的目的是为了指定参数的长度。如果整型参数比缺省的整型值更短或更长，在格式代码中省略限定符就是一个常见的错误。浮点类型也是如此。如果省略了限定符，可能会导致一个较长变量只有部分被初始化，或者一个较短变量的邻近变量也被修改，这些都取决于这些类型的相对长度。

提示：

在一个整型长度和 short 相同的机器上，在转换一个 short 值时，限定符 h 并非必需的。但是，对于那些整型长度比 short 长的机器，这个限定符是必需的。因此，如果在转换所有的 short、long 型整数值和 long double 型变量时都使用适当的限定符，可以使程序更具可移植性。

格式代码就是一个单字符，用于指定如何解释输入字符，如表 15.5 所示。

让我们来看一些使用 scanf 函数家族的例子。同样，这里只显示与这些函数有关的部分代码。第一个例子非常简单明了。它从输入流成对地读取数字并对它们进行一些处理。当读取到文件末尾时，循环就终止。

```
int      a, b;

while( fscanf( input, "%d %d", &a, &b ) == 2 ){
         /*
         ** Process the values a and b.
         */
}
```

这段代码并不精致，因为从流中输入的任何非法字符都将导致循环终止。同样，由于 fscanf 跳过空白字符，因此它没有办法验证这两个值是位于同一行还是分属两个不同的输入行。要解决这个问题，可以使用一种技巧，参见在后面的例子。

下一个例子使用了字段宽度：

```
nfields = fscanf( input, "%4d %4d %4d", &a, &b, &c )
```

这个宽度参数把整数值的宽度限制为 4 个数字或者更少。使用下面的输入：

```
1 2
```

a 的值将是 1，b 的值将是 2，c 的值没有改变，nfields 的值将是 2。但是，如果使用下面的输入：

```
12345 67890
```

a 的值将是 1234，b 的值是 5，c 的值是 6789，而 nfields 的值是 3。输入中的最后一个 0 将保持在未输入状态。

使用 fscanf 时，在输入中保持行边界的同步是很困难的，因为它把换行符也当作空白字符跳过。例如，假定有一个程序读取的输入是由 4 个值组成的一组值。这些值然后通过某种方式进行处理，然后再读取接下来的 4 个值。在这类程序中准备输入的最简单方法是把每组的 4 个值放在一个单独的输入行，这就很容易观察哪些值形成一组。但如果某个行包含了太多或太少的值，程序就会产生混淆。例如，考虑下面这个输入，它的第 2 行包含了一个错误：

```
1 1 1 1
2 2 2 2 2
3 3 3 3
4 4 4 4
5 5 5 5
```

如果使用 fscanf 按照一次读取 4 个值的方式读取这些数据，头两组数据是正确的，但第 3 组读取的数据将是（2, 3, 3, 3），接下来的各组数据也都将不正确。

表 15.5   scanf 格式码

代　码	参　数	含　义
c	char *	读取和存储单个字符。前导的空白字符并不跳过。如果给出宽度，就读取和存储这个数目的字符。字符后面不会添加一个 NUL 字节。参数必须指向一个足够大的字符数组
i d	int *	一个可选的有符号整数被转换。d 把输入解释为十进制数；i 根据它的第一个字符决定值的基数，就像整型字面值常量的表示形式一样
u o x	unsigned *	一个可选的有符号整数被转换，但它按照无符号数存储。如果使用 u，值被解释为十进制数；如果使用 o，值被解释为八进制数；如果使用 x，值被解释为十六进制数（X 和 x 同义）
e f g	float *	期待一个浮点值。它的形式必须像一个浮点型字面值常量，但小数点并非必需的（E 和 G 分别与 e 和 g 同义）
s	char *	读取一串非空白字符。参数必须指向一个足够大的字符数组。当发现空白时输入就停止，字符串后面会自动加上 NUL 终止符
[xxx]	char *	根据给定组合的字符从输入中读取一串字符。参数必须指向一个足够大的字符数组。当遇到第 1 个不在给定组合中出现的字符时，输入停止。字符串后面会自动加上 NUL 终止符。代码%[abc]表示字符组合包括 a、b 和 c。如果列表中以一个^字符开头，表示字符组合是所列出的字符的补集，所以%[^abc]表示字符组合为 a、b、c 之外的所有字符。右方括号也可以出现在字符列表中，但它必须是列表的第 1 个字符。至于横杠是否用于指定某个范围的字符（例如%[a-z]），则因编译器而异
p	void *	输入预期为一串字符，诸如那些由 printf 函数的%p 格式代码所产生的输出。它的转换方式因编译器而异，但转换结果将和按照上面描述的进行打印所产生的字符的值相同
n	int *	到目前为止通过调用 scanf 函数从输入读取的字符数被返回。%n 转换的字符并不计算在 scanf 函数的返回值之内，它本身也并不消耗任何输入
%	（无）	这个代码与输入中的一个%相匹配，该%符号将被丢弃

程序 15.4 使用一种更为可靠的方法读取这种类型的输入。这个方法的优点在于现在的输入是逐步**处理**的。它不可能读入一组起始于某一行但结束于另一行的值，而且，通过尝试转换 5 个值，无论是输入行的值太多还是太少，都会被检测出来。

```
/*
** 用 sscanf 处理行定向(line-oriented)的输入。
*/
#include <stdio.h>
#define    BUFFER_SIZE    100    /* 我们将要处理的最长行。 */

void
function( FILE *input )
{
        Int   a, b, c, d, e;
```

```
                char buffer[ BUFFER_SIZE ];

                while( fgets( buffer, BUFFER_SIZE, input ) != NULL ){
                        if( sscanf( buffer, "%d %d %d %d %d",
                            &a, &b, &c, &d, &e ) != 4 ){
                                fprintf( stderr, "Bad input skipped: %s",
                                    buffer );
                                continue;
                        }

                /*
                ** 处理这组输入
                */
                }
        }
```

程序 15.4　用 sscanf 处理行定向的输入　　　　　　　　　　　　　　　　scanf1.c

一个相关的技巧可用于读取可能以几种不同的格式出现的行定向输入。每个输入行先用 fgets 读取，然后用几个 sscanf（每个都使用一种不同的格式）进行扫描。输入行由**第一个** sscanf 决定，后者用于转换预期数目的值。例如，程序 15.5 检查一个以前读取的缓冲区的内容。它从一个输入行中提取或者 1 个或者 2 个或者 3 个值，并对那些没有输入值的变量赋予缺省的值。

```
/*
** 使用 sscanf 处理可变格式的输入。
*/
#include <stdio.h>
#include <stdlib.h>

#define   DEFAULT_A 1     /* 或其他 ... */
#define   DEFAULT_B 2     /* 或其他 ... */

void
function( char *buffer )
{
        int   a, b, c;

        /*
        ** 看看 3 个值是否都已给出。
        */
        if( sscanf( buffer, "%d %d %d", &a, &b, &c ) != 3 ){
        /*
        ** 否，对 a 使用缺省值，看看其他两个值是否都已给出。
        */
                a = DEFAULT_A;
                if( sscanf( buffer, "%d %d", &b, &c ) != 2 ){
                /*
                ** 也为 b 使用缺省值，寻找剩余的值。
                */
                        b = DEFAULT_B;
                        if( sscanf( buffer, "%d", &c ) != 1 ){
                                fprintf( stderr, "Bad input: %s",
                                buffer );
                                exit( EXIT_FAILURE );
```

```
                }
            }
        }
        /*
        ** 处理a, b, c。
        */
    }
```

程序 15.5   使用 sscanf 处理可变格式的输入   scanf2.c

15.10.3   printf 家族

printf 函数家庭用于创建格式化的输出。这个家族共有 3 个函数：fprintf、printf 和 sprintf。它们的原型如下所示：

```
int fprintf( FILE *stream, char const *format, ... );
int printf( char const *format, ... );
int sprintf( char *buffer, char const *format, ... );
```

第 1 章曾见过，printf 根据格式代码和 format 参数中的其他字符对参数列表中的值进行格式化。这个家族的另两个函数的工作过程也类似。使用 printf，结果输出送到标准输出。使用 fprintf，可以使用任何输出流，而 sprintf 把它的结果作为一个以 NUL 结尾的字符串存储到指定的 buffer 缓冲区而不是写入到流中。这 3 个函数的返回值是实际打印或存储的字符数。

警告：

sprintf 是一个潜在的错误根源。缓冲区的大小并不是 sprintf 函数的一个参数，所以如果输出结果会溢出缓冲区时，就可能改写缓冲区后面内存位置中的数据。要杜绝这个问题，可以采取两种策略。第 1 种是声明一个非常巨大的缓冲区，但这个方案很浪费内存，而且尽管大型缓冲区能够减少溢出的可能性，但它并不能根除这种可能性。第 2 种方法是对格式进行分析，看看最大可能出现的值被转换后的结果输出将有多长。例如，在 4 位整型的机器上，最大的整数有 11 位（包括一个符号位），所以缓冲区至少能容纳 12 个字符（包括结尾的 NUL 字节）。字符串的长度并没有限制，但函数所生成的字符串的字符数目可以用格式代码中一个可选的字段来限制。

警告：

printf 函数家族的格式代码和 scanf 函数家族的格式代码用法不同。所以必须小心谨慎，以防止误用。在这两者的格式代码中，有些可选字段看上去是相同的，这使得问题变得更为困难。不幸的是，许多常见的格式代码，如%d 就属于这一类。

警告：

另一个错误来源是函数的参数类型与对应的格式代码不匹配。通常这个错误将导致输出结果成为垃圾，但这种不匹配也可能导致程序失败。和 scanf 函数家族一样，这些函数无法验证一个值是否具有格式码所表示的正确类型，所以保证它们相互匹配是程序员的责任。

15.10.4   printf 格式代码

printf 函数原型中的 format 字符串可能包含格式代码，它使参数列表的下一个值根据指定的方式进行格式化，至于其他的字符则原样逐字打印。格式代码由一个百分号开头，后面可以跟：零个或多个标志字符，用于修改有些转换的执行方式；一个可选的最小字段宽度；一个可选的精度；一个可选的修改符；转换类型。

标志和其他字段的准确含义取决于使用何种转换。表 15.6 描述了转换类型代码，表 15.7 描述了标志字符和它们的含义。

表 15.6　　　　　　　　　　　　　　　printf 格式代码

代　码	参　　　数	含　　　义
c	int	参数被裁剪为 unsigned char 类型并作为字符打印
d i	int	参数作为一个十进制整数打印。如果给出了精度而且值的位数少于精度位数，前面就用 0 填充
u o x、X	unsigned int	参数作为一个无符号值打印。u 使用十进制；o 使用八进制；x 或 X 使用十六进制（两者的区别是 x 约定使用 abcdef，而 X 约定使用 ABCDEF）
e E	double	参数根据指数形式打印。例如，6.023000e23 是使用代码 e，6.023000E23 是使用代码 E。小数点后面的位数由精度字段决定，缺省值是 6
f	double	参数按照常规的浮点格式打印。精度字段决定小数点后面的位数，缺省值是 6
g G	double	参数以%f 或%e（如 G 则%E）的格式打印，取决于它的值。如果指数大于等于-4 但小于精度字段，就使用%f 格式，否则使用指数格式
s	char *	打印一个字符串
p	void *	指针值被转换为一串因编译器而异的可打印字符。这个代码主要是和 scanf 中的%p 代码组合使用
n	int *	这个代码是独特的，因为它并不产生任何输出。相反，到目前为止函数所产生的输出字符数目将被保存到对应的参数中
%	（无）	打印一个%字符

表 15.7　　　　　　　　　　　　　　　printf 格式标志

标　志	含　　　义
-	值在字段中左对齐，缺省情况下是右对齐
0	当数值为右对齐时，缺省情况下是使用空格填充值左边未使用的列。这个标志表示用零来填充，它可用于 d、i、u、o、x、e、E、f、g 和 G 代码。使用 d、i、u、o、x 和 X 代码时，如果给出了精度字段，零标志就被忽略。如果格式代码中出现了负号标志，0 标志也没有效果
+	当用于一个格式化某个有符号值的代码时，如果值非负，正号标志会给它加上一个正号。如果值为负，就像往常一样显示一个负号。在缺省情况下，正号并不会显示
空格	只用于转换有符号值的代码。当值非负时，这个标志把一个空格添加到它的开始位置。注意，这个标志和正号标志是相互排斥的，如果两个同时给出，空格标志便被忽略
#	选择某些代码的另一种转换形式。它们在表 15.9 中描述

字段宽度是一个十进制整数，用于指定将出现在结果中的最小字符数。如果值的字符数少于字段宽度，就对它进行填充以增加长度。标志决定填充是用空白还是零，以及它出现在值的左边还是右边。

对于 d、i、u、o、x 和 X 类型的转换，精度字段指定将出现在结果中的最小的数字个数并覆盖 0 标志。如果转换后的值的位数小于宽度，就在它的前面插入零。如果值为零且精度也为零，则转换结果就不会产生数字。对于 e、E 和 f 类型的转换，精度决定将出现在小数点之后的数字位数。对于 g 和 G 类型的转换，精度指定将出现在结果中的最大有效位数。当使用 s 类型的转换时，精度指定将被转换的最多字符数。精度以一个句点开头，后面跟一个可选的十进制整数。如果未给出整数，精度的缺省值为零。

如果用于表示字段宽度和/或精度的十进制整数由一个星号代替,那么 printf 的下一个参数(必须是个整数)就提供宽度和(或)精度。因此,这些值可以通过计算获得而不必预先指定。

当字符或短整数值作为 printf 函数的参数时,它们在传递给函数之前先转换为整数。有时候转换可以影响函数产生的输出。同样,在一个长整数的长度大于普通整数的环境里,当一个长整数作为参数传递给函数时,printf 必须知道这个参数是个长整数。表 15.8 所示的修改符用于指定整数和浮点数参数的准确长度,从而解决了这个问题。

表 15.8　　　　　　　　　　　　　　printf 格式代码修改符

修　改　符	用于……时	表示参数是……
h	d、i、u、o、x、X	一个(可能是无符号的)short 型整数
h	n	一个指向 short 型整数的指针
l	d、i、u、o、x、X	一个(可能是无符号的)long 型整数
l	n	一个指向 long 型整数的指针
L	e、E、f、g、G	一个 long double 型值

在有些环境里,int 和 short int 的长度相等,此时 h 修改符就没有效果。否则,当 short int 作为参数传递给函数时,这个被转换的值将升级为(无符号)int 类型。这个修改符在转换发生之前使它被裁剪回原先的 short 形式。在十进制转换中,一般并不需要进行剪裁。但在有些八进制或十六进制的转换中,h 修改符可以保证打印适当位数的数字。

警告:

在 int 和 long int 长度相同的机器上,l 修改符并无效果。在所有其他机器上,需要使用 l 修改符,因为这些机器上的长整型分为两部分传递到运行时堆栈。如果并未给出这个修改符,则就只有第 1 部分被提取用于转换。这样,不但转换将产生不正确的结果,而且这个值的第 2 部分被解释为一个单独的参数,这样就破坏了后续参数和它们的格式代码之间的对应关系。

#标志可以用于几种 printf 格式代码,为转换选择一种替代形式。这些形式的细节列于表 15.9 中。

表 15.9　　　　　　　　　　　　　　printf 转换的其他形式

用于……	#标志……
o	保证产生的值以一个零开头
x、X	在非零值前面加 0x 前缀(%X 则为 0X)
e、E、f	确保结果始终包含一个小数点,即使它后面没有数字
g、G	与上面的 e、E 和 f 代码相同。另外,缀尾的 0 并不从小数中去除

提示:

由于有些机器在打印长整数值时要求 l 修改符而另外一些机器可能不需要,因此,当打印长整数值时,最好坚持使用 l 修改符。这样,当把程序移植到任何一台机器上时,就不太需要进行改动。

printf 函数可以使用丰富的格式代码、修改符、限定符、替代形式和可选字段,这使得它看上去极为复杂。但是,它们能够在格式化输出时提供极大的灵活性。所以,我们应该耐心一些,花一些时间把它们全部学会!这里有一些例子,可以帮助大家学习它们。

图 15.1 显示了格式化字符串可能产生的一些变体。只有显示出来的字符才被打印。为了避免歧义，符号¤用于表示一个空白。图 15.2 显示了用不同的整数格式代码格式化一些整数值的结果。图 15.3 显示了浮点值被格式化的一些可能方法。最后，图 15.4 显示了用与图 15.3 相同的那些格式代码来格式化一个非常大的浮点数的结果。在前两个输出中出现了明显的错误，因为它们所打印的有效数字的位数超出了指定内存位置所能存储的位数。

格式代码	转换后的字符串		
	A	ABC	ABCDEFGH
%s	A	ABC	ABCDEFGH
%5s	¤¤¤¤A	¤¤ABC	ABCDEFGH
%.5s	A	ABC	ABCDE
%5.5s	¤¤¤¤A	¤¤ABC	ABCDE
%-5s	A¤¤¤¤	ABC¤¤	ABCDEFGH

图 15.1 用 printf 格式字符串

格式代码	转换后的数值			
	1	-12	12345	123456789
%d	1	-12	12345	123456789
%6d	¤¤¤¤¤1	¤¤¤-12	¤12345	123456789
%.4d	0001	-0012	12345	123456789
%6.4d	¤¤0001	¤-0012	¤12345	123456789
%-4d	1¤¤¤	-12¤	12345	123456789
%04d	0001	-012	12345	123456789
%+d	+1	-12	+12345	+123456789

图 15.2 用 printf 格式化整数

格式代码	转换后的数值			
	1	.01	.00012345	12345.6789
%f	1.000000	0.010000	0.000123	12345.678900
%10.2f	¤¤¤¤¤¤1.00	¤¤¤¤¤¤0.01	¤¤¤¤¤¤0.00	¤¤12345.68
%e	1.000000e+00	1.000000e-02	1.234500e-04	1.234568e+04
%.4e	1.0000e+00	1.0000e-02	1.2345e-04	1.2346e+04
%g	1	0.01	0.00012345	12345.7

图 15.3 用 printf 格式化浮点值

格式代码	转换后的数值
	6.023e23
%f	60229999999999999975882752.000000
%10.2f	60229999999999999975882752.00
%e	6.023000e+23
%.4e	6.0230e+23
%g	6.023e+23

图 15.4 用 printf 格式化大浮点值

15.11　二进制 I/O

把数据写到文件中时，效率最高的方法是用二进制形式写入。二进制输出避免了在数值转换为字符串的过程中所涉及的开销和精度损失。但二进制数据并非人眼所能阅读，所以只有当数据将被另一个程序按顺序读取时，这个技巧才能使用。

fread 函数用于读取二进制数据，fwrite 函数用于写入二进制数据。它们的原型如下所示：

```
size_t  fread( void *buffer, size_t size, size_t count, FILE *stream );
size_t  fwrite( void *buffer, size_t size, size_t count, FILE *stream );
```

buffer 是一个指向用于保存数据的内存位置的指针，size 是缓冲区中每个元素的字节数，count 是读取或写入的元素数，stream 是数据读取或写入的流。

buffer 参数被解释为一个或多个值的数组。count 参数指定数组中有多少个值，所以读取或写入一个标量时，count 的值应为 1。函数的返回值是实际读取或写入的**元素**（并非字节）数目。如果输入过程中遇到了文件尾或者输出过程中出现了错误，这个数字可能比请求的元素数目要小。

让我们观察一个使用这些函数的代码段：

```
struct  VALUE   {
        long    a;
        float   b;
        char    c[SIZE];
} values[ARRAY_SIZE];
...
n_values = fread( values, sizeof( struct VALUE ),
    ARRAY_SIZE, input_stream );
(处理数组中的数据)
fwrite( values, sizeof( struct VALUE ),
    n_values, output_stream );
```

这个程序从一个输入文件读取二进制数据，对它执行某种类型的处理，然后把结果写入到一个输出文件。前面提到，这种类型的 I/O 效率很高，因为每个值中的位直接从流读取或向流写入，不需要任何转换。例如，假定数组中的一个长整数的值是 4023817。代表这个值的位是 0x003d6609——这些位将被写入到流中。二进制信息非人眼所能阅读，因为这些位并不对应任何合理的字符。如果将它们解释为字符，其值将是\0=f\t，这显然不能很好地向我们传达原数的值。

15.12　刷新和定位函数

在处理流时，另外还有一些函数也较为有用。首先是 fflush，它迫使一个输出流的缓冲区内的数据进行物理写入，不管它是不是已经写满。它的原型如下：

```
int  fflush( FILE *stream );
```

当需要立即把输出缓冲区的数据进行物理写入时，应该使用这个函数。例如，调用 fflush 函数可以保证调试信息实时打印出来，而不是保存在缓冲区中直到以后才打印。

在正常情况下，数据以线性的方式写入，这意味着在文件中，后面写入的数据的位置是在以前所有写入数据的后面。C 同时支持随机访问 I/O，也就是以任意顺序访问文件的不同位置。随机访问是通过在读取或写入先前定位到文件中需要的位置来实现的。有两个函数用于执行这项操作，它们的原型如下：

```
long  ftell( FILE *stream );
int   fseek( FILE *stream, long offset, int from );
```

　　ftell 函数返回流的当前位置，也就是说，下一个读取或写入将要开始的位置距离文件起始位置的偏移量。这个函数允许保存一个文件的当前位置，这样可能在将来会返回到这个位置。在二进制流中，这个值就是当前位置距离文件起始位置之间的字节数。

　　在文本流中，这个值表示一个位置，但它并不一定准确地表示当前位置和文件起始位置之间的字符数，因为有些系统将对行末字符进行翻译转换。但是，ftell 函数返回的值总是可以用于 fseek 函数，作为一个距离文件起始位置的偏移量。

　　fseek 函数允许在一个流中进行定位。这个操作将改变下一个读取或写入操作的位置。它的第 1 个参数是需要改变的流。它的第 2 个和第 3 个参数标识文件中需要定位的位置。表 15.10 描述了第 2 个和第 3 个参数可以使用的 3 种方法。

　　试图定位到一个文件的起始位置之前是一个错误。定位到文件尾之后并进行写入将扩展这个文件。定位到文件尾之后并进行读取将导致返回一条"到达文件尾"的信息。在二进制流中，从 SEEK_END 进行定位可能不被支持，所以应该避免。在文本流中，如果 from 是 SEEK_CUR 或 SEEK_END，offset 必须是零。如果 from 是 SEEK_SET，offset 必须是一个从同一个流中以前调用 ftell 时所返回的值。

表 15.10　　　　　　　　　　　　　　　　　fseek 参数

如果 from 是……	将定位到……
SEEK_SET	从流的起始位置起 offset 个字节，offset 必须是一个非负值
SEEK_CUR	从流的当前位置起 offset 个字节，offset 的值可正可负
SEEK_END	从流的尾部位置起 offset 个字节，offset 的值可正可负。如果它是正值，将定位到文件尾的后面

　　之所以存在这些限制，部分原因在于文本流所执行的行末字符映射。由于这种映射的存在，文本文件的字节数可能和程序写入的字节数不同。因此，一个可移植的程序不能根据实际写入字符数的计算结果定位到文本流的一个位置。

　　用 fseek 改变一个流的位置会带来 3 个副作用。首先，行末指示字符被清除。其次，如果在 fseek 之前使用 ungetc 把一个字符返回到流中，那么这个被退回的字符会被丢弃，因为在定位操作以后，它不再是"下一个字符"。最后，定位允许从写入模式切换到读取模式，或者回到打开的流以便更新。

　　程序 15.6 使用 fseek 访问一个学生信息文件。记录数参数的类型是 size_t，这是因为它不可能是个负值。需要定位的文件位置通过将记录数和记录长度相乘得到。只有当文件中的所有记录都是同一长度时，这种计算方法才是可行的。最后，fread 的结果被返回，这样调用程序就可以判断操作是否成功。

　　另外还有 3 个额外的函数，它们用一些限制更严的方式执行相同的任务。它们的原型如下：

```
void  rewind( FILE *stream );
int   fgetpos( FILE *stream, fpos_t *position );
int   fsetpos( FILE *stream, fpos_t const *position );
```

　　rewind 函数将读/写指针设置回指定流的起始位置，同时清除流的错误提示标志。fgetpos 和 fsetpos 函数分别是 ftell 和 fseek 函数的替代方案。

　　它们的主要区别在于这对函数接受一个指向 fpos_t 的指针作为参数。fgetpos 在这个位置存储文件的当前位置，fsetpos 把文件位置设置为存储在这个位置的值。

用 fpos_t 表示一个文件位置的方式并不是由标准定义的。它可能是文件中的一个字节偏移量，也可能不是。因此，使用一个从 fgetpos 函数返回的 fpos_t 类型的值唯一安全的用法，是把它作为参数传递给后续的 fsetpos 函数。

```
/*
** 从一个文件读取一个特定的记录。参数分别是进行读取的流、需要读取的记录数和指向放置数据的缓冲区的指针。
*/
#include <stdio.h>
#include "student_info.h"

int
read_random_record( FILE *f, size_t rec_number, StudentInfo *buffer )
{
        fseek( f, (long)rec_number * sizeof( StudentInfo ),
                SEEK_SET );
        return fread( buffer, sizeof( StudentInfo ), 1, f );
}
```

程序 15.6　随机文件访问　　　　　　　　　　　　　　　　　　　　　　　　　　rd_rand.c

15.13　改变缓冲方式

在流上执行的缓冲方式有时并不合适，下面两个函数可以用于对缓冲方式进行修改。只有当指定的流被打开但还没有在它上面执行任何其他操作前，才能被调用这两个函数。

```
void setbuf( FILE *stream, char *buf );
int  setvbuf( FILE *stream, char *buf, int mode, size_t size );
```

setbuf 设置了另一个数组，用于对流进行缓冲。这个数组的字符长度必须为 BUFSIZ（定义于 stdio.h）。为一个流自行指定缓冲区可以防止 I/O 函数库为它动态分配一个缓冲区。如果用一个 NULL 参数调用这个函数，setbuf 函数将关闭流的所有缓冲方式。字符准确地按程序所规定的方式进行读取和写入[1]。

警告：

为流缓冲区使用一个自动数组是很危险的。如果在流关闭之前，程序的执行流离开了数组声明所在的代码块，流就会继续使用这块内存，但此时它可能已经分配给了其他函数。

setvbuf 函数更为通用。mode 参数用于指定缓冲的类型。其中，_IOFBF 指定一个完全缓冲的流，_IONBF 指定一个不缓冲的流，_IOLBF 指定一个行缓冲流。所谓行缓冲，就是每当一个换行符写入到缓冲区时，缓冲区便进行刷新。

buf 和 size 参数用于指定需要使用的缓冲区。如果 buf 为 NULL，那么 size 的值必须是 0。一般而言，最好用一个长度为 BUFSIZ 的字符数组作为缓冲区。尽管使用一个非常大的缓冲区可能会稍稍提高程序的效率，但如果使用不当，也有可能降低程序的效率。例如，绝大多数操作系统在内部对磁盘的输入/输出进行缓冲操作。如果自行指定了一个缓冲区，但它的长度却不是操作系统内部使用的缓冲区的整数倍，就可能需要一些额外的磁盘操作，用于读取或写入一个内存块的一部分。如

1　在宿主式运行时环境中，操作系统可能执行自己的缓冲方式，而不依赖于流。因此，仅仅调用 setbuf 将不允许程序从键盘即输即读字符，因为操作系统通常对这些字符进行缓冲，用于实现退格编辑。

果需要使用一个很大的缓冲区，它的长度应该是 BUFSIZ 的整数倍。在 MS-DOS 机器中，缓冲区的大小如果和磁盘簇的大小相匹配，可能会提高一些效率。

15.14 流错误函数

下面的函数用于判断流的状态：

```
int  feof( FILE *stream );
int  ferror( FILE *stream );
void clearerr( FILE *stream );
```

如果流当前处于文件尾，feof 函数返回真。这个状态可以通过对流执行 fseek、rewind 或 fsetpos 函数来清除。ferror 函数报告流的错误状态，如果出现任何读/写错误，函数就返回真。最后，clearerr 函数对指定流的错误标志进行重置。

15.15 临时文件

为了方便起见，我们偶尔会使用一个文件来临时保存数据。当程序结束时，这个文件便被删除，因为它所包含的数据不再有用。tmpfile 函数就是用于这个目的的：

```
FILE *tmpfile( void );
```

这个函数创建了一个文件，当文件被关闭或程序终止时，这个文件便自动删除。该文件以 wb+ 模式打开，这使它可用于二进制和文本数据。

如果临时文件必须以其他模式打开，或者由一个程序打开但由另一个程序读取，就不适合用 tmpfile 函数创建。在这些情况下必须使用 fopen 函数，而且当结果文件不再需要时，必须使用 remove 函数（稍后描述）显式地删除。

临时文件的名字可以用 tmpnam 函数创建，它的原型如下：

```
char *tmpnam( char *name );
```

如果传递给函数的参数为 NULL，那么这个函数便返回一个指向静态数组的指针，该数组包含了被创建的文件名；否则，参数便假定是一个指向长度至少为 L_tmpnam 的字符数组的指针。在这种情况下，文件名在这个数组中创建，返回值就是这个参数。

无论哪种情况，这个被创建的文件名保证不会与已经存在的文件名同名[1]。只要调用次数不超过 TMP_MAX，tmpnam 函数在每次调用时都能产生一个新的不同名字。

15.16 文件操纵函数

有两个函数用于操纵文件但不执行任何输入/输出操作。它们的原型如下所示。如果执行成功，这两个函数都返回零值；如果失败，它们都返回非零值。

---

1 注意：这个用于保证唯一性的方法可能会在多程序系统（multiprogramming system）或那些共享一个网络文件服务器的系统中失败。问题的根源是名字被创建的时间和该名字所标识的文件被创建的时间这两者之间存在延迟。如果几个程序恰好都创建了一个相同的名字，并在任何文件被实际创建之前测试是否存在这个名字的文件，此时测试结果是否定的，于是每个程序都以为这是个唯一的名字。在文件名被创建之后立即创建文件可以减少（但不能根除）这种潜在的冲突。

```
int  remove( char const *filename );
int  rename( char const *oldname, char const *newname );
```

remove 函数删除一个指定的文件。如果当 remove 被调用时文件处于打开状态,其结果则取决于编译器。

rename 函数用于改变一个文件的名字,从 oldname 改为 newname。如果已经有一个名为 newname 的文件存在,则其结果取决于编译器。如果这个函数失败,文件仍然可以用原来的名字进行访问。

15.17　总结

标准规定了标准函数库中的函数的接口和操作,这有助于提高程序的可移植性。一种编译器可以在它的函数库中提供额外的函数,但不应修改标准要求提供的函数。

perror 函数提供了一种向用户报告错误的简单方法。当检测到一个致命的错误时,可以使用 exit 函数终止程序。

stdio.h 头文件包含了使用 I/O 库函数所需的声明。所有的 I/O 操作都是一种在程序中移进或移出字节的事务。函数库为 I/O 所提供的接口称为流。在缺省情况下,流 I/O 是进行缓冲的。二进制流主要用于二进制数据,字节可以不经修改地从二进制流读取或向二进制流写入。文本流则用于字符。文本流能够允许的最大文本行因编译器而异,但至少允许 254 字符。根据定义,行由一个换行符结尾。如果宿主操作系统使用不同的约定结束文本行,I/O 函数必须在这种形式和文本行的内部形式之间进行翻译转换。

FILE 是一种数据结构,用于管理缓冲区和存储流的 I/O 状态。运行时环境为每个程序提供了 3 个流——标准输入、标准输出和标准错误。最常见的情况是把标准输入缺省设置为键盘,把其他两个流缺省设置为显示器。错误信息使用一个单独的流,这样即使标准输出的缺省值重定向为其他位置,错误信息仍能够显示在它的缺省位置。FOPEN_MAX 是能够同时打开的最大文件数,具体数目因编译器而异,但不能小于 8。FILENAME_MAX 是用于存储文件名的字符数组的最大限制长度。如果不存在长度限制,这个值就是推荐的最大长度。

为了对一个文件执行流 I/O 操作,首先必须用 fopen 函数打开文件,它返回一个指向 FILE 结构的指针,这个 FILE 结构指派给进行操作的流。这个指针必须保存在一个 FILE *类型的变量中。然后,这个文件就可以进行读取和(或)写入。读写完毕后,应该关闭文件。许多 I/O 函数属于同一个家族,它们在本质上执行相同的任务,但在从何处读取或何处写入方面存在一些微小的差别。通常一个函数家族的各个变体包括接受一个流参数的函数、一个只用于标准流之一的函数,以及一个使用内存中的缓冲区(而不是流)的函数。

流用 fopen 函数打开。它的参数是需要打开的文件名和需要采用的流模式。模式指定流用于读取、写入还是添加,它同时指定流为二进制流还是文本流。freopen 函数用于执行相同的任务,但可以自己指定需要使用的流。这个函数最常用于重新打开一个标准流。应该始终检查 fopen 或 freopen 函数的返回值,看看有没有发生错误。在结束了一个流的操作之后,应该使用 fclose 函数将它关闭。

逐字符的 I/O 由 getchar 和 putchar 函数家族实现。输入函数 fgetc 和 getc 都接受一个流参数,getchar 则只从标准输入读取。第 1 以函数的方式实现,后两个则以宏的方式实现。它们都返回一个用整型值表示的单字符。除了用于执行输出而不是输入,fputc、putc 和 putchar 函数具有和对应的输入函数相同的属性。ungetc 用于把一个不需要的字符退回到流中。这个被退回的字符将是下一个输入操作所返回的第 1 字符。改变流的位置(定位)将导致这个退回的字符被丢弃。

行 I/O 既可以是格式化的，也可以是未格式化的。gets 和 puts 函数家族执行未格式化的行 I/O。fgets 和 gets 都从一个指定的缓冲区读取一行。前者接受一个流参数，后者从标准输入读取。fgets 函数更为安全，它把缓冲区长度作为参数之一，因此可以保证一个长输入行不会溢出缓冲区，而且数据并不会丢失——长输入行的剩余部分（超出缓冲区长度的那部分）将被 fgets 函数的下一次调用读取。fputs 和 puts 函数把文本写入到流中。它们的接口类似于对应的输入函数。为了保证向后兼容，gets 函数将去除它所读取的行的换行符，puts 函数在写入到缓冲区的文本后面加上一个换行符。

scanf 和 printf 函数家族执行格式化的 I/O 操作。输入函数共有 3 种：fscanf 接受一个流参数；scanf 从标准输入读取；sscanf 从一个内存中的缓冲区接收字符。printf 家族也有 3 个函数，它们的属性也类似。scanf 家族的函数根据一个格式字符串对字符进行转换。一个指针参数列表用于提示结果值的存储地点。函数的返回值是被转换的值的个数，如果没有任何值被转换就遇到文件尾，函数返回 EOF。printf 家族的函数根据一个格式字符串把值转换为字符形式。这些值是作为参数传递给函数的。

使用二进制流写入二进制数据（如整数和浮点数）比使用字符 I/O 效率更高。二进制 I/O 直接读写值的各个位，而不必把值转换为字符。但是，二进制输出的结果非人眼所能阅读。fread 和 fwrite 函数执行二进制 I/O 操作。每个函数都接受 4 个参数：指向缓冲区的指针、缓冲区中每个元素的长度、需要读取或写入的元素个数，以及需要操作的流。

在缺省情况下，流是顺序读取的。但是，可以通过在读取或写入之前定位到一个不同的位置实现随机 I/O 操作。fseek 函数允许指定文件中的一个位置，它用一个偏移量表示，参考位置可以是文件起始位置，也可以是文件的当前位置，还可以是文件的结尾位置。ftell 函数返回文件的当前位置。fsetpos 和 fgetpos 函数是前两个函数的替代方案。但是，fsetpos 函数的参数只有当它是先前从一个作用于同一个流的 fgetpos 函数的返回值时，才是合法的。最后，rewind 函数返回到文件的起始位置。

在执行任何流操作之前，调用 setbuf 函数可以改变流所使用的缓冲区。用这种方式指定一个缓冲区可以防止系统为流动态分配一个缓冲区。向这个函数传递一个 NULL 指针作为缓冲区参数，表示禁止使用缓冲区。setvbuf 函数更为通用，可以用它指定一个并非标准长度的缓冲区。也可以选择自己希望的缓冲方式：全缓冲、行缓冲或不缓冲。

ferror 和 clearerr 函数与流的错误状态有关，也就是说，是否出现了任何读/写错误。第 1 函数返回错误状态，第 2 函数重置错误状态。如果流当前位于文件的末尾，那么 feof 函数就返回真。

tmpfile 函数返回一个与一个临时文件关联的流。当流被关闭之后，这个文件被自动删除。tmpnam 函数为临时文件创建一个合适的文件名。这个名字不会与现存的文件名冲突。把文件名作为参数传递给 remove 函数可以删除这个文件。rename 函数用于修改一个文件的名字。它接受两个参数：文件的当前名字和文件的新名字。

15.18　警告的总结

1. 忘了在一条调试用的 printf 语句后面跟一个 fflush 调用。
2. 不检查 fopen 函数的返回值。
3. 改变文件的位置将丢弃任何被退回到流的字符。
4. 在使用 fgets 时指定太小的缓冲区。
5. 使用 gets 输入时缓冲区溢出且未被检测到。

6. 使用任何 scanf 系列函数时，格式代码和参数指针类型不匹配。

7. 在任何 scanf 系列函数的每个非数组、非指针参数前忘了加上&符号。

8. 注意在使用 scanf 系列函数转换 double、long double、short 和 long 整型时，在格式代码中加上合适的限定符。

9. sprintf 函数的输出溢出了缓冲区且未检测到。

10. 混淆 printf 和 scanf 格式代码。

11. 使用任何 printf 系列函数时，格式代码和参数类型不匹配。

12. 在有些长整数长于普通整数的机器上打印长整数值时，忘了在格式代码中指定 l 修改符。

13. 使用自动数组作为流的缓冲区时应多加小心。

15.19   编程提示的总结

1. 在可能出现错误的场合，检查并报告错误。

2. 操纵文本行而无须顾及它们的外部表示形式，这有助于提高程序的可移植性。

3. 使用 scanf 限定符提高可移植性。

4. 当打印长整数时，即使所使用的机器并不需要，也要坚持使用 l 修改符以提高可移植性。

15.20   问题

1. 如果对 fopen 函数的返回值不进行错误检查，可能会出现什么后果？

2. 如果试图对一个从未打开过的流进行 I/O 操作，会发生什么情况？

3. 如果一个 fclose 调用失败，但程序并未对它的返回值进行错误检查，可能会出现什么后果？

4. 如果一个程序在执行时它的标准输入已重定向到一个文件，程序如何检测到这个情况？

5. 如果调用 fgets 函数时使用一个长度为 1 的缓冲区，会发生什么？长度为 2 呢？

6. 为了保证下面这条 sprintf 语句所产生的字符串不溢出，缓冲区至少应该有多大？假定你的机器的上整数的长度为 2 字节。

```
sprintf( buffer, "%d %c %x", a, b, c );
```

7. 为了保证下面这条 sprintf 语句所产生的字符串不溢出，缓冲区至少应该有多大？

```
sprintf( buffer, "%s", a );
```

8. %f 格式代码所打印的最后一位数字是经过四舍五入呢，还是未打印的数字被简单地截掉呢？

9. 如何得到 perror 函数可能打印的所有的错误信息列表？

10. 为什么 fprintf、fscanf、fputs 和 fclose 函数都接受一个指向 FILE 结构的指针作为参数而不是 FILE 结构本身。

11. 你希望打开一个文件进行写入，假定：不希望文件原先的内容丢失；希望能够写入到文件的任何位置。那么该怎样设置打开模式呢？

12. 为什么需要 freopen 函数？

13. 对于绝大多数程序，有必要考虑 fgetc(stdin)或 getchar 哪个更好吗？

14. 在你的系统上，下面的语句将打印什么内容？

```
printf("%d\n", 3.14 );
```

15. 请解释使用%-6.10s 格式代码将打印出什么形式的字符串。

16. 当一个特定的值用格式代码%.3f 打印时，其结果是 1.405。但这个值用格式代码%.2f 打印时，其结果是 1.40。似乎出现了明显错误，请解释其原因。

15.21　编程练习

★　1. 编写一个程序，把标准输入的字符逐个复制到标准输出。

★　2. 修改编程练习 1 的解决方案，使它每次读写一整行。可以假定文件中每一行所包含的字符数不超过 80 个（不包括结尾的换行符）。

★★　3. 修改编程练习 2 的解决方案，去除每行 80 字符的限制。处理这个文件时，仍应该每次处理一行，但对于那些长于 80 字符的行，可以每次处理其中的一段。

★★★　4. 修改编程练习 3 的解决方案，提示用户输入两个文件名，并从标准输入读取它们。第 1 个作为输入文件，第 2 个作为输出文件。这个修改后的程序应该打开这两个文件，并把输入文件的内容按照前面的方式复制到输出文件。

★★★　5. 修改编程练习 4 的解决方案，使它寻找那些以一个整数开始的行。这些整数值应该进行求和，其结果应该写入到输出文件的末尾。除了这个修改之外，这个修改后的程序的其他部分应该和编程练习 4 一样。

★★　6. 在第 9 章，你编写了一个称为 palindrome 的函数，用于判断一个字符串是否是一个回文。当前需要编写一个函数，判断一个整型变量的值是不是回文。例如，245 不是回文，但 14741 却是回文。这个函数的原型如下：

```
int  numeric_palindrome( int value );
```

如果 value 是回文，函数返回真，否则返回假。

★★★　7. 某个数据文件包含了家庭成员的年龄。一个家庭中各个成员的年龄都位于同一行，由空格分隔。例如，下面的数据

```
45  42  22
36  35  7  3  1
22  20
```

描述了 3 个家庭中所有成员的年龄，它们分别有 3 个、5 个和 2 个成员。

编写一个程序，计算用这种文件表示的每个家庭中所有成员的平均年龄。程序应该用格式代码%5.2f 打印出平均年龄，后面是一个冒号和输入数据。可以假定每个家庭的成员数量都不超过 10 个。

★★★★　8. 编写一个程序，产生一个文件的十六进制转储码（dump）。它应该从命令行接受单个参数，也就是需要进行转储的文件名。如果命令行中未给出参数，程序就打印标准输入的转储码。

转储码的每行都应该具有下面的格式。

列	内　容
1~6	文件的当前偏移位置，用十六进制表示，前面用零填充
9~43	文件接下来 16 个字节的十六进制表示形式。它们分成 4 组，每组由 8 个十六进制数字组成，每组之间以一个空格分隔
46	一个星号
47~62	文件中上述 16 个字节的字符表示形式。如果某个字符是不可打印字符或空白，就打印一个句点
63	一个星号

所有的十六进制数应该使用大写的 A~F 而不是小写的 a~f。

下面是一些样例行，用于说明这种格式：

```
000200  D405C000 82102004 91D02000 9010207F  *...... ... ... .*
000210  82102001 91D02000 0001C000 2F757372  *.. ... ...../usr*
000220  2F6C6962 2F6C642E 736F002F 6465762F  */lib/ld.so./dev/*
```

9. UNIX 的 fgrep 程序从命令行接受一个字符串和一系列文件名作为参数。然后，它逐个查看每个文件的内容。对于文件中每个包含命令行中给定字符串的文本行，程序将打印出它所在的文件名、一个冒号和包含该字符串的行。

编写这个程序。首先出现的是字符串参数，它不包含任何换行字符。然后是文件名参数。如果没有给出任何文件名，程序应该从标准输入读取。在这种情况下，程序所打印的行不包括文件名和冒号。可以假定各文件所有文本行的长度都不会超过510 字符。

10. 编写一个程序，计算文件的检验和（checksum）。该程序按照下面的方式进行调用：

```
$ sum [ -f ] [ file ... ]
```

其中，-f 选项是可选的。稍后将描述它的含义。

接下来是一个可选的文件名列表，如果未给出任何文件名，程序就处理标准输入。否则，程序根据各个文件在命令行中出现的顺序逐个对它们进行处理。"处理文件"就是计算和打印文件的检验和。

计算检验和的算法是很简单的。文件中的每个字符都和一个 16 位的无符号整数相加，其结果就是检验和的值。不过，虽然它很容易实现，但这个算法可不是个优秀的错误检测方法。如果在文件中对两个字符进行互换，这种方法将不会检测出是个错误。

正常情况下，当到达每个文件的文件尾时，检验和就写入到标准输出。如果命令行中给出了-f 选项，检验和就写入到一个文件而不是标准输出。如果输入文件的名字是 file，那么这个输出文件的名字应该是 file.cks。当程序从标准输入读取时，这个选项是非法的，因为此时并不存在输入文件名。

下面是这个程序运行的几个例子。它们在那些使用 ASCII 字符集的系统中是有效的。文件 hw 包含了文本行"Hello, World!"，后面跟一个换行符。文件 hw2 包含了两个这样的文本行。所有的输入都不包含任何缀尾的空格或制表符。

```
$ sum
hi
^D
```

```
219
$ sum hw
1095
$ sum -f
-f illegal when reading standard input
$ sum -f hw2
$
```

(File hw2.cks now contains 2190)

★★★★★ 11. 编写一个程序，用于保存零件及其价值的存货记录。每个零件都有一份描述信息，其长度为 1~20 个字符。当一个新零件被添加到存货记录文件时，程序将下一个可用的零件号指定给它。第 1 个零件的零件号为 1。程序应该存储每个零件的当前数量和总价值。

这个程序应该从命令行接受单个参数，也就是存货记录文件的名字。如果这个文件并不存在，程序就创建一个空的存货记录文件。然后程序要求用户输入需要处理的事务类型并逐个对它们进行处理。

程序允许处理下列交易：

```
new description, quantity, cost-each
```

new 交易向系统添加一个新零件。descrption 是该零件的描述信息，它的长度不超过 20 个字符。quantity 是保存到存货记录文件中该零件的数量，它不可以是个负数。cost-each 是每个零件的单价。一个新零件的描述信息如果和一个现有的零件相同，这并不是错误。程序必须计算和保存这些零件的总价值。对于每个新增加的零件，程序为其指定下一个可用的零件号。零件号从 1 开始，线性递增。被删除零件的零件号可以重新分配给新添加的零件。

```
buy part-number, quantity, cost-each
```

buy 交易为存货记录中一个现存的零件增加一定的数量。part-number 是该零件的零件号，quantity 是购入的零件数量（它不能是负数），cost-each 是每个零件的单价。程序应该把新的零件数量和总价值添加到原先的存货记录中。

```
sell part-number, quantity, price-each
```

sell 交易从存货记录中一个现存的零件数量中减去一定的数量。part-number 是该零件的零件号，quantity 是出售的零件数量（它不能是负数，也不能超过该零件的现有数量），price-each 是每个零件出售所获得的金额。程序应该从存货记录中减去这个数量，并减少该零件的总价值。然后，它应该计算销售所获得的利润，也就是零件的购买价格和零件的出售价格之间的差价。

```
delete part-number
```

这个交易从存货记录文件中删除指定的零件。

```
print part-number
```

这个交易打印指定零件的信息，包括描述信息、现存数量和零件的总价值。

```
print all
```

这个交易以表格的形式打印记录中所有零件的信息。

```
total
```

这个交易计算和打印记录中所有零件的总价值。

```
end
```

这个交易终止程序的执行。

当零件以不同的购买价格获得时，计算存货记录的真正价值将变得很复杂，而且取决于首先使用的是最便宜的零件还是最昂贵的零件。这个程序所使用的方法比较简单：只保存每种零件的总价值，每种零件的单价被认为是相等的。例如，假定 10 个纸夹原先以每个 1.00 美元的价格购买。这个零件的总价值便是 10.00 美元。以后，又以每个 1.25 美元的价格购入另外 10 个纸夹，这样这个零件的总价值便成了 22.50 美元。此时，每个纸夹的当前单价便是 1.125 美元。存货记录并不保存每批零件的购买记录，即使它们的购买价格不同。当纸夹出售时，利润根据上面计算所得的当前单价进行计算。

这里有一些设计这个程序的提示。首先，使用零件号判断存货记录文件中一个零件的写入位置。第 1 个零件号是 1，这样记录文件中零件号为 0 的位置可以用于保存一些其他信息。其次，可以在删除零件时把它的描述信息设置为空字符串，便于以后检测该零件是否已被删除。

第

16

章

标准函数库

标准函数库是一个工具箱，它极大地扩展了 C 程序员的能力。但是，在使用这个能力之前，必须熟悉库函数。忽略函数库相当于只学习怎样使用油门、方向盘和刹车来开车，却不想费神学习使用自动恒速器、收音机和空调。尽管这样仍然能够驾车到达你想去的地方，但过程要艰难一些，乐趣也要少很多。

本章描述前面章节未曾涉及的一些库函数。各小节的标题包括了要获得这些函数原型而必须用 #include 指令包含的文件名。

16.1 整型函数

这组函数返回整型值。这些函数分为 3 类：算术、随机数和字符串转换。

16.1.1 算术 <stdlib.h>

标准函数库包含了 4 个整型算术函数。

```
int abs( int value );
long int labs( long int value );
div_t div( int numerator, int denominator );
ldiv_t ldiv( long int numer, long int denom );
```

abs 函数返回它的参数的绝对值。如果其结果不能用一个整数表示，这个行为就是未定义的。labs 用于执行相同的任务，但它的作用对象是长整数。

div 函数把它的第 2 个参数（分母）除以第 1 个参数（分子），产生商和余数，然后用一个 div_t 结构返回。这个结构包含下面两个字段：

```
int  quot;  // 商
int  rem;   // 余数
```

但这两个字段并不一定以这个顺序出现。如果不能整除，商将是所有小于代数商的整数中最靠近它的那个整数。注意，/操作符的除法运算结果并未精确定义。当/操作符的任何一个操作数为负而不能整除时，到底商是最大的那个小于等于代数商的整数，还是最小的那个大于等于代数商的整数，则取决于编译器。ldiv 所执行的任务和 div 相同，但它作用于长整数，其返回值是一个 ldiv_t 结构。

16.1.2　随机数<stdlib.h>

有些程序在每次执行时不应该产生相同的结果，如游戏和模拟，此时随机数就非常有用。下面两个函数合在一起使用能够产生**伪随机数**（pseudo-random number）。之所以如此称呼，是因为它们通过计算产生随机数，因此有可能重复出现，所以并不是真正的随机数。

```
int  rand( void );
void srand( unsigned int seed );
```

rand 返回一个范围在 0～RAND_MAX（至少为 32,767）之间的伪随机数。当它重复调用时，函数返回这个范围内的其他数。为了得到一个更小范围的伪随机数，需要首先把这个函数的返回值根据所需范围的大小进行取模，然后通过加上或减去一个偏移量对它进行调整。

为了避免程序每次运行时获得相同的随机数序列，可以调用 srand 函数。它用它的参数值对随机数发生器进行初始化。一个常用的技巧是使用每天的时间作为随机数产生器的**种子**（seed），如下面的程序所示：

```
srand( (unsigned int)time( 0 ) );
```

time 函数将在本章后面描述。

程序 16.1 中的函数使用整数来表示游戏用的牌，并使用随机数在"牌桌"上"洗"指定数目的牌。

```
/*
** 使用随机数在牌桌上洗"牌"。第 2 个参数指定牌的数字。当这个函数第 1 次调用时，
** 调用 srand 函数初始化随机数发生器。
*/
#include <stdlib.h>
#include <time.h>
#define    TRUE      1
#define    FALSE     0

void shuffle( int *deck, int n_cards )
{
    int i;
    static  int first_time = TRUE;

/*
** 如果尚未进行初始化，则用当天的当前时间作为随机数发生器。
**
*/
if( first_time ){
        first_time = FALSE;
        srand( (unsigned int)time( NULL ) );
}

 /*
** 通过交换随机对的牌进行"洗牌"。
*/
for( i = n_cards - 1; i > 0; i -= 1 ){
        int   where;
        int   temp;

        where = rand() % i;
        temp = deck[ where ];
        deck[ where ] = deck[ i ];
```

```
        deck[ i ] = temp;
    }
}
```

程序 16.1　用随机数洗牌　　　　　　　　　　　　　　　　　　　　　　shuffle.c

16.1.3　字符串转换 <stdlib.h>

字符串转换函数把字符串转换为数值。其中最简单的函数是 atoi 和 atol，用于执行基数为 10 的转换。strtol 和 strtoul 函数允许在转换时指定基数，同时还允许访问字符串的剩余部分。

```
int atoi( char const *string );
long int atol( char const *string );
long int strtol( char const *string, char **unused, int base );
unsigned long int strtoul( char const *string, char **unused,
    int base );
```

如果上述任何一个函数的第 1 个参数包含了前导空白字符，它们将被跳过。然后函数把合法的字符转换为指定类型的值。如果存在任何非法缀尾字符，它们也将被忽略。

atoi 和 atol 分别把字符转换为整数和长整数值。strtol 和 atol 同样把参数字符串转换为 long 类型。但是，strtol 保存一个指向转换值后面第 1 个字符的指针。如果函数的第 2 个参数并非 NULL，这个指针便保存在第 2 个参数所指向的位置。这个指针允许对字符串的剩余部分进行处理而无须推测转换在字符串的哪个位置终止。strtoul 和 strtol 的执行方式相同，但它产生一个无符号长整数。

这两个函数的第 3 个参数是转换所执行的基数。如果基数为 0，则任何在程序中用于书写整数字面值的形式都将被接受，包括指定数字基数的形式，如 0x2af4 和 0377。否则，基数值应该在 2～36 的范围内——然后转换根据这个给定的基数进行。对于基数 11～36，字母 A～Z 分别被解释为数值 10～35。在这个上下文环境中，小写字母 a～z 被解释为与对应的大写字母相同的意思。因此，

```
x = strtol("    590bear", next, 12 );
```

的返回值为 9947，并把一个指向字母 e 的指针保存在 next 所指向的变量中。转换在 b 处终止，因为在基数为 12 时 e 不是一个合法的数字。

如果这些函数的 string 参数中并不包含一个合法的数值，函数就返回 0。如果被转换的值无法表示，函数便在 errno 中存储 ERANGE 这个值，并返回表 16.1 中的一个值。

表 16.1　　　　　　　　　　　　strtol 和 strtoul 返回的错误值

函　　数	返　回　值
strtol	如果值太大且为负数，则返回 LONG_MIN；如果值太大且为正数，则返回 LONG_MAX
strtoul	如果值太大，则返回 ULONG_MAX

16.2　浮点型函数

头文件 math.h 包含了函数库中剩余的数学函数的声明。这些函数的返回值以及绝大多数参数都是 double 类型。

警告：
一个常见的错误就是在使用这些函数时忘记包含这个头文件，如下所示：

```
double  x;
x = sqrt( 5.5 );
```

编译器在此之前未曾见到过 sqrt 函数的原型，因此错误地假定它返回一个整数，然后错误地把这个值的类型转换为 double。这个结果值是没有意义的。

如果一个函数的参数不在该函数的定义域之内，则称为**定义域错误**（domain error）。例如：

```
sqrt( -5.0 );
```

就是个定义域错误，因为负值的平方根是未定义的。当出现一个定义域错误时，函数返回一个由编译器定义的错误值，并且在 errno 中存储 EDOM 这个值。如果一个函数的结果值过大或过小，无法用 double 类型表示，则称为**范围错误**（range error）。例如：

```
exp( DBL_MAX )
```

将产出一个范围错误，因为它的结果值太大。在这种情况下，函数将返回 HUGE_VAL，它是一个在 math.h 中定义的 double 类型的值。如果一个函数的结果值太小，无法用一个 double 表示，函数将返回 0。这种情况也属于范围错误，但 errno 是否设置为 ERANGE 则取决于编译器。

16.2.1 三角函数 <math.h>

标准函数库提供了常见的三角函数：

```
double sin( double angle );
double cos( double angle );
double tan( double angle );
double asin( double value );
double acos( double value );
double atan( double value );
double atan2( double x, double y );
```

sin、cos 和 tan 函数的参数是一个用弧度表示的角度，这些函数分别返回这个角度的正弦、余弦和正切值。

asin、acos 和 atan 函数分别返回它们的参数的反正弦、反余弦和反正切值。如果 asin 和 acos 的参数并不位于-1～1 之间，就出现一个定义域错误。asin 和 atan 的返回值是范围在-π/2～π/2 之间的一个弧度，acos 的返回值是一个范围在 0～π 之间的一个弧度。

atan2 函数返回表达式 y/x 的反正切值，但它使用这两个参数的符号来决定其结果值位于哪个象限。它的返回值是一个范围在-π～π 之间的弧度。

16.2.2 双曲函数 <math.h>

```
double sinh( double angle );
double cosh( double angle );
double tanh( double angle );
```

这些函数分别返回它们的参数的双曲正弦、双曲余弦和双曲正切值。每个函数的参数都是一个以弧度表示的角度。

16.2.3 对数和指数函数 <math.h>

标准函数库存在下面这些直接处理对数和指数的函数：

```
double exp( double x );
double log( double x );
double log10( double x );
```

exp 函数返回 e 值的 x 次幂，也就是 e^x。

log 函数返回 x 以 e 为底的对数，也就是常说的自然对数。log10 函数返回 x 以 10 为底的对数。注意，x 以任意一个以 b 为底的对数可以通过下面的公式进行计算：

$$\log b^x = \frac{\log e^x}{\log e^b}$$

如果它们的参数为负数，则两个对数函数都将出现定义域错误。

16.2.4　浮点表示形式　\<math.h\>

下面这 3 个函数提供了一种根据一个编译器定义的格式来存储一个浮点值的方法。

```
double frexp( double value, int *exponent );
double ldexp( double fraction, int exponent );
double modf( double value, double *ipart );
```

frexp 函数计算一个**指数**（exponent）和**小数**（fraction），这样 fraction $\times 2^{exponent}$ = value，其中 0.5 ≤ fraction < 1，exponent 是一个整数。exponent 存储于第 2 个参数所指向的内存位置，函数返回 fraction 的值。与它相关的函数 ldexp 的返回值是 fraction $\times 2^{exponent}$，也就是它原先的值。当必须在那些浮点格式不兼容的机器之间传递浮点数时，这些函数是非常有用的。

modf 函数把一个浮点值分成整数和小数两个部分，每个部分都具有和原值一样的符号。整数部分以 double 类型存储于第 2 个参数所指向的内存位置，小数部分作为函数的返回值返回。

16.2.5　幂　\<math.h\>

这个家族共有两个函数：

```
double pow( double x, double y );
double sqrt( double x );
```

pow 函数返回 x^y 的值。由于在计算这个值时可能要用到对数，因此如果 x 是一个负数且 y 不是一个整数，就会出现一个定义域错误。

sqrt 函数返回其参数的平方根。如果参数为负，就会出现一个定义域错误。

16.2.6　底数、顶数、绝对值和余数　\<math.h\>

这些函数的原型如下所示：

```
double floor( double x );
double ceil( double x );
double fabs( double x );
double fmod( double x, double y );
```

floor 函数返回不大于其参数的最大整数值。这个值以 double 的形式返回，这是因为 double 能够表示的范围远大于 int。ceil 函数返回不小于其参数的最小整数值。

fabs 函数返回其参数的绝对值。fmod 函数返回 x 除以 y 所产生的余数，这个除法的商被限制为一个整数值。

16.2.7 字符串转换 <stdlib.h>

下面这些函数和整型字符串转换函数类似，只不过它们返回浮点值。

```
double atof( char const *string );
double strtod( char const *string, char **unused );
```

如果任一函数的参数包含了前导的空白字符，这些字符将被忽略。函数随后把合法的字符转换为一个 double 值，并忽略任何缀尾的非法字符。这两个函数都接受程序中所有浮点数字面值的书写形式。

strtod 函数把参数字符串转换为一个 double 值，其方法和 atof 类似，但它保存一个指向字符串中被转换的值后面的第 1 个字符的指针。如果函数的第 2 个参数不是 NULL，那么这个被保存的指针就存储于第 2 个参数所指向的内存位置。这个指针允许对字符串的剩余部分进行处理，而不用猜测转换会在字符串中的什么位置结束。

如果这两个函数的字符串参数并不包含任何合法的数值字符，函数就返回零。如果转换值太大或太小，无法用 double 表示，那么函数就在 errno 中存储 ERANGE 这个值，如果值太大（无论是正数还是负数），函数返回 HUGE_VAL；如果值太小，函数返回零。

16.3　日期和时间函数

函数库提供了一组非常丰富的函数，用于简化日期和时间的处理。它们的原型位于 time.h。

16.3.1　处理器时间 <time.h>

clock 函数返回从程序开始执行起处理器所消耗的时间：

```
clock_t  clock( void );
```

注意，这个值可能是个近似值。如果需要更精确的值，则可以在 main 函数刚开始执行时调用 clock，然后把以后调用 clock 时所返回的值减去前面这个值。如果机器无法提供处理器时间，或者如果时间值太大，无法用 clock_t 变量表示，函数就返回-1。

clock 函数返回一个数字，它是由编译器定义的。通常它是处理器时钟滴答的次数。为了把这个值转换为秒，应该把它除以常量 CLOCKS_PER_SEC。

警告：

在有些编译器中，这个函数可能只返回程序所使用的处理器时间的近似值。如果宿主操作系统不能追踪处理器时间，函数则返回已经流逝的实际时间数量。在有些一次不能运行超过一个程序的简单操作系统中，就可能出现这种情况。本章的一个练习就是探索你的系统在这方面的表现方式如何。

16.3.2　当天时间 <time.h>

time 函数返回当前的日期和时间：

```
time_t  time( time_t *returned_value );
```

如果参数是一个非 NULL 的指针，时间值也将通过这个指针进行存储。如果机器无法提供当前的日期和时间，或者时间值太大，无法用 time_t 变量表示，函数就返回-1。

标准并未规定时间的编码方式，所以不应该使用字面值常量，因为它们在不同的编译器中可能具有不同的含义。一种常见的表示形式是返回从一个任意选定的时刻开始流逝的秒数。在 MS-DOS 和 UNIX 系统中，这个时刻是 1970 年 1 月 1 日 00:00:00[1]。

警告：

调用 time 函数两次并把两个值相减，由此判断期间所流逝的时间是很有诱惑力的。但这个技巧很危险，因为标准并未要求函数的结果值用秒来表示。difftime 函数（下一节描述）可以用于这个目的。

16.3.3　日期和时间的转换　<time.h>

下面的函数用于操纵 time_t 值：

```
char *ctime( time_t const *time_value );
double difftime( time_t time1, time_t time2 );
```

ctime 函数的参数是一个指向 time_t 的指针，并返回一个指向字符串的指针，字符串的格式如下所示：

```
Sun Jul 4 04:02:48 1976\n\0
```

字符串内部的空格是固定的。一个月的每一天总是占据两个位置，即使第一个是空格。时间值的每部分都用两个数字表示。标准并未提及存储这个字符串的内存类型，许多编译器使用一个静态数组。因此，下一次调用 ctime 时，这个字符串将被覆盖。因此，如果需要保存它的值，应该事先为其复制一份。注意，ctime 实际上可能以下面这种方式实现：

```
asctime( localtime( time_value ) );
```

difftime 函数计算 time1-time2 的差，并把结果值转换为秒。注意，它返回的是一个 double 类型的值。

接下来的两个函数把一个 time_t 值转换为一个 tm 结构，后者允许我们很方便地访问日期和时间的各个组成部分：

```
struct tm *gmtime( time_t const *time_value );
struct tm *localtime( time_t const *time_value );
```

gmtime 函数把时间值转换为**世界协调时间**（Coordinated Universal Time, UTC）。UTC 以前被称为**格林尼治标准时间**（Greenwich Mean Time），这也是 gmtime 这个名字的来历。正如其名字所提示的那样，localtime 函数把一个时间值转换为当地时间。标准包含了这两个函数，但它并没有描述 UTC 和当地时间的实现之间的关系。

tm 结构包含了表 16.2 所示的字段，不过这些字段在结构中出现的顺序并不一定如此。

警告：

使用这些值时，最容易出现的错误就是错误地解释月份。这些值表示从 1 月开始的月份，所以 0 表示 1 月，11 表示 12 月。尽管初看上去很不符合直觉，但这种编号方式被证明是一种行之有效的月

1　在许多编译器中，time_t 被定义为一个有符号的 32 位量。2038 年应该是比较有趣的：从 1970 年开始计数的秒数将在该年导致 time_t 变量溢出。

份编码方式，因为它允许把这些值作为下标值使用，访问一个包含月份名称的数组。

表 16.2   **tm 结构的字段**

类型 & 名称	范　围	含　义
int tm_sec;	0～61	分之后的秒数*
int tm_min;	0～59	小时之后的分数
int tm_hour;	0～23	午夜之后的小时数
int tm_mday;	1～31	当月的日期
int tm_mon;	0～11	1 月之后的月数
int tm_year;	0～??	1900 之后的年数
int tm_wday;	0～6	星期天之后的天数
int tm_yday;	0～365	1 月 1 日之后的天数
int tm_isdat;		夏令时标志

* 制订 C++标准的 ANSI 标准委员会考虑非常周详，它允许偶尔出现的"闰秒"加到每年的最后一分钟，对我们的时间标准进行调整，以适应地球旋转的细微变慢现象。

警告：

接下来一个常见的错误就是忘了 tm_year 这个值只是 1900 年之后的年数。为了计算实际的年份，这个值必须与 1900 相加。

有了一个 tm 结构之后，既可以直接使用它的值，也可以把它作为参数传递给下面的函数之一。

```
char *asctime( struct tm const *tm_ptr );
size_t strftime( char *string, size_t maxsize, char const *format,
    struct tm const *tm_ptr );
```

asctime 函数把参数所表示的时间值转换为一个以下面的格式表示的字符串：

```
Sun Jul 4 04:02:48 1976\n\0
```

这个格式和 ctime 函数所使用的格式一样，后者在内部很可能调用了 asctime 来实现自己的功能。

strftime 函数把一个 tm 结构转换为一个根据某个格式字符串而定的字符串。这个函数在格式化日期方面提供了难以置信的灵活性。如果转换结果字符串的长度小于 maxsize 参数，那么该字符串就被复制到第 1 个参数所指向的数组中，strftime 函数返回字符串的长度。否则，函数返回-1 且数组的内容是未定义的。

格式字符串包含了普通字符和格式代码。普通字符被复制到它们原先在字符串中出现的位置。格式代码则被一个日期或时间值代替。格式代码包括一个%字符，后面跟一个表示所需值的字符。表 16.3 列出了已经实现的格式代码。如果%字符后面是一个其他任何字符，则其结果是未定义的，这就允许各个编译器自由地定义额外的格式代码。应该避免使用这种自定义的格式代码，除非不怕牺牲代码的可移植性。特定于 locale 的值由当前的 locale 决定，它将在本章的后面讨论。%U 和%W 代码基本相同，区别在于前者把当年的第一个星期日作为第一个星期的开始而后者把当年的第一个星期一作为第一个星期的开始。如果无法判断时区，%Z 代码就由一个空字符串代替。

表 16.3   strftime 格式代码

代 码	被……代替
%%	一个%字符
%a	一星期的某天，以当地的星期几的简写形式表示
%A	一星期的某天，以当地的星期几的全写形式表示
%b	月份，以当地月份名的简写形式表示
%B	月份，以当地月份名的全写形式表示
%c	日期和时间，使用%x %X
%d	一个月的第几天（01～31）
%H	小时，以 24 小时的格式表示（00～23）
%I	小时，以 12 小时的格式表示（00～12）
%J	一年的第几天（001～366）
%M	月数（01～12）
%M	分钟（00～59）
%P	AM 或 PM（不论哪个合适）的当地对等表示形式
%S	秒（00～61）
%U	一年的第几星期（00～53），以星期日为第一天
%w	一星期的第几天，星期日为第 0 天
%W	一年的第几星期（00～53），以星期一为第一天
%x	日期，使用本地的日期格式
%X	时间，使用本地的时间格式
%y	当前世纪的年份（00～99）
%Y	年份的全写形式（例如，1984）
%Z	时区的简写

最后，mktime 函数用于把一个 tm 结构转换为一个 time_t 值：

```
time_t  mktime( struct tm *tm_ptr );
```

在 tm 结构中，tm_wday 和 tm_yday 的值被忽略，其他字段的值也无须限制在它们的通常范围内。在转换之后，该 tm 结构会进行规格化，因此 tm_wday 和 tm_yday 的值将是正确的，其余字段的值也都位于它们通常的范围之内。这个技巧是一种用于判断某个特定的日期属于星期几的简单方法。

16.4 非本地跳转 <setjmp.h>

setjmp 和 longjmp 函数提供了一种类似 goto 语句的机制，但它并不局限于一个函数的作用域之内。这些函数常用于深层嵌套的函数调用链。如果在某个低层的函数中检测到一个错误，可以立即返回到顶层函数，不必向调用链中的每个中间层函数返回一个错误标志。

要使用这些函数，则必须包含头文件 setjmp.h。这两个函数的原型如下所示：

```
int  setjmp( jmp_buf  state );
void  longjmp( jump_buf  state, int value );
```

声明一个 jmp_buf 变量，并调用 setjmp 函数对它进行初始化，setjmp 的返回值为零。setjmp 把程序的状态信息（例如，堆栈指针的当前位置和程序的计数器）保存到跳转缓冲区[1]。调用 setjmp 时所处的函数便成为"顶层"函数。

以后，在顶层函数或其他任何它所调用的函数（不论是直接调用还是间接调用）内的任何地方调用 longjmp 函数时，将导致这个被保存的状态重新恢复。longjmp 的效果就是使执行流通过再次从 setjmp 函数返回，从而立即跳回到顶层函数中。

如何区别从 setjmp 函数的两种不同返回方式呢？当 setjmp 函数第 1 次被调用时，它返回 0。当 setjmp 作为 longjmp 的执行结果再次返回时，它的返回值是 longjmp 的第 2 个参数，它必须是个非零值。通过检查它的返回值，程序可以判断是否调用了 longjmp。如果存在多个 longjmp，也可以由此判断调用了哪个 longjmp。

16.4.1 实例

程序 16.2 使用 setjmp 来处理它所调用的函数检测到的错误，但无须使用寻常的返回和检查错误代码的逻辑。setjmp 的第一次调用确立了一个地点，如果调用 longjmp，程序的执行流将在这个地点恢复执行。setjmp 的返回值为 0，这样程序便进入事务处理循环。如果 get_trans、process_trans 或其他任何被这些函数调用的函数检测到一个错误，它将像下面这样调用 longjmp：

```
longjmp( restart, 1 );
```

执行流将立即在 restart 这个地点重新执行，setjmp 的返回值为 1。

这个例子可以处理两种不同类型的错误：一种是阻止程序继续执行的致命错误；另一种是只破坏正在处理的事务的小错误。这个对 longjmp 的调用属于后者。当 setjmp 返回 1 时，程序就打印一条错误信息，并再次进入事务处理循环。为了报告一个致命错误，可以用任何其他值调用 longjmp，程序将保存它的数据并退出。

```
/*
** 一个说明 setjmp 用法的程序。
*/
#include "trans.h"
#include <stdio.h>
#include <stdlib.h>
#include <setjmp.h>

/*
** 用于存储 setjmp 的状态信息的变量。
*/
jmp_buf  restart;

int
main()
{
    Int   value;
    Trans    *transaction;

    /*
```

---

1 程序当前正在执行的指令的地址。

```
** 确定一个希望在 longjmp 的调用之后执行流恢复执行的地点。
*/
value = setjmp( restart );

/*
** 从 longjmp 返回后判断下一步执行什么。
*/
switch( setjmp( restart ) ){
default:
    /*
    **longjmp 被调用 ——致命错误。
    */
    fputs( "Fatal error.\n", stderr );
    break;

case 1:
    /*
    **longjmp 被调用 —— 小错误。
    */
    fputs( "Invalid transaction.\n", stderr );
    /* FALL THROUGH 并继续进行处理 */

case 0:
    /*
    ** 最初从 setjmp 返回的地点：执行正常的处理。
    */
    while( (transaction = get_trans()) != NULL )
            process_trans( transaction );

}

/*
** 保存数据并退出程序。
*/
write_data_to_file();

return value == 0 ? EXIT_SUCCESS : EXIT_FAILURE;
}
```

程序 16.2　setjmp 和 longjmp 实例　　　　　　　　　　　　　　　　　　　　setjmp.c

16.4.2　何时使用非本地跳转

setjmp 和 longjmp 并不是绝对必需的,因为总是可以通过返回一个错误代码并在调用函数中对其进行检查来实现相同的效果。返回错误代码的方法有时候不是很方便,特别当函数已经返回了一些值的时候。如果存在一长串的函数调用链,即使只有最深层的那个函数发现了错误,调用链中的所有函数都必须返回并检查错误代码。在这种情况下,使用 setjmp 和 longjmp 去除了中间函数的错误代码逻辑,从而对它们进行了简化。

警告：

当顶层函数（调用 setjmp 的那个函数）返回时，保存在跳转缓冲区中的状态信息便不再有效。

在此之后调用 longjmp 很可能失败，而它的症状很难调试。这就是 longjmp 只能在顶层函数或者在顶层函数所调用的函数中进行调用的原因。只有这个时候保存在跳转缓冲区的状态信息才是有效的。

提示：

由于 setjmp 和 longjmp 有效地实现了 goto 语句的功能，因此在使用它们时必须遵循某些戒律。在程序 16.2 中，这两个函数有助于编写更清晰、复杂度更低的代码。但是，如果 setjmp 和 longjmp 用于在一个函数内部模拟 goto 语句，或者程序中存在许多执行流可能返回的跳转缓冲区时，那么程序的逻辑就会变得更加难以理解，程序将会变得更难调试和维护，而且失败的可能性也变得更大。尽管可以使用 setjmp 和 longjmp，但应该合理地使用它们。

16.5 信号

程序中所发生的事件绝大多数都是由程序本身所引发的，例如执行各种语句和请求输入。但是，有些程序必须遇到的事件却不是程序本身所引发的。一个常见的例子就是用户中断了程序。如果部分计算好的结果必须进行保存以避免数据的丢失，程序必须预备对这类事件做出反应，虽然它并没有办法预测什么时候会发生这种情况。

信号就是用于这种目的的。**信号**（signal）表示一种事件，它可能异步地发生，也就是并不与程序执行过程的任何事件同步。如果程序并未安排怎样处理一个特定的信号，那么当该信号出现时程序就做出一个缺省的反应。标准并未定义这个缺省反应是什么，但绝大多数编译器都选择终止程序。另外，程序可以调用 signal 函数，或者忽略这个信号，或者设置一个**信号处理函数**（signal handler），当信号发生时，程序就调用这个函数。

16.5.1 信号名 <signal.h>

表 16.4 列出了标准所定义的信号，但编译器并不需要实现所有这些信号，而且如果觉得合适，编译器也可以定义其他的信号。

SIGABRT 是一个由 abort 函数所引发的信号，用于终止程序。至于哪些错误将引发 SIGFPE 信号则取决于编译器。常见的有算术上溢或下溢以及除零错误。有些编译器对这个信号进行了扩展，提供了关于引发这个信号的操作的特定信息。使用这个信息可以允许程序对这个信号做出更智能的反应，但这样做将影响程序的可移植性。

表 16.4 | 信 号

信 号	含 义
SIGABRT	程序请求异常终止
SIGFPE	发生一个算术错误
SIGILL	检测到非法指令
SIGSEGV	检测到对内存的非法访问
SIGINT	收到一个交互性注意信号
SIGTERM	收到一个终止程序的请求

SIGILL 信号提示 CPU 试图执行一条非法的指令。这个错误可能由于不正确的编译器设置所导致。例如，用 Intel 80386 指令编译一个程序，但把这个程序运行于一台 80286 计算机上。另一个可

能的原因是程序的执行流出现了错误，例如使用一个未初始化的函数指针调用一个函数，导致 CPU
试图执行实际上是数据的指令（把数据段当成了代码段）。SIGSEGV 信号提示程序试图非法访问内
存。引发这个信号有两个最常见的原因，其中一个是程序试图访问未安装于机器上的内存或者访问
操作系统未曾分配给这个程序的内存，另一个是程序违反了内存访问的边界要求。后者可能发生在
那些要求数据边界对齐的机器上。例如，如果整数要求位于偶数的边界（存储的起始位置是编号为
偶数的地址），一条指定在奇数边界访问一个整数的指令将违反边界规则。未初始化的指针常常会引
起这类错误。

　　前面几个信号是同步的，因为它们都是在程序内部发生的。尽管无法预测一个算术错误何时将
会发生，如果使用相同的数据反复运行这个程序，则每次在相同的地方都会出现相同的错误。SIGINT
和 SIGTERM 这两个信号则是异步的。它们在程序的外部产生，通常是由程序的用户所触发，表示
用户试图向程序传达一些信息。

　　SIGINT 信号在绝大多数机器中都是在用户试图中断程序时发生。SIGTERM 则是另一种用于请
求终止程序的信号。在实现了这两个信号的系统中，一种常用的策略是为 SIGINT 定义一个信号处
理函数，目的是执行一些日常维护工作（housekeeping）并在程序退出前保存数据。但是，SIGTERM
则不配备信号处理函数，这样当程序终止时便不必执行这些日常维护工作。

16.5.2　处理信号　<signal.h>

　　通常，我们关心的是怎样处理那些自主发生的信号，也就是无法预测其什么时候会发生的信号。
raise 函数用于显式地引发一个信号。

```
int  raise( int sig );
```

　　调用这个函数将引发它的参数所指定的信号。程序对这类信号的反应和那些自主发生的信号是
相同的。可以调用这个函数对信号处理函数进行测试。但如果误用，它可能会实现一种非局部的 goto
效果，因此要避免以这样的方式使用它。

　　当一个信号发生时，程序可以使用 3 种方式对它做出反应。缺省的反应是由编译器定义的，通
常是终止程序。程序也可以指定其他行为对信号做出反应：信号可以被忽略；或者程序可以设置一
个信号处理函数，当信号发生时调用这个函数。signal 函数用于指定程序希望采取的反应：

```
void ( *signal( int sig, void ( *handler )( int ) ) )( int );
```

　　这个函数的原型看上去有些吓人，所以先让我们对它进行分析。首先将省略返回类型，这样可
以先对参数进行研究：

```
signal( int sig, void ( *handler )( int ) )
```

　　第 1 个参数是表 16.4 所列的信号之一，第 2 个参数是希望为这个信号设置的信号处理函数。这
个处理函数是一个函数指针，它所指向的函数接受一个整型参数且没有返回值。当信号发生时，信
号的代码作为参数传递给信号处理函数。这个参数允许一个处理函数处理几种不同的信号。

　　现在从原型中去掉参数，这样函数的返回类型看上去就比较清楚：

```
void ( *signal() )( int );
```

　　siganl 是一个函数，它返回一个函数指针，后者所指向的函数接受一个整型参数且没有返回值。
事实上，signal 函数返回一个指向该信号以前的处理函数的指针。通过保存这个值，可以为信号设置
一个处理函数并在将来恢复为先前的处理函数。如果调用 signal 失败，例如由于非法的信号代码所

致，函数将返回 SIG_ERR 值。这个值是个宏，它在 signal.h 头文件中定义。

signal.h 头文件还定义了另外两个宏：SIG_DFL 和 SIG_IGN，它们可以作为 signal 函数的第 2 个参数。SIG_DFL 恢复对该信号的缺省反应，SIG_IGN 使该信号被忽略。

16.5.3 信号处理函数

当一个已经设置了信号处理函数的信号发生时，系统首先恢复对该信号的缺省行为[1]。这样做是为了防止如果信号处理函数内部也发生这个信号可能导致的无限循环。然后，信号处理函数被调用，信号代码作为参数传递给函数。

信号处理函数可能执行的工作类型是很有限的。如果信号是异步的，也就是说，不是因为调用 abort 或 raise 函数引起的，信号处理函数便不应调用除 signal 之外的任何库函数，因为在这种情况下其结果是未定义的。而且，信号处理函数除了能向一个类型为 volatile sig_atomic_t 的静态变量（volatile 在下一节描述）赋一个值以外，可能无法访问其他任何静态数据。为了保证真正的安全，信号处理函数所能做的就是对这些变量之一进行设置然后返回。程序的剩余部分必须定期检查变量的值，看看是否有信号发生。

这些严格的限制是由信号处理的本质产生的。信号通常用于提示发生了错误。在这些情况下，CPU 的行为是精确定义的，但在程序中，错误所处的上下文环境可能很不相同，因此它们并不一定能够良好定义。例如，当 strcpy 函数正在执行时如果产生一个信号，原因可能是当时目标字符串暂时未以 NUL 字节终结；或者当一个函数被调用时如果产生一个信号，原因可能是当时堆栈处于不完整的状态。如果依赖这种上下文环境的库函数被调用，它们就可能以不可预料的方式失败，很可能引发另一个信号。

访问限制定义了在信号处理函数中保证能够运行的最小功能。类型 sig_atomic_t 定义了一种 CPU 可以以原子方式访问的数据类型，也就是不可分割的访问单位。例如，一台 16 位的机器可以以原子方式访问一个 16 位整数，但访问一个 32 位整数时可能需要两个操作。在访问非原子数据的中间步骤时，如果产生一个可能导致不一致结果的信号，在信号处理函数中把数据访问限制为原子单位则可以消除这种可能性。

警告：
标准表示信号处理函数可以通过调用 exit 终止程序。用于处理 SIGABRT 之外所有信号的处理函数也可以通过调用 abort 终止程序。但是，由于这两个都是库函数，因此当它们被异步信号处理函数调用时可能无法正常运行。如果必须用这种方式终止程序，注意仍然存在一种微小的可能性导致它失败。如果发生这种情况，函数的失败可能破坏数据或者表现出奇怪的症状，但程序最终将终止。

1. volatile 数据

信号可能在任何时候发生，所以由信号处理函数修改的变量的值可能会在任何时候发生改变。因此，不能指望这些变量在两条相邻的程序语句中肯定具有相同的值。volatile 关键字告诉编译器这个事实，防止它以一种可能修改程序含义的方式"优化"程序。考虑下面的程序段：

---

1 当信号处理函数正在执行时，编译器可以选择"阻塞"信号而不是恢复缺省行为（请参阅有关文档）。

```
if( value ){
        printf( "True\n" );
}
else {
        printf( "False\n" );
}
if( value ){
        printf( "True\n" );
}
else {
        printf( "False\n" );
}
```

在普通情况下，大家会认为第 2 个测试和第 1 个测试具有相同的结果。如果信号处理函数修改了这个变量，第 2 个测试的结果可能不同。除非变量被声明为 volatile，否则编译器可能会用下面的代码进行替换，从而对程序进行"优化"。这些语句在通常情况下是正确的：

```
if( value ){
        printf( "True\n" );
        printf( "True\n" );
}
else {
        printf( "False\n" );
        printf( "False\n" );
}
```

2. 从信号处理函数返回

从一个信号处理函数返回，将导致程序的执行流从信号发生的地点恢复执行。这个规则的例外情况是 SIGFPE。由于计算无法完成，所以从这个信号返回的效果是未定义的。

警告：

如果希望捕捉将来同种类型的信号，在从当前这个信号的处理函数返回之前，注意要调用 signal 函数重新设置信号处理函数；否则，只有第 1 个信号才会被捕捉。接下来的信号将使用缺省反应进行处理。

提示：

由于各种计算机对不可预料的错误的反应各不相同，因此信号机制的规范也比较宽松。例如，编译器并不一定要使用标准定义的所有信号，而且在调用某个信号的处理函数之前可能会也可能不会重新设置信号的缺省行为。此外，对信号处理函数所施加的严重限制反映了不同的硬件和软件环境所施加的限制的交集。

这些限制和平台依赖性的结果就是使用信号处理函数的程序比不使用信号处理函数的程序可移植性弱一些。只有当需要时才使用信号以及不违反信号处理函数的规则有助于使这种类型的程序内部固有的可移植性问题降低到最低限度。

16.6　打印可变参数列表 <stdarg.h>

下面这组函数用于必须打印可变参数列表的场合。注意，它们要求包含头文件 stdio.h 和 stdarg.h。

```
int vprintf( char const *format, va_list arg );
int vfprintf( FILE *stream, char const *format, va_list arg );
int vsprintf( char *buffer, char const *format, va_list arg );
```

这些函数与它们对应的标准函数基本相同，但它们使用了一个可变参数列表（请参阅第 7 章有关可变参数列表的详细内容）。在调用这些函数之前，arg 参数必须使用 va_start 进行初始化。这些函数都不需要调用 va_end。

16.7　执行环境

这些函数与程序的执行环境进行通信或者对后者施加影响。

16.7.1　终止执行 <stdlib.h>

下面这 3 个函数与正常或不正常的程序终止有关：

```
void abort( void )
void atexit( void (func)( void ) );
void exit( int status );
```

abort 函数用于不正常地终止一个正在执行的程序。由于这个函数将引发 SIGABRT 信号，因此可以在程序中为这个信号设置一个信号处理函数，在程序终止（或干脆不终止）之前采取任何想采取的动作，甚至可以不终止程序。

atexit 函数可以把一些函数注册为**退出函数**（exit function）。当程序将要正常终止时（或者由于调用 exit，或者由于 main 函数返回），退出函数将被调用。退出函数不能接受任何参数。

exit 函数在第 15 章已经做了描述，它用于正常终止程序。如果程序以 main 函数返回一个值结束，那么其效果相当于用这个值作为参数调用 exit 函数。

当 exit 函数被调用时，所有被 atexit 函数注册为退出函数的函数将按照它们所注册的顺序被反序依次调用。然后，所有用于流的缓冲区被刷新，所有打开的文件被关闭。用 tmpfile 函数创建的文件被删除。然后，退出状态返回给宿主环境，程序停止执行。

警告：

由于程序停止执行，因此 exit 函数绝不会返回到它的调用处。但是，如果任何一个用 atexit 注册为退出函数的函数再次调用了 exit，其效果是未定义的。这个错误可能导致一个无限循环，很可能只有当堆栈的内存耗尽后才会终止。

16.7.2　断言<assert.h>

断言就是声明某种东西应该为真。ANSI C 实现了一个 assert 宏，它在调试程序时很有用。它的原型如下所示[1]：

```
void assert( int expression );
```

这个宏在执行时，会对表达式参数进行测试。如果它的值为假（零），就向标准错误打印一条诊断信息并终止程序。这条信息的格式是由编译器定义的，它将包含这个表示式和源文件的名字以及

1　由于它是一个宏而不是函数，因此 assert 实际上并不具有原型。但是，这个原型说明了 assert 的用法。

断言所在的行号。如果表达式为真（非零），它不打印任何东西，程序继续执行。

这个宏提供了一种方便的方法，对应该是真的东西进行检查。例如，如果一个函数必须用一个不能为 NULL 的指针参数进行调用，那么函数可以用断言验证这个值：

```
assert( value != NULL );
```

如果函数错误地接受了一个 NULL 参数，程序就会打印一条类似下面形式的信息：

```
Assertion failed: value != NULL, file.c line 274
```

提示：

用这种方法使用断言使调试变得更容易，因为一旦出现错误，程序就会停止，而且，这条信息准确地提示了症状出现的地点。如果没有断言，程序可能继续运行，并在以后失败，这就很难进行调试。

注意，assert 只适用于验证必须为真的表达式。由于它会终止程序，因此无法用它检查那些试图进行处理的情况，例如检测非法的输入并要求用户重新输入一个值。

当程序被完整地测试完毕之后，可以在编译时通过定义 NDEBUG 消除所有断言[1]。可以使用 -DNDEBUG 编译器命令行选项或者在源文件中包含头文件 assert.h 之前增加下面这个定义：

```
#define NDEBUG
```

当定义 NDEBUG 之后，预处理器将丢弃所有的断言，这样就消除了这方面的开销，而不必从源文件中把所有的断言实际删除。

16.7.3　环境 <stdlib.h>

环境（environment）就是一个由编译器定义的名字/值对的列表，它由操作系统进行维护。getenv 函数在这个列表中查找一个特定的名字，如果找到，则返回一个指向其对应值的指针。程序不能修改返回的字符串。如果名字未找到，函数就返回一个 NULL 指针。

```
char *getenv( char const *name );
```

注意，标准并未定义一个对应的 putenv 函数。有些编译器以某种方式提供了这个函数，不过如果需要考虑程序的可移植性，最好还是避免使用它。

16.7.4　执行系统命令 <stdlib.h>

system 函数把它的字符串参数传递给宿主操作系统，这样它就可以作为一条命令，由系统的命令处理器执行。

```
void system( char const *command );
```

这个任务执行的准确行为因编译器而异，system 的返回值也是如此。但是，system 可以使用一个 NULL 参数来调用，用于询问命令处理器是否实际存在。在这种情况下，如果存在一个可用的命令处理器，system 返回一个非零值，否则它返回零。

1　可以把它定义为任何值，编译器只关心是否定义了 NDEBUG。

16.7.5　排序和查找<stdlib.h>

qsort 函数在一个数组中以升序的方式对数据进行排序。由于它和类型无关，因此可以使用 qsort 排序任意类型的数据，前提是数组中元素的长度是固定的。

```
void qsort( void *base, size_t n_elements, size_t el_size,
    int (*compare)(void const *, void const * ) );
```

第 1 个参数指向需要排序的数组；第 2 个参数指定数组中元素的数目；第 3 个参数指定每个元素的长度（以字符为单位）；第 4 个参数是一个函数指针，用于对需要排序的元素类型进行比较。在排序时，qsort 调用这个函数对数组中的数据进行比较。通过传递一个指向合适的比较函数的指针，可以使用 qsort 排序任意类型值的数组。

比较函数接受两个参数，它们是指向两个需要进行比较的值的指针。函数应该返回一个整数，大于零、等于零和小于零分别表示第 1 个参数大于、等于和小于第 2 个参数。

由于这个函数与类型无关，因此参数被声明为 void *类型。在比较函数中必须使用强制类型转换把它们转换为合适的指针类型。程序 16.3 说明了一个元素类型为一个关键字值和其他一些数据的结构的数组是如何被排序的。

```
/*
** 使用 qsort 对一个元素为某种结构的数组进行排序。
*/
#include <stdlib.h>
#include <string.h>

Typedef    struct    {
        char key[ 10 ];       /* 数组的排序关键字。 */
        int  other_data;       /* 与关键字关联的数据。 */
} Record;


/*
**   比较函数：只比较关键字的值。
*/
int r_compare( void const *a, void const *b ){
    return strcmp( ((Record *)a)->key, ((Record *)b)->key );
}


int
main()
{
    Record    array[ 50 ];

    /*
    ** 用 50 个元素填充数组的代码。
    */
    qsort( array, 50, sizeof( Record ), r_compare );

    /*
    ** 现在，数组已经根据结构的关键字字段排序完毕。
    */
```

```
        return EXIT_SUCCESS;
}
```

程序 16.3　用 qsort 排序一个数组　　　　　　　　　　　　　　　　　　　qsort.c

bsearch 函数在一个已经排好序的数组中用二分法查找一个特定的元素。如果数组尚未排序，其结果是未定义的。

```
void *bsearch(void const *key, void const *base,     size_tn_elements,
    size_t el_size, int (*compare)(void const *, void const * ) );
```

第 1 个参数指向需要查找的值，第 2 个参数指向查找所在的数组，第 3 个参数指定数组中元素的数目，第 4 个参数是每个元素的长度（以字符为单位）。最后一个参数是指向比较函数的指针（与 qsort 中相同）。bsearch 函数返回一个指向查找到的数组元素的指针。如果需要查找的值不存在，函数返回一个 NULL 指针。

注意，关键字参数的类型必须与数组元素的类型相同。如果数组中的结构包含了一个关键字字段和其他一些数据，则必须创建一个完整的结构并填充关键字字段。其他字段可以留空，因为比较函数只检查关键字字段。bsearch 函数的用法如程序 16.4 所示。

```
/*
** 用 bsearch 在一个元素类型为结构的数组中查找。
*/
#include <stdlib.h>
#include <string.h>

typedef    struct    {
          char key[ 10 ];     /* 数组的排序关键字。 */
          int  other_data;    /* 与关键字关联的数据。 */
} Record;

/*
**  比较函数：只比较关键字的值。
*/
int r_compare( void const *a, void const *b ){
      return strcmp( ((Record *)a)->key, ((Record *)b)->key );
}

int
main()
{
      Record    array[ 50 ];
      Record    key;
      Record    *ans;

      /*
      ** 用 50 个元素填充数组并进行排序的代码。
      */

      /*
      ** 创建一个关键字结构（只用需要查找的值填充关键字字段），
      ** 并在数组中查找。
      */
      strcpy( key.key, "value" );
      ans = bsearch( &key, array, 50, sizeof( Record ),
```

```
        r_compare );

    /*
    **ans 现在指向关键字字段与值匹配的数据元素，如果无匹配，ans 为 NULL。
    */

    return EXIT_SUCCESS;
}
```

程序 16.4　用 bsearch 在数组中查找　　　　　　　　　　　　　　　　　　bsearch.c

16.8　locale

为了使 C 语言在全世界范围内更为通用，标准定义了 locale，这是一组特定的参数，每个国家/地区可能各不相同。在缺省情况下是 "C" locale，编译器也可以定义其他的 locale。修改 locale 可能影响库函数的运行方式。修改 locale 的效果将在本节的最后进行描述。

setlocale 函数的原型如下所示，它用于修改整个或部分 locale。

```
char *setlocale( int category, char const *locale );
```

category 参数指定 locale 的哪个部分需要进行修改。它所允许出现的值列于表 16.5 中。

如果 setlocale 的第 2 个参数为 NULL，函数将返回一个指向给定类型的当前 locale 的名字的指针。这个值可能被保存并在后续的 setlocale 函数中使用，用来恢复以前的 locale。如果第 2 个参数不是 NULL，它指定需要使用的新 locale。如果函数调用成功，它将返回新 locale 的值，否则返回一个 NULL 指针，原来的 locale 不受影响。

表 16.5　　　　　　　　　　　　　　　　　setlocale 类型

值	修　　改
LC_ALL	整个 locale
LC_COLLATE	对照序列，它将影响 strcoll 和 strxfrm 函数的行为
LC_CTYPE	定义于 ctype.h 中的函数所使用的字符类型分类信息
LC_MONETARY	在格式化货币值时使用的字符
LC_NUMERIC	在格式化非货币值时使用的字符。同时修改由格式化输入/输出函数和字符串转换函数所使用的小数点符号
LC_TIME	strftime 函数的行为

16.8.1　数值和货币格式 <locale.h>

格式数值和货币值的规则在全世界的不同地方可能并不相同。例如，在美国，一个写作 1,234.56 的数字在许多欧洲国家将被写成 1.234,56。localeconv 函数用于获得根据当前的 locale 对非货币值和货币值进行合适的格式化所需要的信息。注意，这个函数并不实际执行格式化任务，只是提供一些如何进行格式化的信息。

```
struct lconv *localeconv( void );
```

lconv 结构包含两种类型的参数：字符和字符指针。字符参数为非负值。如果一个字符参数为 CHAR_MAX，那个这个值就在当前的 locale 中不可用（或不使用）。对于字符指针参数，如果它指向一个空字符串，则表示的意义和上面相同。

1. 数值格式化

表 16.6 列出的参数用于格式化非货币的数值量。grouping 字符串按照下面的方式进行解释。该字符串的第 1 个值指定小数点左边多少个数字组成一组。第 2 个值指定再往左边一组数字的个数，依此类推。有两个值具有特别的意义：CHAR_MAX 表示剩余的数字并不分组；0 表示前面的值适用于数值中剩余的各组数字。

表 16.6　　　　　　　　　　　　格式化非货币数值的参数

字段和类型	含　义
char *decimal_point	用作小数点的字符，这个值绝不能是个空字符串
char *thousands_sep	用作分隔小数点左边各组数字的符号
char *grouping	指定小数点左边多少个数字组成一组

典型的北美格式是用下面的参数指定的：

```
decimal_point="."
thousands_sep=","
grouping="\3"
```

grouping 字符串包含一个 3^1，后面是一个 0（也就是用于结尾的 NUL 字节）。这些值表示小数点左边的第 1 组数字将包括 3 个数字，其余的各组也将包括 3 个数字。值 1234567.89 根据这些参数进行格式化以后将以 1 234 567.89 的形式出现。

下面是另外一个例子：

```
grouping = "\4\3"
thousands_sep = "-"
```

这些值表示格式化北美地区电话号码的规则。根据这些参数，值 2125551234 将被格式化为 212-555-1234 的形式。

2. 货币格式化

格式化货币值的规则要复杂得多。这是因为存在许多不同的提示正值和负值的方法，货币符号相对于值的位置不同等。另外，当货币值的格式化用于国际化时，规则又有所修改。首先研究一些用于格式化本地（非国际）货币量的参数，见表 16.7。

表 16.7　　　　　　　　　　　　格式化本地货币值的参数

字段和类型	含　义
char *currency_symbol	本地货币符号
char *mon_decimal_point	小数点字符
char *mon_thousands_sep	用于分隔小数点左边各组数字的字符
char *mon_grouping	指定出现在小数点左边每组数字的数字个数
char *positive_sign	用于提示非负值的字符串
char *negative_sign	用于提示负值的字符串

1　注意，这个数字是二进制的 3，而不是字符 3。

续表

字段和类型	含　义
char frac_digits	出现在小数点右边的数字个数
char p_cs_precedes	如果 currency_symbol 出现在一个非负值之前，其值为 1；如果出现在后面，其值为 0
char n_cs_precedes	如果 currency_symbol 出现在一个负值之前，其值为 1；如果出现在后面，其值为 0
char p_sep_by_space	如果 currency_symbol 和非负值之间用一个空格分隔，其值为 1，否则为 0
char n_sep_by_space	如果 currency_symbol 和负值之间用一个空格分隔，其值为 1，否则为 0
char p_sign_posn	提示 positive_sign 出现在一个非负值的位置。允许下列值： 0　货币符号和值两边的括号 1　正号出现在货币符号和值之前 2　正号出现在货币符号和值之后 3　正号紧邻货币符号之前 4　正号紧随货币符号之后
char n_sign_posn	提示 negative_sign 出现在一个负值中的位置；用于 p_sign_posn 的值也可用于此处

当按照国际化的用途格式化货币值时，字符串 int-curr_symbol 替代了 currency_symbol，字符 int_frac_digits 替代了 frac_digits。国际货币符号是根据 ISO 4217:1987 标准形成的。这个字符串的头 3 个字符是字母形式的国际货币符号，第 4 个字符用于分隔符号和值。

下面的值用一种可以被美国接受的方式对货币进行格式化：

```
currency_symbol="$"          p_cs_precedes='\1'
mon_decimal_point="."        n_cs_precedes='\1'
mon_thousands_sep=","        p_sep_by_space='\0'
mon_grouping="\3"            n_sep_by_space='\0'
positive_sign=""             p_sign_posn='\1'
negative_sign="CR"           n_sign_posn='\2'
frac_digits='\2'
```

使用上面这些参数，值 1234567890 和 -1234567890 将分别以 $1 234 567 890.00 和 $1 234 567 890.00CR 的形式出现。

设置 n_sign_posn='\0' 可以使上面的负值以($1 234 567 890.00)的形式出现。

16.8.2　字符串和 locale <string.h>

一台机器的字符集的对照序列是固定的，但 locale 提供了一种方法来指定不同的序列。当必须使用一个并非缺省的对照序列时，可以使用下列两个函数：

```
int  strcoll( char const *s1, char const *s2 );
size_t  strxfrm( char *s1, char const *s2, size_t size );
```

strcoll 函数对两个根据当前 locale 的 LC_COLLATE 类型参数指定的字符串进行比较。它返回一个大于、等于或小于零的值，分别表示第 1 个参数大于、等于或小于第 2 个参数。

注意，这个比较可能比 strcmp 需要更多的计算量，因为它需要遵循一个并非是本地机器的对照序列。当字符串必须以这种方式反复进行比较时，可以使用 strxfrm 函数减少计算量。它把根据当前的 locale 解释的第 2 个参数转换为另一个不依赖于 locale 的字符串。尽管转换后的字符串的内容是未确定的，但使用 strcmp 函数对这种字符串进行比较与使用 strcoll 函数对原先的字符串进行比较的结果是相同的。

16.8.3　改变 locale 的效果

除了前面描述的那些效果之外，改变 locale 还会产生一些另外的效果。

1. locale 可能会向正在执行的程序所使用的字符集增加字符（但可能不会改变现存字符的含义）。例如，许多欧洲语言使用了能够提示重音、货币符号和其他特殊符号的扩展字符集。
2. 打印的方向可能会改变。尤其是，locale 决定一个字符应该根据前面一个被打印的字符的哪个方向进行打印。
3. printf 和 scanf 函数家族使用当前 locale 定义的小数点符号。
4. 如果 locale 扩展了正在使用的字符集，isalpha、islower、isspace 和 isupper 函数可能比以前包括更多的字符。
5. 正在使用的字符集的对照序列可能会改变。这个序列由 strcoll 函数使用，用于字符串之间的相互比较。
6. strftime 函数所产生的日期和时间格式的许多方面都是特定于 locale 的（前面已有所描述）。

16.9　总结

标准函数库包含了许多有用的函数。第一组函数返回整型结果。abs 和 labs 函数返回它们的参数的绝对值。div 和 ldiv 函数用于执行整数除法。与/操作符不同，当其中一个参数为负时，商的值是精确定义的。rand 函数返回一个伪随机数。调用 srand 允许我们从一串伪随机值中的任意一个位置开始产生随机数。atoi 和 atol 函数把一个字符串转换为整型值。strtol 和 strtoul 执行相同的转换，但它们可以给予更多的控制。

下一组函数中的绝大部分接受一个 double 参数并返回 double 结果。标准库提供了常用的三角函数 sin、cos、tan、asin、acos、atan 和 atan2。前 3 个函数接受一个以弧度表示的角度参数，分别返回该角度对应的正弦、余弦、正切值。接下来的 3 个函数分别返回与它们的参数对应的反正弦、反余弦和反正切值。最后一个函数根据 x 和 y 参数计算反正切值。双曲正弦、双曲余弦和双曲正切分别由 sinh、cosh 和 tanh 函数进行计算。exp 函数返回以 e 值为底，其参数为幂的指数值。log 函数返回其参数的自然对数，log10 函数返回以 10 为底的对数。

frexp 和 ldexp 函数在创建与机器无关的浮点数表示形式方面是很有用的。frexp 函数用于计算一个给定值的表示形式。ldexp 函数用于解释一个表示形式，恢复它的原先值。modf 函数用于把一个浮点值分割成整数和小数部分。pow 函数计算以第 1 个参数为底，第 2 个参数为幂的指数值。sqrt 函数返回其参数的平方根。floor 函数返回不大于其参数的最大整数，ceil 函数返回不小于其参数的最小整数。fabs 函数返回其参数的绝对值。fmod 函数接受两个参数，返回第 2 个参数除以第 1 个参数的余数。最后，atof 和 strtod 函数把字符串转换为浮点值，后者能够在转换时提供更多的控制。

接下来的一组函数用于处理日期和时间。clock 函数返回从程序开始执行到调用这个函数之间所花费的处理器时间。time 函数用一个 time_t 值返回当前的日期和时间。ctime 函数把一个 time_t 值转换为人眼可读的日期和时间表示形式。difftime 函数计算两个 time_t 值之间的时间差（以秒为单位）。gmtime 和 localtime 函数把一个 time_t 值转换为一个 tm 结构，tm 结构包含了日期和时间的所有组成部分。gmtime 函数使用世界协调时间，localtime 函数使用本地时间。asctime 和 strftime 函把一个 tm 结构值转换为人眼可读的日期和时间的表示形式。strftime 函数对转换结果的格式提供了强大的控制。最后，mktime 把存储于 tm 结构中的值进行规格化，并把它们转换为一个 time_t 值。

非本地跳转由 setjmp 和 longjmp 函数提供。调用 setjmp 在一个 jmp_buf 变量中保存处理器的状态信息。接着，后续的 longjmp 调用将恢复这个被保存的处理器状态。在调用 setjmp 的函数返回之后，可能无法再调用 longjmp 函数。

信号表示在一个程序的执行期间可能发生的不可预料的事件，诸如用户中断程序或者发生一个算术错误。当一个信号发生时，系统所采取的缺省反应是由编译器定义的，但一般都是终止程序。可以通过定义一个信号处理函数并使用 signal 函数对其进行设置，从而改变信号的缺省行为。可以在信号处理函数中执行的工作类型是受到严格限制的，因为程序在信号出现之后可能处于不一致的状态。volatile 数据的值可能会改变，而且很可能是由于自身所致。例如，一个在信号处理函数中修改的变量应该声明为 volatile。raise 函数产生一个由它的参数指定的信号。

vprintf、vfprintf 和 vsprintf 函数和 printf 函数家族执行相同的任务，但需要打印的值以可变参数列表的形式传递给函数。abort 函数通过产生 SIGABRT 信号终止程序。atexit 函数用于注册退出函数，它们在程序退出前被调用。assert 宏用于断言，当一个应该为真的表达式实际为假时，它就会终止程序。当调试完成之后，可以通过定义 NDEBUG 符号去除程序中的所有断言，而不必把它们物理性地从源代码中删除。getenv 从操作系统环境中提取值。system 接受一个字符串参数，把它作为命令用本地命令处理器执行。

qsort 函数把一个数组中的值按照升序进行排序，bsearch 函数用于在一个已经排好序的数组中用二分法查找一个特定的值。由于这两个函数都是与类型无关的，因此可以用于任何数据类型的数组。

locale 就是一组参数，可根据世界各国的约定差异对 C 程序的行为进行调整。setlocale 函数用于修改整个或部分 locale。locale 包括了一些用于定义数值如何进行格式化的参数。它们描述的值包括非货币值、本地货币值和国际货币值。locale 本身并不执行任何形式的格式化，只是简单地提供格式化的规范。locale 可以指定一个和机器的缺省序列不同的对照序列。在这种情况下，strxcoll 用于根据当前的对照序列对字符串进行比较，它所返回的值类型类似 strcmp 函数的返回值。strxfrm 函数把一个当前对照序列的字符串转换为一个位于缺省对照序列中的字符串。用这种方式转换的字符串可以用 strcmp 函数进行比较，比较的结果与用 strxcoll 比较原先的字符串的结果相同。

16.10 警告的总结

1. 忘记包含 math.h 头文件可能导致数学函数产生不正确的结果。
2. clock 函数可能只产生处理器时间的近似值。
3. time 函数的返回值并不一定是以秒为单位的。
4. tm 结构中月份的范围并不是从 1~12。
5. tm 结构中的年是从 1900 年开始计数的年数。
6. longjmp 不能返回到一个已经不再处于活动状态的函数。
7. 从异步信号的处理函数中调用 exit 或 abort 函数是不安全的。
8. 在信号每次发生时，必须重新设置信号处理函数。
9. 避免 exit 函数的多重调用。

16.11　编程提示的总结

1. 滥用 setjmp 和 longjmp 可能生成晦涩难懂的代码。
2. 对信号进行处理将导致程序的可移植性变差。
3. 使用断言可以简化程序的调试。

16.12　问题

1. 下面的函数调用返回什么？

```
strtol("12345", NULL, -5 );
```

2. 如果说 rand 函数产生的"随机"数并不是真正的随机数，那么事实上它们能不能满足我们的需要呢？

3. 在你的系统上，下面的程序是什么结果？

```
#include <stdlib.h>
int
main()
{
    int  i;
    for( i = 0; i < 100; i += 1 )
        printf( "%d\n", rand() % 2 );
}
```

4. 怎样编写一个程序，用于判断在你的系统中 clock 函数衡量 CPU 时间用的是 CPU 使用时间还是总流逝时间？

5. 下面的代码段试图用军事格式（military format）打印当前时间。它有什么错误？

```
#include <time.h>
struct tm *tm;
time_t now;
...
now = time();
tm = localtime( now );
printf( "%d:%02d:%02d %d/%02d/%02d\n",
    tm->tm_hour, tm->tm_min, tm->tm_sec,
    tm->tm_mon, tm->tm_mday, tm->tm_year );
```

6. 下面的程序有什么错误？当它在你的系统上执行时会发生什么？

```
#include <stdlib.h>
#include <setjmp.h>

jmp_buf jbuf;

void
set_buffer()
{
        setjmp( jbuf );
}

int
main( int ac, char **av )
{
```

```
int      a = atoi( av[ 1 ] );
int      b = atoi( av[ 2 ] );

set_buffer();
printf( "%d plus %d equals %d\n",
    a, b, a + b );
longjmp( jbuf, 1 );
printf( "After longjmp\n" );
return EXIT_SUCCESS;
}
```

7. 编写一个程序，判断一个整数除以零或者一个浮点数除以零会不会产生 SIGFPE 信号。如何解释这个结果？

8. qsort 函数所使用的比较函数在第 1 个参数小于第 2 个参数的情况下，应该返回一个负值，在第 1 个参数大于第 2 个参数的情况下，应该返回一个正值。如果比较函数返回相反的值，对 qsort 的行为有没有什么影响？

16.13　编程练习

★　1. 计算机人群中颇为流行的一个笑话是"我 29 岁，但我不告诉你这个数字的基数！"如果基数是 16，这个人实际上是 41 岁。编写一个程序，接受一个年龄作为命令行参数，并在 2～36 的范围中计算那个字面值小于等于 29 的最小基数。例如，如果用户输入 41，程序应该计算出这个最小基数为 16。因为在十六进制中，十进制 41 的值是 29。

★★　2. 编写一个函数，通过返回一个范围为 1～6 的随机整数来模拟掷骰子。注意，这 6 个值出现的概率应该相同。当这个函数第一次调用时，它应该用当天的当前时间作为种子来产生随机数。

★★　3. 编写一个程序，以一种 3 岁小孩的方式来说明当前的时间（例如，时针在 6 上面，分针在 12 上面）。

★★　4. 编写一个程序，接受 3 个整数为命令行参数，把它们分别解释为月（1～12）、日（1～31）和年（0～？）。然后，它应该打印出这个日子是星期几（或将是星期几）。对于哪个范围的年份，这个程序的结果才是正确的？

★★　5. 冬天的天气预报常常会给出"风寒"（wind chill）这个词，它的意思是一个特定的温度或风速所感觉到的寒冷度。例如，如果气温为摄氏-5 度（华氏 23 度），并且风速每秒 10 米（22.37mph，即每小时 22.37 英里），那么风寒度便是摄氏-22.3 度（华氏-8.2 度）。

编写一个函数，使其使用下面的原型计算风寒度。

```
double  wind_chill( double temp, double velocity );
```

temp 是摄氏气温的度数，velocity 是风速（米/秒）。函数返回摄氏形式的风寒度。
风寒度是用下面的公式计算的：

$$Windchill = \frac{(A + B\sqrt{V} + CV)\Delta t}{A + B\sqrt{X} + CX}$$

对于一个给定的气温和风速，这个公式给出在风速为 4mph（风寒度标准）的情况下产生相同寒冷感的温度。V 是以米/秒计的风速，Δt 是 33-temp，也就是中性皮肤温度（摄氏 33 度）和气温之间的温度差。常量 A=10.45，B=10，C=-1。X=1.78816，它是

4mph 转换为米/秒的值。

★★ 6. 用于计算抵押的月付金额的公式如下所示:

$$P = \frac{AI}{1-(1+I)^{-N}}$$

A 是贷款的数量,I 是每个时段的利率(小数形式,而不是百分数形式),N 是贷款需要支付的时段数。例如,一笔 100000 美元的 20 年期利率 8%的贷款,每月需要支付836.44 美元(20 年共有 240 个支付时段,每个支付时段的利率为 0.66667)。

编写一个函数,它的原型如下所示,计算每月支付的贷款。

```
double payment( double amount, double interest,  int years );
```

years 指定贷款的时期,amount 是贷款的数量,interest 是用百分数形式(例如 12%)表示的年利率。函数应该计算并返回贷款的月付金额(四舍五入至美分)。

★★★★ 7. 设计良好的随机数生成函数所生成的值看上去很像随机数,但随着时间的延长,其结果会显示出一致性。从随机值派生而来的数字也具有这些属性。例如,一个设计欠佳的随机数生成函数的返回值看上去像是随机数,但实际上却是奇数和偶数交替出现。如果将这些看似的随机数对 2 取模(例如,用于模拟抛硬币的结果),其结果将是一个 0 和 1 交叉的序列。另一种较差的随机数生成函数只返回奇数值,将这些值对2 取模的结果将是一个连续的 0 序列。这两类值都无法作为随机数使用,因为它们不够"随机"。

编写一个程序,在你的系统中测试随机数生成函数。你应该生成 10 000 个随机数并执行两种类型的测试。首先是频率测试,把每个随机数对 2 取模,看看结果 0 和 1的次数各有多少。然后对 3~10 进行同样的测试。这些结果将不会具有精确的一致性,但各个余数在频率上的峰谷差异不应该太大。

其次是周期性频率测试,取每个随机数和它之前的那个随机数,将它们对 2 取模。使用这两个余数作为一个二维数组的下标并增加指定位置的值。对 3~10 重复进行上面的取模测试。同样,这些结果将不会具有很严格的规律,但应该具有近似的一致性。

修改你的程序,以便可以为随机数生成函数提供不同的种子,并对使用几个不同的种子所产生的随机值进行测试。你的随机数生成函数是不是足够优秀?

★★★ 8. 某个文件包含了家庭成员的年龄。同一个家庭成员的年龄位于同一行,中间由一个空格分隔。例如,下面的数据

```
45  42  22
36  35  7  3  1
22  20
```

描述了 3 个分别具有 3 个、5 个和 2 个成员的家庭的年龄。

编写一个程序,计算用这种文件形式表示的每个家庭的平均年龄。它应该使用%5.2f格式打印平均年龄,后面跟一个冒号和输入数据。这个问题和前一章的编程练习类似,但它没有家庭成员的数量限制!但是,可以假定每个输入行的长度不超过 512 字符。

★★★ 9. 在一个有 30 名学生的班级里,两个学生的生日是同一天的概率有多大?如果一群人中两个成员的生日是同一天的概率为 50%,那么这个人群应该有多少人?

编写一个程序,回答这些问题。取 30 个随机数,并把它们对 365 取模,分别表示一

年内的各天（忽略闰年）。然后对这些值进行检查，看看有没有相同的。重复这个测试 10 000 次，对这个频率做一个估计。

为了回答第 2 个问题，对程序进行修改，使其把人数作为一个命令行参数，把当天的时间作为随机数生成函数的种子，数次运行这个程序，以获得这个概率较为精确的估计值。

★ ★ ★ ★   10. 插入排序（insertion sort）就是把值逐个插入到一个数组中。第一个值存储于数据的起始位置，后续的每个值在数组中寻找合适的插入位置。如果需要的话，可以对数组中原有的值进行移动以留出空间，然后再插入该值。

编写一个名叫 insertion_sort 的函数执行这个任务。它的原型应该和 qsort 函数一样。

提示： 考虑把数组的左边作为已排序的部分，右边作为未排序的部分。最初已排序部分为空。在函数插入每个值时，已排序部分和未排序部分的边界向右移动，以便插入。当所有的元素都插入完毕时，未排序部分为空，数组排序完毕。

经典抽象数据类型

有些抽象数据类型（ADT）是 C 程序员不可或缺的工具，这是由它们的属性决定的。这类 ADT 有链表、堆栈、队列和树等。第 12 章已经讨论了链表，本章将讨论剩余的 ADT。

本章首先描述了这些结构的属性和基本实现方法，然后探讨了如何提高它们在实现上的灵活性以及由此导致的安全性能的妥协。

17.1 内存分配

所有的 ADT 都必须确定一件事情——如何获取内存来存储值。有 3 种可选的方案：静态数组、动态分配的数组和动态分配的链式结构。

静态数组要求结构的长度固定，而且这个长度必须在编译时确定。这个方案最为简单，而且最不容易出错。

如果使用动态数组，那么可以在运行时再决定数组的长度。而且，如果需要的话，可以通过分配一个新的、更大的数组，把原来数组的元素复制到新数组中，然后删除原先的数组，从而达到动态改变数组长度的目的。在决定是否采用动态数组时，需要在由此增加的复杂性和随之产生的灵活性（不需要一个固定的、预定确定的长度）之间做一番权衡。

最后，链式结构提供了最大程度的灵活性。每个元素在需要时才单独进行分配，所以除了不能超过机器的可用内存之外，这种方式对元素的数量几乎没有什么限制。但是，链式结构的链接字段需要消耗一定的内存，在链式结构中访问一个特定元素的效率不如数组。

17.2 堆栈

堆栈（stack）这种数据类型最鲜明的特点就是其数据是后进先出（Last-In First-Out, LIFO）的。参加聚会的人应该很熟悉堆栈。主人的车道就是一个汽车的堆栈，最后一辆进入车道的汽车必须首先开出，第一辆进入车道的汽车只有等其余所有车辆都开走后才能开出。

17.2.1　堆栈接口

基本的堆栈操作通常称为 push 和 pop。push 就是把一个新值压入到堆栈的顶部，pop 就是把堆栈顶部的值移出堆栈并返回这个值。堆栈只提供对它的顶部值的访问。

在传统的堆栈接口中，访问顶部元素的唯一方法就是把它移除。另一类堆栈接口提供 3 种基本的操作：push、pop 和 top。push 操作和前面描述的一样，pop 只把顶部元素从堆栈中移除，它并不返回这个值。top 返回顶部元素的值，但它并不把顶部元素从堆栈中移除。

提示：

传统的 pop 函数具有一个副作用：它将改变堆栈的状态。它也是访问堆栈顶部元素的唯一方法。top 函数允许反复访问堆栈顶部元素的值，而不必把它保存在一个局部变量中。这个例子再次说明了设计不带副作用的函数的好处。

我们需要两个额外的函数来使用堆栈。一个空堆栈不能执行 pop 操作，所以需要一个函数告诉我们堆栈是否为空。在实现堆栈时如果存在最大长度限制，那么也需要另一个函数告诉我们堆栈是否已满。

17.2.2　实现堆栈

堆栈是最容易实现的 ADT 之一。它的基本方法是当值被 push 到堆栈时，把它们存储于数组中连续的位置上。我们必须记住最近一个被 push 的值的下标。如果需要执行 pop 操作，只需要简单地减少这个下标值就可以了。程序 17.1 的头文件描述了一个堆栈模块的非传统接口。

提示：

注意接口只包含了用户使用堆栈所需要的信息，特别是它并没有展示堆栈的实现方式。事实上，对这个头文件稍做修改（稍后讨论），它可以用于所有 3 种实现方式。用这种方式定义接口是一种好方法，因为它可以防止用户以为它依赖于某种特定的实现方式。

```
/*
** 一个堆栈模块的接口。
*/

#define STACK_TYPE int/* 堆栈所存储的值的类型。 */

/*
** push
**把一个新值压入到堆栈中。它的参数是需要被压入的值。
*/
voidpush( STACK_TYPE value );

/*
** pop
**从堆栈弹出一个值，并将其丢弃。
*/
void pop( void );

/*
```

```
**  top
**    返回堆栈顶部元素的值，但不对堆栈进行修改。
*/
STACK_TYPE top( void );

/*
**  is_empty
**    如果堆栈为空，返回 TRUE，否则返回 FALSE。
*/
int is_empty( void );

/*
**  is_full
**    如果堆栈已满，返回 TRUE，否则返回 FALSE。
*/
int is_full( void );
```

程序 17.1　堆栈接口　　　　　　　　　　　　　　　　　　　　　　　　　stack.h

提示：

这个接口的一个有趣特性是存储于堆栈中的值的类型的声明方式。在编译这个堆栈模块之前，用户可以修改这个类型以适合自己的需要。

1. 数组堆栈

在程序 17.2 中，第一种实现方式是使用一个静态数组。堆栈的长度以一个#define 定义的形式出现，在模块被编译之前，用户必须对数组长度进行设置。我们后面所讨论的堆栈实现方案就没有这个限制。

提示：

所有不属于外部接口的内容都被声明为 static，这可以防止用户使用预定义接口之外的任何方式访问堆栈中的值。

```
/*
** 用一个静态数组实现的堆栈。数组的长度只能通过修改#define 定义
** 并对模块重新进行编译来实现。
*/

#include "stack.h"
#include <assert.h>

#define    STACK_SIZE    100/* 堆栈中值数量的最大限制。 */

/*
** 存储堆栈中值的数组和一个指向堆栈顶部元素的指针。
*/
Static    STACK_TYPE    stack[ STACK_SIZE ];
Static    int           top_element = -1;

/*
**  push
*/
void
```

```
push( STACK_TYPE value )
{
    assert( !is_full() );
    top_element += 1;
    stack[ top_element ] = value;
}


/*
** pop
*/
void
pop( void )
{
    assert( !is_empty() );
    top_element -= 1;
}


/*
**  top
*/
STACK_TYPE top( void )
{
    assert( !is_empty() );
    return stack[ top_element ];
}


/*
**  is_empty
*/
int
is_empty( void )
{
    return top_element == -1;
}


/*
**  is_full
*/
int
is_full( void )
{
    return top_element == STACK_SIZE - 1;
}
```

程序 17.2　用静态数组实现堆栈　　　　　　　　　　　　　　　　　　　　　a_stack.c

　　变量 top_element 保存堆栈顶部元素的下标值。它的初始值为-1，提示堆栈为空。push 函数在存储新元素前先增加这个变量的值，这样 top_element 始终包含顶部元素的下标值。如果它的初始值为0，top_element 将指向数组的下一个可用位置。这种方式当然也可行，但它的效率稍差一些，因为它需要执行一次减法运算才能访问顶部元素。

　　一种简单明了的传统 pop 函数的写法如下所示：

```
STACK_TYPE
pop( void )
{
        STACK_TYPE temp;

        assert( !is_empty() );
        temp = stack[ top_element ];
        top_element -= 1;
        return temp;
}
```

这些操作的顺序是很重要的。top_element 在元素被复制出数组之后才减 1，这和 push 相反，后者是在被元素复制到数组之前先加 1。可以通过消除这个临时变量以及随之带来的复制操作来提高效率：

```
assert( !is_empty() );
return stack[ top_element-- ];
```

pop 函数不需要从数组中删除元素——只减少顶部指针的值就足矣，因为用户此时已不能再访问这个旧值了。

提示：

这个堆栈模块的一个值得注意的特性是，它使用了 assert 来防止非法操作，诸如从一个空堆栈弹出元素或者向一个已满的堆栈压入元素。这个断言调用 is_full 和 is_empty 函数而不是测试 top_element 本身。如果以后决定以不同的方法来检测空堆栈和满堆栈，使用这种方法显然要容易很多。

对于用户无法消除的错误，使用断言是很合适的。但如果用户希望确保程序不会终止，那么程序向堆栈压入一个新值之前必须检测堆栈是否仍有空间。因此，断言必须只能够对那些用户自己也能进行检查的内容进行检查。

2. 动态数组堆栈

接下来的这种实现方式使用了一个动态数组，但首先需要在接口中定义两个新函数：

```
/*
** create_stack
** 创建堆栈。参数指定堆栈可以保存多少个元素。
** 注意：这个函数并不用于静态数组版本的堆栈。
*/
void  create_stack( size_t  size );

/*
** destroy_stack
** 销毁堆栈。它释放堆栈所使用的内存。
** 注意：这个函数也不用于静态数组版本的堆栈。
*/
void  destroy_stack( void );
```

第 1 个函数用于创建堆栈，用户向它传递一个参数，用于指定数组的长度。第 2 个函数用于删除堆栈，为了避免内存泄漏，这个函数是必需的。

这些声明可以添加到 stack.h 中，尽管前面的堆栈实现中并没有定义这两个函数。注意，用户在使用静态数组类型的堆栈时并不存在错误地调用这两个函数的危险，因为它们在那个模块中并不存在。

提示：

一个更好的方法是把不需要的函数在数组模块中以存根的形式实现。如此一来，这两种实现方式的接口将是相同的，因此从其中一个转换到另一个会容易一些。

有趣的是，使用动态分配数组在实现上改动得并不多（见程序 17.3）。数组由一个指针代替，程序引入 stack_size 变量保存堆栈的长度。它们在缺省情况下都初始化为零。

create_stack 函数首先检查堆栈是否已经创建，然后分配所需数量的内存并检查分配是否成功。destroy_stack 在释放内存之后把长度和指针变量重新设置为零，这样它们可以用于创建另一个堆栈。

模块剩余部分的唯一改变是在 is_full 函数中与 stack_size 变量进行比较而不是与常量 STACK_SIZE 进行比较，并且在 is_full 和 is_empty 函数中都增加了一条断言。这条断言可以防止任何堆栈函数在堆栈被创建前就被调用。其余的堆栈函数并不需要这条断言，因为它们都调用了这两个函数中的其中一个。

```c
/*
** 一个用动态分配数组实现的堆栈。
** 堆栈的长度在创建堆栈的函数被调用时给出，该函数必须在任何其他操作堆栈的函数被调用之前调用。
*/
#include "stack.h"
#include <stdio.h>
#include <stdlib.h>
#include <malloc.h>
#include <assert.h>
/*
** 用于存储堆栈元素的数组和指向堆栈顶部元素的指针。
*/
static    STACK_TYPE    *stack;
static    size_t        stack_size;
static    int           top_element = -1;

/*
** create_stack
*/
void
create_stack( size_t size )
{
    assert( stack_size == 0 );
    stack_size = size;
    stack = malloc( stack_size * sizeof( STACK_TYPE ) );
    assert( stack != NULL );
}

/*
** destroy_stack
*/
void
destroy_stack( void )
{
    assert( stack_size > 0 );
    stack_size = 0;
    free( stack );
```

```
        stack = NULL;
}

/*
**  push
*/
void
push( STACK_TYPE value )
{
        assert( !is_full() );
        top_element += 1;
        stack[ top_element ] = value;
}

/*
**  pop
*/
void
pop( void )
{
        assert( !is_empty() );
        top_element -= 1;
}

/*
**  top
*/
STACK_TYPE top( void )
{
        assert( !is_empty() );
        return stack[ top_element ];
}

/*
**  is_empty
*/
int
is_empty( void )
{
        assert( stack_size > 0 );
        return top_element == -1;
}

/*
**  is_full
*/
int
is_full( void )
{
        assert( stack_size > 0 );
        return top_element == stack_size - 1;
}
```

程序 17.3　用动态数组实现堆栈   d_stack.c

警告：

在内存有限的环境中，使用 assert 检查内存分配是否成功并不合适，因此它很可能导致程序终止，这未必是我们希望的结果。一种替代策略是从 create_stack 函数返回一个值，提示内存分配是否成功。当这个函数失败时，用户程序可以用一个较小的长度再试一次。

3. 链式堆栈

由于只有堆栈的顶部元素才可以被访问，因此使用单链表可以很好地实现链式堆栈。把一个新元素压入到堆栈是通过在链表的起始位置添加一个元素实现的。从堆栈中弹出一个元素是通过从链表中移除第一个元素实现的。位于链表头部的元素总是很容易被访问。

在程序 17.4 所示的实现中，不再需要 create_stack 函数，但可以实现 destroy_stack 函数，以用于清空堆栈。由于用于存储元素的内存是动态分配的，它必须予以释放以避免内存泄漏。

```
/*
**   一个用链表实现的堆栈。这个堆栈没有长度限制。
*/
#include "stack.h"
#include <stdio.h>
#include <stdlib.h>
#include <malloc.h>
#include <assert.h>

#define    FALSE 0

/*
**   定义一个结构以存储堆栈元素，其中 link 字段将指向堆栈的下一个元素。
*/
Typedef    struct   STACK_NODE {
           STACK_TYPE    value;
           struct STACK_NODE *next;
} StackNode;

/*
**   指向堆栈中第 1 个节点的指针。
*/
Static    StackNode*stack;

/*
**   create_stack
*/
void
create_stack( size_t size )
{
}

/*
**   destroy_stack
*/
void
destroy_stack( void )
{
    while( !is_empty() )
        pop();
```

```
}

/*
**    push
*/
void
push( STACK_TYPE value )
{
        StackNode    *new_node;

        new_node = malloc( sizeof( StackNode ) );
        assert( new_node != NULL );
        new_node->value = value;
        new_node->next = stack;
        stack = new_node;
}

/*
**    pop
*/
void
pop( void )
{
        StackNode*first_node;

        assert( !is_empty() );
        first_node = stack;
        stack = first_node->next;
        free( first_node );
}

/*
**    top
*/
STACK_TYPE top( void )
{
        assert( !is_empty() );
        return stack->value;
}

/*
**    is_empty
*/
int
is_empty( void )
{
        return stack == NULL;
}

/*
**    is_full
*/
int
is_full( void )
{
```

```
        return FALSE;
    }
```

程序 17.4　用链表实现堆栈　　　　　　　　　　　　　　　　　　　　　　　　　l_stack.c

STACK_NODE 结构用于把一个值和一个指针捆绑在一起，而 stack 变量是一个指向这些结构变量之一的指针。当 stack 指针为 NULL 时，堆栈为空，也就是初始时的状态。

提示：

destroy_stack 函数连续从堆栈中弹出元素，直到堆栈为空。同样，注意这个函数使用了现存的 is_empty 和 pop 函数，而不是重复那些用于实际操作的代码。

create_stack 是一个空函数，由于链式堆栈不会填满，因此 is_full 函数始终返回假。

17.3　队列

队列和堆栈的顺序不同：队列是一种先进先出（First-IN First-OUT, FIFO）的结构。排队就是一种典型的队列——首先轮到的是排在队伍最前面的人，新入队的人总是排在队伍的最后。

17.3.1　队列接口

与堆栈不同，在队列中，用于执行元素的插入和删除的函数并没有被普遍接受的名字，所以我们将使用 insert 和 delete 这两个名字。同样，对于应该在队列的头部还是尾部插入也没有完全一致的意见。从原则上说，在队列的哪一端插入并没有区别。但是，在队列的尾部插入以及在头部删除更容易记忆一些，因为它准确地描述了人们在排队时的实际体验。

在传统的接口中，delete 函数从队列的头部删除一个元素并将其返回。在另一种接口中，delete 函数从队列的头部删除一个元素，但并不返回它。first 函数返回队列中第一个元素的值但并不将它从队列中删除。

程序 17.5 的头文件定义了后面那种接口。它包括链式和动态分配实现的队列需要使用的 create_queue 和 destroy_queue 函数的原型。

```
/*
**    一个队列模块的接口。
*/

#include <stdlib.h>

#define    QUEUE_TYPE    int/* 队列元素的类型。 */

/*
**    create_queue
**    创建一个队列，参数指定队列可以存储的元素的最大数量。
**    注意：这个函数只适用于使用动态分配数组的队列。
*/
void create_queue( size_t size );

/*
**    destroy_queue
**    销毁一个队列。注意：这个函数只适用于链式和动态分配数组的队列。
```

```
*/
void destroy_queue( void );

/*
** insert
**    向队列添加一个新元素，参数就是需要添加的元素。
*/
Void  insert( QUEUE_TYPE value );

/*
** delete
**    从队列中移除 1 个元素并将其丢弃。
*/
Void  delete( void );

/*
** first
**    返回队列中第 1 个元素的值，但不修改队列本身。
*/
QUEUE_TYPE first( void );

/*
** is_empty
**    如果队列为空，返回 TRUE，否则返回 FALSE。
*/
int  is_empty( void );

/*
** is_full
**    如果队列已满，返回 TRUE，否则返回 FALSE。
*/
int  is_full( void );
```

程序 17.5　队列接口　　　　　　　　　　　　　　　　　　　　　　　　queue.h

17.3.2　实现队列

　　队列的实现要比堆栈难得多。它需要两个指针——一个指向队头，一个指向队尾。同时，数组并不像适合堆栈那样适合队列的实现，这是由队列使用内存的方式决定的。

　　堆栈总是扎根于数据的一端。但是，当队列的元素插入和删除时，它所使用的是数组中的不同元素。考虑一个用 5 个元素的数组实现的队列。下面的图是 10、20、30、40 和 50 这几个值插入队列以后队列的样子。

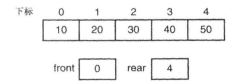

　　经过 3 次删除之后，队列的样子如下所示。

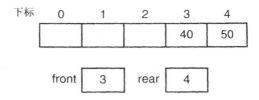

数组并未满，但它的尾部已经没有空间，无法再插入新的元素。

这个问题的一种解决方法是当一个元素被删除之后，队列中的其余元素向数组起始位置方向移动一个位置。由于复制元素所需的开销，这种方法几乎不可行，尤其是那些较大的队列。

一个好一点的方案是让队列的尾部"环绕"到数组的头部，这样新元素就可以存储到以前删除元素后所留出来的空间中。这个方法常常被称为**循环数组**（circular array）。下图说明了这个概念。

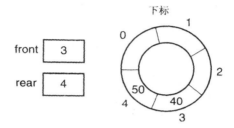

插入另一个元素之后的结果如下。

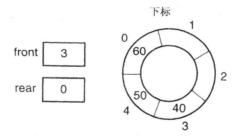

循环数组很容易实现——当尾部下标移出数组尾部时，把它设置为 0。用下面的代码便可以实现：

```
rear += 1;
if( rear >= QUEUE_SIZE )
        rear = 0;
```

下面的方法具有相同的结果：

```
rear = ( rear + 1 ) % QUEUE_SIZE;
```

在对 front 增值时也必须使用同一个技巧。

但是，循环数组自身也引入了一个问题。它更难以判断一个循环数组是否为空或者已满。假定队列已满，如下图所示。

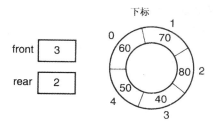

注意，front 和 rear 的值分别是 3 和 2。如果有 4 个元素从队列中删除，front 将增值 4 次，队列中的情况如下图所示。

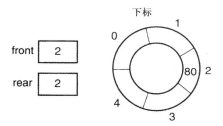

当最后一个元素被删除时，队列中的情况如下图所示。

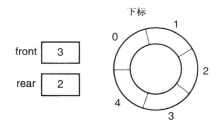

问题是现在 front 和 rear 的值是相同的，这和队列已满时的情况是一样的。当队列为空或者已满时对 front 和 rear 进行比较，其结果都是真。所以，无法通过比较 front 和 rear 来测试队列是否为空。

有两个方法可以解决这个问题。第 1 个方法是引入一个新变量，用于记录队列中的元素数量。它在每次插入元素时加 1，在每次删除元素时减 1。对这个变量的值进行测试就可以很容易分清队列空间为空还是已满。

第 2 个方法是重新定义"满"的含义。如果使数组中的一个元素始终保留不用，这样当队列"满"时 front 和 rear 的值便不相同，由此可以与队列为空时的情况区分开来。通过不允许数组完全填满，问题便得以避免。

不过还是留下一个小问题：当队列为空时，front 和 rear 的值应该是什么？当队列只有一个元素时，需要使 front 和 rear 都指向这个元素。一次插入操作将增加 rear 的值，所以为了使 rear 在第一次插入后指向这个插入的元素，当队列为空时 rear 的值必须比 front 小 1。幸运的是，从队列中删除最后一个元素后的状态也是如此，因此删除最后一个元素并不会造成一种特殊情况。

当满足下面的条件时，队列为空：

```
( rear + 1 ) % QUEUE_SIZE == front
```

由于在 front 和 rear 正好满足这个关系之前，必须停止插入元素，因此当满足下列条件时，队列必须认为已"满"。

```
( rear + 2 ) % QUEUE_SIZE == front
```

1. 数组队列

程序 17.6 用一个静态数组实现了一个队列。它使用"不完全填满数组"的技巧来区分空队列和满队列。

```
/*
**   一个用静态数组实现的队列。数组的长度只能通过修改#define定义并重新编译模块来调整。
*/

#include "queue.h"
#include <stdio.h>
#include <assert.h>

#define    QUEUE_SIZE    100/* 队列中元素的最大数量。 */
#define    ARRAY_SIZE    ( QUEUE_SIZE + 1 )/* 数组的长度。 */

/*
**   用于存储队列元素的数组和指向队列头和尾的指针。
*/
Static     QUEUE_TYPE    queue[ ARRAY_SIZE ];
Static     size_t        front = 1;
Static     size_t        rear = 0;

/*
**    insert
*/
void
insert( QUEUE_TYPE value )
{
    assert( !is_full() );
    rear = ( rear + 1 ) % ARRAY_SIZE;
    queue[ rear ] = value;
}

/*
**    delete
*/
void
delete( void )
{
    assert( !is_empty() );
    front = ( front + 1 ) % ARRAY_SIZE;
}

/*
**    first
*/
QUEUE_TYPE first( void )
```

```
{
        assert( !is_empty() );
        return queue[ front ];
}

/*
**   is_empty
*/
int
is_empty( void )
{
        return ( rear + 1 ) % ARRAY_SIZE == front;
}

/*
**   is_full
*/
int
is_full( void )
{
        return ( rear + 2 ) % ARRAY_SIZE == front;
}
```

程序 17.6　用静态数组实现队列   a_queue.c

　　QUEUE_SIZE 常量设置为用户希望队列可以容纳的元素的最大数量。由于这种实现方式永远不会真正填满队列，因此 ARRAY_SIZE 的值被定义为比 QUEUE_SIZE 大 1。这些函数是我们所讨论的那些技巧的简单明了的实现。

　　可以使用任何值初始化 front 和 rear，只要 rear 比 front 小 1。程序 17.6 所用的初始值使数组的第 1 个元素保留不用，直到 rear 第一次"环绕"至数组头部。猜猜接下来会怎样？

　　2.　动态数组队列和链式队列

　　用动态数组实现队列所需的修改与堆栈的情况类似。因此，它的实现留作练习。

　　链式队列在几个方面比数组形式的队列简单。它不使用数组，所以不存在循环数组的问题。在测试队列是否为空时，只是简单测试链表是否为空就可以了。测试队列是否已满的结果总是假，链式队列的实现也留作练习。

17.4　树

　　对树的所有种类进行完整的描述超出了本书的范围。但是，通过描述一种非常有用的树：**二叉搜索树**（binary search tree），可以很好地说明实现树的技巧。

　　树是一种数据结构，它要么为空，要么具有一个值并具有零个或多个**孩子**（child），每个孩子本身也是树。这个递归的定义正确地提示了一棵树的高度并没有内在的限制。**二叉树**（binary tree）是树的一种特殊形式，它的每个节点至多具有两个孩子，分别称为**左孩子**（left）和**右孩子**（right）。二叉搜索树具有一个额外的属性：每个节点的值比它的左子树所有节点的值都要大，但比它的右子树所有节点的值都要小。注意，这个定义排除了树中存在值相同的节点的可能性。这些属性使二叉搜索树成为一种用关键值快速查找数据的优秀工具。图 17.1 是二叉搜索树的一个例子。这棵树的每个节点都正好具有一个双亲节点（它的上层节点），并有零个、一个或两个孩子（直接在它下面的节点）。唯一的例外是最上面的那个节点，称为树根，它没有双亲节点。没有孩子的节点被称为**叶节点**（leaf node）或**叶子**（leaf）。在绘制树时，根位于顶端，叶子位于底部[1]。

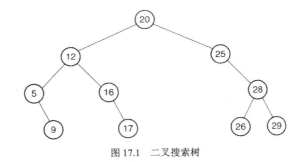

图 17.1　二叉搜索树

17.4.1　在二叉搜索树中插入

当一个新值添加到一棵二叉搜索树时，它必须被放在合适的位置，继续保持二叉搜索树的属性。幸运的是，这个任务是很简单的。基本算法如下所示：

```
如果树为空：
    把新值作为根节点插入
否则：
    如果新值小于当前节点的值：
        把新值插入到当前节点的左子树
    否则：
        把新值插入到当前节点的右子树
```

这个算法的递归表达正是树的递归定义的直接结果。

为了把 15 插入到图 17.1 所示的树中，把 15 和 20 比较。15 更小，所以它被插入到左子树。左子树的根为 12，因此重复上述过程：把 15 和 12 比较。这次 15 更大，所以它被插入到 12 的右子树。现在把 15 和 16 比较。15 更小，所以插入到节点 16 的左子树。但这个子树是空的，所以包含 15 的节点便成为节点 16 的新左子树的根节点。

提示：
由于递归在算法的尾部出现（尾部递归），因此可以使用迭代更有效地实现这个算法。

17.4.2　从二叉搜索树删除节点

从树中删除一个值比从堆栈或队列中删除一个值更为困难。从一棵树的中部删除一个节点将导致它的子树和树的其余部分断开——必须重新连接它们，否则它们将会丢失。

我们必须处理 3 种情况：删除没有孩子的节点；删除只有一个孩子的节点；删除有两个孩子的节点。第一种情况很简单，删除一个叶节点不会导致任何子树断开，所以不存在重新连接的问题。

1　注意，这和自然世界中根在底、叶在上的树实际上是颠倒的。

删除只有一个孩子的节点几乎同样容易：把这个节点的双亲节点和它的孩子连接起来就可以了。这个解决方法防止了子树的断开，而且仍能维持二叉搜索树的次序。

最后一种情况要困难得多。如果一个节点有两个孩子，则它的双亲不能连接到它的两个孩子。解决这个问题的一种策略是不删除这个节点，而是删除它的左子树中值最大的那个节点，并用这个值代替原先应被删除的那个节点的值。删除函数的实现留作练习。

17.4.3　在二叉搜索树中查找

由于二叉搜索树的有序性，因此在树中查找一个特定的值是非常容易的。下面是它的算法：

```
如果树为空：
        这个值不存在于树中
否则：
        如果这个值和根节点的值相等：
                成功找到这个值
        否则：
                如果这个值小于根节点的值：
                        查找左子树
                否则：
                        查找右子树
```

这个递归算法也属于尾部递归，所以采用迭代方案来实现效率更高。

当值被找到时该做些什么呢？这取决于用户的需要。有时，用户只需要确定这个值是否存在于树中。这时，返回一个真/假值就足够了。如果数据是一个由一个关键值字段标识的结构，用户需要访问这个查找到的结构的非关键值成员，这就要求函数返回一个指向该结构的指针。

17.4.4　树的遍历

与堆栈和队列不同，树并未限制用户只能访问一个值。因此树具有另一个基本操作——**遍历**（traversal）。当检查一棵树的所有节点时，就是在遍历这棵树。遍历树的节点有几种不同的次序，最常用的是**前序**（pre-order）、**中序**（in-order）、**后序**（post-order）和**层次遍历**（breadth-first）。所有类型的遍历都是从树的根节点或希望开始遍历的子树的根节点开始。

前序遍历检查节点的值，然后递归地遍历左子树和右子树。例如，下面这棵树的前序遍历将从处理 20 这个值开始。然后再遍历它的左子树。

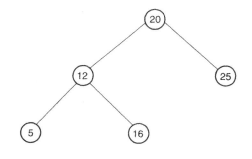

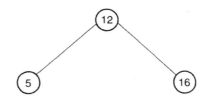

在处理完 12 这个值之后，我们继续遍历它的左子树

并处理 5 这个值。它的左右子树皆为空，所以就完成了这棵子树的遍历。

在完成节点 12 的左子树遍历之后，我们继续遍历它的右子树

并处理 16 这个值。它的左右子树皆为空，这意味着我们已经完成了根为 16 的子树和根为 12 的子树的遍历。

在完成了节点 20 的左子树遍历之后，下一个步骤就是处理它的右子树。

处理完 25 这个值以后便完成了整棵树的遍历。

对于一个较大的例子，考虑图 17.1 所示的二叉搜索树。在检查每个节点时打印出它的值，那么它的前序遍历的输出结果将是：20，12，5，9，16，17，25，28，26，29。

中序遍历首先遍历左子树，然后检查当前节点的值，最后遍历右子树。图 17.1 所示的树的中序遍历结果将是：5，9，12，16，17，20，25，26，28，29。

后序遍历首先遍历左右子树，然后检查当前节点的值。图 17.1 所示的树的后序遍历结果将是：9，5，17，16，12，26，29，28，25，20。

最后，层次遍历逐层检查树的节点。首先处理根节点，接着是它的孩子，再接着是它的孙子，依此类推。用这种方法遍历图 17.1 所示的树的次序是：20，12，25，5，16，28，9，17，26，29。前 3 种遍历方法可以很容易地使用递归来实现，最后这种层次遍历要采用一种使用队列的迭代算法。本章的练习对它有更详细的描述。

17.4.5　二叉搜索树接口

程序 17.7 的接口提供了用于把值插入到一棵二叉搜索树的函数的原型。它同时包含了一个 find 函数，于查找树中某个特定的值，它的返回值是一个指向找到的值的指针。它只定义了一个遍历函数，因为其余遍历函数的接口只是名字不同而已。

```
/*
**    二叉搜索树模块的接口。
*/
```

```
#define   TREE_TYPE int      /* 树的值类型。*/

/*
** insert
**    向树添加一个新值。参数是需要被添加的值，它必须原先并不存在于树中。
*/
void insert( TREE_TYPE value );

/*
** find
**    查找一个特定的值，这个值作为第1个参数传递给函数。
*/
TREE_TYPE *find( TREE_TYPE value );

/*
** pre_order_traverse
**执行树的前序遍历。它的参数是一个回调函数指针，它所指向的函数将在树中处理每
**个节点时被调用，节点的值作为参数传递给这个函数。
*/
void pre_order_traverse(void (*callback)( TREE_TYPE value ));
```

程序 17.7　二叉搜索树接口   tree.h

17.4.6　实现二叉搜索树

尽管树的链式实现是最为常见的，但将二叉搜索树存储于数组中也是完全可能的。当然，数组的固定长度限制了可以插入到树中的元素的数量。如果使用动态数组，当原先的数组溢出时，就可以创建一个更大的空间并把值复制给它。

1. 数组形式的二叉搜索树

用数组表示树的关键是使用下标来寻找某个特定值的双亲和孩子。规则很简单：

> 节点 N 的双亲是节点 N/2。
> 节点 N 的左孩子是节点 2N。
> 节点 N 的右孩子是节点 2N+1。

双亲节点的公式是成立的，因为整除操作符将截去小数部分。

警告：

这里有个小问题。这些规则假定树的根节点是第 1 个节点，但 C 的数组下标从 0 开始。最容易的解决方案是忽略数组的第 1 个元素。如果元素非常大，这种方法将浪费很多空间，如果这样，可以使用基于零下标数组的另一套规则：

> 节点 N 的双亲节点是节点 (N+1)/2-1。
> 节点 N 的左孩子节点是节点 2N+1。
> 节点 N 的右孩子节点是节点 2N+2。

程序 17.8 是一个用静态数组实现的二叉搜索树。这个实现方法有几个有趣之处。它使用第 1 种更简单的规则来确定孩子节点，这样数组声明的长度比宣称的长度大 1，它的第 1 个元素被忽略。它定义了一些函数来访问一个节点的左右孩子。尽管计算很简单，但这些函数名还是让使用这些函数的代码看上去更清晰。这些函数同时简化了"修改模块以便使用其他规则"的任务。

这种实现方法使用 0 这个值提示一个节点未被使用。如果 0 是一个合法的数据值，那就必须另

外挑选一个不同的值，而且数组元素必须进行动态初始化。另一个技巧是使用一个比较数组，它的元素是布尔型值，用于提示哪个节点被使用。

数组形式的树的问题在于数组空间常常利用得不够充分。空间之所以被浪费，是因为新值必须插入到树中特定的位置，无法随便放置到数组中的空位置。

为了说明这种情况，假定我们使用一个拥有 100 个元素的数组来容纳一棵树。如果值 1，2，3，4，5，6 和 7 以这个次序插入，它们将分别存储在数组中 1，2，4，8，16，32 和 64 的位置。但现在值 8 不能被插入，因为 7 的右孩子将存储于位置 128，数组的长度没有那么长。这个问题会不会实际发生取决于值插入的顺序。如果相同的值以 4，2，1，3，6，5 和 7 的顺序插入，它们将占据数组 1～7 的位置，这样插入 8 这个值便毫无困难。

使用动态分配的数组，当需要更多空间时可以对数组进行重新分配。但是，对于一棵不平衡的树，这个技巧并不是一个好的解决方案，因为每次的新插入都将导致数组的大小扩大一倍，这样可用于动态分配的内存很快便会耗尽。一个更好的方法是使用链式二叉树而不是数组。

```
/*
** 一个使用静态数组实现的二叉搜索树。数组的长度只能通过修改#define定义
** 并对模块进行重新编译来实现。
*/
#include "tree.h"
#include <assert.h>
#include <stdio.h>

#define    TREE_SIZE 100 /* Max # of values in the tree */
#define    ARRAY_SIZE    ( TREE_SIZE + 1 )

/*
** 用于存储树的所有节点的数组。
*/
Static    TREE_TYPE tree[ ARRAY_SIZE ];

/*
** left_child
** 计算一个节点左孩子的下标。
*/
static int
left_child( int current )
{
    return current * 2;
}

/*
** right_child
** 计算一个节点右孩子的下标。
*/
static int
right_child( int current )
{
    return current * 2 + 1;
}
/*
** insert
```

```
*/
void
insert( TREE_TYPE value )
{
    Int  current;

    /*
    ** 确保值为非零，因为零用于提示一个未使用的节点。
    */
    assert( value != 0 );

    /*
    **   从根节点开始。
    */
    current = 1;

    /*
    **   从合适的子树开始，直到到达一个叶节点。
    */
    while( tree[ current ] != 0 ){
    /*
    ** 根据情况，进入叶节点或右子树（确信未出现重复的值）。
    */
        if( value < tree[ current ] )
            current = left_child( current );
        else {
            assert( value != tree[ current ] );
            current = right_child( current );
        }
        assert( current < ARRAY_SIZE );
    }

    tree[ current ] = value;
}

/*
** find
*/
TREE_TYPE *
find( TREE_TYPE value )
{
    Int  current;

    /*
    ** 从根节点开始。直到找到那个值，进入合适的子树。
    */
    current = 1;

    while( current < ARRAY_SIZE && tree[ current ] != value ){
    /*
    ** 根据情况，进入左子树或右子树。
    */
        if( value < tree[ current ] )
            current = left_child( current );
          else
              current = right_child( current );
```

```
        }
        if( current < ARRAY_SIZE )
            return tree + current;
        else
            return 0;
}


/*
**  do_pre_order_traverse
**    执行一层前序遍历，这个帮助函数用于保存当前正在处理的节点的信息，
**    它并不是用户接口的一部分。
*/
static void
do_pre_order_traverse( int current,
    void (*callback)( TREE_TYPE value ) )
{
        if( current < ARRAY_SIZE && tree[ current ] != 0 ){
            callback( tree[ current ] );
            do_pre_order_traverse( left_child( current ),
                callback );
            do_pre_order_traverse( right_child( current ),
                callback );
        }
}


/*
** pre_order_traverse
*/
void
pre_order_traverse( void (*callback)( TREE_TYPE value ) )
{
    do_pre_order_traverse( 1, callback );
}
```

程序 17.8　用静态数组实现二叉搜索树   a_tree.c

2.　链式二叉搜索树

　　队列的链式实现消除了数组空间利用不充分的问题，这是通过为每个新值动态分配内存并把这些结构链接到树中实现的。因此，不存在未使用的内存。

　　程序 17.9 是二叉搜索树的链式实现方法。请将它和程序 17.8 的数组实现方法进行比较。由于树中的每个节点必须指向它的左右孩子，因此节点用一个结构来容纳值和两个指针。数组由一个指向树根节点的指针代替。这个指针最初为 NULL，表示此时为一棵空树。

　　insert 函数使用两个指针[1]。第 1 个指针用于检查树中的节点，寻找新值插入的合适位置。第 2 个指针指向另一个节点，后者的 link 字段指向当前正在检查的节点。当到达一个叶节点时，这个指针必须进行修改以插入新节点。这个函数自上而下，根据新值与当前节点值的比较结果选择进入左子树或右子树，直到到达叶节点。然后，创建一个新节点并链接到树中。这个迭代算法在插入第 1 个节点时也能正确处理，不会造成特殊情况。

1　这里使用的技巧与第 12 章的函数中把值插入到一个有序的单链表的技巧相同。如果沿着从根到叶的路径观察插入发生的位置，就会发现它本质上就是一个单链表。

3. 树接口的变型

find 函数只用于验证值是否存在于树中。返回一个指向找到元素的指针并无大用，因为调用程序已经知道这个值：它就是传递给函数的参数嘛！

假定树中的元素实际上是一个结构，它包括一个关键值和一些数据。现在可以修改 find 函数，使它更加实用。通过它的关键值查找一个特定的节点并返回一个指向该结构的指针，可以向用户提供更多的信息——与这个关键值相关联的数据。但是，为了取得这个结果，find 函数必须设法只比较每个节点元素的关键值部分。解决办法是编写一个函数执行这个比较，并把一个指向该函数的指针传递给 find 函数，就像在 qsort 函数中所采取的方法一样。

有时候用户可能要求自己遍历整棵树，例如，计算每个节点的孩子数量。因此，TreeNode 结构和指向树根节点的指针都必须声明为公用，以便用户遍历该树。最安全的方法是通过函数向用户提供根指针，这样可以防止用户自行修改根指针，从而导致丢失整棵树。

```
/*
** 一个使用动态分配的链式结构实现的二叉搜索树。
*/
#include "tree.h"
#include <assert.h>
#include <stdio.h>
#include <malloc.h>

/*
**  TreeNode 结构包含了值和两个指向某个树节点的指针。
*/
typedef struct TREE_NODE {
        TREE_TYPE   value;
        struct TREE_NODE *left;
        struct TREE_NODE *right;
} TreeNode;

/*
**  指向树根节点的指针。
*/
Static    TreeNode   *tree;

/*
**      insert
*/
void
insert( TREE_TYPE value )
{
     TreeNode *current;
     TreeNode **link;

     /*
     ** 从根节点开始。
     */
     link = &tree;
     /*
     ** 持续查找值，进入合适的子树。
     */
```

```
        while( (current = *link) != NULL ){
        /*
        **  根据情况，进入左子树或右子树（确认没有出现重复的值）。
        */
            if( value < current->value )
                link = &current->left;
            else {
                assert( value != current->value );
                link = &current->right;
            }
    }

    /*
    ** 分配一个新节点，使适当节点的 link 字段指向它。
    */
    current = malloc( sizeof( TreeNode ) );
    assert( current != NULL );
    current->value = value;
    current->left = NULL;
    current->right = NULL;
    *link = current;
}

/*
**    find
*/
TREE_TYPE *
find( TREE_TYPE value )
{
    TreeNode    *current;

    /*
    **  从根节点开始，直到找到这个值，进入合适的子树。
    */
    current = tree;

    while( current != NULL && current->value != value ){
    /*
    **  根据情况，进入左子树或右子树。
    */
        if( value < current->value )
                current = current->left;
        else
                current = current->right;
    }

    if( current != NULL )
                return &current->value;
    else
        return NULL;
    }

    /*
**  do_pre_order_traverse
**  执行一层前序遍历。这个帮助函数用于保存当前正在处理的节点的信息。
**  这个函数并不是用户接口的一部分。
```

```
*/
static void
do_pre_order_traverse( TreeNode *current,
    void (*callback)( TREE_TYPE value ) )
{
    if( current != NULL ){
        callback( current->value );
        do_pre_order_traverse( current->left, callback );
        do_pre_order_traverse( current->right, callback );
    }
}

/*
**   pre_order_traverse
*/
void
pre_order_traverse( void (*callback)( TREE_TYPE value ) )
{
    do_pre_order_traverse( tree, callback );
}
```

程序 17.9　链式二叉搜索树　　　　　　　　　　　　　　　　　　　　　　　　l_tree.c

让每个树节点拥有一个指向它的双亲节点的指针往往很有用。用户可以利用这个双亲节点指针在树中上下移动。这种更为开放的树的 find 函数可以返回一个指向这个树节点的指针（而不是节点值），这就允许用户利用这个指针执行其他形式的遍历。

程序的最后一个可供改进之处是用一个 destroy_tree 函数释放所有分配给这棵树的内存。这个函数的实现留作练习。

17.5　实现的改进

本章的实现方法说明了不同的 ADT 是如何工作的。但是，当用于现实的程序时，它们在好几个方面是不够充分的。本节的目的是找出这些问题并给出解决建议。我们使用数组形式的堆栈作为例子，但这里所讨论的技巧适用于其他所有 ADT。

17.5.1　拥有超过一个的堆栈

到目前为止的实现中，最主要的一个问题是它们把用于保存结构的内存和那些用于操纵它们的函数都封装在一起了。这样一来，一个程序便不能拥有超过一个的堆栈！

这个限制很容易解决，只要从堆栈的实现模块中去除数组和 top_element 的声明，并把它们放入用户代码即可。然后，它们通过参数被堆栈函数访问，这些函数便不再固定于某个数组。用户可以创建任意数量的数组，并通过调用堆栈函数将它们作为堆栈使用。

警告：

这个方法的危险之处在于它失去了封装性。如果用户拥有数据，便可以直接访问它。非法的访问，例如在一个错误的位置向数组增加一个新值或者增加一个新值，但并不调整 top_element，都有可能导致数据丢失，或者生成非法数据，或者导致堆栈函数运行失败。

一个相关的问题是当每个堆栈函数被调用时，用户应该确保向它传递正确的堆栈和 top_element

参数。如果这些参数发生混淆，其结果就是垃圾。可以通过把堆栈数组和它的 top_element 值捆绑在一个结构里来减少这种情况发生的可能性。

当堆栈模块包含数据时，就不存在出现上述两种问题的危险性。本章的练习部分描述了一个修改方案，允许堆栈模块管理超过一个的堆栈。

17.5.2　拥有超过一种的类型

即使前面的问题得以解决，存储于堆栈的值的类型在编译时也已固定，它就是 stack.h 头文件中所定义的类型。如果需要一个整数堆栈和一个浮点数堆栈，就没那么幸运了。

解决这个问题最简单的方法是另外编写一份堆栈函数的副本，用于处理不同的数据类型。这种方法可以达到目的，但它涉及大量重复代码，这就使得程序的维护工作变得更为困难。

一种更为优雅的方法是把整个堆栈模块实现为一个#define 宏，把目标类型作为参数。这个定义然后便可以用于创建每种目标类型的堆栈函数。但是，为了使这种解决方案得以运行，我们必须找到一种方法为不同类型的堆栈函数产生独一无二的函数名，这样它们相互之间就不会冲突。同时，必须小心在意，对于每种类型只能创建一组函数，而不管实际需要多少个这种类型的堆栈。这种方法的一个例子在 17.5.4 节描述。

第三种方法是使堆栈与类型无关，方法是让它存储 void *类型的值。将整数和其他数据都按照一个指针的空间进行存储，使用强制类型转换把参数的类型转换为 void *后再执行 push 函数，top 函数返回的值再转换回原先的类型。为了使堆栈也适用于较大的数据（例如结构），可以在堆栈中存储指向数据的指针。

警告：

这种方法的问题是它绕过了类型检查。我们没有办法证实传递给 push 函数的值正好是堆栈所使用的正确类型。如果一个整数意外地压入到一个元素类型为指针的堆栈中，其结果几乎肯定是一场灾难。

使树模块与类型无关更为困难一些，因为树函数必须比较树节点的值。但是，我们可以向每个树函数传递一个指向由用户编写的比较函数的指针。同样，传递一个错误的指针也会造成灾难性的后果。

17.5.3　名字冲突

堆栈和队列模块都拥有 is_full 和 is_empty 函数，队列和树模块都拥有 insert 函数。如果需要向树模块增加一个 delete 函数，它就会与原先存在于队列模块中的 delete 函数发生冲突。

为了使它们共存于程序中，所有这些函数的名字都必须是独一无二的。但是，人们有一种强烈的愿望，即在尽可能的情况下，让那些和每个数据结构关联的函数都保持"标准"名字。这个问题的解决方法是一种妥协方案：选择一种命名约定，使它既可以为人们所接受又能保证唯一性。例如，is_queue_empty 和 is_stack_empty 名字就解决了这个问题。它们的不利之处在于这些长名字使用起来不太方便，并且并未传递任何附加信息。

17.5.4　标准函数库的 ADT

计算机科学虽然不是一门古老的学科，但我们对它的研究显然已经花费了相当长的时间，对堆栈和队列的行为的方方面面已经研究得相当透彻了。那么，为什么每个人还需要自己编写堆栈和队列函数呢？为什么这些 ADT 不是标准函数库的一部分呢？

原因正是我们刚刚讨论过的 3 个问题。名字冲突问题很容易解决，但是，类型安全性的缺乏以及让用户直接操纵数据的危险性使得用一种通用而又安全的方式编写实现堆栈的库函数变得极不可行。

解决这个问题就要求实现泛型（genericity），它是一种编写一组函数，但数据的类型暂时可以不确定的能力。这组函数随后用用户需要的不同类型进行实例化（instantiated）或创建。C 语言并未提供这种能力，但可以使用#define 定义近似地模拟这种机制。

程序 17.10a 包含了一个#define 宏，它的宏体是一个数组堆栈的完整实现。这个#define 宏的参数是需要存储的值的类型、一个后缀以及需要使用的数组长度。后缀粘贴到由实现定义的每个函数名的后面，用于避免名字冲突。

程序 17.10b 使用程序 10.7a 的声明创建两个堆栈，一个可以容纳 10 个整数，另一个可以容纳 5个浮点数。当每个#define 宏被扩展时，会创建一组新的堆栈函数，用于操作适当类型的数据。但是，如果需要两个整数堆栈，这种方法将会创建两组相同的函数。

我们将程序 17.10a 进行改写，把它分成 3 个独立的宏：一个用于声明接口；一个用于创建操纵数据的函数；一个用于创建数据。当需要第一个整数堆栈时，所有 3 个宏均被使用。如果还需要另外的整数堆栈，可通过重复调用最后一个宏来实现。堆栈的接口也应该进行修改。函数必须接受一个附加的参数用于指定进行操作的堆栈。这些修改都留作练习。

这个技巧使得创建泛型抽象数据类型库成为可能。但是，这种灵活性是要付出代价的。用户需要承担几个新的责任。

1. 采用一种命名约定，避免不同类型间堆栈的名字冲突。
2. 必须保证为每种不同类型的堆栈只创建一组堆栈函数。
3. 在访问堆栈时，必须保证使用适当的名字（例如，push_int 或 push_float 等）。
4. 确保向函数传递正确的堆栈数据结构。

毫无疑问的是，用 C 语言实现泛型是相当困难的，因为它的设计远早于泛型这个概念被提出之时。泛型是面向对象编程语言处理得比较完美的问题之一。

```
/*
** 用静态数组实现一个泛型的堆栈。数组的长度在堆栈实例化时作为参数给出。
*/
#include <assert.h>

#define    GENERIC_STACK( STACK_TYPE, SUFFIX, STACK_SIZE )        \
                                                                  \
        Static    STACK_TYPE    stack##SUFFIX[ STACK_SIZE ];  \
        Static    int           top_element##SUFFIX = -1;     \
                                                              \
        int                                                   \
        is_empty##SUFFIX( void )                              \
        {                                                     \
```

```
            return top_element##SUFFIX == -1;                       \
    }                                                               \
                                                                    \
    Int                                                             \
    is_full##SUFFIX( void )                                         \
    {                                                               \
            return top_element##SUFFIX == STACK_SIZE - 1;           \
    }                                                               \
                                                                    \
    void                                                            \
    push##SUFFIX( STACK_TYPE value )                                \
    {                                                               \
        assert( !is_full##SUFFIX() );                               \
        top_element##SUFFIX += 1;                                   \
        stack##SUFFIX[ top_element##SUFFIX ] = value;               \
    }                                                               \
                                                                    \
    void                                                            \
    pop##SUFFIX( void )                                             \
    {                                                               \
        assert( !is_empty##SUFFIX() );                              \
        top_element##SUFFIX -= 1;                                   \
    }                                                               \
                                                                    \
    STACK_TYPE top##SUFFIX( void )                                  \
    {                                                               \
        assert( !is_empty##SUFFIX() );                              \
        return stack##SUFFIX[ top_element##SUFFIX ];                \
    }
```

程序 17.10a　泛型数组堆栈　　　　　　　　　　　　　　　　　　　　　　　　　g_stack.h

```
/*
** 一个使用泛型堆栈模块创建两个容纳不同类型数据的堆栈的用户程序。
*/
#include <stdlib.h>
#include <stdio.h>
#include "g_stack.h"

/*
** 创建两个堆栈，一个用于容纳整数，另一个用于容纳浮点数。
*/
GENERIC_STACK( int, _int, 10 )
GENERIC_STACK( float, _float, 5 )

int
main()
{
    /*
    ** 往每个堆栈压入几个值。
    */
    push_int( 5 );
    push_int( 22 );
    push_int( 15 );
    push_float( 25.3 );
    push_float( -40.5 );
```

```
/*
** 清空整数堆栈并打印这些值。
*/
while( !is_empty_int() ){
    printf( "Popping %d\n", top_int() );
    pop_int();
}

/*
** 清空浮点数堆栈并打印这些值。
*/
while( !is_empty_float() ){
    printf( "Popping %f\n", top_float() );
    pop_float();
}

return EXIT_SUCCESS;
}
```

程序 17.10b　使用泛型数组堆栈　　　　　　　　　　　　　　　　　　　　　g_client.c

17.6　总结

　　为 ADT 分配内存有 3 种技巧：静态数组、动态分配的数组和动态分配的链式结构。静态数组对结构施加了预先确定固定长度这个限制。动态数组的长度可以在运行时计算，如果需要数组，也可以进行重新分配。链式结构对值的最大数量并未施加任何限制。

　　堆栈是一种后进先出的结构。它的接口提供了把新值压入堆栈的函数和从堆栈弹出值的函数。另一类接口提供了第 3 个函数，它返回栈顶元素的值但并不将其从堆栈中弹出。堆栈很容易使用数组来实现。我们可以使用一个变量，初始化为-1，用它记住栈顶元素的下标。为了把一个新值压入到堆栈中，这个变量先进行增值，然后这个值被存储到数组中。当弹出一个值时，在访问栈顶元素之后，这个变量进行减值。我们需要两个额外的函数来使用动态分配的数组：一个用于创建指定长度的堆栈；另一个用于销毁它。单链表也能很好地实现堆栈。通过在链表的头部插入，可以实现堆栈的压入。通过删除第一个元素，可以实现堆栈的弹出。

　　队列是一种先进先出的结构。它的接口提供了插入一个新值和删除一个现有值的函数。由于队列对它的元素所施加的次序限制，用循环数组来实现队列要比使用普通数组合适得多。当一个变量被当作循环数组的下标使用时，如果它处于数组的末尾再增值时，它的值就"环绕"到零。为了判断数组是否已满，可以使用一个用于计数已经插入到队列中的元素数量的变量。为了使用队列的 front 和 rear 指针来检测这种情况，数组应始终至少保留一个空元素。

　　二叉搜索树（BST）是一种数据结构，它或者为空，或者具有一个值并拥有零个、一个或两个孩子（分别称为左孩子和右孩子），它的孩子本身也是一棵 BST。BST 树节点的值大于它的左孩子所有节点的值，但小于它的右孩子所有节点的值。由于这种次序关系的存在，在 BST 中查找一个值是非常高效的——如果节点并未包含需要查找的值，则总是可以知道接下来应该查找它的哪棵子树。为了向 BST 插入一个值，需要首先进行查找。如果值未找到，就把它插入到查找失败的位置。当从 BST 删除一个节点时，必须小心防止把它的子树同树的其他部分断开。树的遍历就是以某种次序处理它的所有节点。有 4 种常见的遍历次序：前序遍历先处理节点，然后遍历它的左子树和右子树；中序遍历先遍历节点的左子树，然后处理该节点，最后遍历节点的右子树；后序遍历先遍历节点的左子树和右子树，最后处理该节点；层次遍历从根到叶逐层从左向右处理每个节点。数组可以用于实现 BST，但如果树不平衡，这种方法会浪费很多内存空间。链式 BST 可以避免这种浪费。

这些 ADT 的简单实现方法带来了 3 个问题。第 1 个问题是它们只允许拥有一个堆栈、一个队列或一棵树。这个问题可以通过"把为这些结构分配内存的操作从操纵这些结构的函数中分离出来"得以解决。但这样做导致封装性的损失，增加了出错机会。第 2 个问题是无法声明不同类型的堆栈、队列和树。为每种类型单独创建一份 ADT 函数会使代码的维护变得更为困难。一个更好的办法是用 #define 宏实现代码，然后用目标类型对它进行扩展。不过在使用这种方法时，必须小心选择一种命名约定。另一种方法是把需要存储到 ADT 的值强制转换为 void *。这种方法的一个缺点是它绕过了类型检查。第 3 个问题是需要避免不同 ADT 之间以及同种 ADT 用于处理不同类型数据的各个版本之间出现名字冲突。我们可以创建 ADT 的泛型实现，但为了正确使用它们，用户必须承担更多的责任。

17.7　警告的总结

1. 使用断言检查内存是否分配成功是危险的。
2. 数组形式的二叉树节点位置的计算公式假定数组的下标从 1 开始。
3. 把数据封装于对它进行操纵的模块中可以防止用户不正确地访问数据。
4. 与类型无关的函数没有类型检查，所以应该小心，确保传递正确类型的数据。

17.8　编程提示的总结

1. 避免使用具有副作用的函数可以使程序更容易理解。
2. 一个模块的接口应该避免暴露它的实现细节。
3. 将数据类型参数化，使它更容易修改。
4. 只有模块对外公布的接口才应该是公用的。
5. 使用断言来防止非法操作。
6. 几个不同的实现使用同一个通用接口可使模块具有更强的可互换性。
7. 复用现存的代码而不是对它进行改写。
8. 迭代比尾部递归效率更高。

17.9　问题

1. 假定有一个程序，它读取一系列名字，但必须以反序将它们打印出来。哪种 ADT 更适合完成这个任务？
2. 在超级市场的货架上摆放牛奶时，使用哪种 ADT 更为合适？既需要考虑顾客购买牛奶，也需要考虑超级市场新到货一批牛奶的情况。
3. 在堆栈的传统接口中，pop 函数返回它从堆栈中删除的那个元素的值。在一个模块中是否有可能提供两种接口？
4. 如果堆栈模块具有一个 empty 函数，用于删除堆栈中的所有值，模块的功能是不是变得明显

5. 在 push 函数中，top_element 在存储值之前先增值。但在 pop 函数中，它却在返回栈顶值后再减值。如果弄反这两个次序，会产生什么后果？

6. 如果在一个使用静态数组的堆栈模块中删除所有的断言，会产生什么后果？

7. 在堆栈的链式实现中，为什么 destroy_stack 函数从堆栈中逐个弹出元素？

8. 链式堆栈实现的 pop 函数声明了一个称为 first_node 的局部变量。这个变量可不可以省略？

9. 当一个循环数组已满时，front 和 rear 值之间的关系和堆栈为空时一样。但是，满和空是两种不同的状态。从概念上说，为什么会出现这种情况？

10. 有两种方法可用于检测一个已满的循环数组：始终保留一个数组元素不使用；另外增加一个变量，记录数组中元素的个数。哪种方法更好一些？

11. 编写语句，根据 front 和 rear 的值计算队列中元素的数量。

12. 队列既可以使用单链表也可以使用双链表实现。哪个更适合？

13. 画一棵树，它是根据下面的顺序把这些值依次插入到一棵二叉搜索树而形成的：20，15，18，32，5，91，-4，76，33，41，34，21，90。

14. 按照升序或降序把一些值插入到一棵二叉搜索树将导致树不平衡。在这样一棵树中查找一个值的效率如何？

15. 在使用前序遍历时，下面这棵树各节点的访问次序是怎么样的？中序遍历呢？后序遍历呢？层次遍历呢？

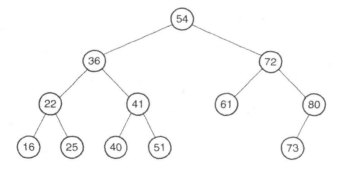

16. 改写 do_pre_order_traversal 函数，用于执行树的中序遍历。

17. 改写 do_pre_order_traversal 函数，用于执行树的后序遍历。

18. 二叉搜索树的哪种遍历方法可以以升序依次访问树中的所有节点？哪种遍历方法可以以降序依次访问树中的所有节点？

19. destroy_tree 函数通过释放所有分配给树中节点的内存来删除这棵树，这意味着所有树节点必须以某个特定的次序进行处理。哪种类型的遍历最适合这个任务？

17.10　编程练习

★ 1. 在动态分配数组的堆栈模块中增加一个 resize_stack 函数。这个函数接受一个参数：

堆栈的新长度。

★★ 2. 把队列模块转换为使用动态分配的数组形式，并增加一个 resize_queue 函数（类似于编程练习 1）。

★★★ 3. 把队列模块转换为使用链表实现。

★★★ 4. 堆栈、队列和树模块如果可以处理超过一个的堆栈、队列和树，它们会更加实用。修改动态数组堆栈模块，使它最多可以处理 10 个不同的堆栈。此时需要修改堆栈函数的接口，使它们接受另一个参数——需要使用的堆栈的索引。

★★ 5. 编写一个函数，计算一棵二叉搜索树的节点数量。可以选择任何一种喜欢的二叉搜索树实现形式。

★★★ 6. 编写一个函数，执行数组形式的二叉搜索树的层次遍历。使用下面的算法：

> 向一个队列添加根节点。
> while 队列非空时：
>   从队列中移除第 1 个节点并对它进行处理。
>   把这个节点所有的孩子添加到队列中。

★★★★ 7. 编写一个函数，检查一棵树是不是二叉搜索树。可以选择任何一种喜欢的树实现形式。

★★★★★ 8. 为数组形式的树模块编写一个函数，用于从树中删除一个值。如果需要删除的值并未在树中找到，函数可以终止程序。

★★ 9. 为链式实现的二叉搜索树编写一个 destroy_tree 函数。函数应该释放树使用的所有内存。

★★★★★ 10. 为链式实现的树模块编写一个函数，用于从树中删除一个值。如果需要删除的值并未在树中找到，函数可以终止程序。

★★★★ 11. 修改程序 17.10a 的#define 定义，让它拥有 3 个单独的定义。

   a. 一个用于声明堆栈接口。

   b. 一个用于创建堆栈函数的实现。

   c. 一个用于创建堆栈使用的数据。

   必须修改堆栈的接口，把堆栈数据作为显式的参数传递给函数（把堆栈数据包装于一个结构中会更方便）。这些修改将允许一组堆栈函数操纵任意个对应类型的堆栈。

第

18

章

运行时环境

本章将研究由某个特定的编译器为某个特定的计算机所产生的汇编语言代码，目的是学习与这个编译器的运行时环境有关的几个有趣的内容。我们需要回答的几个问题是"我的运行时环境的限制是什么？""我如何使 C 程序和汇编语言程序一起工作？"

18.1 判断运行时环境

你的编译器或环境和我们在这里看到的肯定不同，所以你需要自己执行类似这样的试验，以便在你的机器上找出它们是如何运作的。

第一个步骤是从你的编译器获得一个汇编语言代码列表。在 UNIX 系统中，编译器选项-S 可以让编译器把每个源文件的汇编代码写到一个具有.s 后缀的文件中。Borland 编译器也支持这种选项，不过它使用的是.asm 后缀。请参阅相关文档，获得其他系统的特定细节。

还需要阅读你的机器上的汇编语言代码。你并不一定要成为一个熟练的汇编语言程序员，但需要对每条指令的工作过程以及如何解释地址模型有一个基本的了解。一本描述你的计算机指令集的手册是完成这个任务的绝佳参考材料。

本章并不讲授汇编语言，因为这不是本书的要点。你的机器所产生的汇编语言很可能和本书的不一样。但是，如果你编译测试程序，则这里对汇编语言的解释可能有助于你分析你的机器上的汇编语言，因为这两种汇编程序实现了相同的源代码。

18.1.1 测试程序

让我们观察程序 18.1 这个测试程序。它包含了各种不同的代码段，它们的实现颇有意思。这个程序并没有实现任何有用的功能，我们需要的只是观察编译器为它所产生的汇编代码。如果希望研究你的运行时环境的其他方面，可以修改这个程序，使其包含这些方面的例子。

```
/*
** 判断 C 运行时环境的程序。
*/
/*
```

```
**  静态初始化。
*/
int    static_variable = 5;

void
f()
{
        register int  i1, i2, i3, i4, i5,
                      i6, i7, i8, i9, i10;
        register char*c1, *c2, *c3, *c4, *c5,
                     *c6, *c7, *c8, *c9, *c10;
        extern   inta_very_long_name_to_see_how_long_they_can_be;
        double   dbl;
        intfunc_ret_int();
        double   func_ret_double();
        char     *func_ret_char_ptr();

        /*
        ** 寄存器变量的最大数量。
        */
        i1 = 1; i2 = 2; i3 = 3; i4 = 4; i5 = 5;
        i6 = 6; i7 = 7; i8 = 8; i9 = 9; i10 = 10;
        c1 = (char *)110; c2 = (char *)120;
        c3 = (char *)130; c4 = (char *)140;
        c5 = (char *)150; c6 = (char *)160;
        c7 = (char *)170; c8 = (char *)180;
        c9 = (char *)190; c10 = (char *)200;

        /*
        **  外部名字。
        */
        a_very_long_name_to_see_how_long_they_can_be = 1;

        /*
        **  函数调用/返回协议、堆栈帧（过程活动记录）。
        */
        i2 = func_ret_int( 10, i1, i10 );
        dbl = func_ret_double();
        c1 = func_ret_char_ptr( c1 );
}

int
func_ret_int( int a, int b, register int c )
{
        intd;

        d = b - 6;
        return a + b + c;
}

double
func_ret_double()
{
        return 3.14;
}
char *
```

```
func_ret_char_ptr( char *cp )
{
        return cp + 1;
}
```

程序 18.1　测试程序　　　　　　　　　　　　　　　　　　　　　　runtime.c

程序 18.2 的汇编代码是由一台使用 Motorola 68000 处理器家族的计算机产生的。这里对代码进行了编辑，使它看上去更清晰。这里还去掉了一些不相关的声明。

这是一个很长的程序。与绝大部分的编译器输出一样，它没有包含帮助读者阅读的注释。但不要被它吓倒！我们将逐行解释绝大部分代码。采用的方法是分段解释，先显示一小段 C 代码，后面是根据它产生的汇编代码。完整的代码列表只是作为参考而给出，这样你可以观察所有这些小段例子是如何组成一个整体的。

```
        .data
        .even
        .globl    _static_variable
_static_variable:
        .long     5
        .text

        .globl    _f
_f:     linka6,#-88
        moveml    #0x3cfc,sp@
        moveq     #1,d7
        moveq     #2,d6
        moveq     #3,d5
        moveq     #4,d4
        moveq     #5,d3
        moveq     #6,d2
        movl      #7,a6@(-4)
        movl      #8,a6@(-8)
        movl      #9,a6@(-12)
        movl      #10,a6@(-16)
        movl      #110,a5
        movl      #120,a4
        movl      #130,a3
        movl      #140,a2
        movl      #150,a6@(-20)
        movl      #160,a6@(-24)
        movl      #170,a6@(-28)
        movl      #180,a6@(-32)
        movl      #190,a6@(-36)
        movl      #200,a6@(-40)
        movl      #1,_a_very_long_name_to_see_how_long_they_can_be
        movl      a6@(-16),sp@-
        movl      d7,sp@-
        pea       10
        jbsr      _func_ret_int
        lea       sp@(12),sp
        movl      d0,d6
        jbsr      _func_ret_double
        movl      d0,a6@(-48)
        movl      d1,a6@(-44)
```

```
        pea         a5@
        jbsr        _func_ret_char_ptr
        addqw       #4,sp
        movl        d0,a5
        moveml      a6@(-88),#0x3cfc
        unlk        a6
        rts

        .globl      _func_ret_int
_func_ret_int:
        link        a6,#-8
        moveml      #0x80,sp@
        movl        a6@(16),d7
        movl        a6@(12),d0
        subql       #6,d0
        movl        d0,a6@(-4)
        movl        a6@(8),d0
        addl        a6@(12),d0
        addl        d7,d0
        moveml      a6@(-8),#0x80
        unlk        a6
        rts

        .globl      _func_ret_double
_func_ret_double:
        link        a6,#0
        moveml      #0,sp@
        movl        L2000000,d0
        movl        L2000000+4,d1
        unlk        a6
        rts
L2000000:.long      0x40091eb8,0x51eb851f

        .globl      _func_ret_char_ptr
_func_ret_char_ptr:
        link        a6,#0
        moveml      #0,sp@
        movl        a6@(8),d0
        addql       #1,d0
        unlk        a6
        rts
```

程序 18.2　测试程序的汇编语言代码　　　　　　　　　　　　　　　　runtime.s

18.1.2　静态变量和初始化

测试程序所执行的第一项任务是在静态内存中声明并初始化一个变量。

```
        /*
        **  静态初始化。
        */
        int     static_variable = 5;
```

```
.data
.enen
.global  _static_variable
_static_variable:
.long    5
```

汇编代码的一开始是两个指令，分别表示进入程序的数据区以及确保变量开始于内存的偶数地址。68000 处理器要求边界对齐。然后变量被声明为全局类型。注意，变量名以一个下划线开始。许多（但不是所有）C 编译器会在 C 代码所声明的外部名字前加一个下划线，以免与各个库函数所使用的名字冲突。最后，编译器为变量创建空间，并用适当的值对它进行初始化。

18.1.3 堆栈帧

接下来是函数 f。一个函数分成 3 个部分：**函数序**（prologue）、**函数体**（body）和**函数跋**（epilogue）。函数序用于执行函数启动需要的一些工作，例如为局部变量保留堆栈中的内存。函数跋用于在函数即将返回之前清理堆栈。当然，函数体是用于执行有用工作的地方。

```
void
f()
{
        register int    i1, i2, i3, i4, i5,
                        i6, i7, i8, i9, i10;
        register char   *c1, *c2, *c3, *c4, *c5,
                        *c6, *c7, *c8, *c9, *c10;
        extern   int    a_very_long_name_to_see_...
        double   dbl;
        int      func_ret_int( );
        double   func_ret_double();
        char     *func_ret_char_ptr( );
_____
        .text
        .globl   _f
_f:     link     a6, #-88
        Moveml   #0x3cfc,sp@
```

这些指令的第一条表示进入程序的代码（文本）段，紧随其后的是函数名的全局声明。注意，在名字前面也有一条下划线。第一条可执行指令开始为函数创建**堆栈帧**（stack frame）。堆栈帧是堆栈中的一个区域，函数在那里存储变量和其他值。link 指令将在稍后详细解释，现在只需要记住它在堆栈中保留了 88 字节的空间，用于存储局部变量和其他值。

这个代码序列中的最后一条指令把选定寄存器中的值复制到堆栈中。68000 处理器有 8 个用于操纵数据的寄存器，它们的名字是从 d0～d7。还有 8 个寄存器用于操纵地址，它们的名字是从 a0～a7。值 0x3cfc 表示寄存器 d2～d7、a2～a5 中的值需要被存储，这些值就是前面提到的"其他值"。稍后你就会明白为什么需要保持这些寄存器的值。

局部变量声明和函数原型并不会产生任何汇编代码。但如果任何局部变量在声明时进行了初始化，那么这里也会出现用于执行赋值操作的指令。

18.1.4 寄存器变量

接下来便是函数体。测试程序的这部分代码的目的是判断寄存器中可以存储多少个变量。它声明了许多寄存器变量，每个都用不同的值进行初始化。汇编代码通过显示每个值在何处存储来回答这个问题。

```
/*
**   寄存器变量的最大数量。
*/
i1 = 1; i2 = 2; i3 = 3; i4 = 4; i5 = 5;
i6 = 6; i7 = 7; i8 = 8; i9 = 9; i10 = 10;
c1 = (char *)110; c2 = (char *)120;
c3 = (char *)130; c4 = (char *)140;
c5 = (char *)150; c6 = (char *)160;
c7 = (char *)170; c8 = (char *)180;
c9 = (char *)190; c10 = (char *)200;
```

```
moveq    #1,d7
moveq    #2,d6
moveq    #3,d5
moveq    #4,d4
moveq    #5,d3
moveq    #6,d2
movl     #7,a6@(-4)
movl     #8,a6@(-8)
movl     #9,a6@(-12)
movl     #10,a6@(-16)
movl     #110,a5
movl     #120,a4
movl     #130,a3
movl     #140,a2
movl     #150,a6@(-20)
movl     #160,a6@(-24)
movl     #170,a6@(-28)
movl     #180,a6@(-32)
movl     #190,a6@(-36)
movl     #200,a6@(-40)
```

整型变量首先进行初始化。注意，值 1～6 被存放在数据寄存器，但 7～10 却被存放在其他地方。这段代码显示最多只能有 6 个整型值可以存放在数据寄存器中。那么其他不是整型的数据又是如何呢？有些编译器不会把字符型变量存放在寄存器中。在有些机器上，double 的长度太长，无法存放在寄存器中。有些机器具有特殊的寄存器，用于存放浮点值。我们可以很容易地对测试程序进行修改来发现这些细节。

接下来的几条指令对指针变量进行初始化。前 4 个值被存放在寄存器中，最后那个值被存放在其他地方。因此，这个编译器最多允许 4 个指针变量存放在寄存器中。那么其他类型的指针变量又是如何呢？同样，我们也需要进行试验。但是，在许多机器上，不管指针指向什么类型的内容，它的长度是固定的。所以你可能会发现任何类型的指针都可以存放在寄存器中。

那么其他变量存放在什么地方呢？机器使用的地址模型执行间接寻址和索引操作。这种组合工作颇似数组的下标引用。寄存器 a6 称为**帧指针**（frame pointer），它指向堆栈帧内部的一个"引用"位置。堆栈帧中的所有值都是通过这个引用位置再加上一个偏移量进行访问的。a6@(-28)指定了一个偏移地址-28。注意偏移位置从-4 开始，每次增长 4。这台机器上的整型值和指针都占据 4 字节的内存。使用这些偏移地址可以建立一张映射表，准确地显示堆栈中的每个值相对于帧指针 a6 的位置。

我们已经见到寄存器 d2～d7、a2～a5 用于存放寄存器变量，现在很清楚为什么这些寄存器需要在函数序中进行保存。函数必须对任何将用于存储寄存器变量的寄存器进行保存，这样它们原先的值可以在函数返回到调用函数前恢复，这样就能保留调用函数的寄存器变量。

关于寄存器变量最后还要提一点：为什么寄存器 d0～d1、a0～a1 以及 a6～a7 并未用于存放寄存器变量呢？在这台机器上，a6 用作帧指针，而 a7 是堆栈指针（这个汇编语言给它取了个别名 sp）。后面有个例子将显示 d0 和 d1 用于从函数返回值，所以它们不能用于存放寄存器变量。

但是，在这个程序的代码中并没有明确显示 a0 或 a1 的用途。显而易见的结论是它们将用于某种目的，但这个测试程序并不包含这种类型的代码。要回答这个问题，则需要进行进一步的试验。

18.1.5　外部标识符的长度

接下来的测试用于确定外部标识符所允许的最大长度。这个测试看上去很简单：用一个长名字声明并使用一个变量，看看会发生什么。

```
/*
** 外部名字
*/
a_very_long_name_to_see_how_long_they_can_be = 1
```

```
movl    #1, a_very_long_name_to_see_how_long_they_can_be
```

从这段代码似乎可以看出，名字的长度并没有限制。更精确地说，这个名字的长度未超出限制。为了找出这个限制，可以不断加长这个名字，直到发现汇编程序把这个名字截短。

警告：
事实上，这个测试是不够充分的。外部名字的最终限制是由链接器施加的，它很可能会接受任何长度的名字但忽略除前几个字符以外的其他字符。标准要求外部名字至少区分前 6 个字符（但并不要求区分大小写）。为了测试链接器做了些什么，我们只要简单地链接程序并检查一下结果的装入映像表（load map）和名字列表即可。

18.1.6　判断堆栈帧布局

运行时堆栈保存了每个函数运行时所需要的数据，包括它的自动变量和返回地址。接下来的几个测试将确定两个相关的内容：堆栈帧的组织形式；函数调用/返回协议。它们的结果显示了如何提供 C 和汇编程序的接口。

1. 传递函数参数
这个例子从调用一个函数开始。

```
/*
** 函数调用/返回协议、堆栈帧。
*/
i2=func_ret_int(10,i1,i10);
```

```
movl       a6@(-16), sp@-
movl       d7, sp@-
pea        10
jbsr       _func_ret_int
```

前 3 条指令把函数的参数压入到堆栈中。被压入的第 1 个参数存储于 a6@(-16)：这个偏移地址显示这个值就是变量 i10。然后被压入的是 d7，它包含了变量 i1。最后一个参数的压入方式和前两个不同。pea 指令简单地把它的操作数压入到堆栈中，这是一种高效的压入字面值常量的方法。为什么参数要以它们在参数列表中的相反次序逐个压到堆栈中呢？我们很快就能找到这个答案。

这些指令一开始创建属于即将被调用的函数的堆栈帧。通过跟踪指令并记住它们的效果，可以勾勒一幅关于堆栈帧的完整图形。如果需要从汇编语言的层次追踪一个 C 程序的执行过程，这幅图可以提供一些有用的信息。图 18.1 显示了到目前为止所创建的内容。图中显示低内存地址位于顶部而高内存地址位于底部。当值压入堆栈时，堆栈向低地址方向生长（向上）。在原先的堆栈指针以下的堆栈内容是未知的，所以在图中以一个问号显示。

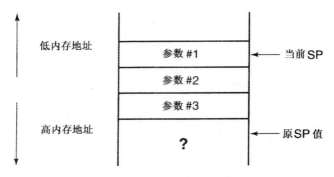

图 18.1　压入参数后的堆栈帧

接下来的指令是一个"跳转子程序"（jump subroutine）。它把返回地址压入到堆栈中，并跳转到_func_ret_int 的起始位置。如果被调用函数结束任务后需要返回到它的调用位置，就需要使用这个压入到堆栈中的返回地址。现在，堆栈的情况如图 18.2 所示。

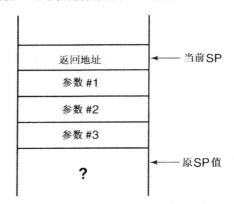

图 18.2　在跳转子程序指令之后的堆栈帧

2. 函数序

接下来，执行流来到被调用函数的函数序：

```
int
func_ret_int( int a, int b, register int c )
{
        int     d;

        .globl  _func_ret_int
_func_ret_int:
        link    a6,#-8
        moveml  #0x80,sp@
        movl    a6@(16),d7
```

这个函数序类似于前面观察的那个。我们必须对指令进行更详细的研究，以便完整地弄清整个堆栈帧的映像。link 指令分成几个步骤。首先，a6 的内容被压入到堆栈中。其次，堆栈指针的当前值被复制到 a6 中。图 18.3 显示了这个结果。

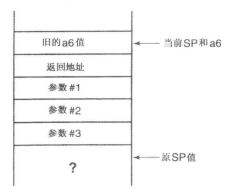

图 18.3　link 指令期间的堆栈帧

最后，link 指令从堆栈指针中减去 8。和以前一样，这将创建空间用于保存局部变量和被保存的寄存器值。下一条指令把一个单一的寄存器保存到堆栈帧。操作数 0x80 指定寄存器 d7。寄存器存储在堆栈的顶部，它提示堆栈帧的顶部就是寄存器值保存的位置。堆栈帧剩余的部分必然是局部变量存储的地方。图 18.4 显示了到目前为止我们所知道的堆栈帧的情况。

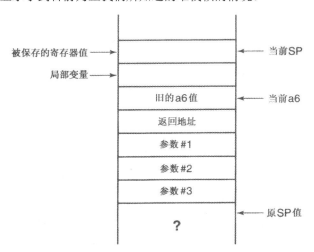

图 18.4　link 指令之后的堆栈帧

函数序所执行的最后一个任务是从堆栈复制一个值到 d7。函数把第 3 个参数声明为寄存器变量，这第 3 个参数的位置是从帧指针往下 16 字节。在这台机器上，寄存器变量在函数序中正常地通过堆栈传递并复制到一个寄存器。这条额外的指令带来了一些开销——如果函数中并没有很多指令使用这个参数，那么它在时间或空间上的节约将无法弥补把参数复制到寄存器而带来的开销。

3. 堆栈中的参数次序

我们现在可以推断出为什么参数要按参数列表相反的顺序压入到堆栈中。被调用函数使用帧指针加一个偏移量来访问参数。当参数以反序压入到堆栈时，参数列表的**第 1 个**参数便位于堆栈中这堆参数的顶部，它距离帧指针的偏移量是一个常数。事实上，**任何**一个参数距离帧指针的偏移量都是一个常数，这和堆栈中压入多少个参数并无关系。

如果参数以相反的顺序压入到堆栈中又会怎样呢（也就是按照参数列表的顺序）？这样一来，第 1 个参数距离帧指针的偏移量就和压入到堆栈的参数数量有关。编译器可以计算出这个值，但还是存在一个问题——实际传递的参数数量和函数期望接受的参数数量可能并不相同。在这种情况下，这个偏移量就是不正确的，当函数试图访问一个参数时，它实际访问的将不是它想要的那个。

那么在反序方案中，额外的参数是如何处理的呢？堆栈帧的图形显示任何额外的参数都将位于前几个参数的下面，第 1 个参数距离帧指针的距离将保持不变。因此，函数可以正确地访问前 3 个参数，对于额外的参数可以简单地忽略。

提示：

如果函数知道存在额外的参数，在这台机器上，函数可以通过取最后一个参数的地址并增加堆栈指针的值来访问它们的值。但更好的方法是使用 stdarg.h 文件定义的宏，它们提供了一个可移植的接口来访问可变参数。

4. 最终的堆栈帧布局

这个编译器所产生的堆栈帧的映像到此就完成了，如图 18.5 所示。

让我们继续观察这个函数：

```
        d = b - 6;
        return a + b + c;
}
```

```
movl        a6@(12), d0
subql       #6, d0
movl        d0, a6@(-4)
movl        a6@(8), d0
addl        a6@(12), d0
addl        d7, d0
moveml      a6@(-8), #0x80
unlk        a6
rts
```

通过堆栈帧映像，可以很容易判断第 1 条 movl 指令是把第 2 个参数复制到 d0。下一条指令将这个值减去 6，第 3 条指令把结果存储到局部变量 d。d0 的作用是计算过程中的"中间结果暂存器"或临时位置。这也是它不能用于存放寄存器变量的原因之一。

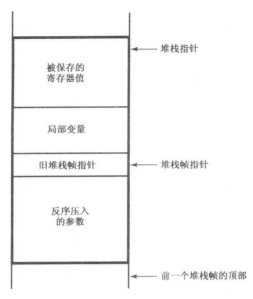

图 18.5　堆栈帧布局

接下来的 3 条指令对 return 语句进行求值。这个值就是希望返回给调用函数的值。但在这里，结果值存放在 d0 中。记住这个细节，以后会用到。

5. 函数跋

这个函数的函数跋以一条 moveml 指令开始，用于恢复以前被保存的寄存器值。然后 unkl（unlink）指令把 a6 的值复制给堆栈指针，并把从堆栈中弹出的 a6 的旧值装入到 a6 中。这个动作的效果就是清除堆栈帧中返回地址以上的那部分内容。最后，rts 指令通过把返回地址从堆栈中弹出到程序计数器，从而从该函数返回。

现在，执行流从调用程序的地点继续。注意，此时堆栈尚未被完全清理。

```
i2 = func_ret_int( 10, i1, i10 );
```
```
lea     sp@(12),sp
movl    d0,d6
```

当我们返回到调用程序之后执行的第 1 条指令就是把 12 加到堆栈指针。这个加法运算有效地把参数值从堆栈中弹出。现在，堆栈的状态就和调用函数前的状态完全一样了。

有趣的是，**被调用**函数并没有从堆栈中完全清除它的整个堆栈帧：参数还留在那里等待**调用**函数清除。同样，它的原因和可变参数列表有关。调用函数把参数压到堆栈上，所以只有它才知道堆栈中到底有多少个参数。因此，只有调用函数可以安全地清除它们。

6. 返回值

函数跋并没有使用 d0，因此它依然保存着函数的返回值。第 2 条指令在从函数返回后执行，它把 d0 的值复制到 d6，后者是变量 i2 的存放位置，也就是结果所在的位置。

在这个编译器中，函数返回一个值时把它存放在 d0，调用函数从被调用函数返回之后从 d0 获取这个值。这个协议是 d0 不能用于存放寄存器变量的另一个原因。

下一个被调用的函数返回一个 double 值：

```
dbl = func_ret_double();
c1 = func_ret_char_ptr( c1 );
```

```
jbsr    _func_ret_double
movl    d0,a6@(-48)
movl    d1,a6@(-44)

pea     a5@
jbsr    _func_ret_char_ptr
addqw   #4,sp
movl    d0,a5
```

这个函数并没有任何参数，所以没有什么东西压入到堆栈中。在这个函数返回之后，d0 和 d1 的值都被保存。在这台机器上，double 的长度是 8 字节，无法放入一个寄存器中。因此，要返回这种类型的值，必须同时使用 d0 和 d1 寄存器。

最后那个函数调用说明了指针变量是如何从函数中返回的：它们也是通过 d0 进行传递的。不同的编译器可能会通过 a0 或其他寄存器来传递它们。这个程序的剩余指令属于这个函数的函数序部分。

18.1.7 表达式的副作用

第 4 章曾提到，如果像下面这样的表达式

```
y + 3;
```

出现在程序中，它将会被求值但不会对程序产生影响，因为它的结果并未保存。接着我在一个脚注里说明它实际上**可以**以一种微妙的方式对程序的执行产生影响。

考虑程序 18.3，它被认为将返回 a+b 的值。这个函数计算一个结果但并不返回任何东西，因为这个表达式被错误地从 return 语句中省略。但使用这个编译器时，这个函数实际上可以返回这个值！d0 被用于计算 x，并且由于这个表达式是最后进行求值的，因此当函数结束时，d0 仍然保存了这个结果值。所以，这个函数很意外地向调用函数返回了正确的值。

```
/*
**  尽管存在一个巨大错误，但仍能在某些机器上正确运行的函数。
*/
int
erroneous( int a, int b )
{
    intx;

    /*
    ** 计算答案，并返回它。
    */
    x = a + b;
    return;
}
```

程序 18.3   一个意外返回正确值的函数   no_ret.c

现在我们在 return 语句之前插入了这样一个表达式：

```
a + 3;
```

这个新表达式将修改 d0 的值。即使这个表达式的结果并未存储于任何变量中，但它还是影响了程序的执行，因为它修改了这个函数的返回值。

类似的问题也可以由调试语句引起。如果增加了一条语句

```
printf( "Function returns the value %d\n", x );
```

并把它插入到 return 语句之前，函数也将不会返回正确的值。如果删除了这条语句，函数又能正确运行。当发现一条调试语句也能改变程序的行为时，你心中的挫折感可想而知！

之所以可能出现这些效果，其罪魁祸首是原先存在的那个错误——return 语句省略了表达式。这种现象听上去好像不太可能，但令人吃惊的是，在一些老式的编译器中经常出现这种情况，这是因为当它们发现一个函数应该返回某个值但实际上并未返回任何值时，并不会向程序员发出警告。

18.2 C 和汇编语言的接口

这个试验已经显示了编写能够调用 C 程序或者被 C 程序调用的汇编语言程序所需的内容。与**这个环境相关的结果总结如下——你的环境肯定在某些方面与它不同！**

首先，汇编程序中的名字必须遵循外部标识符的规则。在这个系统中，它必须以一个下划线开始。

其次，汇编程序必须遵循正确的函数调用/返回协议。存在两种情况：从一个汇编语言程序调用一个 C 程序和从一个 C 程序调用一个汇编程序。为了从汇编语言程序调用 C 程序：

1. 如果寄存器 d0、d1、a0 或 a1 保存了重要的值，它们必须在调用 C 程序之前进行保存，因为 C 函数不会保存它们的值；
2. 任何函数的参数必须以参数列表相反的顺序压入到堆栈中；
3. 函数必须由一条"跳转子程序"类型的指令调用，它会把返回地址压入到堆栈中；
4. 当 C 函数返回时，汇编程序必须清除堆栈中的任何参数；
5. 如果汇编程序期望接受一个返回值，它将保存在 d0 中（如果返回值的类型为 double，它的另一半将位于 d1 中）；
6. 任何在调用之前进行过保存的寄存器此时可以恢复。

为了编写一个由 C 程序调用的汇编程序：

1. 保存任何希望修改的寄存器（除 d0、d1、a0 和 a1 之外）；
2. 参数值从堆栈中获得，因为调用它的 C 函数把参数压入在堆栈中；
3. 如果函数应该返回一个值，它的值应保存在 d0 中（在这种情况下，d0 **不能**进行保存和恢复）；
4. 在返回之前，函数必须清除任何它压入到堆栈中的内容。

在汇编程序中创建一个完全 C 风格的堆栈帧并无必要。你所要做的就是调用一个能够以正确的方式压入参数并当它返回时能够正确地执行清理任务的函数。在一个由 C 程序调用的汇编程序中，必须访问 C 函数放置在那里的参数。

在实际编写汇编函数之前，需要知道你机器上的汇编语言相关的信息。一些能够让我们明白一个现有的汇编程序是如何工作的粗浅知识对于编写新程序是远远不够的。

程序 18.4 和程序 18.5 是两个从 C 函数调用汇编函数以及从汇编函数调用 C 函数的例子。虽然

它们都是特定于这个环境的，但对于说明这方面的情况还是非常有用的。第 1 个例子是一个汇编语言程序，它返回 3 个整型参数的和。这个函数并没有费心完成堆栈帧，只是计算参数的和并返回。我们将以下面的方式从一个 C 函数中调用这个函数：

```
sum = sum_three_values( 25, 14, -6 );
```

第 2 个例子显示了一段汇编语言程序，它需要打印 3 个值，会调用 printf 函数来完成这项工作。

```
|
| 对 3 个整数求和，并返回这个值。
|
        .text

        .globl    _sum_three_values
_sum_three_values:
        movl      sp@(4),d0       |Get 1st arg,
        addl      sp@(8),d0       |add 2nd arg,
        addl      sp@(12),d0      |add last arg.
        rts                       |Return.
```

程序 18.4　对 3 个整数求和的汇编语言程序   sum.s

```
|
| 需要打印 3 个值，x,y 和 z。
|
        movl      z,sp@-           | Push args on the
        movl      y,sp@-           | stack in reverse
        movl      x,sp@-           | order: format, x,
        movl      #format,sp@-     | y, and z.
        jbsr      _printf          | Now call printf
        addl      #16,sp           | Clean up stack
        \&...
        .data
format:.ascii  "x = %d, y = %d,  and z = %d"
        .byte   012, 0             | Newline and null
        .even
x:      .long   25
y:      .long   45
z:      .long   50
```

程序 18.5　调用 printf 函数的汇编语言程序   printf.s

18.3　运行时效率

什么时候一个程序会在老式的计算机上"太大"呢？当程序增长后的容量超过了内存的数量时，它就无法运行，这就属于"太大"。即使在一些现代的机器上，一个必须存储于 ROM 的程序必须相当小，才有可能装入到有限的内存空间中[1]。

但许多现代的计算机系统在这方面的限制大不如前，这是因为它们提供了**虚拟内存**（virtual memory）。虚拟内存是由操作系统实现的，它在需要时把程序的活动部分放入内存并把不活动的部分复制到磁盘中，这样就允许系统运行大型的程序。但程序越大，需要进行的复制就越多。所以大

1　只读内存（ROM, Read Only Memory）就是无法进行修改的内存。它通常用于存储那些在计算机上控制一些设备的程序。

型程序不是像以前那样根本无法运行，而是随着程序的增大，执行效率逐渐降低。所以，什么时候程序显得"太大"呢？就是当它运行得太慢的时候。

程序的执行速度显然与它的体积有关。程序执行的速度越慢，使用这个程序就会显得越不舒服。我们很难界定究竟在哪一点一个程序突然会被扣上一顶"太慢"的帽子。除非它必须对一些自身无法控制的物理事件做出反应。例如，一个操作 CD 播放器的程序如果处理数据的速度无法赶上数据从 CD 传送过来的速度，它显然就太慢了。

提高效率

经过优化的现代编译器在从一个 C 程序产生高效的目标代码方面做得非常好。因此，把时间花在对代码进行一些小的修改以便使它效率更高，常常并不是很合算。

提示：

如果一个程序太大或太慢，相较于钻研每个变量，看看把它们声明为 register 能不能提高效率，远不如选择一种效率更高的算法或数据结构，这样效果要更满意。然而，这并不是说可以在代码中胡作非为，因为风格恶劣的代码总是会把事情弄得更糟。

如果一个程序太大，你很容易想到从哪里着手可以使程序变得更小：最大的函数和数据结构。但如果一个程序太慢，该从何处着手提高它的速度呢？答案是对程序进行性能评测，简单地说就是测算程序的每个部分在执行时所花费的时间。花费时间最多的那部分程序显然是优化的目标。程序中使用最频繁的那部分代码，如果运行速度能更快一些，将能够大大提高程序的整体运行速度。

绝大多数 UNIX 系统都具有性能评测工具，这些工具在许多其他操作系统中也有。图 18.6 是其中一个这类工具的输出的一部分。它显示了在某个特定程序的执行期间，每个函数所耗费时间的名

```
 Seconds   #Calls   Function Name
--------------------------------------
    4.94     293423  malloc
    3.21     272593  free
    2.85     658973  nextch from chrlst
    2.82     272593  insert
    2.69     791309  check traverse
    2.57       9664  lookup macro
    1.35     372915  append to chrlst
    1.23     254501  interpolate
    1.10     302714  next input char
    1.09     285031  input filter
    0.91     197235  demote
    0.90     272419  putfreehdr
    0.82     285031  nextchar
    0.79       7620  lookup number register
    0.77      63946  new character
    0.65     292822  allocate
    0.57     272594  getfreehdr
    0.51      34374  next text char
    0.46     151006  duplicate char
    0.41       6473  expression
    0.37       8843  sub expression
    0.35      23774  skip white space
    0.34     203535  copy interpolate
    0.32      10984  copy function
    0.31     133032  duplicate ascii char
    0.31        604  process filled text
    0.31      52627  next ascii char
```

图 18.6 性能评测样例信息

次以及它所耗费的时间（以秒为单位）。这个程序的总执行时间是 32.95 秒。可以从这个列表中发现 3 个有趣的地方。

1. 在耗费时间最多的函数中，有些是库函数。在这个例子里，malloc 和 free 占据了前两位。我们无法修改它们的实现方式，但在重新设计程序时，如果能够不用或少用动态内存分配，程序的执行速度最多可以提高 25%。

2. 有些函数之所以耗费了大量的时间，是因为它们被调用的次数非常多。即使每次单独调用时它的速度很快，但由于调用次数多，因此总的时间不少。_nextch_from_chrlst 就是其中一例。这个函数每次调用所耗费的时间只有 4.3 微秒。由于它是如此之短，因此通过对函数进行改进大幅度提高它的执行速度的可能性非常之小。但是，就是因为它的调用次数非常多，所以它还是值得加以关注。加上几个明智的 register 声明稍微提高函数的效率，对程序的总体性能可能还是会有较大的改善。

3. 有些函数调用的次数并不多，但每次调用所花费的时间却很长。例如，_loopup_macro 平均每次调用要花费 265 微秒的时间。为这个函数寻找一种更快的算法最多可以使程序的速度提高 7.75%[1]。

作为最后一招，我们可以对单个函数用汇编语言重新编码，函数越小，重新编码就越容易。这种方法的效果可能很好，因为在小型函数中，C 的函数序和函数跋所耗费的固定开销在执行时间中所占的比例不小。对较大的函数进行重新编码要困难得多，因此把时间花在这个地方效率不是很高。

性能评测常常并不能告诉你原先不知道的东西，但有时候它的结果可能相当出人意料。性能评测的优点在于你会弄清自己正在花时间研究的那部分程序，可能会带来最大程度的性能提高。

18.4 总结

我们在这台机器上研究的有些任务在许多其他环境中也是以这些方式实现的。例如，绝大多数环境都创建某种类型的堆栈帧，函数用它来保存它们的数据。堆栈帧的细节可能各不相同，但它们的基本思路是相当一致的。

其他一些任务在不同的环境中可能差异较大。有些计算机具有特殊的硬件，这些硬件用于保存函数的参数，所以它们的处理方式和我们所看到的可能大不一样。其他机器在传递函数值时也可能采用不同的方式。

警告：

事实上，不同的编译器可能在相同的机器上产生不同的代码。在我们的测试机器上使用的另一种编译器能够使用 9～14 个寄存器变量（具体数目取决于一些其他情况）。不同的编译器可能具有不同的堆栈帧约定，或者在函数的调用和返回上使用不兼容的协议。因此，在通常情况下，不能使用不同的编译器编译同一个程序的不同片段。

提高程序效率的最好方法是为它选择一种更好的算法。接下来的一种提高程序执行速度的最佳手段是对程序进行性能评测，看看程序的哪个地方花费的时间最多。把优化措施集中在程序的这部分将产生最好的结果。

---

1 事实上我们还需要注意第 4 点：malloc 的调用次数比 free 多了 20833 次，所以有些内存被泄漏了。

提示：

学习机器的运行时环境既有益处又存在危险：说它有用是因为你获得的知识允许你做一些其他方法无法完成的事情；说它危险是因为程序中如果存在任何依赖于这方面知识的东西，可能会损害程序的可移植性。现在这个时代，计算机发展的速度很快，许多机器还没有摆到货架上就已经过时。因此，程序从一台机器转换到另一台机器的可能性是非常现实的，所以我们非常希望代码具有良好的可移植性。

18.5　警告的总结

1. 是链接器而不是编译器决定外部标识符的最大长度。
2. 无法链接由不同编译器产生的程序。

18.6　编程提示的总结

1. 使用 stdarg 实现可变参数列表。
2. 改进算法比优化代码更有效率。
3. 使用某种环境特有的技巧会导致程序不可移植。

18.7　问题

1. 在你的环境中，堆栈帧的样子是什么样的？
2. 在你的系统中，有意义的外部标识符最长可以有多少字符？
3. 在你的环境中，寄存器可以存储多少个变量？对于指针和非指针值，它是不是进行了任何区分？
4. 在你的环境中，参数是如何传递给函数的？值是如何从函数返回的？
5. 在本章所使用的这台机器上，如果一个函数把它的一个或多个参数声明为寄存器变量，那么这个函数的参数在函数序中和平常一样被压入到堆栈中，然后再复制到正确的寄存器中。如果这些参数能够直接保存到寄存器，函数的效率会更高一些。这种参数传递技巧能够实现吗？如果能，怎么实现呢？
6. 在我们所讨论的环境中，调用函数负责清除它压入到堆栈中的参数。那么，能不能由被调用函数来完成这项任务呢？如果不能，那么在满足什么条件下它才能呢？
7. 如果说汇编语言程序比 C 程序效率更高，那么为什么不用汇编语言来编写所有程序呢？

18.8　编程练习

★　1. 为你的系统编写一个汇编语言函数，它接受 3 个整型参数并返回它们的和。
★　2. 编写一个汇编语言程序，创建 3 个整型值并调用 printf 函数把它们打印出来。
★★　3. 假定 stdarg.h 文件被意外地从你的系统中删除。请编写一组第 7 章所描述的 stdarg 宏。

部分问题和编程练习的答案

本书的附录部分节选了各章的一些问题和编程练习的答案。对于编程练习，除了这里给出的答案，应该还有很多其他正确的答案。

第 1 章　问题

1.2　声明只需要编写一次，这样以后维护和修改它时会更容易。同样，声明只编写一次，也消除了在多份副本中出现写法不一致的机会。

1.5　`scanf( "%d %d %s", &quantity, &price, department );`

1.8　当一个数组作为函数的参数进行传递时，函数无法知道它的长度。因此，gets 函数没有办法防止一个非常长的输入行，从而导致 input 数组溢出。fgets 函数要求数组的长度作为参数传递给它，因此不存在这个问题。

第 1 章　编程练习

1.2　通过从输入中逐字符进行读取而不是逐行进行读取，可以避免行长度限制。在这个解决方案中，如果定义了 TRUE 和 FALSE 符号，程序的可读性会更好一些，但这个技巧在本章尚未讨论。

```c
/*
** 从标准输入复制到标准输出，并对输出行标号。
*/

#include <stdio.h>
#include <stdlib.h>

int
main()
    {
    int ch;
    int line;
    int at_beginning;
```

```
            line = 0;
            at_beginning = 1;
            /*
            **  读取字符并逐个处理它们。
            */
            while( (ch = getchar()) != EOF ){
                /*
                **  如果位于一行的起始位置，打印行号。
                */
                if( at_beginning == 1 ){
                    at_beginning = 0;
                    line += 1;
                    printf( "%d ", line );
                }

                /*
                **  打印字符，并对行尾进行检查。
                */
                putchar( ch );
                if( ch == '\n' )
                    at_beginning = 1;
            }

            return EXIT_SUCCESS;

}
```

解决方案 1.2   number.c

1.5 当输出行已满时，仍然可以中断循环，但在其他情况下循环必须继续。我们必须同时检查每个范围内已经复制了多少个字符，以防止一个 NUL 字节过早地被复制到输出缓冲区。这里是一个修改方案，用于完成这项工作。

```
/*
**  处理一个输入行，方法是把指定列的字符连接在一起。输出行用 NUL 结尾。
*/

void
rearrange( char *output, char const *input,
    int const n_columns, int const columns[] )
{
        int     col;            /* columns 数组的下标。 */
        int     output_col;     /* 输出列计数器。 */
        int     len;            /* 输入行的长度。 */

        len = strlen( input );
        output_col = 0;

        /*
        **  处理每对列号。
        */
        for( col = 0; col < n_columns; col += 2 ){
            int   nchars = columns[col + 1] - columns[col] + 1;

            /*
```

```
    **  如果输入行没这么长，跳过这个范围。
    */
    if( columns[col] >= len )
        continue;

    /*
    ** 如果输出数组已满，任务就完成。
    */
    if( output_col == MAX_INPUT - 1 )
        break;

    /*
    ** 如果输出数组空间不够，只复制可以容纳的部分。
    */
    if( output_col + nchars > MAX_INPUT - 1 )
        nchars = MAX_INPUT - output_col - 1;

    /*
    ** 观察输入行中多少个字符在这个范围里面。如果它小于nchars,
    ** 对nchars的值进行调整。
    */
    if( columns[col] + nchars - 1 >= len )
        nchars = len - columns[col];

    /*
    ** 复制相关的数据。
    */
    strncpy( output + output_col, input + columns[col],
        nchars );
    output_col += nchars;
}

output[output_col] = '\0';
}
```

解决方案 1.5   rearran2.c

第 2 章 问题

2.4 假定系统使用的是 ASCII 字符集，则存在下面的相等关系。

\40 = 32 = 空格字符

\100 = 64 = '@'

\x40 = 64 = '@'

\x100 占据 12 位（尽管前 3 位为零）。在绝大多数机器上，这个值过于庞大，无法存储于一个字符内，所以它的结果因编译器而异。

\0123 由两个字符组成：'\012'和'3'，其结果值因编译器而异。

\x0123 过于庞大，无法存储于一个字符内，其结果值因编译器而异。

2.7 有对有错。对：除了预处理指令，语言并没有对程序应该出现的外观施加任何规则。错：风格恶劣的程序难以维护或无法维护，所以除了极为简单的程序，绝大多数程序的编写风格是非常重要的。

2.8 这两个程序的 while 循环都缺少一个用于结束语句的右花括号。但是，第 2 个程序更容易发现这个错误。这个例子说明了在函数中对语句进行缩进的价值。

2.11 当一个头文件被修改时，所有包含它的文件都必须重新编译。

如果这个文件被修改	这些文件必须重新编译
list.c	list.c
list.h	list.c, table.c, main.c
table.h	table.c, main.c

Borland C/C++编译器的 Windows 集成开发环境在各个文件中寻找这些关系并自动只编译那些需要重新编译的文件。UNIX 系统有一个称为 make 的工具，用于执行相同的任务。但是，要使用这个工具，必须创建一个 makefile，它用于描述各个文件之间的关系。

第 2 章　编程练习

2.2 这个程序很容易通过一个计数器实现。但是，它并没有像初看上去那么简单。使用"}{"这个输入测试你的解决方案。

```
/*
** 检查一个程序的花括号对。
*/

#include <stdio.h>
#include <stdlib.h>

int
main()
{
    int ch;
    int braces;

    braces = 0;

    /*
    ** 逐字符读取程序。
    */
    while( (ch = getchar()) != EOF ){
        /*
        ** 左花括号始终是合法的。
        */
        if( ch == '{' )
            braces += 1;

        /*
        ** 右花括号只有当它和一个左花括号匹配时才是合法的。
        */
        if( ch == '}' )
            if( braces == 0 )
                printf( "Extra closing brace!\n" );
            else
                braces -= 1;
    }
```

```
        /*
        ** 没有更多输入：验证不存在任何未被匹配的左花括号。
        */
        if( braces > 0 )
            printf( "%d unmatched opening brace(s)!\n", braces );

        return EXIT_SUCCESS;
    }
```
解决方案 2.2   braces.c

第 3 章　问题

3.3　声明整型变量名，使变量的类型必须有一个确定的长度（如 int8、int16、int32）。对于希望成为缺省长度的整数，根据它所能容纳的最大值，使用类似 defint8、defint16 或 defint32 这样的名字。然后为每台机器创建一个名为 int_sizes.h 的文件，它包含一些 typedef 声明，为所创建的类型名字选择最合适的整型长度。在一台典型的 32 位机器上，这个文件将包含：

```
typedef signed char     int8;
typedef short int       int16;
typedef int             int32;
typedef int             defint8;
typedef int             defint16;
typedef int             defint32;
```

在一台典型的 16 位整数机器上，这个文件将包含：

```
typedef signed char     int8;
typedef int             int16;
typedef long int        int32;
typedef int             defint8;
typedef int             defint16;
typedef long int        defint32;
```

也可以使用#define 指令。

3.7　变量 jar 是一个枚举类型，但它的值实际上是个整数。但是，printf 格式代码%s 用于打印字符串而不是整数。结果，我们无法判断它的输出会是什么样子。如果格式代码是%d，那么输出将会是：

```
32
48
```

3.10　否。任何给定的 n 个位的值只有 2^n 个不同的组合。一个有符号值和无符号值仅有的区别在于它的一半值是如何解释的。在一个有符号值中，它们是负值。在一个无符号值中，它们是一个更大的正值。

3.11　float 的范围比 int 大，但如果它的位数不比 int 更多，则并不能比 int 表示更多不同的值。前一个问题的答案已经提示了它们能够表示的不同值的数量是相同的，但在绝大多数浮点系统中，这个答案是错误的。零通常有许多种表示形式，而且通过使用不规范的小数形式，其他值也具有多种不同的表示形式。因此，float 能够表示的不同值的数量比 int 少。

3.21　是的，这是可能的，但不应该指望它。而且，即使不存在其他的函数调用，它们的值也很可能不同。在有些架构的机器上，一个硬件中断将把机器的状态信息压到堆栈上，它们将破坏这些变量。

第 4 章　问题

4.1 它是合法的，但不会影响程序的状态。这些操作符都不具有副作用，并且它们的计算结果并没有赋值给任何变量。

4.4 使用空语句：

```
if( condition )
        ;
else {
        statements
}
```

可以对条件进行修改，省略空的 then 子句。它们的效果是一样的：

```
if( ! ( condition ) ){
        statements
}
```

4.9 由于不存在 break 语句，因此对于每个偶数，这两条信息都将打印出来。

```
odd
even
odd
odd
even
odd
```

4.12 如果一开始处理最为特殊的情况，以后再处理更为普通的情况，你的任务会更轻松一些。

```
if( year % 400 == 0 )
        leap_year = 1;
else if( year % 100 == 0 )
        leap_year = 0;
else if( year % 4 == 0 )
        leap_year = 1;
else
        leap_year = 0;
```

第 4 章　编程练习

4.1 必须使用浮点变量，而且程序应该对负值输入进行检查。

```
/*
** 计算一个数的平方根。
*/

#include <stdio.h>
#include <stdlib.h>

int
main()
{
        float   new_guess;
        float   last_guess;
        float   number;

    /*
    ** 催促用户输入，读取数据并对它进行检查。
    */
        printf( "Enter a number: " );
        scanf( "%f", &number );
if( number < 0 ){
```

```
            printf( "Cannot compute the square root of a "
                    "negative number!\n" );
            return EXIT_FAILURE;
    }

    /*
    ** 计算平方根的近似值，直到它的值不再变化。
    */
    new_guess = 1;
    do {
        last_guess = new_guess;
        new_guess = ( last_guess + number / last_guess ) / 2;
        printf( "%.15e\n", new_guess );
    } while( new_guess != last_guess );

    /*
    ** 打印结果。
    */
    printf( "Square root of %g is %g\n", number, new_guess );

    return EXIT_SUCCESS;
}
```

解决方案 4.1   sqrt.c

4.4 src 向 dst 的赋值可以蕴含在 if 语句内部。

```
    /*
    ** 从 src 中的字符串向 dst 数组准确地复制 n 个字符 ( 如果需要，用 NUL 进行填充 )。
    */
    void
    copy_n( char dst[], char src[], int n )
    {
            int dst_index, src_index;

            src_index = 0;

            for( dst_index = 0; dst_index < n; dst_index += 1 ){
                dst[dst_index] = src[src_index];
                if( src[src_index] != 0 )
                    src_index += 1;
            }
    }
```

解决方案 4.4   copy_n.c

第 5 章　问题

5.2 这是一个狡猾的问题。比较明显的回答是-10(2 – 3 * 4)，但实际上它因编译器而异。乘法运
     算必须在加法运算之前完成，但并没有规则规定函数调用完成的顺序。因此，下面几个答
     案都是正确的：

```
-10   ( 2 - 3 * 4 ) or ( 2 - 4 * 3 )
 -5   ( 3 - 2 * 4 ) or ( 3 - 4 * 2 )
 -2   ( 4 - 2 * 3 ) or ( 4 - 3 * 2 )
```

5.4 不，它们都执行相同的任务。如果你比较吹毛求疵，使用 if 的那个方案看上去稍微臃肿一些，因为它具有两条存储到 i 的指令。但是，它们之间只有一条指令才会执行，所以在速度上并无区别。

5.6 ()操作符本身并无任何副作用，但它所调用的函数可能有副作用。

操作符	副作用
++, --	不论是前缀还是后缀形式，这些操作符都会修改它们的操作数
=	包括所有其他的复合赋值符：它们都修改作为左值的左操作数

第 5 章 编程练习

5.1 应该提倡的转换字母大小写的方法是使用 tolower 库函数。如下所示：

```
/*
** 将标准输入复制到标准输出，将所有大写字母转换为小写字母。注意，它依赖于
** 这个事实：如果参数并非大写字母，tolower 函数将不修改它的参数，直接返回
** 它的值。
*/
#include <stdio.h>
#include <ctype.h>

int
main( void )
{
    Int  ch;

    while( (ch = getchar()) != EOF )
        putchar( tolower( ch ) );
}
```

解决方案 5.1a   uc_lc.c

不过，我们此时还没有讨论这个函数，所以下面是另一种方案：

```
/*
** 将标准输入复制到标准输出，把所有的大写字母转换为小写字母。
*/
#include <stdio.h>

int
main( void )
{
    Int   ch;

    while( (ch = getchar()) != EOF ){
        if( ch >= 'A' && ch <= 'Z' )
            ch += 'a' - 'A';
        putchar( ch );
    }
}
```

解决方案 5.1b   uc_lc_b.c

        第 2 个程序在使用 ASCII 字符集的机器上运行良好，但在那些大写字母并不连续的字符集（如 EBCDIC）中，它就会对非字母字符进行转换，从而违反了题目的规定，所以最好的方法还是使用库函数。

5.3   对位的计数不使用硬编码，可以避免可移植性问题。这个解决方案使用一个位在一个无符号整数中进行移位来控制创建答案的循环。

```
/*
** 在一个无符号整数值中翻转位的顺序。
*/

unsigned int
reverse_bits( unsigned int value )
{
unsigned int  answer;
unsigned int  i;

answer = 0;

/*
** 只是 i 不是 0 就继续进行。这就使循环与机器的字长无关，从而避免了可移植性问题。
*/
for( i = 1; i != 0; i <<= 1 ){
    /*
    ** 把旧的 answer 左移 1 位，为下一个位留下空间；
    ** 如果 value 的最后一位是 1，answer 就与 1 进行 OR 操作；
    ** 然后将 value 右移至下一个位。
    */
    answer <<= 1;
    if( value & 1 )
        answer |= 1;
    value >>= 1;
}

return answer;
}
```

解决方案 5.3   reverse.c

第 6 章   问题

6.1   机器无法做出判断。编译器根据值的声明类型创建适当的指令，机器只是盲目地执行这些指令而已。

6.4   这是很危险的。首先，解引用一个 NULL 指针的结果因编译器而异，所以程序不应该这样做。允许程序在这样的访问之后还能继续运行是很不幸的，因为这时程序很可能并没有正确运行。

6.6   有两个错误。对增值后的指针进行解引用时，数组的第一个元素并没有被清零。另外，若指针在越过数组的右边界以后仍然进行解引用，它将把其他某个内存地址的内容清零。

注意，pi 在数组之后立即声明。如果编译器恰好把它放在紧跟数组后面的内存位置，结果将是灾难性的。当指针移到数组后面的那个内存位置时，那个最后被清零的内存位置就是保存指针的位置。这个指针（现在变成了零）因为仍然小于&array[ARRAY_SIZE]，所以循环将继续执行。指针在它被解引用之前增值，所以下一个被破坏的值就是存储于内存位置 4 的变量（假定整数的长度为 4 字节）。如果硬件并没有捕捉到这个错误并终止程序，这个循环将继续下去，指针在内存中继续前行，破坏它遇见的所有值。当再一次到达这个数组的位置时，它就会重复上面这个过程，从而导致一个微妙的无限循环。

第 6 章　编程练习

6.3　这个算法的关键是当两个指针相遇或擦肩而过时就停止，否则，这些字符将翻转两次，实际上相当于没有任何效果。

```
/*
** 翻转参数字符串。
*/

void reverse_string( char *str )
{
char*last_char;

/*
** 把 last_char 设置为指向字符串的最后一个字符。
*/
for( last_char = str; *last_char != '\0'; last_char++ )
    ;

last_char--;

/*
** 交换 str 和 last_char 指向的字符，然后 str 前进一步，last_char 后退一步，
** 在两个指针相遇或擦肩而过之前重复这个过程。
*/
while( str < last_char ){
    char temp;

    temp = *str;
    *str++ = *last_char;
    *last_char-- = temp;
}
}
```

解决方案 6.3　　　　　　　　　　　　　　　　　　　　　　　　　　　　　rev_str.c

第 7 章　问题

7.1　当存根函数被调用时，打印一条消息，显示它已被调用，或者也可以打印作为参数传递给它的值。

7.7　这个函数假定当它被调用时传递给它的正好是 10 个元素的数组。如果参数数组更大一些，它就会忽略剩余的元素。如果传递一个不足 10 个元素的数组，函数将访问数组边界之外的值。

7.8　递归和迭代都必须设置一些目标，当达到这些目标时便终止执行。每个递归调用和循环的每次迭代必须取得一些进展，进一步靠近这些目标。

第 7 章　编程练习

7.1　Hermite polynomials 用于物理学和统计学。它们也可以作为递归练习在程序中使用。

```
/*
** 计算 Hermite polynomial 的值
**
**    输入:
**        n, x: 用于标识值
**
**    输出:
**        polynomial 的值 (返回值)
*/

int
hermite( int n, int x )
{
    /*
    ** 处理不需要递归的特殊情况。
    */
    if( n <= 0 )
        return 1;
    if( n == 1 )
        return 2 * x;

    /*
    ** 否则，递归地计算结果值。
    */
    return 2 * x * hermite( n - 1, x ) -
        2 * ( n - 1 ) * hermite( n - 2, x );
}
```

解决方案 7.1　　　　　　　　　　　　　　　　　　　　　　　　　　　　　　hermite.c

7.3　这个问题应该用迭代方法解决，而不应采用递归方法。

```
/*
** 把一个数字字符串转换为一个整数。
*/

int
ascii_to_integer( char *string )
{
    int  value;

    value = 0;

    /*
    ** 逐个把字符串的字符转换为数字。
    */
    while( *string >= '0' && *string <= '9' ){
```

```
        value *= 10;
        value += *string - '0';
        string++;
    }

    /*
    ** 错误检查：如果由于遇到一个非数字字符而终止，把结果设置为 0。
    */
    if( *string != '\0' )
        value = 0;

    return value;
}
```

解决方案 7.3   atoi.c

第 8 章　问题

8.1　其中两个表达式的答案无法确定，因为我们不知道编译器选择在什么地方存储 ip。

ints	100	ip	112
ints[4]	50	ip[4]	80
ints + 4	116	ip + 4	128
*ints + 4	14	*ip + 4	44
*(ints + 4)	50	*(ip + 4)	80
ints[-2]	非法	ip[-2]	20
&ints	100	&ip	未知
&ints[4]	116	&ip[4]	128
&ints + 4	116	&ip + 4	未知
&ints[-2]	非法	&ip[-2]	104

8.5　通常，一个程序 80% 的运行时间用于执行 20% 的代码，所以其他 80% 的代码语句对效率并不是特别敏感，所以使用指针获得的效率上的提高抵不上其他方面的损失。

8.8　在第 1 个赋值语句中，编译器认为 a 是一个指针变量，所以它提取存储在那里的指针值，并加上 12（3 和整型的长度相乘），然后对这个结果执行间接访问操作。但 a 实际上是整型数组的起始位置，所以作为"指针"获得的这个值实际上是数组的第 1 个整型元素。它与 12 相加，其结果解释为一个地址，然后对它进行间接访问。作为结果，它要么提取一些任意内存位置的内容，要么由于某种地址错误而导致程序失败。

在第 2 个赋值语句中，编译器认为 b 是个数组名，所以它把 12（3 的调整结果）加到 b 的存储地址，然后执行间接访问操作从那里获得值。事实上，b 是个指针变量，所以从内存中提取的后面 3 个字实际上是从另外的任意变量中取得的。这个问题说明指针和数组虽然存在关联，但绝不是相同的。

8.12　当执行任何"按照元素在内存中出现的顺序对元素进行访问"的操作时。例如，初始化一个数组、读取或写入超过一个的数组元素、通过移动指针访问数组的底层内存"压扁"数组等，都属于这类操作。

8.17　第 1 个参数是个标量，所以函数得到值的一份副本。对这份副本的修改并不会影响原先的参数，所以 const 关键字的作用并不是防止原先的参数被修改。

第 2 个参数实际上是一个指向整型的指针。传递给函数的是指针的副本，对它进行修改并不会影响指针参数本身，但函数可以通过对指针执行间接访问修改调用程序的值。const 关键字用于防止这种修改。

第 8 章　编程练习

8.2　由于这个表相当短，因此也可以使用一系列的 if 语句实现。我们使用的是一个循环，它既可以用于短表，也适用于长表。这个表（类似于税务指南这样的小册子）把许多值都显示了不止一次，目的是为了使指令更加清楚。这里给出的解决方案并没有存储这些冗余值。注意，数据被声明为 static，这是为了防止用户程序直接访问它。如果数据存储于结构而不是数组中，程序会更好一些，但现在还没有学习结构。

```c
/*
** 计算 1995 年美国联邦政府对每位公民征收的个人收入所得税。
*/

#include <float.h>

Static   double    income_limits[]
 = { 0,    23350,    56550,   117950,   256500,   DBL_MAX };
static   float    base_tax[]
 = { 0,    3502.5, 12798.5, 31832.5, 81710.5 };
static   float    percentage[]
 = { .15,  .28,   .31,        .36,        .396 };

double
single_tax( double income )
{
    int   category;

    /*
    ** 找到正确的收入类别。DBL_MAX 被添加到这个列表的末尾，保证循环不会进
    ** 行得太久。
    */
    for( category = 1;
        income >= income_limits[ category ];
        category += 1 )
        ;
    category -= 1;

    /*
    ** 计算税。
    */
    return base_tax[ category ] + percentage[ category ] *
        ( income - income_limits[ category ] );
}
```

解决方案 8.2　　　　　　　　　　　　　　　　　　　　　　　　　　　　sing_tax.c

8.5 考虑到程序实际完成的工作，它实际上是相当紧凑的。由于它和矩阵的大小无关，因此这个函数不能使用下标——这个程序是一个使用指针的好例子。但是，从技术上说它是非法的，因为它将压扁数组。

```
/*
** 将两个矩阵相乘。
*/

void
matrix_multiply( int *m1, int *m2, register int *r,
    int x, int y, int z )
{
    register int  *m1p;
    register int  *m2p;
    register int  k;
    int  row;
    int  column;

    /*
    ** 外层的两个循环逐个产生结果矩阵的元素。由于这是按照存在顺序进行的，
    ** 因此可以通过对 r 进行间接访问来访问这些元素。
    */
    for( row = 0; row < x; row += 1 ){
        for( column = 0; column < z; column += 1 ){
            /*
            ** 计算结果的一个值。这是通过获得指向 m1 和 m2 的合适元素的指针，
            ** 在进行循环时，使它们前进来实现的。
            */
            m1p = m1 + row * y;
            m2p = m2 + column;
            *r = 0;

            for( k = 0; k < y; k += 1 ){
                *r += *m1p * *m2p;
                m1p += 1;
                m2p += z;
            }

            /*
            ** r 前进一步，指向下一个元素。
            */
            r++;
        }
    }
}
```

解决方案 8.5   matmult.c

第 9 章　问题

9.1 这个问题存在争议（虽然我给出了一个结论）。目前这种方法的优点是操纵字符数组的效率和访问的灵活性较高。它的缺点是有可能引起错误：溢出数组；使用的下标超出了字符串的边界；无法改变任何用于保存字符串的数组的长度等。

我的结论是从现代的面向对象的技术引出的。字符串类毫无例外地包括了完整的错误检查、用于字符串的动态内存分配和其他一些防护措施。这些措施都会造成效率上的损失。但是，如果程序无法运行，效率再高也没有什么意义，而且，较之设计 C 语言的时代，现代软件项目的规模要大得多。

因此，在数年前，缺少显式的字符串类型还能被看成是一个优点。但是，由于这个方法内在的危险性，因此使用现代的、高级的、完整的字符串类还是物有所值的。如果 C 程序员愿意循规蹈矩地使用字符串，也可以获得这些优点。

9.4 使用其中一个操纵内存的库函数：

```
memcpy( y, x, 50 );
```

重要的是不要使用任何 str--- 函数，因为它们将在遇见第 1 个 NUL 字节时停止。如果想自己编写循环，那要复杂得多，而且在效率上也不太可能超出这个方案。

9.8 如果缓冲区包含了一个字符串，memchr 将在内存中 buffer 的起始位置开始查找第 1 个包含 0 的字节并返回一个指向该字节的指针。将这个指针减去 buffer，可获得存储在这个缓冲区中的字符串的长度。strlen 函数完成相同的任务，不过 strlen 的返回值是个无符号（size_t）类型的值，而指针减法的值应该是个有符号类型（ptrdiff_t）。

但是，如果缓冲区内的数据并不是以 NULL 字节结尾，memchr 函数将返回一个 NULL 指针。将这个值减去 buffer 将产生一个无意义的结果。另一方面，strlen 函数在数组的后面继续查找，直到最终发现一个 NUL 字节。

尽管使用 strlen 函数可以获得相同的结果，但一般而言使用字符串函数不可能查找到 NUL 字节，因为这个值用于终止字符串。如果它是你需要查找的字节，则应该使用内存操纵函数。

第 9 章 编程练习

9.2 非常不幸！标准函数库并没有提供这个函数。

```
/*
** 安全的字符串长度函数。它返回一个字符串的长度，即使字符串并未以 NUL 字节结
** 尾。'size'是存储字符串的缓冲区的长度。
*/

#include <string.h>
#include <stddef.h>

size_t
my_strnlen( char const *string, int size )
{
    register size_t    length;

    for( length = 0; length < size; length += 1 )
        if( *string++ == '\0' )
            break;

    return length;
}
```

解决方案 9.2   mstrnlen.c

9.6　　这个问题有两种解决方法。第 1 种是简单但效率稍差的方案。

```
/*
** 字符串复制函数，返回一个指向目标参数末尾的指针（版本 1）。
*/

#include <string.h>

char *
my_strcpy_end( char *dst, char const *src )
{
        strcpy( dst, src );

        return dst + strlen( dst );
}
```

解决方案 9.2a　　　　　　　　　　　　　　　　　　　　　　　　　　　　　　mstrcpe1.c

用这种方案解决问题，最后一次调用 strlen 函数所消耗的时间不会少于省略那个字符串连接函数所节省的时间。

第 2 种方案避免使用库函数。register 声明用于提高函数的效率。

```
*
** 字符串拷贝函数，返回一个指向目标参数末尾的指针，不使用任何标准库字符处理
** 函数（版本 2）。
*/

#include <string.h>

char *
my_strcpy_end( register char *dst, register char const *src )
{
        while( ( *dst++ = *src++ ) != '\0' )
        ;

        return dst - 1;
}
```

解决方案 9.2b　　　　　　　　　　　　　　　　　　　　　　　　　　　　　　mstrcpe2.c

用这个方案解决问题并没有充分利用有些实现了特殊的字符串处理指令的机器所提供的额外效率。

9.11　一个长度为 101 字节的缓冲区数组，用于保存 100 字节的输入和 NUL 终止符。strtok 函数用于逐个提取单词。

```
/*
** 计算标准输入中单词 "the" 出现的次数。字母是区分大小写的，输入中的单词由一个或多次空白字符分隔。
*/

#include <stdio.h>
#include <string.h>
```

```
#include <stdlib.h>

char const          whitespace[] = " \n\r\f\t\v";
int
main()
{
    char buffer[101];
    int  count;

    count = 0;

    /*
    ** 读入文本行, 直到发现 EOF。
    */
    while( gets( buffer ) ){
        char*word;

        /*
        ** 从缓冲区逐个提取单词, 直到缓冲区内不再有单词。
        */
        for( word = strtok( buffer, whitespace );
            word != NULL;
            word = strtok( NULL, whitespace ) ){
            if( strcmp( word, "the" ) == 0 )
                count += 1;
        }
    }

    printf( "%d\n", count );

    return EXIT_SUCCESS;
}
```

解决方案 9.11   the.c

9.15 尽管没有在规范中说明, 但这个函数应该对两个参数都进行检查, 确保它们不是 NULL。
程序包含了 stdio.h 文件, 因为它定义了 NULL。如果参数能够通过测试, 我们只能假定
输入字符串已被正确地加上了终止符。

```
/*
** 把数字字符串'src'转换为美元和美分的格式, 并存储于'dst'。
*/

#include <stdio.h>

void
dollars( register char *dst, register char const *src )
{
    int len;

    if( dst == NULL || src == NULL )
        return;

    *dst++ = '$';
    len = strlen( src );
```

```
/*
** 如果数字字符串足够长，复制将出现在小数点左边的数字，并在适当的位置添
** 加逗号。如果字符串短于 3 个数字，在小数点前面再添加一个'0'。
*/
if( len >= 3 ){
    int i;

    for( i = len - 2; i > 0; ){
        *dst++ = *src++;
        if( --i > 0 && i % 3 == 0 )
            *dst++ = ',';
    }
} else
    *dst++ = '0';

/*
** 存储小数字，然后存储'src'中剩余的数字。如果'src'中的数字少于 2 个数
** 字，用'0'填充，然后在'dst'中添加 NUL 终止符。
*/
*dst++ = '.';
*dst++ = len < 2 ? '0' : *src++;
*dst++ = len < 1 ? '0' : *src;
*dst = 0;
}
```

解决方案 9.15   dollars.c

第 10 章 问题

10.2   结构是一个标量。与其他任何标量一样，当结构名在表达式中作为右值使用时，它表示存储在结构中的值；作为左值使用时，它表示结构存储的内存位置。但是，当数组名在表达式中作为右值使用时，它的值是一个指向数组第 1 个元素的指针。由于它的值是一个常量指针，因此数组名不能作为左值使用。

10.7   其中有一个答案无法确定，因为我们不知道编译器会选择在什么位置存储 np。

表达式	值
nodes	200
nodes.a	非法
nodes[3].a	12
nodes[3].c	200
nodes[3].c->a	5
*nodes	{5, nodes+3, NULL}
*nodes.a	非法
(*nodes).a	5
nodes->a	5
nodes[3].b->b	248
*nodes[3].b->b	{18, nodes+12, nodes+1 }
&nodes	200
&nodes[3].a	236
&nodes[3].c	244
&nodes[3].c->a	200
&nodes->a	200
np	224

np->a	22
np->c->c->a	15
npp	216
npp->a	非法
*npp	248
**npp	{18, nodes+2, nodes+1}
*npp->a	非法
(*npp)->a	18
&np	未知
&np->a	224
&np->c->c->a	212

10.11　x 应该被声明为整型（或无符号整型），然后使用移位和屏蔽存储适当的值。单独翻译每条语句，生成了下面的代码：

```
x &= 0x0fff;
x |= ( aaa & 0xf ) << 12;
x &= 0xf00f;
x |= ( bbb & 0xff ) << 4;
x &= 0xfff1;
x |= ( ccc & 0x7 ) << 1;
x &= 0xfffe;
x |= ( dddd & 0x1 );
```

如果只关心最终结果，下面的代码效率更高：

```
x = ( aaa & 0xf ) << 12 | \
    ( bbb & 0xff ) << 4 | \
    ( ccc & 0x7 ) << 1 | \
    ( ddd & 0x1 );
```

下面是另外一种方法：

```
x = aaa & 0xf;
x <<= 8;
x |= bbb & 0xff;
x <<= 3;
x |= ccc & 0x7;
x <<= 1;
x |= ddd & 1;
```

第 10 章　编程练习

10.1　虽然这个问题并没有明确要求，但正确的方法是为电话号码声明一个结构，然后使用这个结构表示付账记录结构的 3 个成员。

```
/*
** 表示长途电话付账记录的结构。
*/
struct PHONE_NUMBER {
    short area;
    short exchange;
    short station;
};
    struct LONG_DISTANCE_BILL {
    short       month;
```

```
    short        day;
    short        year;
    int          time;
    struct       PHONE_NUMBER called;
    struct       PHONE_NUMBER calling;
    struct       PHONE_NUMBER billed;
};
```

解决方案 10.2a   phone1.h

另一种方法是使用一个长度为 PHONE_NUMBERS 的数组，如下所示：

```
/*
**表示长途电话付账记录的结构。
*/
enum  PN_TYPE{ CALLED, CALLING, BILLED };

struct LONG_DISTANCE_BILL {
    short        month;
    short        day;
    short        year;
    int          time;
    struct       PHONE_NUMBER numbers[3];
};
```

解决方案 10.2b   phone2.h

第 11 章　问题

11.3　如果输入包含在一个文件中，它肯定是由其他程序（例如编辑器）放在那儿的。如果是这种情况，最长行的长度是由编辑器程序支持的，它会做出一个合乎逻辑的选择，确定你的输入缓冲区的大小。

11.4　主要的优点是当分配内存的函数返回时，这块内存会被自动释放。这个属性是由堆栈的工作方式决定的，它可以保证不会出现内存泄漏。但这种方法也存在缺点：由于当函数返回时被分配的内存将消失，因此它不能用于存储那些回传给调用程序的数据。

11.5

  a. 用字面值常量 2 作为整型值的长度。这个值在整型值长度为 2 字节的机器上能正常工作。但在 4 字节整数的机器上，实际分配的内存将只是所需内存的一半，所以应该换用 sizeof。

  b. 从 malloc 函数返回的值未被检查。如果内存不足，它将是 NULL。

  c. 把指针退到数组左边界的左边来调整下标的范围或许行得通，但它违背了标准中关于"指针不能越过数组左边界"的规定。

  d. 指针经过调整之后，第 1 个元素的下标变成了 1，接着 for 循环将错误地从 0 开始。在许多系统中，这个错误将破坏 malloc 所使用的用于追踪堆的信息，常常导致程序崩溃。

  e. 数组增值前并未检查输入值是否位于合适的范围内。非法的输入值可能会以一种有趣的方式导致程序崩溃。

  f. 如果数组应该被返回，它不能被 free 函数释放。

第 11 章　编程练习

11.2 这个用于函数分配一个数组，并在需要时根据一个固定的增值对数组进行重新分配。增量 DELTA 可以进行微调，用于在效率和内存浪费之间进行一平衡。

```
/*
** 从标准输入读取一列由 EOF 结尾的整数并返回一个包含这些值的动态分配的数组。
数组的第 1 个元素是数组所包含的值的数量。
*/

#include <stdio.h>
#include <malloc.h>

#define    DELTA        100

int *
readints()
{
    int    *array;
    int    size;
    int    count;
    int    value;

    /*
    ** 获得最初的数组，大小足以容纳 DELTA 个值。
    */
    size = DELTA;
    array = malloc( ( size + 1 ) * sizeof( int ) );
    if( array == NULL )
        return NULL;

    /*
    ** 从标准输入获得值。
    */
    count = 0;
    while( scanf( "%d", &value ) == 1 ){
        /*
        ** 如果需要，使数组变大，然后存储这个值。
        */
        count += 1;
        if( count > size ){
            size += DELTA;
            array = realloc( array,
                ( size + 1 ) * sizeof( int ) );
            if( array == NULL )
                return NULL;
        }
        array[ count ] = value;
    }

    /*
    ** 改变数组的长度，使其刚刚正好，然后存储计数值并返回这个数组。
    ** 这样做绝不会使数组更大，所以它绝不应该失败（但还是应该进行检查！）。
    */
    if( count < size ){
```

```
                        array = realloc( array,
                            ( count + 1 ) * sizeof( int ) );
                        if( array == NULL )
                            return NULL;
                }
                array[ 0 ] = count;
                return array;
        }
```

解决方案 11.2   readints.c

第 12 章　问题

12.2　与不用处理任何特殊情况代码的 sll_insert 函数相比，这种使用头节点的技巧没有任何优越之处。而且自相矛盾的是，这个声称用于消除特殊情况的技巧，实际上将引入用于处理特殊情况的代码。如果链表被创建，必须添加哑节点。其他操纵这个链表的函数必须跳过这个哑节点。最后，这个哑节点还会浪费内存。

12.4　如果根节点是动态分配内存的，我们可以通过只为节点的一部分分配内存来达到目的。

```
Node *root;
root = malloc( sizeof(Node) - sizeof(ValueType) );
```

一种更安全的方法是声明一个只包含指针的结构。根指针就是这类结构之一，每个节点只包含这类结构中的一个。这种方法的有趣之处在于结构之间的相互依赖，每个结构都包含了一个对方类型的字段。这种相互依赖性就在声明它们时产生了一个"先有鸡还是先有蛋"的问题：哪个结构先声明呢？这个问题只能通过其中一个结构标签的不完整声明来解决。

```
struct  DLL_NODE;

struct  DLL_POINTERS    {
        struct DLL_NODE *fwd;
        struct DLL_NODE *bwd;
};

struct  DLL_NODE        {
        struct DLL_POINTERS     pointers;
        int     value;
};
```

12.7　在多个链表的方案中进行查找比在一个包含所有单词的链表中进行查找效率要高得多。例如，查找一个以字母 b 开头的单词，我们就不需要在那些以 a 开头的单词中进行查找。在26 个字母中，如果每个字母开头的单词出现频率相同，这种多个链表方案的效率几乎可以提高 26 倍。不过实际改进的幅度要比这小一些。

第 12 章　编程练习

12.1　这个函数很简单，虽然它只能用于所声明的那种类型的节点——你必须知道节点的内部结构。第 13 章将讨论解决这个问题的技巧。

```
/*
```

```
** 在单链表中计数节点的个数。
*/

#include "singly_linked_list_node.h"
#include <stdio.h>

int
sll_count_nodes( struct NODE *first )
{
        int   count;

        for( count = 0; first != NULL; first = first->link ){
            count += 1;
          }

        return count;
}
```

解决方案 12.1

sll_cnt.c

如果这个函数被调用时传递给它的是一个指向链表中间位置某个节点的指针，那么它将对链表中这个节点以后的节点进行计数。

12.5 首先，这个问题的答案是：接受一个指向希望删除的节点的指针可以使函数和存储在链表中的数据类型无关。所以通过对不同的链表包含不同的头文件，相同的代码可以作用于任何类型的值。其次，如果我们并不知道哪个节点包含了需要被删除的值，那么首先必须对它进行查找。

```
/*
** 从一个单链表删除一个指定的节点。第 1 个参数指向链表的根指针，第 2 个参数
** 指向需要被删除的节点。如果它可以被删除，函数返回 TRUE，否则返回 FALSE。
*/

#include <stdlib.h>
#include <stdio.h>
#include <assert.h>
#include "singly_linked_list_node.h"

#define    FALSE    0
#define    TRUE     1

int
sll_remove( struct NODE **linkp, struct NODE *delete )
{
        register Node*current;

        assert( delete != NULL );

        /*
        ** 寻找要求删除的节点。
        */
        while( ( current = *linkp ) != NULL && current != delete )
            linkp = &current->link;

        if( current == delete ){
            *linkp = current->link;
```

```
        free( current );
        return TRUE;
    }
    else
        return FALSE;
}
```

解决方案 12.5   sll_remv.c

注意，让这个函数用 free 函数删除节点将使得它只适用于动态分配节点的链表。另一种方案是如果函数返回真，由调用程序负责删除节点。当然，如果调用程序没有删除动态分配的节点，将导致内存泄漏。

一个讨论问题：为什么这个函数需要使用 assert？

第 13 章　问题

13.1　a. Ⅷ, b. Ⅲ, c. Ⅹ, d. Ⅺ, e. Ⅳ, f. Ⅸ, g. ⅩⅥ, h. Ⅶ, i. Ⅵ, j. Ⅺ Ⅹ
　　　k. Ⅹ Ⅺ, l. Ⅹ Ⅹ Ⅲ, m. Ⅹ Ⅹ Ⅴ

13.4　把 trans 声明为寄存器变量可能有所帮助，这取决于使用的环境。在有些机器上，把指针放入寄存器的好处相当突出。其次，声明一个保存 trans->product 值的局部变量，如下所示：

```
register Product *the_product;

the_product = trans->product;
the_product->orders += 1;
the_product->quantity_on_hand -= trans->quantity;
the_product->supplier->reorder_quantity
    += trans->quantity;
if( the_product->export_restricted ){
        ...
    }
```

这个表达式可以被多次使用，但不需要每次重新计算。有些编译器会自动为你做这两件事，但有些编译器不会。

13.7　它的唯一优点如此明显，你可能没有对它多加思考，这也是编写这个函数的理由——这个函数使处理命令行参数更为容易。但这个函数的其他方面都是不利因素。你只能使用这个函数所支持的方式处理参数。由于它并不是标准的一部分，因此使用 getopt 将会降低程序的可移植性。

13.11　首先，有些编译器把字符串常量存放在无法进行修改的内存区域，如果试图对这类字符串常量进行修改，就会导致程序终止。其次，即使一个字符串常量在程序中使用的地方不止一处，有些编译器也只保存这个字符串常量的一份副本。修改其中一个字符串常量将影响程序中这个字符串常量所有出现的地方，这使得调试工作极为困难。例如，如果一开始执行了下面这条语句：

```
    strcpy("hello\n", "Bye!\n" );
```

然后再执行下面这条语句：

```
    printf("hello\n" );
```

将打印出 Bye!。

第 13 章　编程练习

13.1　这个问题是在第 9 章给出的，但那里没有对 if 语句施加限制。这个限制的意图是促使你考虑其他实现方法。函数 is_not_print 的结果是 isprint 函数返回值的负值，它避免了主循环处理特殊情况的需要，每个元素保存函数指针、标签以及每种类型的计数值。

```
/*
** 计算从标准输入的几类字符的百分比。
*/
#include <stdlib.h>
#include <stdio.h>
#include <ctype.h>

/*
** 定义一个函数，判断一个字符是否为可打印字符。这可以消除下面代码中这种类型
** 的特殊情况。
*/
int is_not_print( int ch )
{
        return !isprint( ch );
}

/*
**     用于区别每种类型的分类函数的跳转表。
*/
static     int(*test_func[])( int ) = {
        iscntrl,
        isspace,
        isdigit,
        islower,
        isupper,
        ispunct,
        is_not_print
};
#define  N_CATEGORIES\
              ( sizeof( test_func ) / sizeof( test_func[ 0 ] ) )

/*
**    每种字符类型的名字。
*/
char*label[] = {
    "control",
    "whitespace",
    "digit",
    "lower case",
    "upper case",
    "punctuation",
    "non-printable"
};

/*
**    目前见到的每种类型的字符数以及字符的总量。
*/
int  count[ N_CATEGORIES ];
int  total;
```

```
main()
{
    int   ch;
        int   category;

    /*
    ** 读取和处理每个字符。
    */
    while( (ch = getchar()) != EOF ){
        total += 1;

        /*
        ** 为这个字符调用每个测试函数。如果结果为真，增加对应计数器的值。
        */
        for( category = 0; category < N_CATEGORIES;
            category += 1 ){
            if( test_func[ category ]( ch ) )
                count[ category ] += 1;
        }
    }

    /*
    ** 打印结果。
    */
    if( total == 0 ){
        printf( "No characters in the input!\n" );
    }
    else {
        for( category = 0; category < N_CATEGORIES;
            category += 1 ){
                printf( "%3.0f%% %s characters\n",
                count[ category ] * 100.0 / total,
                label[ category ] );
        }
    }

    return EXIT_SUCCESS;
}
```

解决方案 13.1   char_cat.c

第 14 章   问题

14.1   在打印错误信息时，文件名和行号可能是很有用的，尤其是在调试的早期阶段。事实上，
       assert 宏使用它们来实现自己的功能。 _ _DATE_ _和_ _TIME_ _可以把版本信息编译到程
       序中。最后，_ _STDC_ _可以用在条件编译中，用于在必须由两种类型的编译器进行编
       译的源代码中选择 ANSI 和前 ANSI 结构。

14.6   我们无法通过给出的源代码进行判断。如果 process 以宏的方式实现，并且对它的参数求
       值超过一次，增加下标值的副作用可能会导致不正确的结果。

14.7 这段代码有几个地方存在错误，其中几处比较微妙。它的主要问题是这个宏依赖于具有副作用（增加下标值）的参数。这种依赖性是非常危险的，由于宏的名字并没有提示它实际所执行的任务（这是第二个问题），这种危险性进一步加大了。假定循环后来改写为：

```
for( i = 0; i < SIZE; i += 1 )
        sum += SUM( array[ i ] );
```

尽管看上去相同，但程序此时将会失败。最后一个问题是：由于宏始终访问数组中的两个元素，因此如果 SIZE 是个奇数值，程序就会失败。

第 14 章　编程练习

14.1 这个问题唯一的棘手之处在于两个选项都有可能被选择。这种可能性使得无法使用#elif指令来确定哪一个未被定义。

```
/*
** 打印风格由预定义符号指定的分类账户。
*/

void
print_ledger( int x )
{
#ifdef    OPTION_LONG
#         define  OK  1
          print_ledger_long( x );
#endif

#ifdef    OPTION_DETAILED
#         define  OK  1
          print_ledger_detailed( x );
#endif

#ifndef   OK
          print_ledger_default( x );
#endif
}
```

解决方案 **14.1**   prt_ldgr.c

第 15 章　问题

15.1 如果由于任何原因导致打开失败，函数的返回值将是 NULL。当这个值传递给后续的 I/O函数时，该函数就会失败。至于程序是否失败，则取决于编译器。如果程序并不终止，那么 I/O 操作可能会修改内存中某些不可预料的位置的内容。

15.2 程序将会失败，因为试图使用的 FILE 结构没有被适当地初始化。某个不可预料的内存地址的内容可能会被修改。

15.4 不同的操作系统提供不同的机制来检测这种重定向,但程序通常并不需要知道输入来自于文件还是键盘。操作系统负责处理绝大多数与设备无关的输入操作的许多方面，剩余部分则由库 I/O 函数负责。对于绝大多数应用程序，程序从标准输入读取的方式相同，不管输入实际来自何处。

15.16 如果实际值是 1.4049，格式代码%.3f 将导致缀尾的 4 四舍五入至 5，但使用格式代码%.2f，缀尾的 0 并没有进行四舍五入至 1，因为它后面被截掉的第 1 个数字是 4。

第 15 章 编程练习

15.2 "输入行有长度限制"这个条件极大地简化了问题。如果使用 gets，缓冲区的长度至少为 81 字节以便保存 80 个字符加一个结尾的 NUL 字节。如果使用 fgets，缓冲区的长度至少为 82 字节，因为还需要存储一个换行符。

```
/*
** 将标准输入复制到标准输出，每次复制一行。每行的长度不超过 80 个字符。
*/

#include <stdio.h>

#define    BUFSIZE    81/* 80 个数据字节加上 NUL 字节 */

main()
{
      charbuf[BUFSIZE];

      while( gets( buf ) != NULL )
            puts( buf );

      return EXIT_SUCCESS;
}
```

解决方案 15.2   prog2.c

15.9 字符串不能包含换行符的限制，意味着程序可以从文件中一次读取一行。程序并不需要尝试匹配错行的字符串。这个限制意味着可以使用 strstr 函数查找文本行。输入行长度的限制简化了解决方案。使用动态分配的数组应该可以去除这个长度限制，因为当程序发现一个长度大于缓冲区的输入行时，将重新为缓冲区指定长度。程序的主要内容用于处理获得文件名并打开文件。

```
/*
** 在指定的文件中，查找并打印所有包含指定字符串的文本行。
**
**    用法：
**        fgrep string file [ file ... ]
*/

#include <stdio.h>
#include <string.h>
#include <stdlib.h>

#define    BUFFER_SIZE    512

void
search( char *filename, FILE *stream, char *string )
{
      char  buffer[ BUFFER_SIZE ];
```

```
        while( fgets( buffer, BUFFER_SIZE, stream ) != NULL ){
            if( strstr( buffer, string ) != NULL ){
                if( filename != NULL )
                    printf( "%s:", filename );
                fputs( buffer, stdout );
            }
        }
    }

    int
    main( int ac, char **av )
    {
        char*string;

        if( ac <= 1 ){
            fprintf( stderr, "Usage: fgrep string file ...\n" );
            exit( EXIT_FAILURE );
        }

        /*
        ** 得到字符串。
        */
        string = *++av;

        /*
        ** 处理文件。
        */
        if( ac <= 2 )
            search( NULL, stdin, string );
        else {
            while( *++av != NULL ){
                FILE*stream;

                stream = fopen( *av, "r" );
                if( stream == NULL )
                    perror( *av );
                else {
                    search( *av, stream, string );
                    fclose( stream );
                }
            }
        }

        return EXIT_SUCCESS;
    }
```

解决方案 15.9   fgrep.c

第 16 章　问题

16.1　这个情况在标准中未定义，所以不得不自己尝试一下并观察结果。但即使它看上去会产生
　　　一些有用的结果，**也不要使用它**！否则你的代码将失去可移植性。

16.3 它取决于你的编译器所提供的随机数生成函数的质量。在理想情况下，它应该产生一个随机序列的 0 和 1。但有些随机数生成函数并没有如此优秀，它生成的是交替出现的 0 和 1 序列——这看上去可不是很随机。如果你的编译器也属于这种类型，你可能会发现高字节的位比低字节的位更为随机。

16.5 第一，一个 NULL 指针必须传递给 time 函数，但此处并没有传递，所以编译器将抱怨这个调用与原型不匹配。第二，一个指向时间值的指针必须传递给 localtime 函数，编译器应该也能捕捉到这种情况。第三，月份应该是一个 0~11 的范围，但此处它作为输出的日期部分直接被打印。在打印之前它的值应该加上 1。第四，2000 年以后，打印出来的年份的样子将很奇怪。

第 16 章　编程练习

16.2 除了"概率相等"这个要求，这个问题的其他部分非常简单。这里有个例子。普通情况下你将把一个随机数对 6 取模，产生一个 0~5 的值，将这个值加上 1 并返回。但是，如果随机数生成函数所返回的最大值是 32767，那么这些值就不是"概率相等"。从 0~32765 返回的值所产生的 0~5 之间各个值的概率相等。但是，最后两个值（32766 和 32767）的返回值将分别是 0 和 1，这使它们的出现概率有所增加（是 5462/32768 而不是 5461/32768）。由于我们需要的答案的范围很窄，因此这个差别是非常小的。如果这个函数试图产生一个范围在 1 和 30000 之间的随机数，那么前 2768 个值的出现概率将是后面那些值的两倍。程序中的循环用于消除这种错误，方法是一旦出现最后两个值，就产生另一个随机值。

```
/*
** 通过返回一个范围为 1~6 的值，模拟掷一个六边的骰子。
*/
#include <stdlib.h>
#include <stdio.h>

/*
**    计算将产生 6 作为骰子值的随机数生成函数所返回的最大数。
*/
#define MAX_OK_RAND\
    (int)( ( ( (long)RAND_MAX + 1 ) / 6 ) * 6 - 1 )

int
throw_die( void ){
        static int is_seeded = 0;
        int value;

        if( !is_seeded ){
                is_seeded = 1;
                srand( (unsigned int)time( NULL ) );
        }

        do {
                value = rand();
        } while( value > MAX_OK_RAND );
```

```
            return value % 6 + 1;
    }
```

解决方案 16.2   die.c

16.7   这个程序从本质上来说是一个一次性程序,这个不优雅的解决方案用于完成这个任务是绰
       绰有余了。

```
/*
** 测试 rand 函数所产生的值的随机程度。
*/
#include <stdlib.h>
#include <stdio.h>

/*
**      用于计数各个数字相对频率的数组。
*/
int   frequency2[2];
int   frequency3[3];
int   frequency4[4];
int   frequency5[5];
int   frequency6[6];
int   frequency7[7];
int   frequency8[8];
int   frequency9[9];
int   frequency10[10];

/*
**      用于计数各个数字周期性频率的数组。
*/
int   cycle2[2][2];
int   cycle3[3][3];
int   cycle4[4][4];
int   cycle5[5][5];
int   cycle6[6][6];
int   cycle7[7][7];
int   cycle8[8][8];
int   cycle9[9][9];
int   cycle10[10][10];


/*
**      用于为一个特定的数字同时计数频率和周期性频率的宏。
*/
#define   CHECK( number, f_table, c_table )                             \
                remainder = x % number;                                 \
                f_table[ remainder ] += 1;                              \
                c_table[ remainder ][ last_x % number ] += 1

/*
**      用于打印一个频率表的宏。
*/
#define   PRINT_F( number, f_table )                                    \
                printf( "\nFrequency of random numbers modulo %d\n\t",  \
                    number );                                           \
```

```
            for( i = 0; i < number; i += 1 )                    \
                printf( " %5d", f_table[ i ] );                 \
            printf( "\n" )

/*
**    用于打印一个周期性频率表的宏。
*/
#define PRINT_C( number, c_table )                              \
        printf( "\nCyclic frequency of random numbers modulo %d\n", \
            number );                                           \
        for( i = 0; i < number; i += 1 ){                       \
            printf( "\t" );                                     \
            for( j = 0; j < number; j += 1 )                    \
            printf( " %5d", c_table[ i ][ j ] );                \
        printf( "\n" );                                         \
}


int
main( int ac, char **av )
{
        int i;
        int j;
        int x;
        int last_x;
        int remainder;

        /*
        ** 如果给出了种子，就为随机数生成函数设置种子。
        */
        if( ac > 1 )
            srand( atoi( av[ 1 ] ) );

        last_x = rand();

        /*
        ** 运行测试。
        */
        for( i = 0; i < 10000; i += 1 ){
                x = rand();
                CHECK( 2, frequency2, cycle2 );
                CHECK( 3, frequency3, cycle3 );
                CHECK( 4, frequency4, cycle4 );
                CHECK( 5, frequency5, cycle5 );
                CHECK( 6, frequency6, cycle6 );
                CHECK( 7, frequency7, cycle7 );
                CHECK( 8, frequency8, cycle8 );
                CHECK( 9, frequency9, cycle9 );
                CHECK( 10, frequency10, cycle10 );
                last_x = x;
        */
        }

        /*
        ** 打印结果。
        */
```

```
                PRINT_F( 2, frequency2 );
                PRINT_F( 3, frequency3 );
                PRINT_F( 4, frequency4 );
                PRINT_F( 5, frequency5 );
                PRINT_F( 6, frequency6 );
                PRINT_F( 7, frequency7 );
                PRINT_F( 8, frequency8 );
                PRINT_F( 9, frequency9 );
                PRINT_F( 10, frequency10 );

                PRINT_C( 2, cycle2 );
                PRINT_C( 3, cycle3 );
                PRINT_C( 4, cycle4 );
                PRINT_C( 5, cycle5 );
                PRINT_C( 6, cycle6 );
                PRINT_C( 7, cycle7 );
                PRINT_C( 8, cycle8 );
                PRINT_C( 9, cycle9 );
                PRINT_C( 10, cycle10 );

                return EXIT_SUCCESS;
        }
```

解决方案 16.7   testrand.c

第 17 章　问题

17.3　传统接口和替代形式的接口很容易共存。top 函数返回栈顶元素值，但并不实际移除它，pop 函数移除栈顶元素并返回它。希望使用传递方式的用户可以用传统的方式使用 pop 函数。如果希望使用替代方案，用户可以用 top 函数获得栈顶元素的值，而且在使用 pop 函数时忽视它的返回值。

17.7　由于它们中的每一个都是用 malloc 函数单独分配的，因此逐个将它们弹出可以保证每个元素均被释放。用于释放它们的代码在 pop 函数中已经存在，所以调用 pop 函数比复制那些代码更好。

17.9　考虑一个具有 5 个元素的数组，它可以出现 6 种不同的状态：它可能为空，也可能分别包含 1 个、2 个、3 个、4 个或 5 个元素。但 front 和 rear 始终必须指向数组中的 5 个元素之一。所以对于任何给定值的 front，rear 只可能出现 5 种不同的情况：它可能等于 front、front+1、front+2、front+3 或 front+4（记住，front+5 实际上就是 front，因为它已经环绕到这个位置）。我们不可能用只能表示 5 个不同状态的变量来表示 6 种不同的状态。

17.12　假定拥有一个指向链表尾部的指针，单链表就完全可以达到目的。由于队列绝不会反向遍历，而双链表具有一个额外的链字段开销，因此它用于这个场合并无优势。

17.18　中序遍历可以以升序访问一棵二叉搜索树的各个节点。没有一种预定义的遍历方法以降序访问二叉搜索树的各个节点，但可以对中序遍历稍作修改，使它先遍历右子树然后再遍历左子树就可以实现这个目的。

第 17 章　编程练习

17.3　这个转换类似链式堆栈，但是当最后一个元素被移除时，rear 指针也必须被设置为 NULL。

```
/*
** 一个用链表形式实现的队列，它没有长度限制。
*/
#include "queue.h"
#include <stdio.h>
#include <assert.h>

/*
**      定义一个结构用于保存一个值。link 字段将指向队列中的下一个节点。
*/
typedef    struct    QUEUE_NODE {
           QUEUE_TYPE      value;
           struct QUEUE_NODE *next;
} QueueNode;

/*
**      指向队列第 1 个和最后 1 个节点的指针。
*/
static     QueueNode*front;
static     QueueNode*rear;

/*
**      destroy_queue
*/
void
destroy_queue( void )
{
        while( !is_empty() )
            delete();
}

/*
**      insert
*/
void
insert( QUEUE_TYPE value )
{
        QueueNode*new_node;

        /*
        ** 分配一个新节点，并填充它的各个字段。
        */
        new_node = (QueueNode *)malloc( sizeof( QueueNode ) );
        assert( new_node != NULL );
        new_node->value = value;
        new_node->next = NULL;

        /*
        ** 把它插入到队列的尾部。
        */
        if( rear == NULL ){
                front = new_node;
        }
        else {
                rear->next = new_node;
```

```
        }
        rear = new_node;
}

/*
**    delete
*/
void
delete( void )
{
        QueueNode  *next_node;

        /*
        ** 从队列的头部删除一个节点，如果它是最后 1 个节点，
        ** 将 rear 也设置为 NULL。
        */
assert( !is_empty() );
next_node = front->next;
free( front );
front = next_node;
if( front == NULL )
    rear = NULL;
}

/*
**    first
*/
QUEUE_TYPE first( void )
{
    assert( !is_empty() );
    return front->value;
}

/*
**    is_empty
*/
int
is_empty( void )
{
    return front == NULL;
}

/*
**    is_full
*/
int
is_full( void )
{
    return 0;
}
```

解决方案 17.3   l_queue.c

17.6   如果使用队列模块，则必须解决名字冲突问题。

```
/*
** 对一个数组形式的二叉搜索树执行层次遍历。
```

```
*/
void
breadth_first_traversal( void (*callback)( TREE_TYPE value ) )
{
    int   current;
    int   child;

    /*
    ** 把根节点插入到队列中。
    */
    queue_insert( 1 );

    /*
    ** 当队列还没有空时...
    */
    while( !is_queue_empty() ){
        /*
        ** 从队列中取出第 1 个值并对它进行处理。
        */
        current = queue_first();
        queue_delete();
        callback( tree[ current ] );

        /*
        ** 将该节点的所有孩子添加到队列中。
        */
        child = left_child( current );
        if( child < ARRAY_SIZE && tree[ child ] != 0 )
            queue_insert( child );
        child = left_child( current );
        if( child < ARRAY_SIZE && tree[ child ] != 0 )
            queue_insert( child );
    }
}
```

解决方案 **17.6**   breadth.c

第 18 章   问题

18.5   这个主意听上去不错，但它无法实现。在函数的原型中，register 关键字是可选的，所以调用函数并没有一种可靠的方法知道哪些参数（如果有的话）是被这样声明的。

18.6   这是不可能的。只有调用函数才知道有多少个参数被实际压入到堆栈中。但是，如果在堆栈中压入一个参数计数器，被调用函数就可以清除所有参数。不过，它先要弹出返回地址并进行保存。

第 18 章   编程练习

18.3   这个答案实际上取决于特定的环境。不过这里的解决方案适用于本章所讨论的环境。用户必须提供经历标准类型转换之后的参数的实际类型。真正的 stdarg.h 宏就是这样做的。

```
/*
** 标准库文件 stdarg.h 所定义的宏的替代品。
```

```
      */

      /*
      ** va_list
      **    为一个保存一个指向参数列表可变部分的指针的变量进行类型定义。 这里使用的
      **    是 char * ，因为作用于它们之上的运算并没有经过调整。
      */
      typedef  char*va_list;

      /*
      ** va_start
      **    用于初始化一个 va_list 变量的宏，使它指向堆栈中第 1 个可变参数。
      */
      #define   va_start(arg_ptr,arg)  arg_ptr = (char *)&arg + sizeof( arg )

      /*
      ** va_arg
      **    用于返回堆栈中下一个变量值的宏，它同时增加 arg_ptr 的值，使它指向下一个参数。
      */
      #define   va_arg(arg_ptr,type)   *((type *)arg_ptr)++

      /*
      ** va_end
      **    在可变参数最后的访问之后调用。在这个环境中，它不需要执行任何任务。
      */
      #define   va_end(arg_ptr)
```

解决方案 18.3   mystdarg.h